高职高专交通运输与制造类专业规划教材

JIXIESHEJIJICHU

机械设计基础

主　编◎李　颖
副主编◎刁文婧　郭喜春
主　审◎马汉春

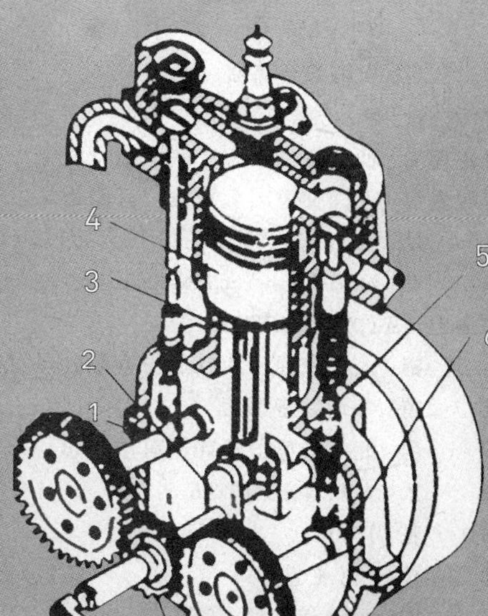

人民交通出版社股份有限公司
China Communications Press Co.,Ltd.

内 容 提 要

本书系统介绍了机械零件相关知识，全书共分为十二个项目，内容包括：机械基本知识、机构力学性能、主要机构和零件、机械润滑及密封、焊接技术与工艺，同时以实际工程中的应用为案例，涵盖了职业岗位需要了解的知识点和必备的技能点。本书以高职教育教学改革和人才培养目标为出发点，注重应用，以培养生产第一线技术应用型人才为目标，在介绍典型机械零件知识的同时，融合了机械专业岗位所需的基础理论知识和专业知识，针对性强，实用性强。

本书适于作为高等职业院校及各类成人教育机械设计与制造类及相关专业学生选作教材，也可供有关工程技术人员参考使用。

图书在版编目(CIP)数据

机械设计基础/李颖主编. —北京：人民交通出版社股份有限公司，2015.3

ISBN 978-7-114-12002-2

Ⅰ.①机… Ⅱ.①李… Ⅲ.①机械设计—高等职业教育—教材 Ⅳ.①TH122

中国版本图书馆 CIP 数据核字(2015)第 013775 号

书　　名：机械设计基础
著 作 者：李　颖
责任编辑：杜　琛
出版发行：人民交通出版社股份有限公司
地　　址：(100011)北京市朝阳区安定门外外馆斜街 3 号
网　　址：http://www.ccpress.com.cn
销售电话：(010)59757973
总 经 销：人民交通出版社股份有限公司发行部
经　　销：各地新华书店
印　　刷：北京盈盛恒通印刷有限公司
开　　本：787 × 1092　1/16
印　　张：15.75
字　　数：340 千
版　　次：2015 年 3 月　第 1 版
印　　次：2015 年 3 月　第 1 次印刷
书　　号：ISBN 978-7-114-12002-2
定　　价：38.00 元
(有印刷、装订质量问题的图书由本公司负责调换)

前　言

“机械设计基础”是高职院校机械设计与制造类及相关专业学生的一门必修的专业基础课程。在机械各工种作业中，机械零件知识贯穿了整个过程，无论什么样的岗位都必须掌握机械零件相关知识。培养具有职业能力和综合素质的人才是高等职业教育的根本目标，本书正是以此为目标编写的。全书架构上呈现源于典型工作任务的学习任务，体现以学生为中心、行动导向的教学思想和以综合职业能力培养为目标的课程建设思路，适于用作高等职业院校机械设计与制造类及相关专业培养高技能人才的教科书，也可作为工程技术人员的工具参考书。

本书编写过程中吸收了近年来在教学改革中形成的进步的教育观念和思想，并将一些有益有效的教学改革成果进行了总结。在内容的编排上，本书遵循人们对一般事物认知的规律和循序渐进的学习规律，从对机器的直观认识入手，进而分析机器组成的基本原理，机构的运动关系和特征，设计通用零部件的工作能力和结构尺寸，并综合应用基本理论和基本方法最终完成机械传动装置的设计。在这样一个学习链中，将看似孤立的不同机构和不同零部件的知识有机结合起来，强化了知识间的逻辑关系，使学生形成一个明晰的思维主线，有助于锻炼他们的逻辑思维能力，克服学习中的困难。这种做法不但增强了知识的系统性，而且增强了学习的目的性；不但使学生掌握基本理论知识，同时增强了机械系统设计意识和产品总体设计能力，培养了学生综合运用知识解决实际问题的能力。从实践教学过程看起来，效果颇为理想。

全书由十二个项目组成。内容包括：机械基本知识、机构力学性能、主要机构和零件、机械润滑及密封、焊接技术与工艺，同时以实际工程中的应用为案例，涵盖了职业岗位需要了解的知识点和必备的技能点。

本书由李颖任主编并统稿，刁文婧、郭喜春任副主编。哈尔滨铁道职业技术学院李颖、刁文婧、郭喜春、卜昭海、郑晓燕及北方重工集团有限公司盾构机分公司刘志阳等参与编写。具体编写分工如下：绪论、项目一至项目四、项目九由郭喜春编写，项目五、项目六、项目十一由刁文婧编写，项目七由刘志阳编写，项目八由卜昭海编写，项目十由李颖编写，项目十二由郑晓燕编写。本书由北方重工集团有限公司盾构机分公司马汉春担任主审，提出了很多有益的意见和建议，在此表示感谢。在本书编写过程中，各级领导、企业专家以及同行均给予了极大的关心和支持，在此一并表示真诚的感谢。

由于编者水平有限，书中难免存在疏漏之处。诚请广大读者和各位同行批评指正，以便对本书加以修正，使之不断完善。

编　者

2015 年 2 月

目　　录

绪　论

【职业能力目标】

1. 了解机械及机械的组成等基本概念；
2. 了解机械设计的基本要求、设计过程及设计内容；
3. 了解本课程的学习任务与要求。

【学习重点与难点】

1. 学习重点：机械的组成以及机器、机构、机械的联系与区别。
2. 学习难点：机械设计的基本要求和一般程序。

课题一　机械的概念

机器是人类进行生产、提高劳动生产率的主要工具，为了减轻劳动强度、改善劳动条件，人类创造了各种机器，如，内燃机、缝纫机、汽车、拖拉机、洗衣机、金属切削机床等。随着科学技术的进步，机器的种类不断增多，性能不断改进，功能不断扩大。可以说，机器的设计、制造和应用水平，已经成为衡量一个国家的科学技术水平和现代化程度的重要标志之一。

随着电子、电气技术的迅速发展，大多数现代机械已不再是传统意义上的单纯的机械，而是综合有机、电、液、气的广义上的机械，特别是机、电的结合越来越紧密，机械产品也逐步发展为性能、功能更强的机电产品，越来越多地进入到我们的生产生活中。

什么是机械？机器由哪些部分组成？如何设计出来的？机构与零件的关系如何？这是机械类相关专业学生常常被问到的问题，因此，学习一些机械知识，掌握一定的机械设计、运用、维护与修理方面的理论、方法和技能是十分必要的。

一、机械的概念

机械的种类繁多，形式各不相同，但却有一些共同的特征，就其组成而言，一部完整的机械主要有以下四个部分：

(1)动力部分。是机械的动力来源，其作用是把其他形式的能转变为机械能以驱动机械运动并做功，如，电动机、内燃机。

(2)执行部分。是直接完成机械预定功能的部分，如，机床主轴和刀架、起重机吊钩等。

(3)传动部分。是将动力部分的运动和动力传递给执行部分的中间环节，它可以改变运动速度、转换运动形式，以满足工作部分的各种要求，如，减速器将高速转动变为低速转动、螺旋机构将旋转运动转换成直线运动。

(4)控制部分。是用来控制机械的其他部分，使操作者能随时实现或停止某项功能，如，机器的开停、运动速度和方向的改变等，这一部分通常包括机械控制系统和电子控制系统两部分。

机械的组成不是一成不变的，有些简单机械不一定完全具备上述四个部分，有的甚至只有动力部分和执行部分，如，水泵、砂轮机等，而对于较复杂的机械，除具备上述四个部分外，还有润滑、照明装置等。

二、机器和机构

机械是机器和机构的总和，机器是各部分之间具有确定相对运动的人为的实物组合，它能代替或减轻人类劳动，完成有用的机械功或转换机械能；机构是用来传递运动和力，由具有确定相对运动的各部分构件所组成的构件系统。机器又是由各种机构和原动机组成的。一般情况下，机械和机器的称谓可以互通。同时，由于电子、电气技术的快速发展，机、电、液、气在现代机械中得到广泛应用，现代机械中的机电已密不可分，机电一体化设计已成为机械设计的一部分。大多数传统的单纯的机械产品已逐渐演变成现在的机电产品，但由于传统习惯，本课程仍称之为机械。

在现代机械中，传动部分有机械的、电力的、液压和气压的，其中以机械传动应用最广泛，从制造和装配方面分析，任何机械设备都是由许多机械零件、部件组成的。

图 0-1 所示为一内燃机。汽缸体 1 起支承作用，进气阀 2 和排气阀 3 分别由凸轮 4 和凸轮 5 控制，使燃气按时进入汽缸、点火燃烧后排出汽缸。燃烧的气体膨胀时推动活塞 11 向下，通过连杆 10 带动曲轴 8 转动。再通过小齿轮 7 和大齿轮 6 带动两凸轮 4 和 5，从而控制进气阀 2 和排气阀 3。以上各动作协调配合，活塞回程（向上）运动可依靠飞轮 9 的惯性，这样，便能使曲轴 8 作连续转动。因此，内燃机可将燃燃烧时的热能转变为曲轴转动的机械能。内燃机包含了汽缸、活塞、连杆、曲轴组成的曲柄滑块机构，凸轮、顶杆、机架组成的凸轮机构，齿轮和机架组成的齿轮机构。

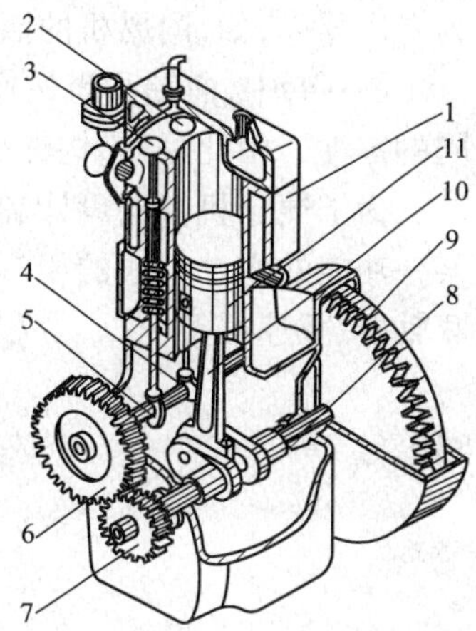

图 0-1　内燃机

1-汽缸体；2-进气阀；3-排气阀；4、5-凸轮；6-大齿轮；7-小齿轮；8-曲轴；9-飞轮；10-连杆；11-活塞

图 0-2a）所示为颚式破碎机，它是用作破碎矿石的机器。驱动力来自电动机 1（图 0-2b），通过小带轮 2、V 带 3、大带轮 4 带动偏心轴（偏心轮）5 转动，从而使动颚 6 作平面运动，矿石便在动颚 6 与定颚 7 之间被压碎。

由以上两个例子可以看出，尽管它们的用途、结构和性能不相同，但机器都有如下三个共同的特征：

（1）它们都是人为的实物组合体。

（2）各实物之间具有确定的相对运动。

（3）它们都能够代替或减轻人的劳动，有效地完成机械功或转换能量。

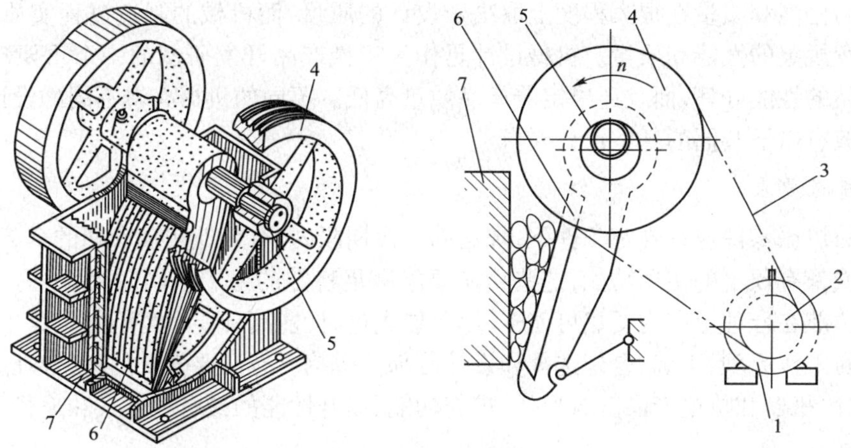

图 0-2　颚式破碎机

1-电动机；2-小带轮；3-V 带；4-大带轮；5-偏心轮；6-动颚；7-定颚

三、构件和零件

组成机构的各个相对运动部分称为构件。构件是机械系统中的运动单元，可以是单个零件，也可以是若干零件通过刚性连接所组成的整体。构件可以是单一的整体（如活塞），也可以是多个零件组成的刚性结构。

零件是机械系统中的制造单元，可以分为通用零件和专用零件。各种机械中普遍使用的零件称为通用零件，如，螺栓、轴、轴承、齿轮、弹簧、键等。只在某些机械中使用的零件称为专用零件，如，内燃机的活塞、曲轴等。

图 0-1 中，曲轴和齿轮作为一个整体作转动，它们构成一个构件，但在加工时是两个不同的零件。由此可知，构件是运动的基本单元，而零件是制造的基本单元。

为了便于机械的设计、制造、安装、维修和运输，通常将整台机器分成若干个能协同完成某一功能的零件组成的相对独立系统，这样的系统称为部件。部件是机器的装配单元，如，联轴器、减速器等。

课题二　机械设计概述

一、机械设计的基本要求

设计是机械产品研制的第一步，设计的好坏直接关系到产品的质量、性能和经济效益优劣。机械设计是从使用要求出发，对机械的工作原理、结构、运动形式、力和能量的传递方式，以至各个零部件的材料、尺寸和形状，以及使用维护等问题进行构思、分析和决策的创造性过程。毫无疑问，对每一个设计者来说，机械设计工作都是一个创新、创造的工作，但任何设计都不应该凭空设想，而必须尽可能多地利用已有的成功经验和设计基础，参考借鉴相关设计案例，在此基础上，再根据具体情况要求进行设计、创新。只有把继承与创新很好地结合起来，设计质量、设计效率才有保障。

机械的性能和质量在很大程度上取决于设计的质量，而机械的制造过程实质上就是要实现设计所规定的性能和质量。机械设计是作为机械产品开发研制的一个重要环节，不仅决定着产品的性能好坏，而且还决定着产品质量高低。不同的机械有着不同的设计要求，但大多数机械有以下共同的基本设计要求。

1. 功能性要求

设计的机械零件应在规定条件下，规定的寿命期限内，有效地实现预期的全部功能。任何一个机械都有预定的使用功能，这些功能要能满足特定的要求。同时，为了提高竞争力，各种使用功能在合理范围内要尽可能多、尽可能先进，性能指标要尽可能好。这主要靠正确选择机械的工作原理，正确、合理选择和设计各部分机构。有必要强调的是，合理进行机、电结合，是现代机器和机电产品升级换代、扩充功能、提升性能的最有效方式和途径。

2. 经济性要求

在市场经济环境下，经济性要求贯穿于机械设计全过程，应当合理选用原材料，确定适当的精度要求，减少设计和制造的周期。

市场经济的激烈竞争对机械必然提出经济性要求。机械的经济性体现在设计、制造和使用的全过程，如，设计周期短、设计费用低；制造、运输、安装成本低；使用效率高、耗能少、易管理维护等，但这些都必须在设计阶段就要进行全面综合考虑。提高经济性的主要途径有：

(1)在满足使用功能的前提下，设计方案及其机构要力求简单。

(2)采用现代的先进设计制造方法，如，优化设计、计算机辅助设计和工业工程(IE)等。

(3)最大限度采用标准化、系列化、通用化、模块化的零部件,零部件尽量采用简单、工艺性好及标准化的结构。

(4)充分发挥机、电的各自优势,合理进行机、电、液、气的综合使用,提高机械化和自动化水平,提高机器设备产品的使用效率。

(5)合理采用高效传动系统,适当采用防护、润滑、减摩措施,降低能耗,延长机械使用寿命。

(6)尽可能采用新技术、新工艺、新结构、新材料,等。

3. 可靠性要求

机器在设计寿命内正常使用时,要求工作可靠,故障率低。随着机电产品功能的日趋丰富、性能的日益提高和系统结构的日趋复杂,可靠性问题变得越来越重要。机器的可靠性是用可靠度来衡量的,它是指在规定的使用时间内和预定的环境条件下机器能够正常工作的概率,其可靠性大小与设计、制造有关,设计的好坏对可靠性大小起到决定性的影响。

要提高机器的可靠性,设计时除采用必要的冗余技术外,选择合理的结构方案、正确确定零件的工作能力是保证机器可靠性的主要措施。

4. 安全、环保、美观等方面的要求

当机械用于生产和生活时,确保使用者的安全舒适和避免对环境的污染是设计者必须要考虑的基本问题。此外,产品的外形、色彩美观也会影响使用者的心情,从而影响工作效率和差错率。因此,要保证机器的安全、环保和美观,设计时要按照人机工程学的观点合理设计,尽量采用可回收循环利用的绿色设计技术,合理采用各种防护、报警、显示等附件装置。

二、机械设计的类型

机械设计是一项创造性劳动,同时也是对已有成功经验的继承过程。根据实际情况的不同,可以分成三种类型:

(1)开发性设计。机械产品的工作原理和具体结构等完全未知的情况下,应用成熟的科学技术或经过实验证明是可行的新技术,开发设计新产品,这是一种完全创新的设计。

(2)适应性设计。对现有机械产品的工作原理、设计方案不变的前提下,仅作局部变更或增加附加功能,在结构上作相应调整,使产品更能满足使用要求。

(3)变形设计。机械产品的工作原理和功能结构不变,为了适应工艺条件或使用要求,改变产品的具体参数和结构。

三、机械设计的一般程序

机械设计一般可分为4个阶段。

1. 决策准备阶段

本阶段应根据市场信息(含预测)或用户要求确定设计任务。要在反复调查研究、分析、收集整理信息资料的基础上进行论证,明确机械的功能要求、使用条件等,做出决策。本阶段的成果表现为设计任务书。

2. 总体方案设计阶段

明确了设计的任务后,还需要进一步确定机械的具体参数(性能指标、总体尺寸、质量、适用范围等)，并进行总体方案设计。本阶段要解决的主要问题有：机械依靠什么原理完成任务，执行部分、动力部分、传动部分各采用什么方案，这三大部分如何连接、怎样布置，操纵控制它们的装置采用什么方案。总体设计方案的优劣对最后的设计结果影响最大，要反复推敲、科学论证、全面评价、寻求最优。本阶段的主要成果表现在机械示意图、工作原理图、机构运动简图、传动系统图和对它们的说明中。

3. 技术设计阶段

本阶段就是要将总体方案具体化，主要包括：机械的运动设计、动力计算、零部件的材料选择、结构设计和主要零部件的工作能力(主要是强度)计算、绘制各种图样等。此阶段的技术成果有总体设计草图、部件装配草图、零件工作图、部件装配图、总装配图、标准件明细表和有关的设计计算草稿等。

4. 整理技术文档阶段

此阶段要编写设计计算说明书、使用说明书，还要整理图样，将全部图样装订成册，编写图样目录。

设计是否达到预期目的，是否正确合理，还要通过实践来检验。因此，设计人员应该尽量参加产品的试制与鉴定，投产后还要经常了解销售和用户的使用情况，掌握反馈信息，及时发现问题，采取改进措施。

四、机械零件设计的标准化、系列化、通用化

标准化、系列化、通用化简称为“三化”。“三化”是我国现行的一项很重要的技术政策，在机械设计中要认真贯彻执行。

标准化是指将产品(特别是零部件)的质量、规格、性能、结构等方面的技术指标加以统一规定并作为标准来执行。我国的标准已经形成了一个庞大的体系，主要有国家标准、行业标准等。为了与国际接轨，我国的某些标准正在迅速向国际标准靠拢。常见的标准代号有GB、JB、ISO等，它们分别代表中华人民共和国国家标准、机械工业标准、国际标准化组织标准。

系列化是指对同一产品，在同一基本结构或基本条件下规定出若干不同的尺寸系列。

通用化是指在不同种类的产品或不同规格的同类产品中尽量采用同一结构和尺寸的零部件。

贯彻“三化”的好处主要是：减轻了设计工作量，有利于提高设计质量并缩短生产周期；减少了刀具和量具的规格，便于设计与制造，从而降低其成本；便于组织标准件的规模化、专门化生产，易于保证产品质量、节约材料、降低成本；提高了互换性，便于维修；便于国家的宏观管理与调控以及内、外贸易；便于评价产品质量，解决经济纠纷等。

五、典型机器案例

为了帮助大家在学习之初对机械及其设计有一个总体了解，下面给出精压机典型机器案例。

1. 机器简介

本案例介绍的精压机专用于薄壁铝合金制件的精压深冲工艺，它的功能是将薄壁铝板冲压成为深筒形。薄壁铝板轧到一定程度，由其他车间运至精压机一侧。

精压机由三个机械单元组成：上料机器人单元，精压机主体单元，链式输送机单元。三个单元的布置如图0-3所示。

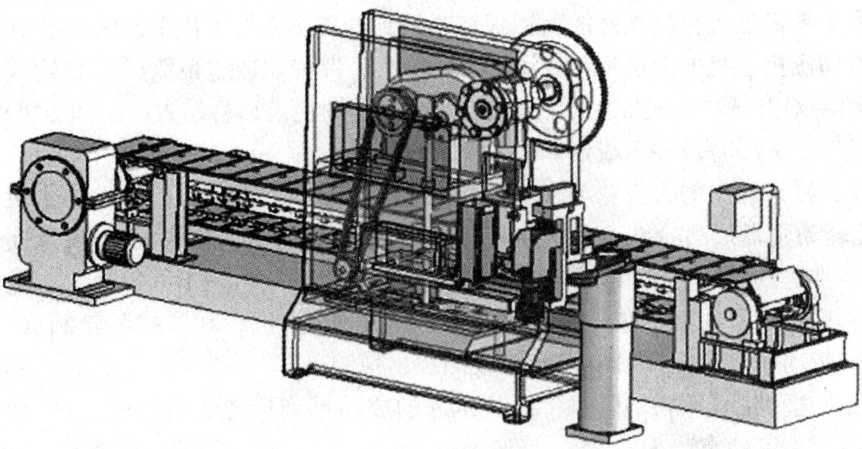

图 0-3　精压机组总体布置图

上料机器人单元由大转臂机构、小转臂机构、螺旋提升机构、抓取机构组成。精压机主体单元机构运动如图 0-4 所示，精压机主体单元由冲压机构、送料机构、顶料机构组成。其中，冲压机构由电动机 1、带传动 2、单级圆柱齿轮减速机 3、一级开式齿轮传动（兼作飞轮）4 和曲柄滑块机构（曲轴 5、连杆 6、冲头 7）组成；送料机构及顶料机构的动力由单级圆柱齿轮减速机的锥齿轮端给出。送料机构为一凸轮机构（推料板 11、直动推杆 12、盘形凸轮 13）；顶料机构由传动链 10 与凸轮机构组成。

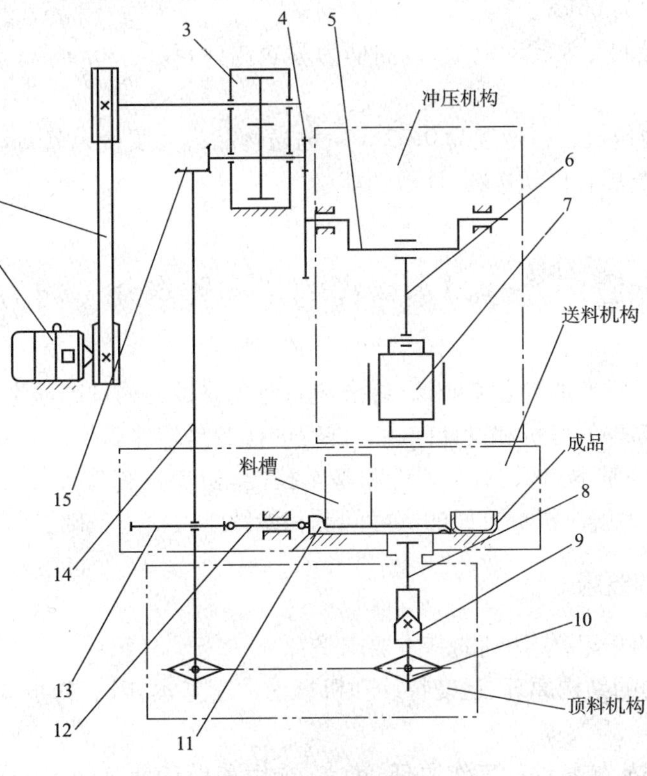

图 0-4　精压机主体单元机构运动示意图

1-电动机；2-V 带传动；3-减速机；4-齿轮传动（大齿轮兼做飞轮）；5-曲轴；6-连杆；7-冲头；8-顶料杆；9-顶料凸轮；10-传动链；11-推料板；12-凸轮直动推杆；13-盘形凸轮；14-立轴；15-锥齿轮传动

精压机的工艺动作主要有：

(1)由上料机器人将捆扎好的薄铝板坯料放到精压机主机工作平台的料槽中。

(2)由精压机主机电动机带动V带传动机构，V带传动通过单级圆柱齿轮减速机将动力分别传给一对开式柱齿轮和一对开式锥齿轮，开式圆柱齿轮将动力传给冲压机构，冲压机构下模固定、上模(冲头)冲压成形。

(3)开式锥齿轮中的大齿轮与送料机构中的盘形凸轮、顶料机构的小链轮装在一根立轴上，立轴转动则盘形凸轮推动直动推杆，直动推杆的另一端与推料板相连，从而带动推料板将薄坯料推送到精压机的下模待冲压位置。

(4)冲压成形后，由顶料机构的小链轮带动大链轮，大链轮和圆柱凸轮制成一体，圆柱凸轮转动则带动一直动推杆(顶料杆)将成品顶出模腔。

(5)在推送薄铝板坯料的同时将已冲压好的成品推到板链式输送机上；由板链式输送机将成品运至指定地点。

2.设计要求与原始数据

(1)冲压执行构件具有快速接近工件、等速下行拉延和快速返回的运动特性。

(2)精压成形制品生产率约为50件/min。

(3)上模移动总行程为280mm，其拉延行程置于总行程的中部，约100mm。

(4)行程速比系数(冲头回收行程平均速度与冲头下冲平均速度之比)$K \geq 1.3$。

(5)坯料输送最大距离为200mm。

(6)冲头压力为60kN。

(7)传动装置的等效转动惯量(以曲柄为等效构件)设为$30kg \cdot m^2$，机器运转不均匀系数δ为0.05。

(8)板链式输送机运行速度为0.32m/s，输送物品最大质量为$20kg/m^2$。

精压机生产线具有自动送料、计数功能。

课题三　学习本课程的基本要求和学习方法

本课程是一门重要的专业基础课，综合应用各先修课程的基础理论和生产知识，解决常用机构及通用零部件的分析和设计问题。课程的任务是培养学生掌握通用零部件和常用机械传动(含机构)的基本知识、基本理论和基本技能，初步具有分析、设计、运用和维护机械传动装置的能力，为解决机械方面的实际问题和继续学习打下基础。

▶▶ 一、学习基本要求

通过本课程的学习，应达到的基本要求是：

(1)掌握机构的结构原理、运动特性和机械动力学基本知识，初步具备分析和设计基本机构的能力。

(2)掌握通用机械零件的工作原理、特点、选用和设计计算的基本知识，初步具备设计一般简单机械及常用机械传动装置的能力。

(3)具有运用标准、规范、手册、图册等有关技术资料的能力。

二、学习方法

(1)要理论联系实际。对日常所遇到的各种机器结合所学理论进行观察与分析。

(2)由于机器是由许多零部件组成的有机整体,各零部件之间既相互联系,又相互制约,因此学习时,应从整体去理解,不应孤立地片面地学习和研究。

(3)设计计算公式与数据都是有条件的,学习时要着重理解各量的物理意义,了解其取值范围、应用条件以及各量之间的相互关系,掌握其内在规律。

(4)要充分重视结构设计。本课程实践性很强,结构设计尤为重要,不应只重视理论而轻视结构设计。要多观察现有机器及其零件、部件的实物和图样,了解结构特点,分析相互间的关系,借以丰富结构设计方面的知识,逐步提高机械设计的能力。

总之,本课程是理论性和实践性都很强的机械类及近机类专业的主干课程之一,在学习中具有承上启下的作用,是成为机械工程师及工程技术人员的必修课程。

项目小结

通过本项目的学习,了解了机械零件设计的一般要求和步骤。

1. 机械设计基础是一门重要的技术基础课,是研究机械类产品的设计、开发、改造,以满足经济发展和社会需求的基础知识课程。

2. 机器的三个共同的特征:它们都是人为的实物组合体;各实物之间具有确定的相对运动;它们都能够代替或减轻人的劳动,有效地完成机械功或转换能量。

3. 机构仅能起着传递运动和转换运动形式的作用。机构的主要特征:它们都是人为的实物组合体;各实物之间具有确定的相对运动。

4. 零件是制造的最小单元,构件是机构运动的最小单元。为实现一定的运动转换或完成某一工作需求,把若干构件组装成一起的组合体称为部件。

练习题

1-1 机械与机器、机构与零件的区别是什么?

1-2 机械设计应满足哪些基本要求?

1-3 机械设计一般可分为哪4个阶段?

1-4 何为“三化”,标准化的重要意义是什么?

项目一

平面机构运动简图及自由度计算

【职业能力目标】

1. 理解构件和机构自由度、运动副及运动副所形成的约束等基本概念；

2. 能看懂一般的平面机构运动简图；

3. 掌握平面机构运动简图的绘制方法；

4. 能识别复合铰链、局部自由度和常见的虚约束；

5. 会计算平面机构的自由度；

6. 会判断机构是否具有确定的相对运动。

【学习重点与难点】

1. 学习重点：平面机构运动简图的绘制、自由度的计算，以及平面机构具有确定运动的条件。

2. 学习难点：复合铰链、局部自由度和虚约束的识别与判断。

课题一　机构的组成

机构有各种各样的形式和结构，但所有机构都是具有相对运动的构件按一定方式连接而成的组合体。总的来说，机构是具有确定运动的运动链，由构件和运动副两个要素组成。下面具体介绍这几个概念。

▶▶ 一、构件

机械一般都是由许多机械零件组合而成的。有的零件在机械的运动过程中作为单一的运动单元体而运动，如凸轮、齿轮等；有的则是若干个零件连接在一起，在机构的运动过程中这些零件之间没有任何的相对运动，形成了一个运动的单元体。如图 1-1 所示，连接活塞和曲柄的连杆就是由连杆体 1，连杆盖 2，轴瓦 3、4、5，螺栓 6、螺母 7 和开口销 8 等零件装配而成的一个运动单元体。一般把运动的单元体称为构件。

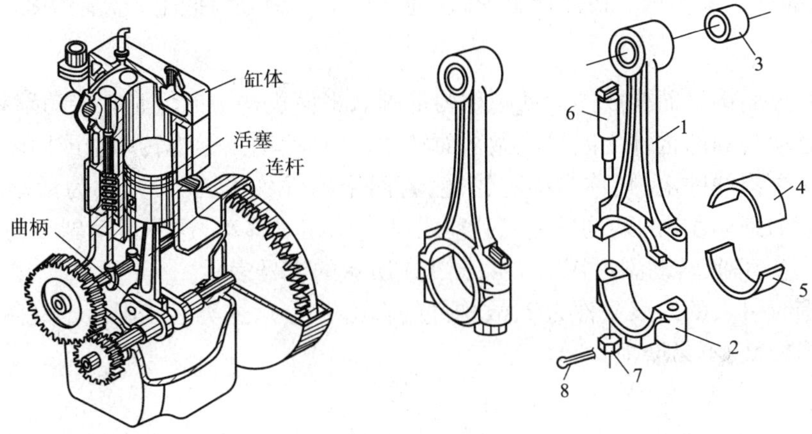

图 1-1　单缸内燃机的组成及组成连杆的零件

1-连杆体；2-连杆盖；3、4、5-V 带轴瓦；6-螺栓；7-螺母；8-开口销

综上，机构中每一个独立的运动单元体称为一个构件。构件可以是一个零件，也可以是由多个零件刚性的连接在一起组成的。构件与零件是两个不同的概念，即构件是运动时的单元件，零件是加工制造时的单元件。

▶▶ 二、自由度与约束

构件做平面运动时，其运动可分解为三个独立运动，即：沿 x 轴的移动、沿 y 轴的移动和绕垂直于 xOy 平面轴的转动（图 1-2）。构件所具有的独立运动的数目称为自由度。

当构件间用运动副相连之后，构件的运动则受到限制，自由度随之减少（图 1-3）。对构件某一个独立运动的限制称为约束条件。即，每加上一个约束条件，构件便失去一个自由度。因此，运动副对构件相对运动所产生的作用是：①在两构件间施加约束，减少与约束条件数量相等的自由度；②限制两构件间相对运动的形式。

显然，两构件间所受约束条件的多少和约束特性，完全取决于运动副的类型。

空间中的两个自由构件就是物理和力学中的两个空间运动的自由刚体，它们之间可以发生 6 个独立的相对运动，即：沿着轴 x、y、z 的移动和绕着这三个轴的转动。每一种独立的相对运动就是一个运动的自由度，因此，两个自由构件之间有 6 个自由度，如图 1-2 所示。

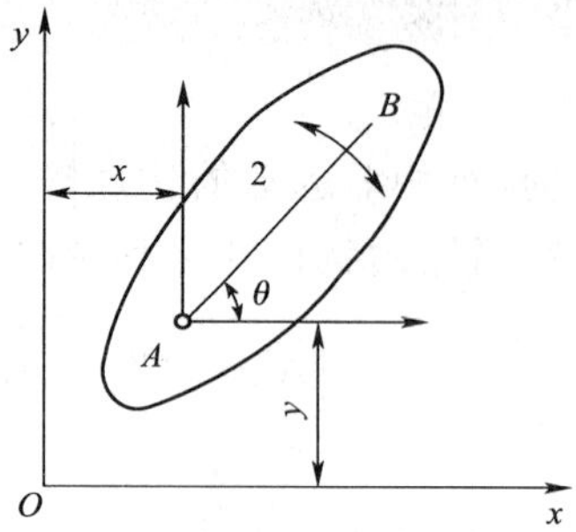

图 1-2　自由度

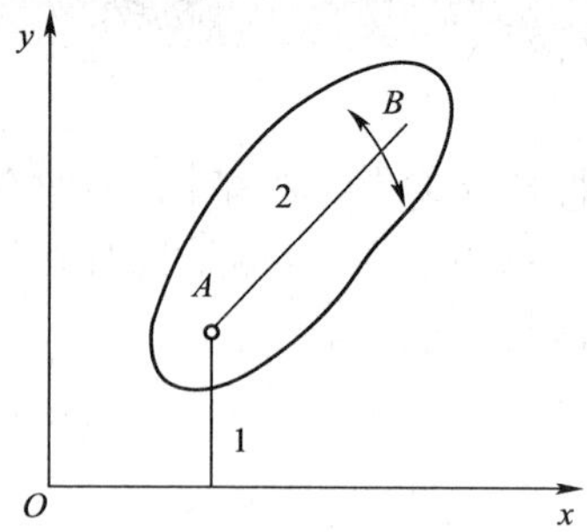

图 1-3　受约束构件

三、运动副

两个构件之间直接接触所形成的可动连接称为运动副。两构件组成运动副，不外乎通过点、线或面的接触来实现。按照接触形式，通常把运动副分为低副和高副两类。

1. 低副

两构件通过面接触而构成的运动副称为低副。平面机构中的低副有转动副和移动副两种。若组成运动副的两构件之间只能做平面转动，这种运动副称为转动副或回转副，也称铰链。若其中一个构件固定，则称为固定铰链，若两个构件均不固定，则称为活动铰链，如图 1-4 所示。若组成运动副的两构件之间只能沿某直线相对移动，这种运动副称为移动副，如图 1-5 所示。移动副、转动副可用图 1-4、图 1-5 所示的符号表示。

组成低副时引入的约束条件为 2，故构件的自由度为 1，这类运动副由于是面接触，在承受载荷时压强较低，不易磨损。

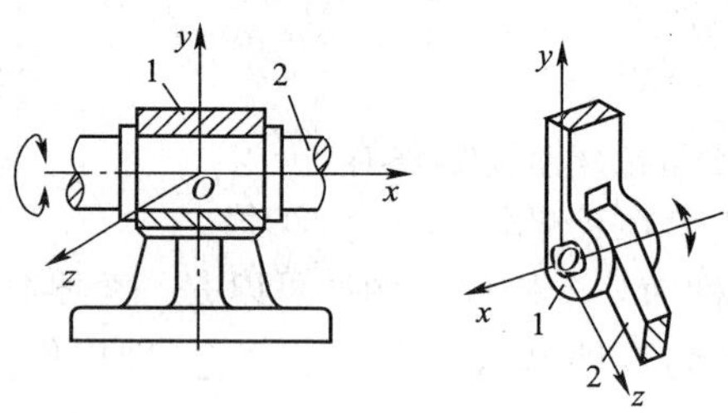

a)固定铰链　　b)活动铰链

图 1-4　转动副

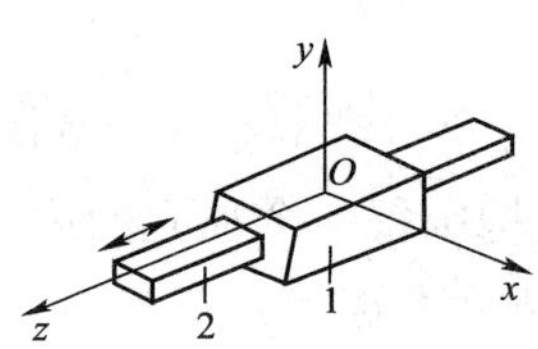

图 1-5　移动副

2. 高副

两构件通过点或线接触而构成的运动副称为高副。如图 1-6 所示，轮齿 1 与轮齿 2、凸轮与推杆之间组成的运动副是常见的平面高副。

构件 2 可以相对于构件 1 绕接触点 A 转动，又可以沿接触点的切线 $t-t$ 方向移动，只是沿公法线 $n-n$ 方向的运动受到限制。可见，组成高副时引入的约束条件为 1，即自由度为 2。高副由于以点或线相接触，其接触部分压强较高，故易磨损。

除上述平面运动副之外，机械中还经常用到一些空间运动副（图 1-7），如，球面副、球销副、螺旋副、圆柱副等。

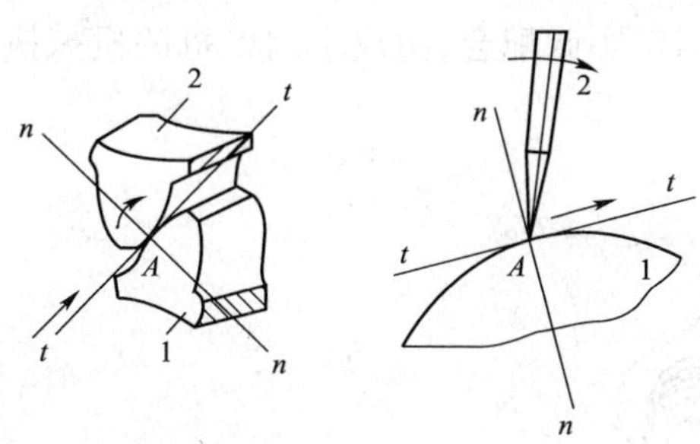

a) 线接触　　b) 点接触

图 1-6　平面高副

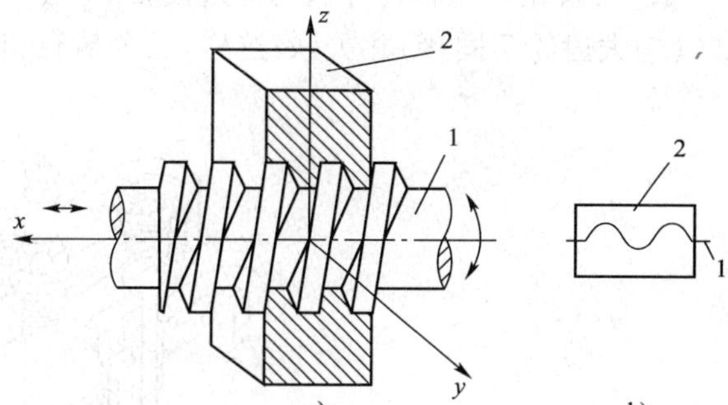

a)　　b)

图 1-7　螺旋副

▶▶ 四、运动链

若干构件通过运动副连接而成的系统称为运动链。如果运动链中各构件构成封闭的形式(图 1-8a),则此运动链称为闭式运动链,简称闭链;反之,如果运动链中各构件并不构成封闭的形式(图 1-8b),则此运动链称为开式运动链,简称开链。一般机械中都采用闭链。

▶▶ 五、机构

如果将运动链中的一个构件固定,并使另一个构件(或者几个构件)按给定的运动规律运动,而其余构件都能随之作确定的相对运动,则这种运动链就是机构。由此可知,机构中有以下几类构件:

(1)原动件——机构中按外部给定运动规律运动的构件。如图 1-9 中的构件 1 就是原动件(也称为主动件),在原动件上须标上带箭头的圆弧或直线。

(2)从动件——机构中随原动件作确定的相对运动的构件。如图 1-9 中的构件 2 和 3 就是从动件。

(3)机架——机构中固定不动的构件。如图 1-9 中的构件 4 就是机架。

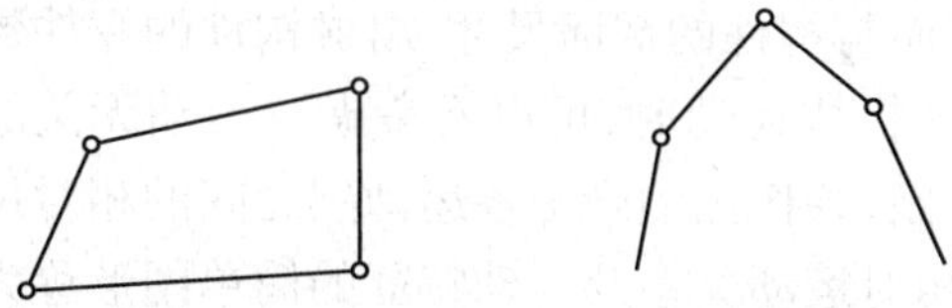

a)　　b)

图 1-8　运动链

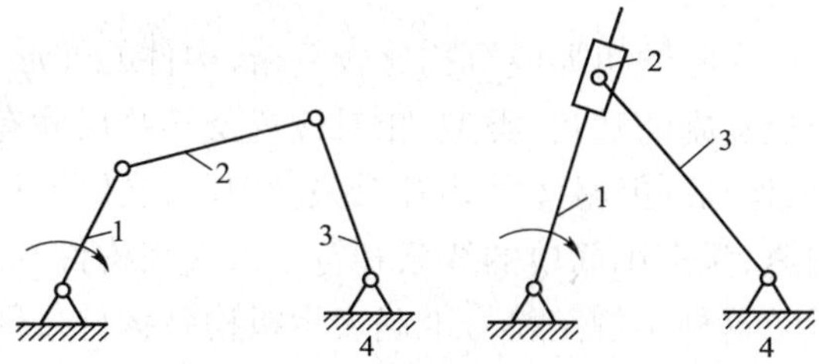

a)　　b)

图 1-9　机构

1-原动件;2、3-从动件;4-机架

从运动的观点来看,任何一个机器都是由若干个机构组成。图 1-10 所示的内燃机由三大机构组成:

(1)连杆机构——由活塞 4、连杆 3、曲轴 2 和机架(汽缸体 1)组成。

(2)齿轮机构——由小齿轮 8、大齿轮 7 和机架组成。

(3)凸轮机构——由凸轮轴 6、推杆 5 和机架组成。

其中,齿轮机构和连杆机构通过曲轴2(与小齿轮8固接)相关联;和凸轮机构通过凸轮轴6(与大齿轮7固接)相关联;这样,三个执行机构相互协调配合,组成了内燃机的机械执行系统。

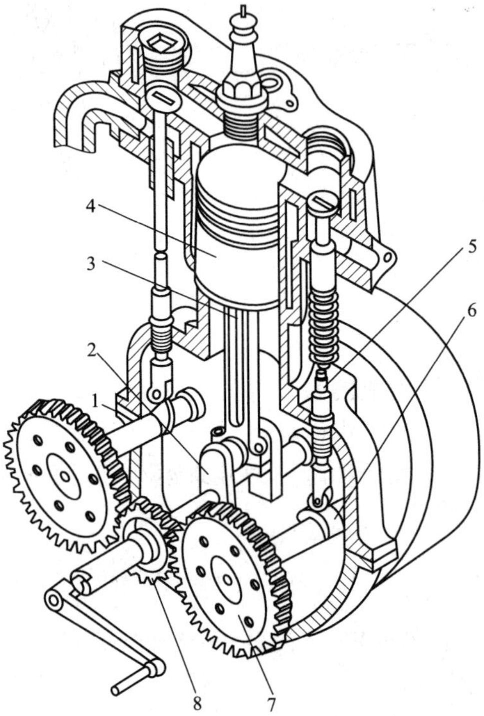

图1-10 内燃机结构图

1-汽缸体;2-曲轴;3-连杆;4-活塞;5-推杆;6-凸轮轴;7-大齿轮;8-小齿轮

课题二 机构的运动简图

实际的机器或机构比较复杂,构件的外形和构造也各式各样。但是机构的相对运动只与运动副的数目、类型、相对位置及某些尺寸有关,而与构件的截面尺寸、组成构件的零件数目、运动副的具体结构等无关。因此,在研究机器或机构运动时,可以不考虑与运动无关的因素,只需用简单的线条和符号来代表构件和运动副,并按比例画出各运动副之间的相对位置。这种用规定符号准确表示机构各构件之间的相对运动关系及运动特征的简单图形称为机构运动简图。

机构运动简图所表示的主要内容为:运动副的类型和数目、构件的数目、运动尺寸、机构的类型等。

对于只为了表示机构的结构及运动情况,而不严格按照比例绘制的简图,通常称为机构示意图。

机构运动简图与机械的零件图、装配图一样也是一种工程语言,它是对机构进行运动、动力分析和设计的几何模型。无论是对现有机构进行运动和动力分析,还是进行新机构的设计,都需要画出机构的运动简图。

一、机构运动简图中常用机构的表示方法

为了便于交流理解，国家标准 GB/T 4460—2013 对一些常用机构在机构运动简图中的表示方法进行了规定，这里仅摘录其中一部分，见表 1-1。

机构运动简图符号 表 1-1

名称		简图符号	名称		简图符号
构件	轴，杆		机架	基本符号	
构件	三副元素件	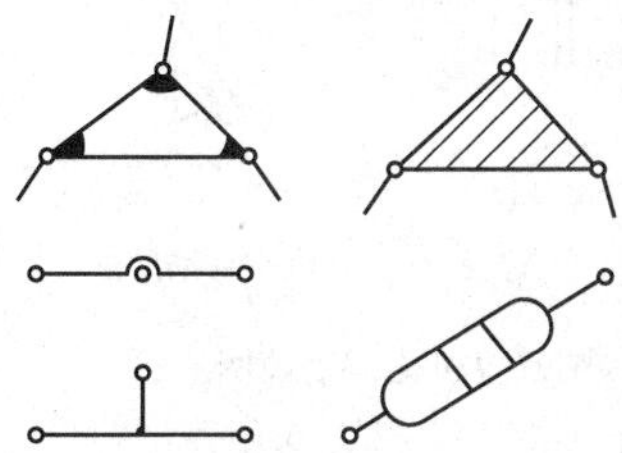	机架	机架是转动副的一部分	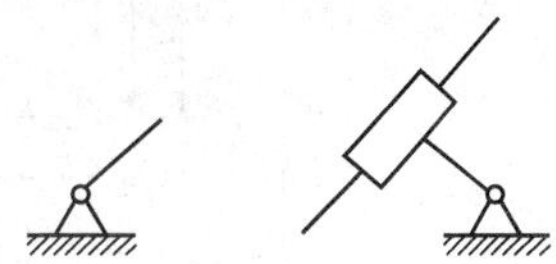
构件	三副元素件		机架	机架是移动副的一部分	
构件	构件的永久连接	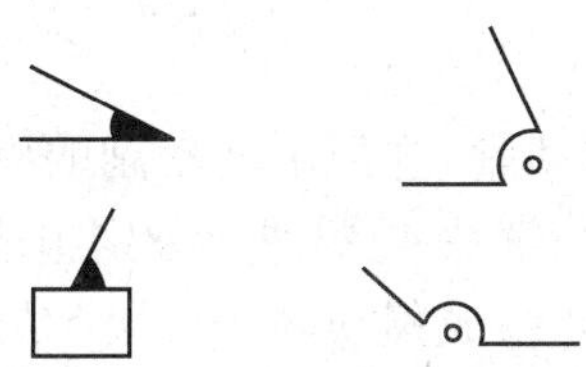	平面高副	齿轮副外啮合	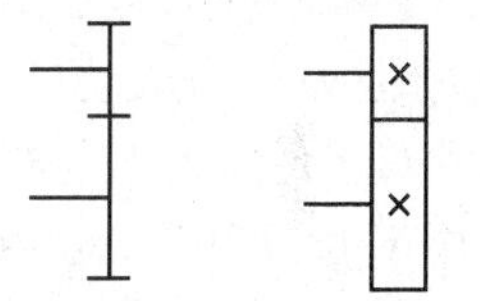
平面低副	转动副	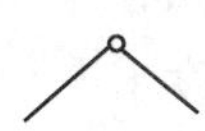	平面高副	齿轮副内啮合	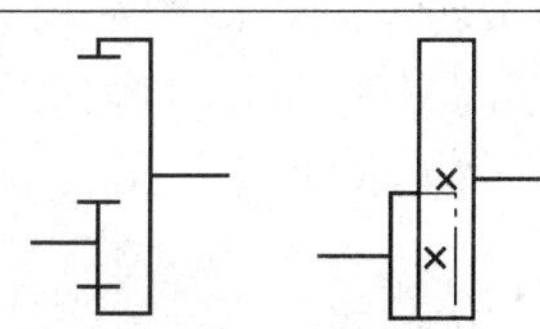
平面低副	移动副	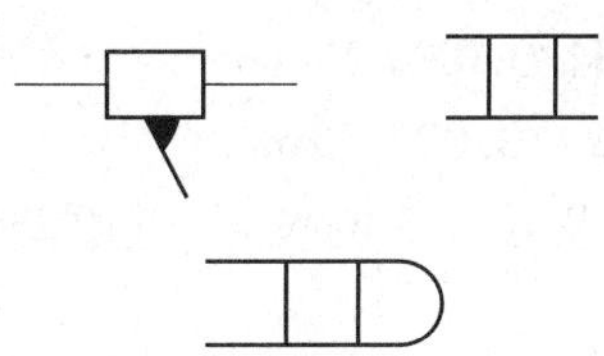	平面高副	凸轮副	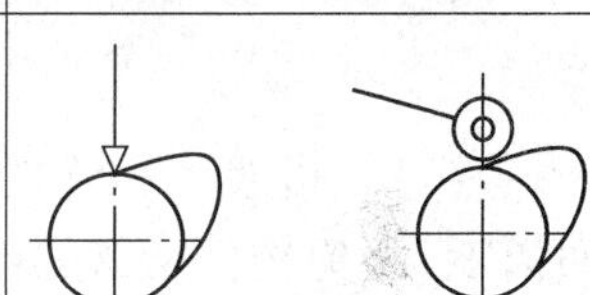

二、机构运动简图的绘制步骤

（1）分析机构的结构和运动传递情况，找出固定件（机架）、原动件和从动件。

（2）从原动件开始，按照传动路线仔细分析各构件间的相对运动性质和接触情况，确定构件数目和运动副的类型及数目。

（3）选择视图平面，一般选择与构件运动平面相平行的平面作为视图平面。

（4）根据机构的实际尺寸和图样大小确定适当的长度比例尺 μ_1，μ_1 = 实际长度（m）/图示长度（mm）按照各运动副间的距离和相对位置，以规定的符号将各运动副表示出来。图中各运动副标以大写的英文字母，各构件标以阿拉伯数字，并将机构的原动件用箭头标明。

（5）用直线或曲线将同一构件上的运动副连接起来，即为所要画的机构运动简图。

三、实例分析

【例 1-1】 图 1-11a）所示为牛头刨床的结构图，已知 $L_h = 1000\text{mm}$，$L_{h1} = 540\text{mm}$，$L_{AB} = 240\text{mm}$，试绘制该牛头刨床主机构的机构运动简图。

解题分析:牛头刨床主机构是指由大齿轮1、机架2、导杆3、滑块4、摇块5、刨头6所组成的机构。

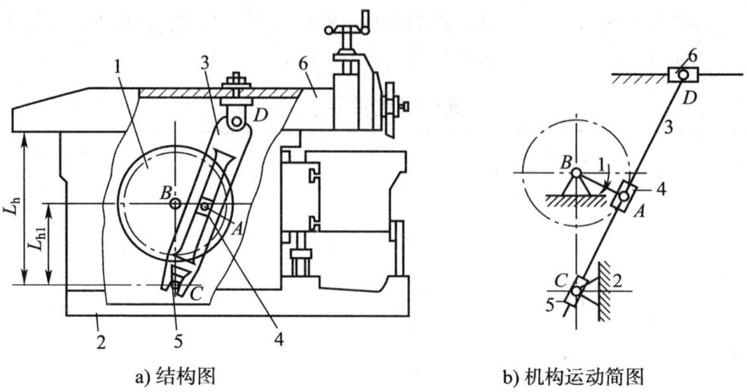

图1-11　牛头刨床结构图及主机构运动简图

1-大齿轮;2-机架;3-导杆;4-滑块;5-摇块;6-刨头

【解】　(1)此机构由5个活动构件和机架组成。大齿轮1为原动件,导杆3、滑块4、摇块5、刨头6为从动件,床身2为固定件(机架)。

(2)大齿轮1与机架2、滑块4分别组成转动副,这两个转动副的中心A、B的距离在运动中不变,可以看作一个定长的构件。导杆3与滑块4、摇块5分别组成移动副,而与刨头6组成转动副。刨头6相当于一个滑块,与机架2组成移动副。摇块5与机架2组成转动副。

(3)选择与机构运动平面相平行的平面作为视图平面。

(4)取长度比例尺$\mu_1=0.02\text{m/mm}$,按已知实际长度求图示长度:

$$h=L_h/\mu_1=1/0.02=50\text{mm}$$

$$h_1=L_{h1}/\mu_1=0.54/0.02=27\text{mm}$$

$$AB=L_{AB}/\mu_1=0.24/0.02=12\text{mm}$$

定出与机架2相连的转动副中心B、C以及导杆3的位置,选原动件的适当位置(使图面清晰,避免构件交叉)定出其他转动副中心。

(5)用简图符号画出各转动副、移动副和机架,把同一构件上的运动副用直线连接起来,各转动副中心标以大写英文字母A、B,为各构件编号并用数字1、2标明;原动件上用箭头表示其运动规律为已知,图上注明比例尺,即得图1-11b)所示的机构运动简图。

【例1-2】　据图1-12a)所示简易冲床机构绘制其机构运动简图。

解题分析:图示机构中已标明原动件,构件6为机架,其余构件为从动件。需要注意的是,在区分构件时应正确判断图中各构件都包括哪些部分,例如,构件3就包括两部分。

【解】　(1)该机构中的构件1与机架以转动副连接,转动副中心位于固定轴的几何中心A点处;构件2除与构件1形成回转中心位于C点的转动副外,又与构件3形成移动副,移动副导路沿BC方向;构件3也绕固定轴上点B转动,即构件3与机架形成的转动副位于点B;同时构件3与构件2形成移动副,又与构件4形成转动中心位于D点的转动副;构件4与构件5形成转动中心位于E点的转动副;构件5与机架6形成沿垂直方向的移动副。

(2)该机构属于平面机构,因此,选择与各构件运动平面平行的平面作为绘制机构运动简图的视图平面。

(3)选择比例尺$\mu_1=0.001\text{m/mm}$,量出各构件的运动尺寸,绘出机构运动简图,并标明原动件及其转动方向。机构的运动简图如图1-12b)所示。

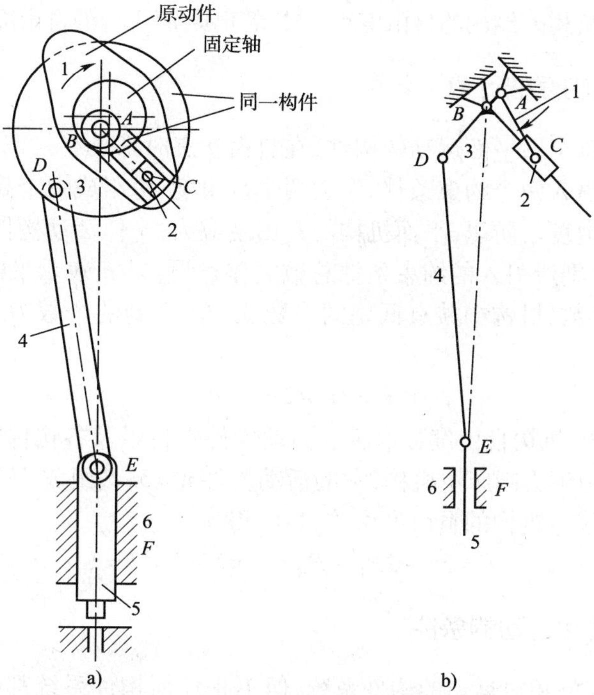

图 1-12　简易冲床机构及其机构运动简图

1-原动件;2-滑块;3-偏心轮;4-连杆;5-冲头;6-机架

课题三　平面机构的自由度

一、机构自由度的概念

在机构中,机架是机构运动的参考坐标系。要确定机构中各个构件相对于机架的位置需要许多变量。例如,图 1-13 所示的铰链四杆机构,要确定连架杆 1 和 3 的位置需要给出 φ_1 和 φ_3,要确定连杆 2 的位置需要给出点 B 的坐标和角位置 φ_2。显然,在给定了各个构件的杆长和固定铰链点的坐标的条件下,这些变量是相关的,且只有一个变量是独立的。比如说给出变量 φ_1,则其他变量便都可以确定了。这一点可以直观地从图中看出。

确定机构相对机架位置的独立广义坐标数称为机构的自由度。根据这一定义,图 1-13 所示机构的自由度为 1。

自由度的概念是机构设计中的一个重要概念。利用机构的自由度可以将机构和结构区分开来。在理论上,结构在承受载荷的情况下是不会产生运动的。图 1-14a)所示为静定结构,图

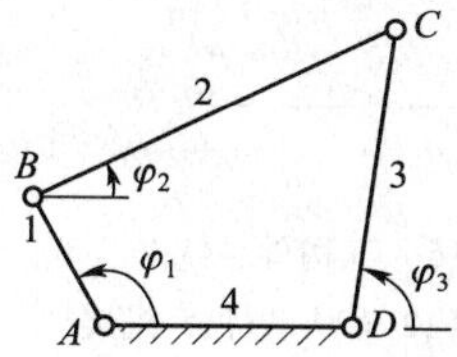

图 1-13　一个自由度的机构

1、3-连架杆;2-连杆;4-机架

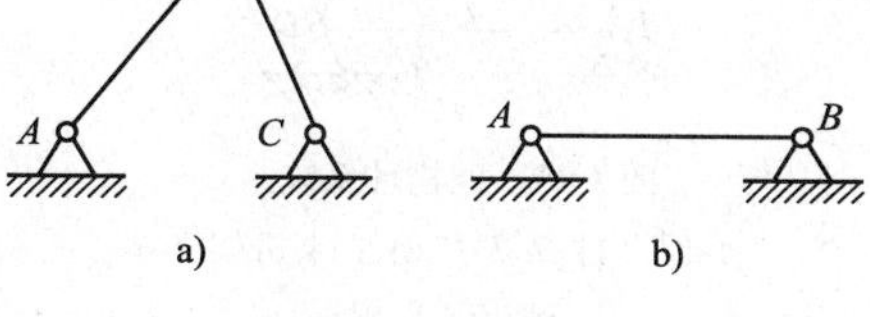

图 1-14　结构

1-14b)所示为超静定机构。结构的自由度小于或等于零,而机构的自由度必须大于零。

二、平面机构自由度的计算

我们已经知道,每个做平面运动的构件,在自由状态时都具有三个自由度。它们之间每组成一个低副时,就引入两个约束条件,失去两个自由度;每组成一个高副时,就引入一个约束条件,失去一个自由度。所以,平面机构的自由度应为:全体活动构件在自由状态时,自由度的总数与全部运动副所引入的约束条件总数之差。设,以 F 表示平面机构的自由度数,n 表示机构的活动构件数,机构中共有低副的个数为 P_L,高副的个数为 P_H,则平面机构自由度的计算公式为

$$F = 3n - 2P_L - P_H \tag{1-1}$$

由式(1-1)可知,机构自由度数取决于活动构件数目以及各构件间运动副的类型和数目。如图1-11所示的牛头刨床主机构,它的活动构件 $n=5$,共组成7个低副,即 $P_L=7$。没有高副,即 $P_H=0$。故该机构的自由度由式(1-1)得

$$F = 3n - 2P_L - P_H = 3\times5 - 2\times7 = 1$$

三、机构具有确定运动的条件

机构是具有确定的相对运动的构件系统,但不是任何构件系统都能实现确定的相对运动的,因此也就不是任何构件系统都能成为机构的。构件系统能否成为机构,可以用是否具有确定运动的条件来判别。

机构的自由度数是机构具有的独立运动数。例如,机构的自由度为1,则表示机构只有1个独立运动。如果通过1个原动件,并给定1个运动规律对此独立运动加以控制,则该机构的运动就完全确定了。一般1个原动件只能给定1个运动规律,所以机构若有2个自由度,则需要2个原动件。由此可知,机构具有确定运动的条件是:机构的原动件个数应与其自由度相等。

如图1-15所示的四构件系统,$n=3$,$P_L=4$,$P_H=0$,其自由度为

$$F = 3n - 2P_L - P_H = 3\times3 - 2\times4 - 0 = 1$$

当原动件1在任何瞬时位置时,从动件2和3都占有相应的确定位置,这说明从动件的运动是确定的,故该构件系统是机构。

如给定两个原动件1和3,势必将该机构破坏。

如图1-16所示的五构件系统,$n=4$,$P_L=5$,$P_H=0$,其自由度为

$$F = 3n - 2P_L - P_H = 3\times4 - 2\times5 - 0 = 2$$

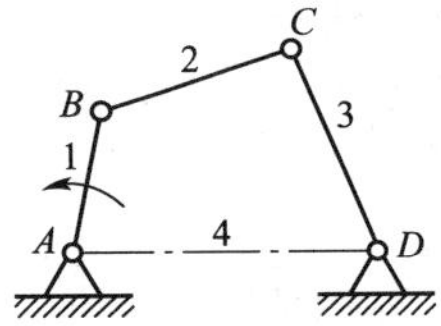

图1-15 四构件系统

1-原动件;2、3-从动件;4-机架

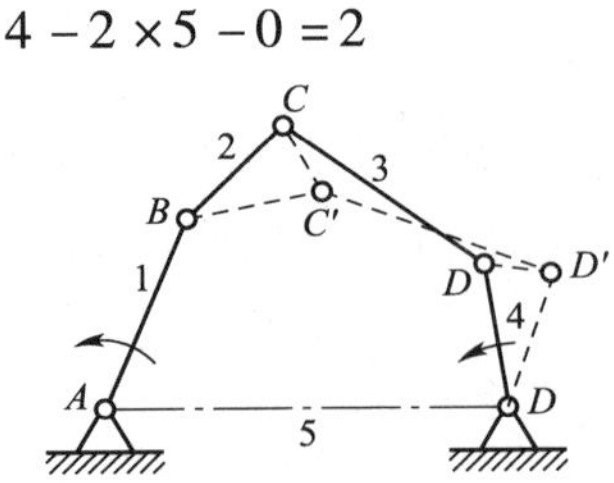

图1-16 五构件系统

1、4-原动件;2、3-从动件;5-机架

设只有构件1为原动件,当构件1在图示瞬时位置时,则构件2、3和4可以占有 BC、CD、DE 位置,也可以占有 BC'、$C'D'$、$D'E$ 位置或其他位置。这说明从动件的运动不是确定

的，故该构件系统就不是机构。若构件4也是原动件，而该瞬时它在 DE 位置，则构件2、3的位置完全确定，此构件系统就成为机构，它的运动是确定的。

▶▶ 四、计算平面机构自由度的注意事项

在应用自由度公式计算机构或运动链的自由度时，一定要正确分析运动副的数目，对于以下几种情况应加以注意。

1. 复合铰链

图1-17a)所示的机构，在计算其自由度时，如果取 $n=5, P_L=6, P_H=0$，代入式(1-1)得

$$F=3n-2P_L-P_H=3\times5-2\times6-0=3$$

从计算结果看，似乎该机构必须给定三个主动件，实际只需一个主动件即可，这说明计算结果与实际不符。出现这种情况的原因在于：统计运动副时，错把 B 处当成只有一个转动副。而根据实际结构，在 B 处有由三个构件组成的两个转动副重合在一起，如图1-17b)所示。故考虑这种情况后，应为 $n=5, P_H=7, P_L=0$，则该机构的自由度为

$$F=3n-2P_L-P_H=3\times5-2\times7-0=1$$

像这种由两个以上构件在同一处构成的重合转动副称为复合铰链。如果有 m 个构件构成复合铰链，则其转动副的数目应等于 $(m-1)$ 个。

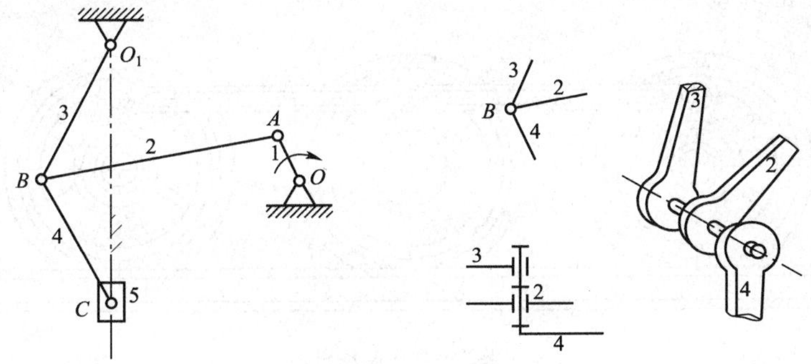

a)　　　　b)

图1-17　复合铰链

2. 局部自由度

图1-18a)所示为滚子从动件盘形凸轮机构的运动简图，如果取 $n=3, P_L=3, P_H=1$，得

$$F=3n-2P_L-P_H=3\times3-2\times3-1=2$$

从计算结果看，该机构需要两个主动件，但从机构本身看，如果将凸轮1作为主动件，构件2必然有确定的相对运动。因此，实际上应该是 $F=1$。这是由于滚子3相对于构件2转动与否，对整个机构的运动并无影响，换句话说，仅从传递运动的观点来看，滚子3的转动是多余的。因此，把滚子3与构件2所组成转动副的多余自由度称为局部自由度，在计算机构自由度时应将其除去不计。如图1-18b)所示，把滚子3看成是和构件2焊在一起的一个构件，该机构的自由度为

$$F=3n-2P_L-P_H=3\times2-2\times2-1=1$$

3. 虚约束

图1-19所示的平行四边形机构中，如果以 $n=4, P_H=6, P_L=0$ 来计算，则

$$F = 3n - 2P_L - P_H = 3 \times 4 - 2 \times 6 - 0 = 0$$

显然计算结果不符合实际，其原因是，该运动链中的连杆 2 作平移运动，其上各点的轨迹均为圆心在 AD 线上、半径等于 AB 的圆。由于构件 4 与构件 1、3 相互平行，且长度相等，其上 M 点的轨迹与连杆 2 上 M 点的轨迹相互重合。因此，由构件 4 上两转动副产生的约束，并不对该机构的运动构成独立约束。这种起重复限制作用的约束称为虚约束。计算自由度时应先将产生虚约束的构件去掉，然后再进行计算。

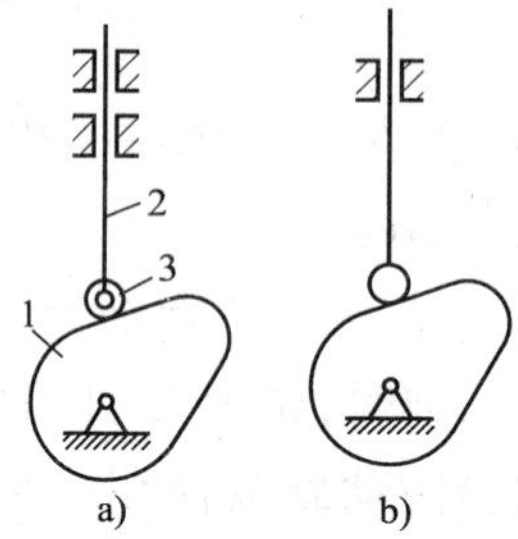

图 1-18　局部自由度

1-凸轮；2-构件；3-滚子

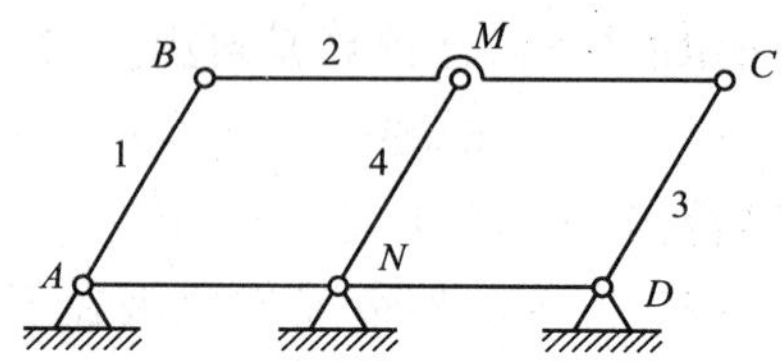

图 1-19　虚约束

1、3、4-构件；2-连杆

在工程实际中有时为了改善机构或构件的受力情况需要采用虚约束，如图 1-20 所示的蒸汽机车动力轮的联动机构便是一例。

图 1-20　机车联动机构

虚约束常出现于下列情况。

（1）两构件在同一轴线上形成多个转动副。如图 1-21 所示，齿轮和轴用键固接在一起而成为构件 1。它与机架 2 在同一轴线上的 A、B 两处构成两个转动副。从运动关系来看，只需一个转动副的约束，便可使构件 1 只能绕其轴线转动，余下的一个转动副，只起重复的约束作用，故是虚约束。这里采用两个转动副是为了避免转轴处于悬臂状态，改善受力情况。

图 1-21　两构件在同一轴线上

1-构件；2-机架

（2）两构件在同一导路或平行导路上形成多个移动副。如图 1-22 所示，构件 1 与机架 2 组成三个移动副 A、B、C，从运动关系来看，只需一个移动副的约束，便可使压板只能沿其导路移动，其余的移动副，由于各导路平行，只起重复的约束作用，故也是虚约束。采用三个移动副，可使压板导向稳定可靠。

(3)用一个构件和两个转动副去连接两构件上距离始终不变的两个动点。如图1-23所示的机构，其中$AB \underline{\parallel} CD$、$AE \underline{\parallel} DF$。由此几何关系可知，构件1上的动点$E$与从动件3上的动点$F$之间的距离始终保持不变，若用构件5(图中虚线所示)与E、F两点连接成转动副，则由此引起的约束也是只起重复约束作用，故也是虚约束。采用这种结构，可使机构在从动件3与机架4共线的瞬时，转向确定。

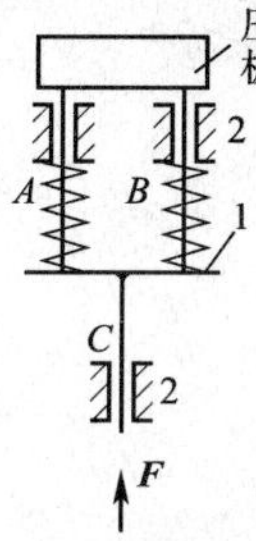

图1-22　两构件在平行导路上

1-构件；2-机架

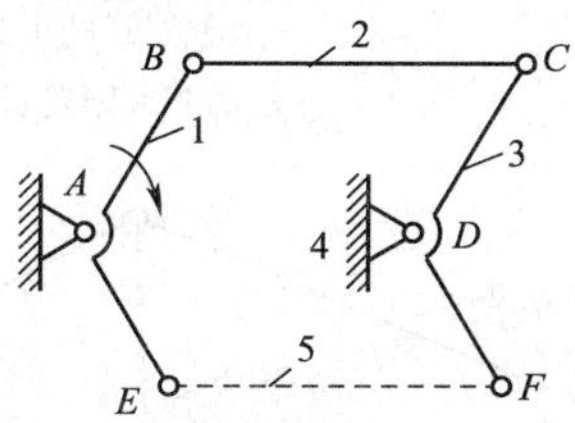

图1-23　两构件上距离不变的两动点

1、2、5-构件；3从动件；4-机架

(4)用一个构件和两个转动副去连接两构件上距离始终不变的一个动点和一个固定点。如图1-24a)所示的机构，其中F点为固定点，E为动点，$AB \underline{\parallel} CD \underline{\parallel} EF$，因构件2必与机架4保持平行而作平移运动(平动)，其上各点的轨迹，都是以AB为半径、圆心在AD直线上的圆周，所以E、F两点之间的距离始终保持不变，若用构件5(图1-24a中的虚线)与E、F两点连接成转动副，则由此引起的约束也是只起重复约束的作用，故也是虚约束。采用这种结构，也是使从动件3在与机架4共线时转向确定。

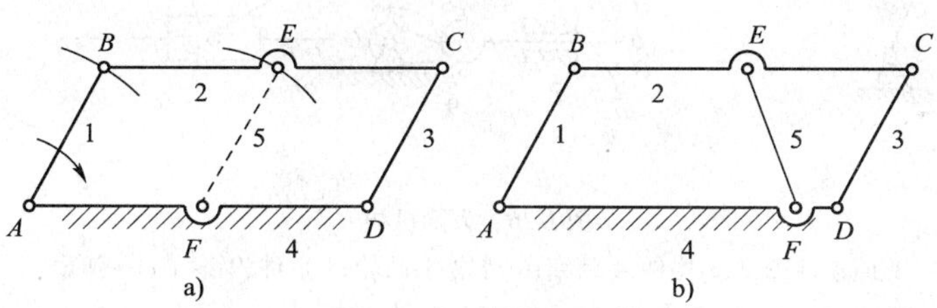

图1-24　虚约束

1、2、5-构件；3-从动件；4-机架

采用这种虚约束时必须满足上述条件($EF \underline{\parallel} AB \underline{\parallel} CD$)，如果不满足，如图1-24b)所示的情形，则该构件组合的自由度$F = 3 \times 4 - 2 \times 6 = 0$，故不能成为机构。

(5)原动件与输出构件之间采用多组完全相同的运动链。例如，图1-25所示行星轮系，采用两个完全相同的行星轮2、2′，并使它们的轮心均匀地分布在同一圆周上。其实只需一个行星轮便可传递运动，其余的行星轮的约束作用是重复的，故是虚约束。行星轮系采用两个完全相同的行星轮，其目的是为了受力均衡。

【例1-3】　计算图1-26a)所示大筛机构的自由度。

【解】　构件2、3、5在C处组成复合铰链；滚子9绕自身轴线的转动为局部自由度；活塞4与缸体8在E、E'两处形成导路平行的移动副，其中之一为虚约束。弹簧10不起限制作用，可略去。经以上处理后，得机构运动简图1-26b)所示。其中$n = 7$，$P_H = 9$，$P_L = 1$，由式(1-1)得，$F = 3n - 2P_L - P_H = 3 \times 7 - 2 \times 9 - 1 = 2$，此机构应有两个自由度。

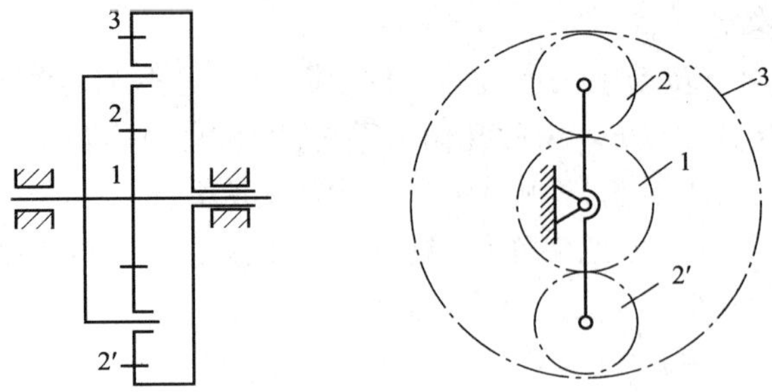

图 1-25　行星轮系

1-太阳轮;2、2′-行星轮;3-齿圈

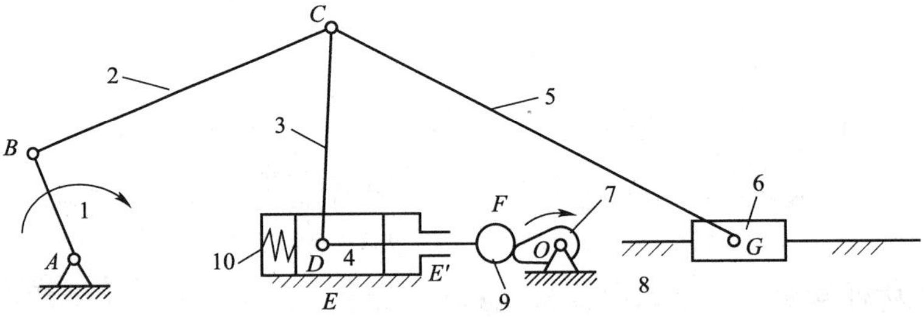

a)

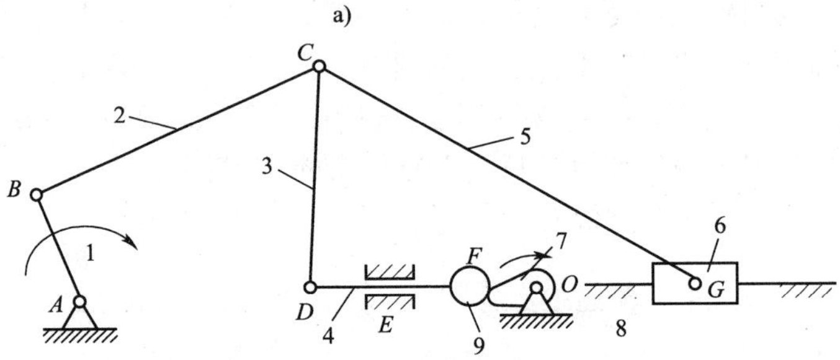

b)

图 1-26　大筛机构

1-原动件;2、3、5-构件;4-活塞;6-滑块;7-凸轮;8-缸件;9-滚子;10-弹簧

【例 1-4】 计算图 1-27 所示压榨机机构的自由度。

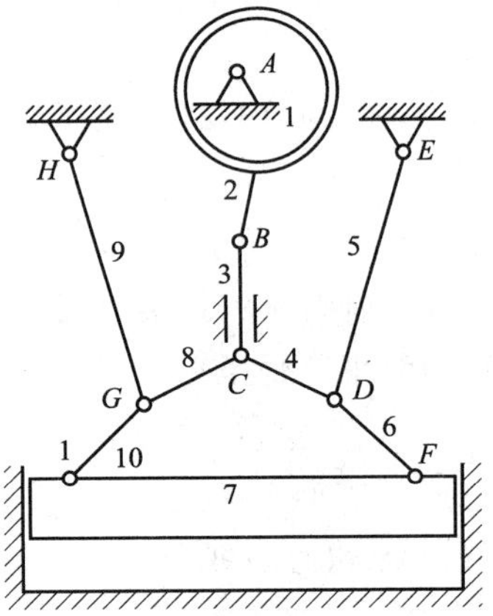

图 1-27　压榨机机构

1-偏心轮;2、4、5、6、8、9、10-构件;11-机架;3、7-构件

【解】 该机构为平面机构。机构中的构件 1 为偏心轮,构件 2 绕构件 1 的几何中心发生相对转动,即形成中心位于偏心轮几何中心的转动副,因此偏心轮相当于一个有两个转动副的构件,一个转动副是在点 A 与机架 11 形成的,另外一个是在偏心轮几何中心处与构件 2 形成的。

该机构中存在结构对称部分,构件 8、9、10 和构件 4、5、6 对称。如果去掉一个对称部分,机构仍能够正常工作,所以可以将构件 8、9、10 以及其上的转动副 G、H、I 和 C 处的一个转动副视为虚约束。构件 7 与机架 11 在左右两边同时形成导路平行的移动副,只有其中一个移动副起作用,另一个是虚约束。构件 4、5、6 在 D 点处形成复合铰链。该机构中没有局部自由度和高副。去掉机构中的虚约束,则机构中的活动构件数 $n=7$,机构中的低副数$P_L=10$,$P_L=0$,由式

(1-1)得

$$F = 3n - 2P_L - P_H = 3 \times 7 - 2 \times 10 = 1$$

故,该机构的自由度为1。

项目小结

通过时本项目的学习,我们学会了平面机构的运动简图的绘制和平面机构自由度的计算。

1. 运功副指构件与构件直接接触,并能产生一定的相对运动的连接。

$$\begin{cases} \text{高副(点、线接触,保留两个自由度)} \\ \text{低副(面接触)} \begin{cases} \text{转动副(保留一个转动自由度)} \\ \text{移动副(保留一个移动自由度)} \end{cases} \end{cases}$$

2. 平面机构运动简图是用简单的线条和规定的符号来表示机构类型、构件数目、运动副的类型和数目以及运动尺寸等。

3. 平面运动中,自由运动的构件有三个独立的运动,每引入一个约束,构件的自由度就减少一个。平面高副限制构件一个自由度,平面低副限制构件两个自由度。

平面机构自由度计算公式为

$$F = 3n - 2P_L - P_H$$

计算机构的自由度时应注意三种特殊情况:复合铰链、局部自由度、虚约束。

4. 机构具有确定运动的条件。

若原动件的数目与机构自由度的数目相等,则机构具有确定的运动。

若机构中原动件的数目多于机构自由度的数目,则会导致机构中最薄弱的构件损坏。

若机构中原动件的数目少于机构自由度的数目,则机构的运动不确定,会首先沿阻力最小的方向运动。

练 习 题

1-1　何谓运动副?又何谓低副和高副?

1-2　何谓机构的运动简图?由实际机械绘制机构运动简图的步骤如何?应注意什么问题?

1-3　何谓自由度?何谓约束?约束数目和自由度数目的关系如何?平面低副和平面高副各有几个约束?约束一个转动而保留两个移动的运动副是否存在?为什么?

1-4　何谓机构的自由度?如何计算?

1-5　机构具有确定运动的条件是什么?

1-6　何谓复合铰链、局部自由度和虚约束?在计算平面机构的自由度时,应如何判断和处理?

1-7　试绘制题图1-1所示机构的机构运动简图,尺寸由图中直接量出,长度比例尺自选(图c绘机构示意图)。

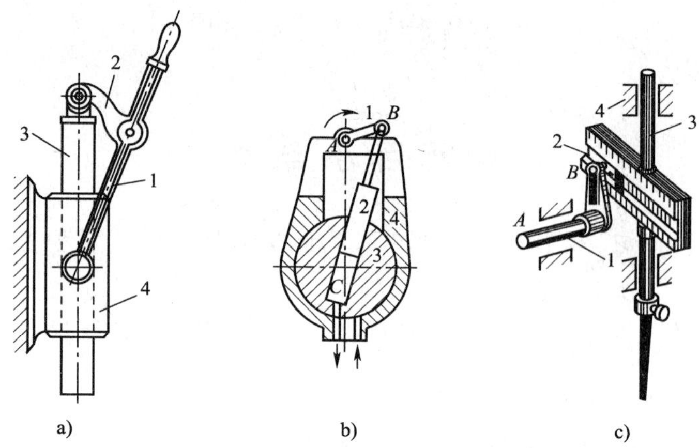

题图 1-1

1、2、3、4-构件

1-8 试计算题图 1-2 所示机构的自由度,说明其原动件数目是否合适(绘有箭头的构件为原动件)。

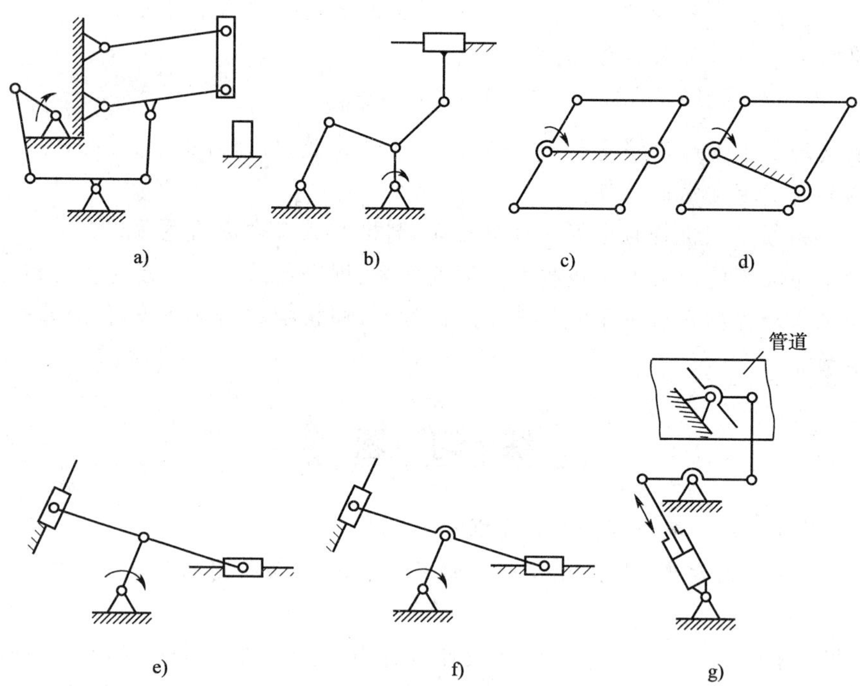

题图 1-2

1-9 题图 1-3 为外科手术用剪刀,其中弹簧的作用是保持剪刀口张开,并且便于医生单手操作。忽略弹簧,并以构件 1 为机架,分析机构的工作原理,画出机构的示意图。

1-10 题图 1-4 所示为缝纫机中的送料机构。计算该机构的自由度。如果机构中有局部自由度、复合铰链和虚约束,请予以指出。该机构在什么条件下具有确定的运动?

1-11 试绘出题图 1-5 所示机构的运动简图,并分析有无错误,应如何修正。

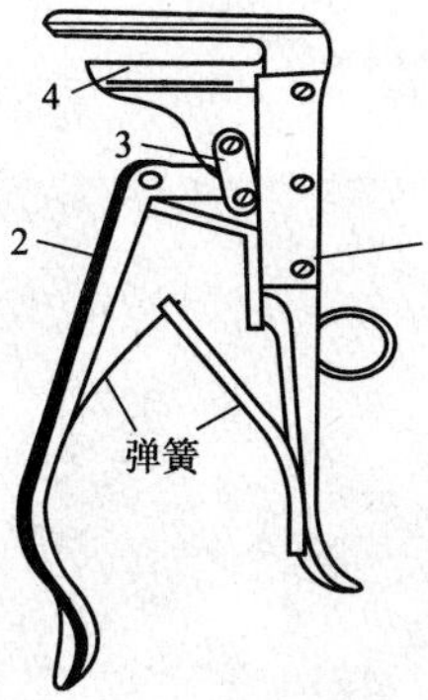

题图 1-3

1、2、3、4-构件

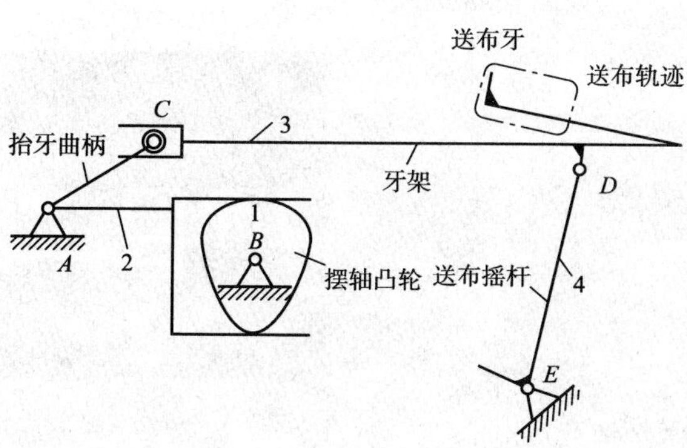

题图 1-4

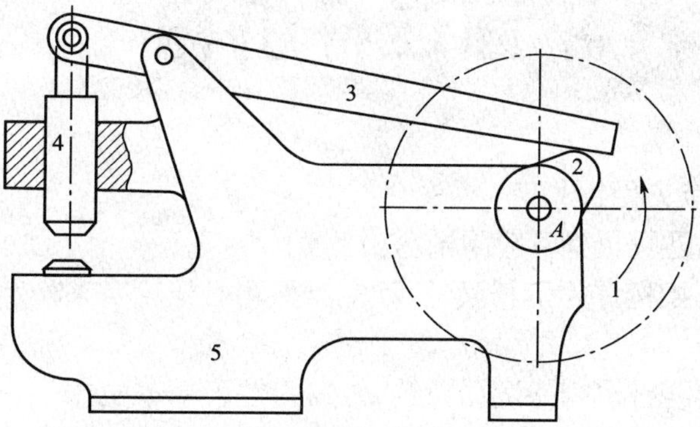

题图 1-5

1、2、3、4、5-构件

项目二

平面连杆机构

【职业能力目标】

1. 了解四杆机构的应用场合；

2. 掌握按构件相对长度、运动副类型和机架轮换来判定机构类型的方法；

3. 掌握四杆机构的运动特性、传力特性等基本概念——行程速度变化系数、压力角（或传动角）和死点；

4. 掌握四杆机构设计的基本方法——图解法。

【学习重点与难点】

铰接四杆机构基本型式的判别及其特性；铰接四杆机构的演变。

1. 学习重点：四杆机构的基本类型及其演化；平面四杆机构的基本特性；利用四杆机构曲柄存在条件判断机构是否存在曲柄及其类型；四杆机构设计的基本方法——图解法。

2. 学习难点：按给定的行程速比系数 K 和连杆的位置的运动条件设计四杆机构。

平面连杆机构构件运动形式多样，如可实现转动、摆动、移动，从而可用于实现已知运动规律和已知轨迹。此外，平面连杆机构具有运动副单位面积所受压力较小，且面接触便于润滑，故磨损减小；制造方便，易获得较高的精度；两构件之间的接触是靠本身的几何封闭来维系的优点。因此，平面连杆机构广泛应用于各种机械、仪表和机电产品中。

课题一　平面连杆机构的概述

全部由低副（转动副、移动副、球面副、球销副或螺旋副等）将若干刚性构件连接组成的机构称为低副机构，工程中也把这类机构称为连杆机构。按构件间的相对运动关系分，连杆机构可以分为平面连杆机构和空间连杆机构两大类。各构件均相对同一平面作平行平面运动的连杆机构称为平面连杆机构，否则称为空间连杆机构，本书重点介绍平面连杆机构。图2-1示出了这些应用中的部分典型例子。

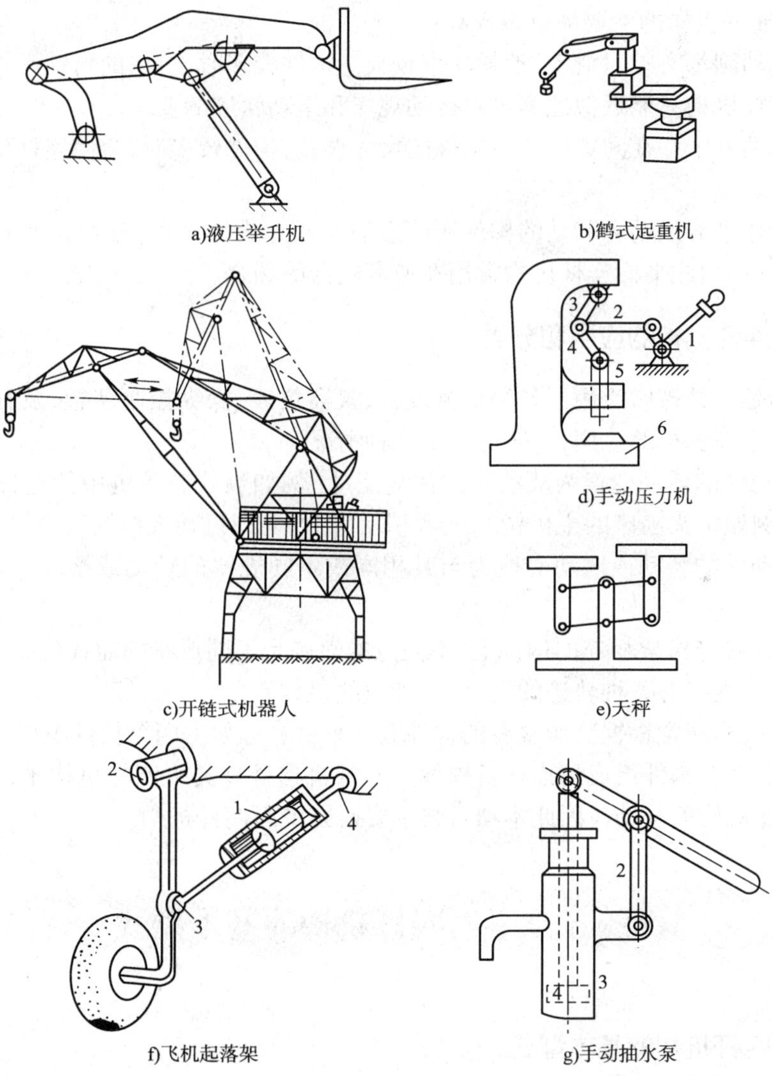

图2-1　平面连杆机构应用实例

一、平面连杆机构的特性

（1）平面连杆机构具有以下主要优点：

①运动副都是低副，运动副元素之间为面接触，压强小，而且便于润滑，故磨损小，利于

承受较大的载荷。

②运动副元素均为平面或圆柱、圆孔，加工方便，结构简单，易于获得较高的精度。

③由于构件的运动形式比较多样，如转动、移动、摆动、平面运动等，故能够实现多种机械运动形式的转换，能在原动件等速运动的条件下，使从动件实现多种运动规律，如等速、不等速、连续、不连续等。

④平面连杆机构中，连杆作平面一般运动，其诸点的运动轨迹各不相同。轨迹曲线形状随着各构件相对长度的改变而改变。这样，就可以利用这些曲线满足不同轨迹要求。

因此，平面连杆机构被广泛应用在各种机械和仪表设备中。近年来，随着电子计算机应用的普及，设计方法不断改进，平面连杆机构的应用范围还在不断扩大。

(2)平面连杆机构的主要缺点表现在：

①由于运动副都有相对滑动，消耗功率较大。构件较多时，机构的自锁可能性也较大。

②平面连杆机构只能近似地满足对运动规律和运动轨迹的要求。

③由于运动副中存在间隙以及各构件的尺寸误差，构件较多时，会使连杆机构产生较大的累积误差。

④机构中作平面运动和移动的构件所产生的惯性力难以平衡，故在高速时将引起较大的振动和动载荷，因此平面连杆机构常用在速度较低的场合。

二、平面连杆机构的应用和分类

连杆机构是一种被广泛用于各种机械设备、仪器仪表、操纵控制装置，及日常生活用具之中的机构。连杆机构的应用，一般有以下几种情况。

(1)把主动件的转动变换为从动件的往复摆动(例如颚式破碎机中的连杆机构)，或往复直线运动(例如牛头刨床的主机构)，或者相反(例如缝纫机踏板机构)。

(2)把主动件的转动或摆动变换为与其相同或不同规律的转动或摆动(例如机车车轮联动机构)。

(3)在不直接与机架相连的构件上，不同点的轨迹是不同形状的曲线(称为连杆曲线)，可以用来满足工程中对各种轨迹的需要(例如直线机构)。

平面连杆机构通常根据其所含有的构件数目来命名。如由四个构件组成的连杆机构称为四杆机构，由六个构件组成的连杆机构称为六杆机构等。其中四杆机构不但应用极为广泛，而且是多杆机构的基础。因此本项目将主要研究平面四杆机构。

课题二　平面四杆机构的基本型式

一、平面四杆机构的基本型式

平面连杆机构是由一定数量的构件用低副连接而成的机构，各构件均在相互平行的平面内运动。平面四杆机构是工程上最常用的平面连杆机构，以铰链四杆机构(图 2-2a)、曲柄滑块机构(图 2-2b)和导杆机构(图 2-2c)应用尤为广泛。图 2-2a)所示的铰链四杆机构，各构件之间均用转动副连接，它是平面四杆机构的基本型式，具有移动副的其他四杆机构，例如图 2-2b)、c)所示的四杆机构，都可以认为由铰链四杆机构演化而成。

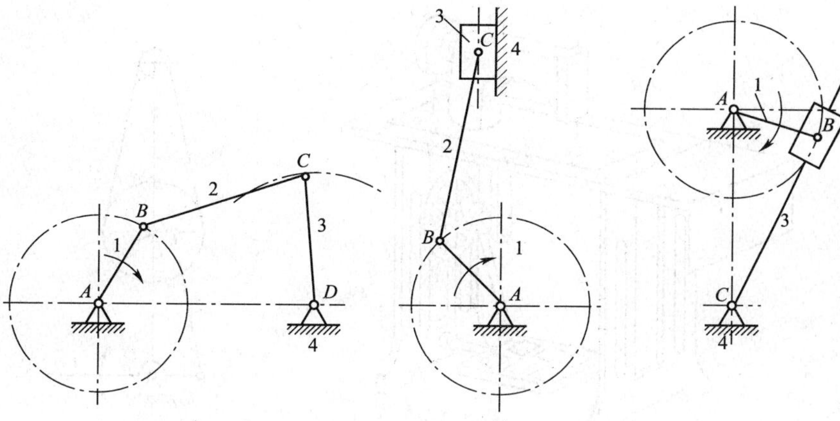

图 2-2　铰链四杆机构

二、铰链四杆机构的分类和应用实例

在铰链四杆机构中，与机架相连的构件称为连架杆，如图 2-2a）中的构件 1 和 3；不与机架相连的构件称为连杆，如图 2-2a）中的构件 2，在一般情况下，连杆作复杂的平面运动。能作整周回转的连架杆称为曲柄；只能在一定角度范围内摆动的连架杆称为摇杆。按运动形式可将铰链四杆机构分为以下三种类型。

1. 曲柄摇杆机构

铰链四杆机构的两连架杆中，若一杆为曲柄，另一杆为摇杆，则此机构称为曲柄摇杆机构，如图 2-2a）所示。搅拌器机构（图 2-3）和雷达天线机构（图 2-4）都是以曲柄为原动件的曲柄摇杆机构的应用实例。前者利用连杆 2 上 E 点的轨迹（点画线所示的曲线）以及容器绕 $z-z$ 轴的转动，而将溶液搅拌均匀；后者利用主动曲柄 1 带动与天线固接的从动摇杆 3 摆动，以达到调节天线角度的目的。图 2-5a）所示为缝纫机脚踏驱动机构，它是以摇杆为原动件的曲柄摇杆机构。脚踩踏板 1（摇杆）做往复摆动，通过连杆 2 使下带轮 3（固接在曲柄上）转动。图 2-5b）所示是该机构的运动简图。

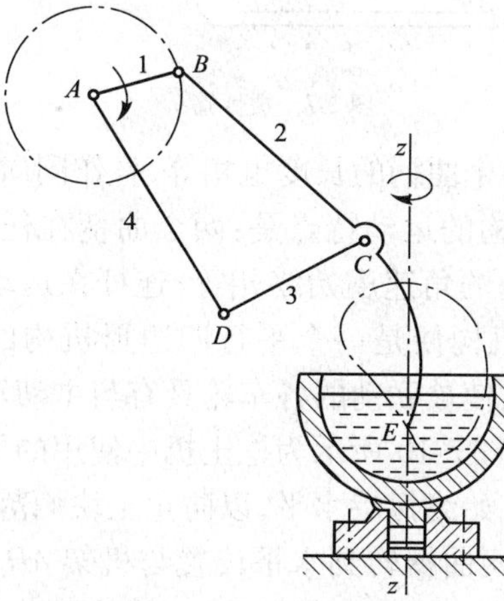

图 2-3　搅拌器机构

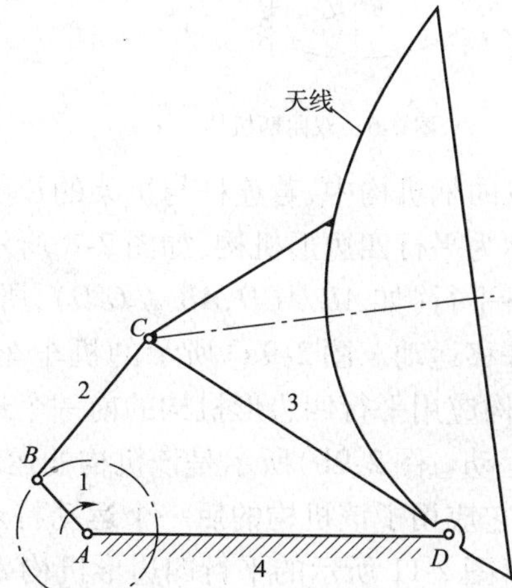

图 2-4　雷达天线机构

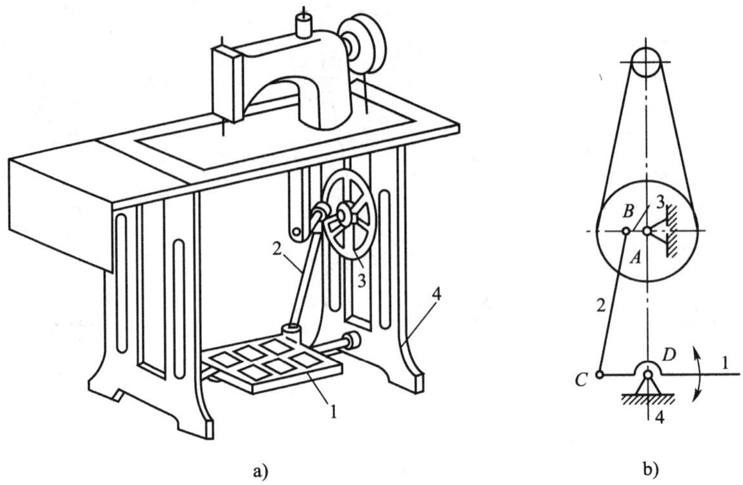

图 2-5　曲柄摇杆机构的应用

1-踏板;2-连杆;3-带轮;4-机架

2. 双曲柄机构

若铰链四杆机构的两连架杆均为曲柄,则该机构称为双曲柄机构,如图 2-6 所示。惯性筛的铰链四杆机构 *ABCD* 便是双曲柄机构的应用实例,如图 2-7 所示。该机构的特点是当主动曲柄 1 等速回转一周时,从动曲柄 3 将以变速回转一周,因此使筛子 6 获得较大的加速度,被筛的材料将因惯性而被筛选。

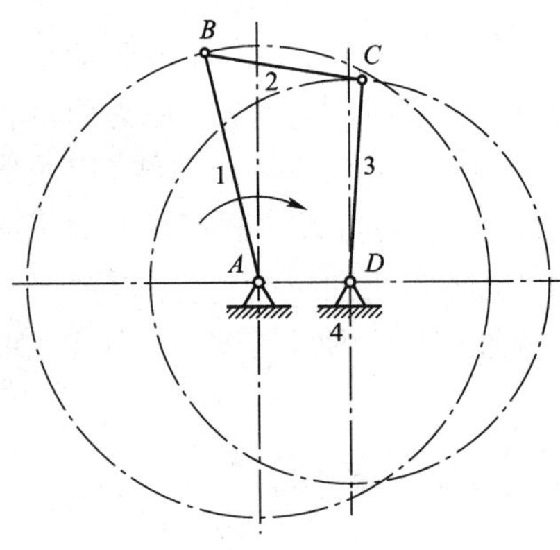

图 2-6　双曲柄机构

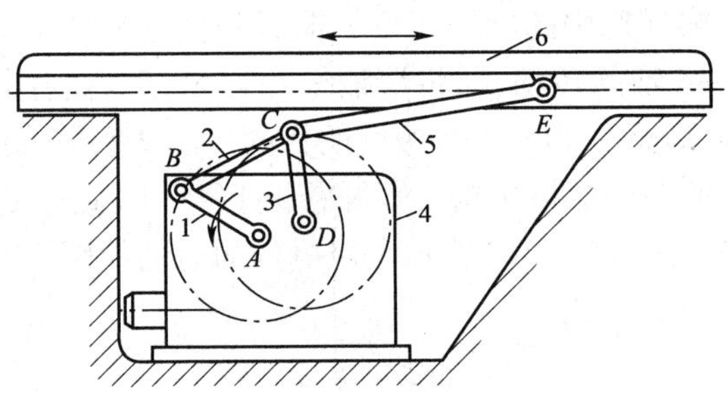

图 2-7　惯性筛

在双曲柄机构中,若连杆与机架的长度相等,两个曲柄的长度也相等,且作同向转动,则该机构称为平行四边形机构,如图 2-8 所示。该机构的运动特点是:两个曲柄在任何位置,总是保持平行(如 $AB /\!/ CD$,$AB' /\!/ C'D$),所以两曲柄的角速度始终相等;连杆在运动过程中始终作平移运动。图 2-9a)所示的机车车轮联动机构便是一个平行四边形机构的应用实例,该机构应用平行四边形机构的前一个运动特点,使被联动的各车轮具有与主动轮 1 完全相同的运动。图 2-9b)所示是该机构的运动简图。图 2-10 所示为挖土机中使用的平行四边形机构,它应用了该机构的后一个运动特点,使铲斗始终保持水平,以防止土块洒落。

对于图 2-11 所示的平行四边形机构 *ABCD*,当两曲柄转到水平位置与机架 *AD* 重合时,连杆 B_1C_1 也与机架重合,若主动曲柄 *AB* 再继续回转,可能出现两种情况:从动曲柄 *DC* 按原方向继续转动,保持平行四边形 AB_2C_2D;或变为反方向转动,构成逆平行四边形机构

$AB_2C'_2D$,这时两曲柄转向相反,且角速度不等。在实际应用中若需两曲柄等速同向回转时,应注意消除这种运动不确定的可能性,通常可利用从动件自身的惯性或利用加虚约束等办法来解决。图 2-11 所示的机构就是利用虚约束来使机构始终保持平行四边形。

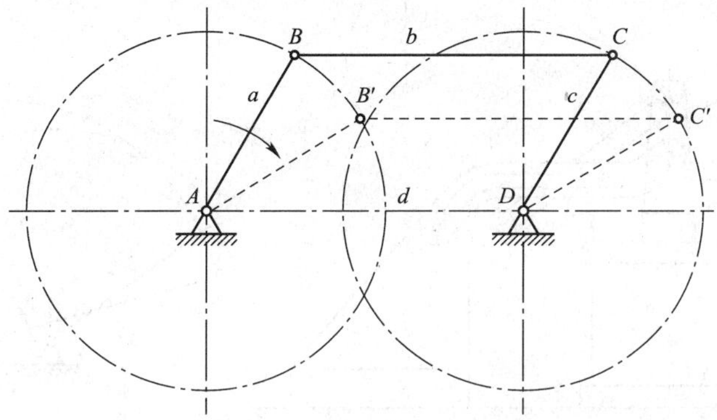

图 2-8　平行四边形机构

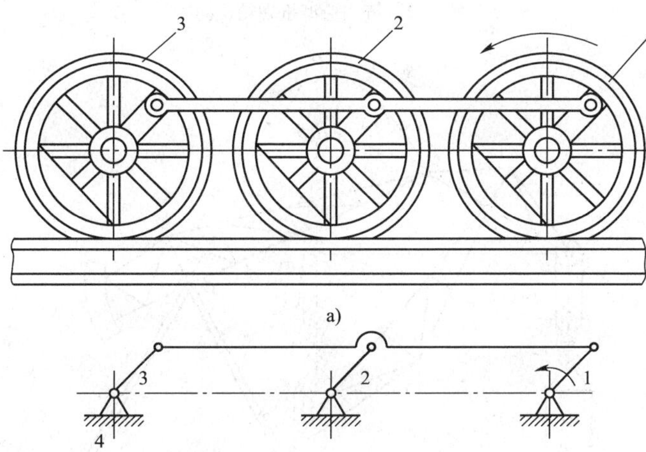

a)

b)

图 2-9　机车车轮联动机构

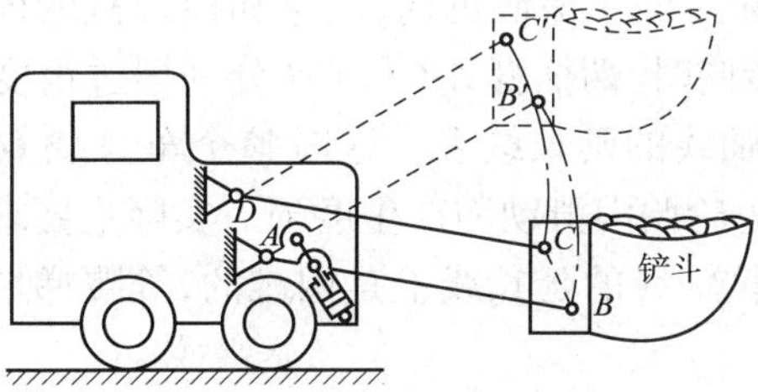

图 2-10　挖土机机构

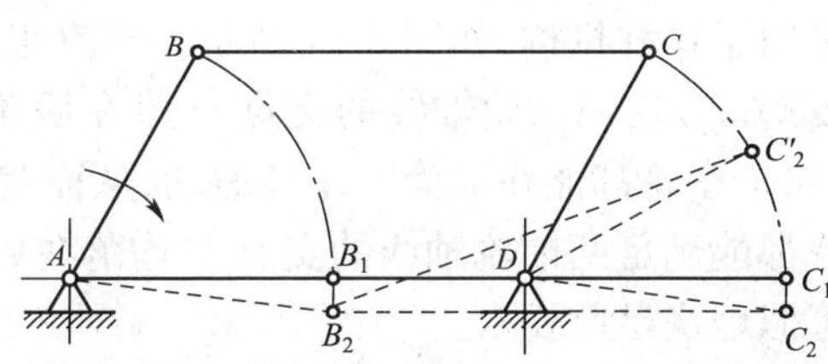

图 2-11　平行四边形机构

3. 双摇杆机构

若铰链四杆机构的两连架杆均为摇杆,则称为双摇杆机构。图 2-12 所示的铸工造型机翻箱机构就是双摇杆机构。砂箱 2′与连杆 2 固接,当它在实线位置进行造型振实后,转动主动摇杆 1,使砂箱移至虚线位置,以便进行拔模。图 2-12b)所示是该机构的运动简图。图 2-13所示的鹤式起重机中也应用了一个双摇杆机构。当摇杆 AB 摆动时,连杆 BC 延长部分上的 E 点作近似水平直线运动,使重物避免不必要的升降,以减少能量消耗。

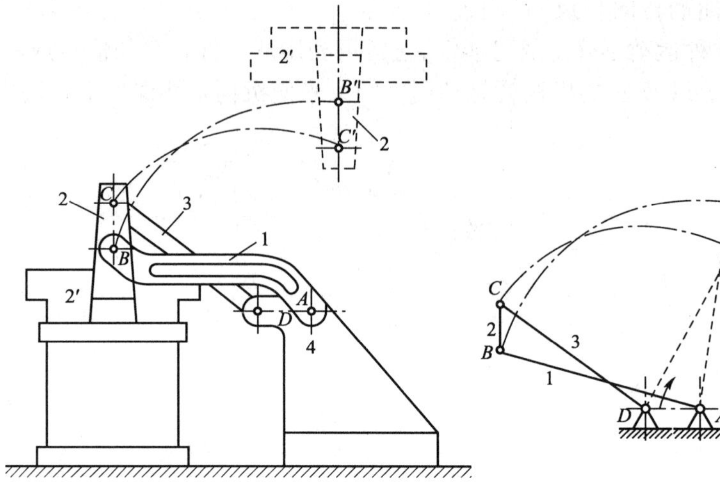

a)　　　　　　　　　　　　　　b)

图 2-12　铸工造型机翻箱机构

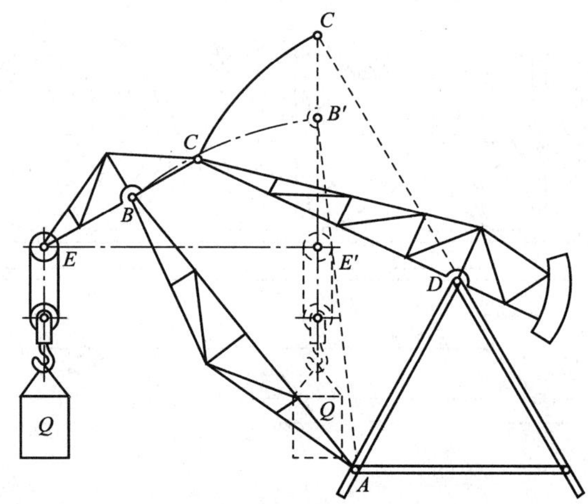

图 2-13　鹤式起重机

在双摇杆机构中，若两摇杆的长度相等，则称为等腰梯形机构，汽车和拖拉机的前轮转向就采用了这种机构，如图 2-14 所示。当汽车转向时，两摇杆 AB 和 CD 分别摆过角度 α 和 β，且 $\alpha<\beta$，以使两前轮轴线的交点 O 落在后轮轴线的延长线上。这时整个车身绕 O 点转动，使四个车轮都能在地面上作纯滚动，从而避免轮胎因滑动而产生磨损。实际上要求在任意位置都能满足两前轮轴线的交点 O 均落在后轮轴线的延长线上是困难的，等腰梯形机构仅能近似地满足此要求。

▶▶ 三、平面四杆机构的演化

（1）曲柄滑块机构在图 2-15a）所示的铰链四杆机构中，铰链中心 C 的运动轨迹是以 D 为圆心、杆长 CD 为半径的圆弧 mm，如果 CD 长度增至无穷大，则如图 2-15b）所示，C 点轨迹变成直线 mm，摇杆 CD 就演化为做直线运动的滑块，转动副 D 就演化为移动副，则机构就演化为如图 2-15c）所示的曲柄滑块机构。若 C 点的运动轨迹通过曲柄回转中心 A，则称为对心曲柄滑块机构，如图 2-15c）所示；若 C 点的运动轨迹线 mm 的延长线与回转中心 A 之间有一偏距 e，则称为偏置曲柄滑块机构，如图 2-15d）所示。

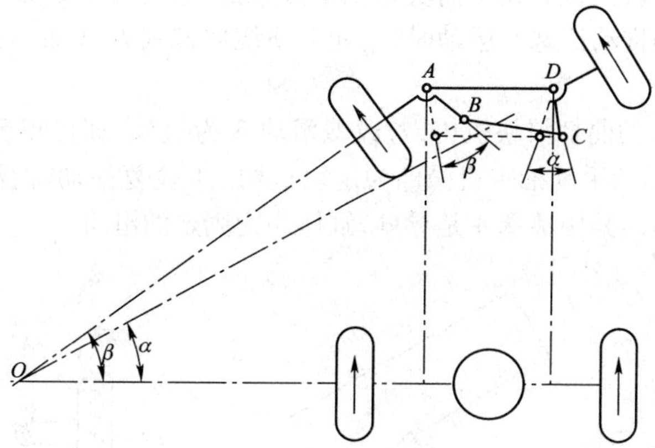

图 2-14　前轮转向机构

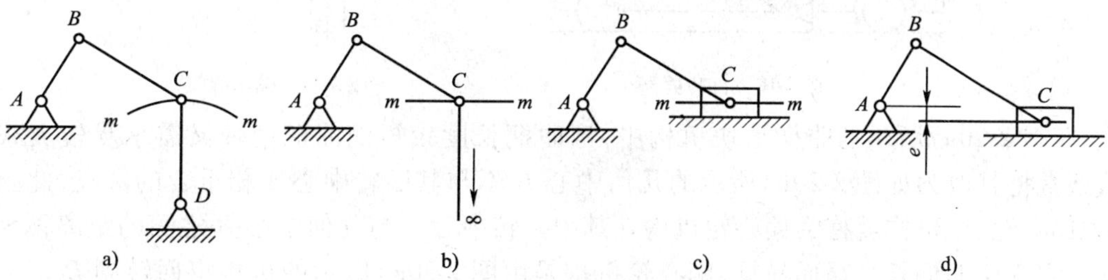

图 2-15　曲柄滑块机构

曲柄滑块机构在活塞式内燃机、空气压缩机、冲床等机械中广泛应用。

(2)导杆机构改变曲柄滑块机构中的固定件可得到导杆机构，如图 2-16a）所示的曲柄滑块机构，若改取杆 1 为固定件（机架），即演化为图 2-16b）所示的导杆机构。杆 4 称为导杆，滑块 3 相对导杆滑动并一起绕 A 点转动。在导杆机构中，通常取杆 2 为原动件。当 $L_{AB} < L_{BC}$时，杆 2 和杆 4 均能做整周转动，故称为转动导杆机构，如图 2-16b）所示。在导杆机构中，当 $L_{AB} > L_{BC}$时，杆 2 做整周转动，导杆 4 只能做往复摆动，故称为摆动导杆机构，如图 2-17所示。此机构常用于牛头刨床和插床中。

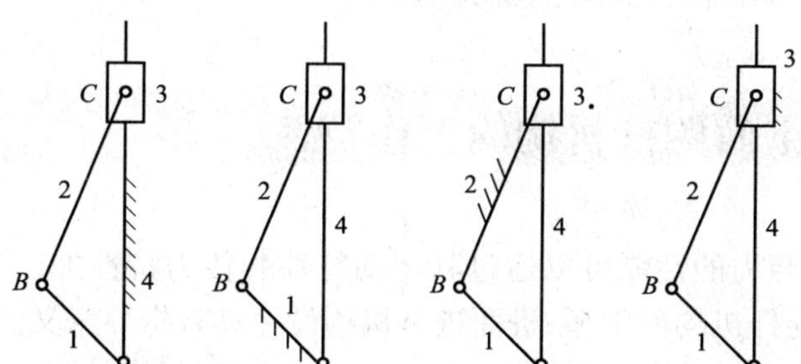

a)曲柄滑块机构　b)导杆机构　c)摇块机构　d)定块机构

图 2-16　曲柄滑块机构的演化

1、2、4-杆；3-滑块

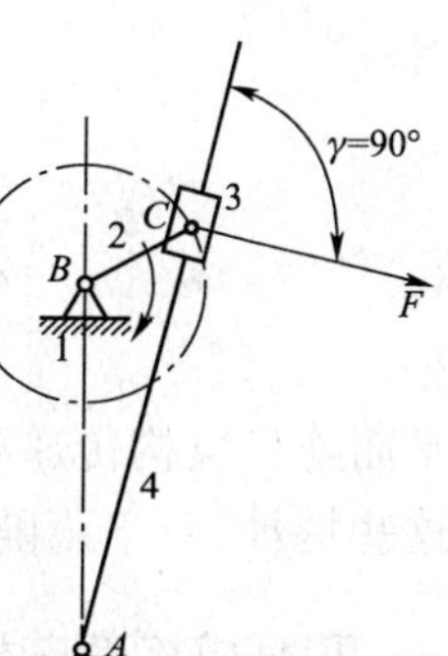

图 2-17　摆动导杆机构

(3)摇块机构和定块机构如图 2-16a）所示的曲柄滑块机构，若改取杆 2 为机架，即可得到如图 2-16c）所示的摇块机构，其中杆 1 为曲柄，滑块 3 绕 C 点摆动。图 2-18 所示的汽车自动卸料机构即为摇块机构。其中摇块3就是液压缸,它可相对机架2摆动;活塞是导杆,当液压缸3中压力油推动活塞4运动时,车厢1便绕回转副 B 转动,当到达一定角度时,物料就自动卸下。

如图2-16a)所示的曲柄滑块机构,若改取滑块3为机架,即可得到图2-16d)所示的定块机构。图2-19所示的手动抽水机筒即为定块机构。1往复摆动时,活塞4便在缸体3中往复移动而将水抽出。其中活塞4是导杆,缸体3为固定的滑块。

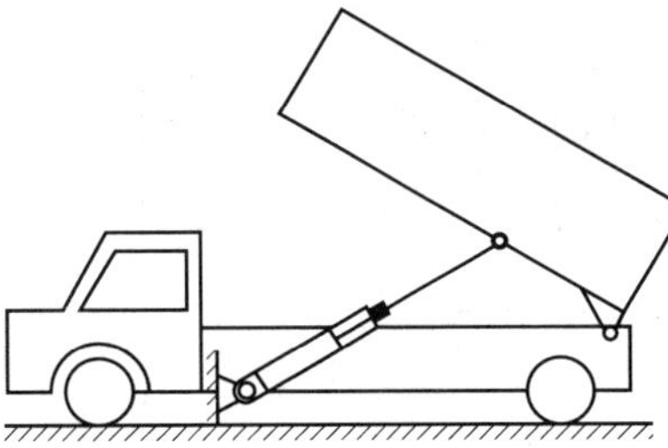

图2-18　自卸货车

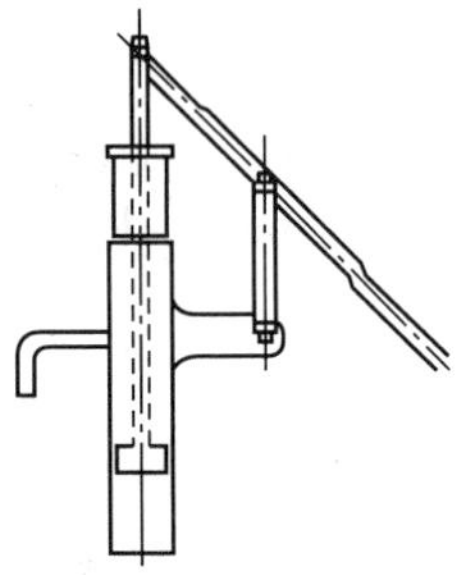

图2-19　抽水唧筒

在图2-20a)所示的曲柄滑块机构中,当曲柄长度较短而曲柄销轴又需承受较大载荷时,通常将其改为如图2-20b)所示的几何中心 B 不与其回转中心 A 相重合的圆盘,此圆盘称为偏心轮,此机构就称为偏心轮机构。其中回转中心 A 与几何中心 B 之间的距离称为偏心距,它等于曲柄长。显而易见,偏心轮机构是由图2-20a)所示的机构将回转副 B 扩大到包括回转副 A 而演化得到的。

偏心轮机构广泛用于传力较大而行程较小的往复泵、剪床和冲床机械中。

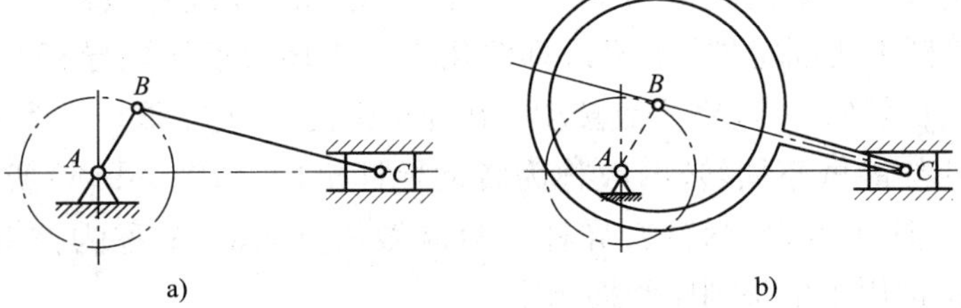

a)　　b)

图2-20　曲柄滑块机构演化为偏心轮机构

课题三　平面四杆机构的工作特性

平面连杆机构传递和变换运动与力的性能可以通过其运动特性和传力特性加以表征。了解这些特性,对于正确选择平面连杆机构的类型、进而进行机构设计具有指导意义。

一、四杆机构有曲柄的条件

在机械设计中采用的原动机通常是电动机、内燃机等,这就要求用这类原动机驱动的机构的原动件能做整周转动,即必须为曲柄。而在铰链四杆机构中是否存在曲柄或存在几个曲柄,与各杆的相对长度和机架的选择有关。因此,需要讨论铰链四杆机构存在曲柄的条件。

图 2-21 所示的铰链四杆机构，杆 1、2、3、4 的长度分别以 a、b、c、d 表示。设杆 1 为曲柄，杆 3 为摇杆，则当曲柄 1 与连杆 2 重叠共线时 (AB_1C_1)，摇杆 3 处于左边极限位置 C_1D；当曲柄 1 与连杆 2 拉直共线时(AB_2C_2)，摇杆 3 处于右边极限位置 C_2D。很明显，当曲柄处在上述两个位置(AB_1、AB_2)以外的任一位置时，摇杆一定能在两个极限位置 C_1D 和 C_2D 以内的相应位置，也就是各杆的长度能满足杆 1 在 360°范围内的任一位置。因此，如果杆 1 和杆 2 能达到重叠共线和拉直共线，则杆 1 就一定能作整周(360°)转动。

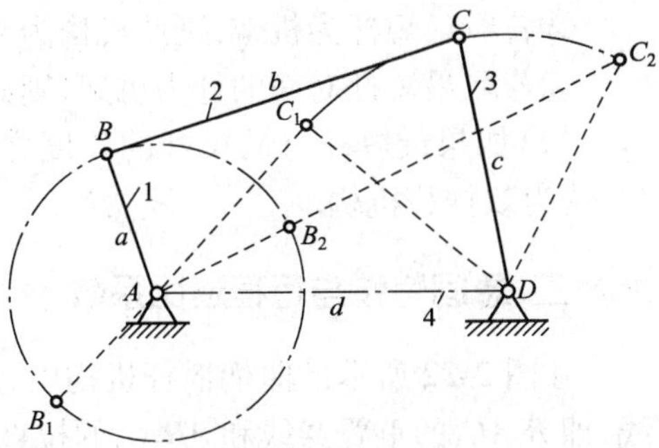

图 2-21　铰链四杆机构

当杆 1 与杆 2 在拉直共线位置时，铰链四杆机构构成$\triangle AC_2D$。根据三角形两边之和大于第三边可得

$$a+b<c+d \tag{2-1}$$

当杆 1 与杆 2 在重叠共线位置时，铰链四杆机构构成$\triangle AC_1D$。根据三角形两边之差小于第三边可得

$$c-d<b-a \quad 及 \quad d-c<b-a$$

即

$$a+c<b+d \tag{2-2}$$

$$a+d<b+c \tag{2-3}$$

将式(2-1) ~ 式(2-3)中任两式分别相加后可得

$$a<b \tag{2-4}$$

$$a<c \tag{2-5}$$

$$a<d \tag{2-6}$$

在建立上述关系时，若再考虑到当杆 1 与杆 2 成拉直共线时，杆 3 与杆 4 也成拉直共线；当杆 1 与杆 2 成重叠共线时，杆 3 与杆 4 也成重叠共线。这两种特殊情况，前者使式(2-1)成为等式，后者使式(2-2)或式(2-3)成为等式。

根据上述分析可知，铰链四杆机构存在曲柄的条件为：

(1)曲柄为最短杆。

(2)最短杆与最长杆的长度之和，小于或等于其他两杆长度之和。

由图 2-21 可知，曲柄 1 对于相邻两杆 2、4 都能作整周(360°)的相对转动，而摇杆 3 对于相邻两杆 2、4 都只能作一定范围内的相对摆动。若在图 2-21 中不取杆 1 为机架，而改取其他杆为机架，则并不改变机构中相邻两杆的相对运动关系。如改取杆 2 为机架，则杆 1 对相邻两杆 2、4 仍能作整周(360°)的相对转动，杆 3 对相邻两杆 2、4 也保持原来的在一定范围内的相对摆动。

综上所述，可以归纳出如下几点，作为判断铰链四杆机构类型的准则。

(1)如果最短杆与最长杆的长度之和，小于或等于其他两杆长度之和，则有以下三种情形：

①若取与最短杆相邻的杆为机架，则此机构为曲柄摇杆机构，其中最短杆为曲柄，最短杆对面的杆为摇杆。

②若取最短杆为机架,则此机构为双曲柄机构。

③若取最短杆对面的杆为机架,则此机构为双摇杆机构。

(2)如果最短杆与最长杆的长度之和,大于其他两杆长度之和,则不论取哪一杆为机架,均为双摇杆机构。

二、急回特性与行程速比系数

在图 2-22 所示的曲柄摇杆机构中,原动件曲柄 AB 在转动过程中,有两次与连杆 BC 共线,即 B_1AC_1 的重叠共线和 AB_2C_2 的拉直共线。铰链中心 A 与 C 之间最短距离为 AC_1,最长距离为 AC_2,所以 C_1D 和 C_2D 分别是从动件摇杆 CD 往复摇动的左、右两个极限位置。

摇杆两极限位置间的夹角 ψ 称为摇杆的摆角,而与摇杆两极限位置对应的曲柄两位置 AB_1 和 AB_2 之间所夹的锐角 θ 称为极位夹角。

如图 2-22 所示,当曲柄以等角速度 ω 由 AB_1 顺时针转到 AB_2,转过的角度为 $\varphi_1=180+\theta$,所需的时间为 t_1,摇杆由 C_1D 摆到 C_2D,而 C 点的平均速度为 v_1;当曲柄再继续转过角度 $\varphi_2=180-\theta$ 时,摇杆自 C_2D 摆回到 C_1D,其所需的时间为 t_2,而 C 点的平均速度为 v_2。则如图 2-22 所示,因 $\varphi_1(=180+\theta)>\varphi_2(=180-\theta)$,而曲柄的角速度 ω 为常数,故知 $t_1>t_2$,$v_2>v_1$。由此可见,当曲柄等速回转时,摇杆来回摆动的角速度不同,在摆回时具有较高的平均速度,或者说摇杆具有急回作用。在实际生产中,为缩短非生产时间,提高生产率,常取平均速度较高的为空回行程,取平均速度较低的为生产行程。机构的急回特性可用行程速比系数 K 表示,即

$$K=\frac{v_2}{v_1}=\frac{C_1/t_2}{C_2/t_1}=\frac{t_1}{t_2}=\frac{\varphi_1}{\varphi_2}=\frac{180°+\theta}{180°-\theta} \tag{2-7}$$

K 的大小表示机构的急回程度。由式(2-7)可知,K 的大小与极位夹角有关,即

$$K=\frac{180°+\theta}{180°-\theta}>1 \tag{2-8}$$

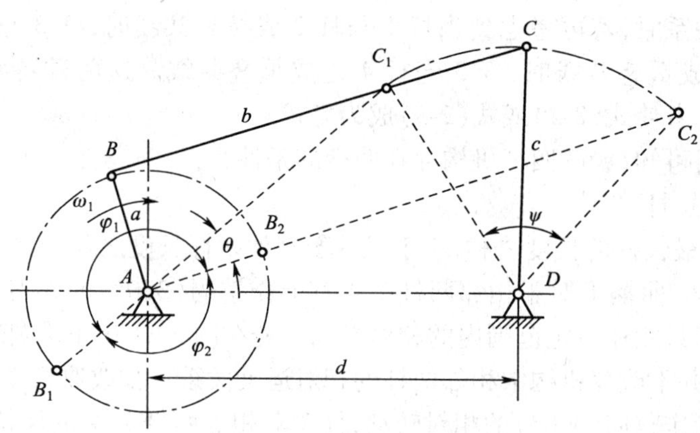

图 2-22　铰链四杆机构的急回作用

由上面的分析可知,连杆机构有无急回作用取决于该机构有无极位夹角 θ,极位夹角 θ 越大,急回特件越显著。不论是曲柄摇杆机构还是其他类型的连杆机构,只要机构在运动过程中具有极位夹角 θ,则该机构就具有急回作用。

偏置曲柄滑块机构和摆动导杆机构也有急回特性,它们的极限位置、极位夹角分别如图 2-23a)、b)所示。而行程速度变化系数 K 仍可用式(2-7)计算。图 2-23a(中,滑块极限位置

间的距离 C_1C_2 称为滑块的行程，以 h 表示。图 2-23b）中，根据几何关系，摆动导杆机构的极位夹角 ψ 与导杆的摆角 θ 相等。导杆的摆角一般比较大，因此导杆机构常用于要求急回特性较显著的机器中，如牛头刨床的主运动机构。

在设计具有急回特性的铰链四杆机构时，应先按急回要求确定 K 值，再按式（2-8）求出 θ 值，然后设计出各杆的尺寸。

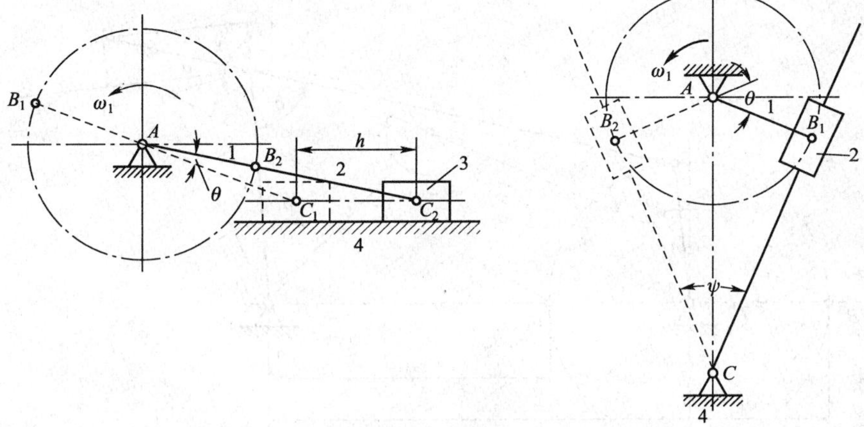

a)　　　　　　　　b)

图 2-23　急回特性

三、压力角、传动角

实际使用的连杆机构，不仅要保证实现预期的运动，而且要求传动时，具有轻便省力、效率高等良好的传力性能。因此，要对机构的传力情况进行分析。

图 2-24 所示的曲柄摇杆机构中，曲柄 1 为原动件，摇杆 3 为从动件。如果不计构件的惯性力、重力和运动副中的摩擦力，则连杆 2 是二力杆件，因此，通过连杆 2 作用在从动件 3 上的驱动力 F 沿着 BC 方向。将力 F 分解为沿其作用点 C 的速度 v_c 方向的分力 F_t 和垂直于 v_c 方向的分力 F_n。设 F 与 v_c 之间的夹角为 α，则由图 2-24 可知

$$F_t = F\cos\alpha$$

$$F_n = F\sin\alpha \tag{2-9}$$

分力 F_t 是使从动件转动的有效分力，而 F_n 不仅对从动件没有转动效应，而且还会引起转动副 D 中产生附加径向压力和摩擦阻力，所以它是有害分力。由式（2-9）可知，角度 α 的大小直接影响 F_n 与 F_t 的大小，α 越小，则 F_n 越小，而 F_t 越大。在曲柄摇杆机构中，作用在从动摇杆上的力 F 与其作用点 C 的速度 v_c 之间所夹的锐角，称为从动摇杆在此位置时的压力角，通常也称为连杆机构的压力角。显然，压力角越小，传力性能越好，对机构工作越有利。

机构在运转过程中，α 是不断变化的。压力角 α 的余角 γ 称为传动角。如图 2-24 所示，其中连杆 BC 与从动件 CD 之间所夹的锐角 δ 也等于传动角 γ。γ 越大，对传力越有利。由于传动角易于观察和测量，因此工程上常以传动角 γ 衡量连杆机构的传力性能。为了使传动角不致过小，常要求其最小值 γ_{min} 大于许用传动角［γ］，即 $\gamma_{min} \geqslant [\gamma]$。［$\gamma$］一般取为 40°或 50°。下面确定 γ_{min} 出现的位置。在图 2-24 所示的铰链机构中，连杆 BC 与摇杆 CD 之

间的夹角 δ 随转动副 B 与 D 之间的距离 f 的变化而变化，f 越短，δ 也越小。当曲柄转到与机架相重合的两个位置 AB_2 和 AB_1（图中虚线位置）时，f 分别达到最大值 f_{max} 和最小值 f_{min}，此时所对应的夹角分别为最大值 δ_{max} 和最小值 δ_{min}。当 $\delta_{max} < 90°$ 时，$\delta_{min} = \gamma' = \gamma_{min}$；当 $\delta_{max} > 90°$ 时，其传动角 $\gamma = 180° - \delta_{max}$，也可能为最小值，所以应比较 γ' 和 γ，δ_{min} 取两者中较小值作为机构的最小传动角 γ_{min}；当 $\delta_{min} > 90°$ 时，$180° - \delta_{max} = \gamma_{min}$。并使 $\gamma_{min} \geqslant [\gamma]$。至于 δ_{min} 和 δ_{max} 值可按图 2-24 中的几何关系，用余弦定律求得，也可用图解法求得。

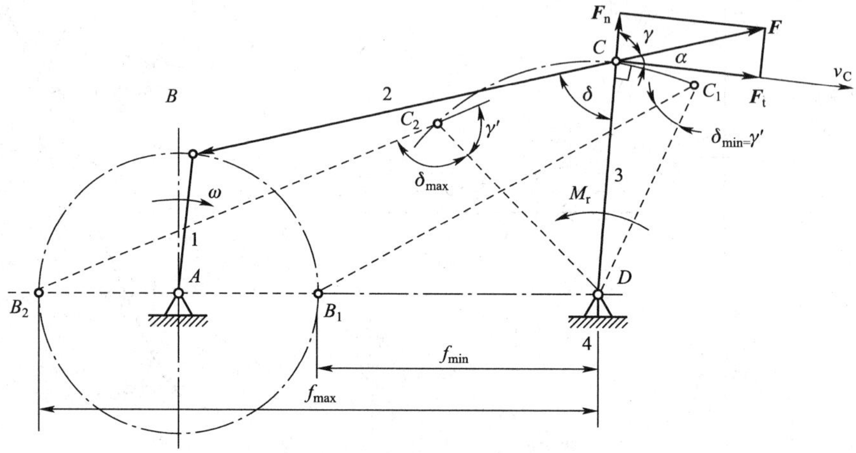

图 2-24　曲柄摇杆机构运动分析

四、死点位置

在图 2-25 所示的曲柄摇杆机构中，若摇杆 1 为原动件，而曲柄 3 为从动件，则当摇杆摆动到极限位置 C_1D 或 C_2D 时，连杆 2 与从动件 1 共线，从动件的传动角 $\gamma = 0°$（即 $\alpha = 90°$），通过连杆加于从动件上的力将经过铰链中心 A，从而驱使从动件曲柄运动的有效分力为零。机构的这种传动角为零的位置称为死点位置。四杆机构是否存在死点位置，决定于连杆能否运动至与转动从动件（摇杆或曲柄）共线或与移动从动件移动导路垂直。

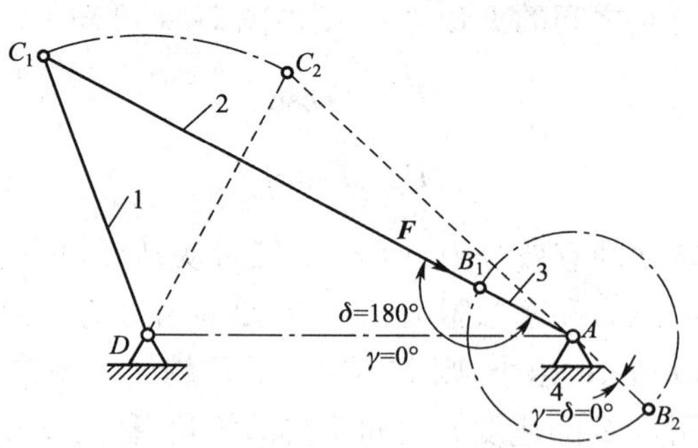

图 2-25　曲柄摇杆机构的死点位置

1-摇杆；2-连杆；3-曲柄；4-机架

对于传动机构来说，机构有死点位置是不利的，为了使机构能顺利地通过死点位置，通常在曲柄轴上安装飞轮，利用飞轮的惯性来渡过死点位置，例如缝纫机上的大带轮也起到飞轮的作用。也可采用机构错位排列的方法通过死点位置。图 2-26 所示为蒸汽机车车轮联动机构，它是使两组机构的死点相互错开，靠位置差的作用通过各自的死点。

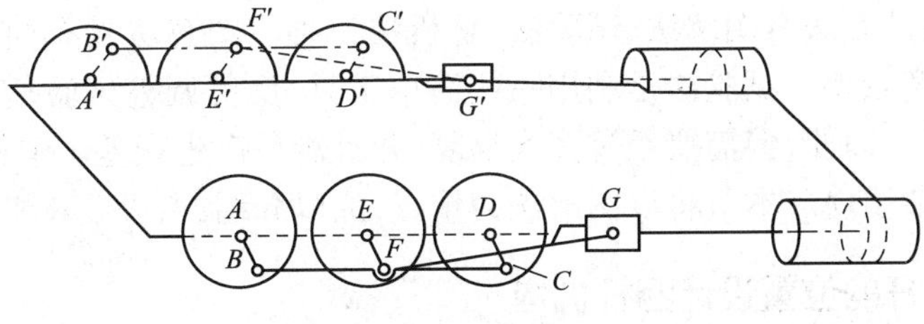

图 2-26　机构错位排列

同任何事物一样，死点有它不利的一面，也有它可利用的一面。在工程上，许多场合往往利用死点位置来实现一定的工作要求。图 2-27a）所示为一种连杆式快速夹具，它是一个利用死点位置来夹紧工件的例子。在连杆 2 上的手柄处施以作用力 F，使连杆 2 与连架杆 3 成一直线，这时构件 1 的左端夹紧工件。外力 F 撤除后，工件给构件 1 的反力 N，欲使构件 1 顺时针方向转动，但这时由于连杆机构的传动角 $\gamma=0°$ 而处于死点位置，从而保持了工件上的夹紧力。放松工件时，只要在手柄上加一个向上的力 F，就可使机构脱离死点位置，从而放松工件。这种夹紧方式广泛地应用于钻夹具、焊接用夹具等场合。图 2-27b）所示是飞机起落架处于放下机轮的位置，连杆 BC 与从动件 CD 位于一直线上，因此机构处于死点位置。机轮着地时，承受很大的地面反力而不致使从动件 CD 转动，保持着支撑状态。图 2-28 所示轮椅的制动装置，顺时针扳动小手柄使制动力压住车轮，可防止轮椅沿斜坡自动下滑。因机构处于自锁位置，不会在制动力的作用下自动松脱，可始终维持制动状态。

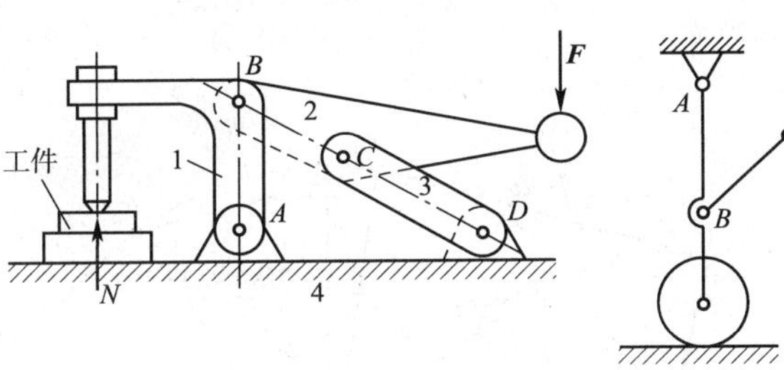

a)　　b)

图 2-27　利用死点工作的曲柄摇杆机构

1-构件；2-连杆；3-连架杆

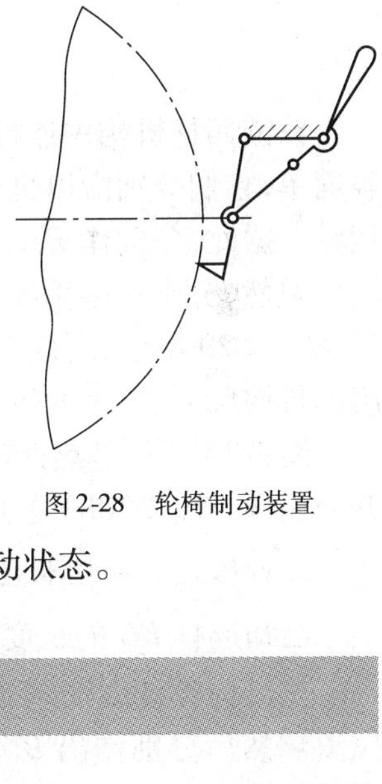

图 2-28　轮椅制动装置

课题四　平面四杆机构的设计

平面四杆机构运动设计的主要任务是：根据机构的工作要求和设计条件，选定机构的型式，确定出机构各构件的尺寸参数。在生产实际中，对平面连杆机构提出的工作要求虽然是多种多样的，但是总的来说运动设计可以归纳为以下两类基本问题。

（1）按给定的运动规律或位置设计四杆机构。例如在一定条件下，要求满足某构件占据预定的位置，或者要求从动件能按预期的运动规律运动。

（2）按一定的轨迹要求设计四杆机构。例如要求连杆上某点能沿给定轨迹运动等。

四杆机构的设计方法有图解法、试验法、解析法三种。图解法具有简便易行、直观清晰的优点,但精确程度较差。试验法是利用一些简单工具,反复调整试验,直至得到满意结果为止。这种方法虽然简便,但需要经过多次反复,并且难免产生误差。解析法的精确程度较高,但计算过程复杂烦琐。本节将以图解法为重点,加以介绍。

一、按给定连杆的位置设计四杆机构

1. 按给定连杆的长度及两个位置设计四杆机构

设已知连杆 BC 的长度为 b,给定的两个位置为 B_1C_1 和 B_2C_2,如图 2-29 所示,要求设计一铰链四杆机构。

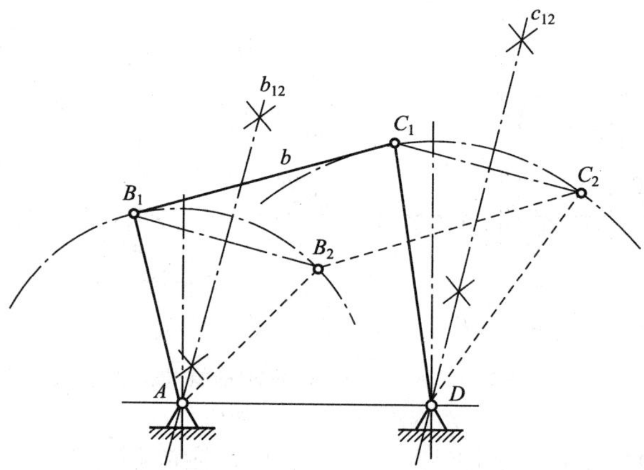

图 2-29　铰链四杆机构

铰链四杆机构中连杆的运动虽然比较复杂,但连杆上两转动副中心 B 和 C 的运动却比较简单,它们分别沿以机架上两铰链中心 A 和 D 为圆心,以两连架杆的长度为半径的圆弧运动。据此,分别作 B_1、B_2 两点连线的中垂线(垂直平分线)b_{12} 和 C_1、C_2 两点连线的中垂线 c_{12}。显然,分别在中垂线 b_{12} 和 c_{12} 上任意各取一点,都可作为机架上的两个转动副中心 A 和 D,如图 2-29 所示,所以有无穷多个解。若再添加某些附加条件,例如满足整转副的条件、紧凑的机构尺寸、较大的传动角等,就可从多解之中选取满足附加条件的机构尺寸。

图 2-30 所示是热处理加热炉的炉门启闭机构,使用了铰链四杆机构作为加热炉炉门的开闭机构。图 2-30b)是炉门处于关闭位置Ⅰ和开启位置Ⅱ的情况及设计示例。

2. 按给定连杆的长度及三个位置设计四杆机构

已知连杆 BC 的长度 b 及其三个位置 B_1C_1、B_2C_2 和 B_3C_3。设计此铰链四杆机构。

该机构设计方法与给定连杆两个位置时相同。如图 2-31 所示,画出连杆的三个给定位置。然后分别作出 B_1、B_2 点和 B_2、B_3 点连线的中垂线 b_{12} 和 b_{23};再作 C_1、C_2 点和 C_2、C_3 点连线的中垂线 c_{12} 和 c_{23},则中垂线 b_{12} 与 b_{23} 的交点 A 以及 C_{12} 与 C_{23} 的交点 D,即为所要求的机架上两个转动副的中心,从而得到图示的铰链四杆机构 AB_2C_2D,即可得到所求各杆的长度。

由上可知,当已知连杆长度及其三个位置时,所求得的四杆机构是唯一解。如果要求满足某些附加条件,则可按这些条件进行检验。当不能满足时,可根据实际设计课题改变连杆长度或改变某些不必须满足的位置,使其满足必需的附加条件。

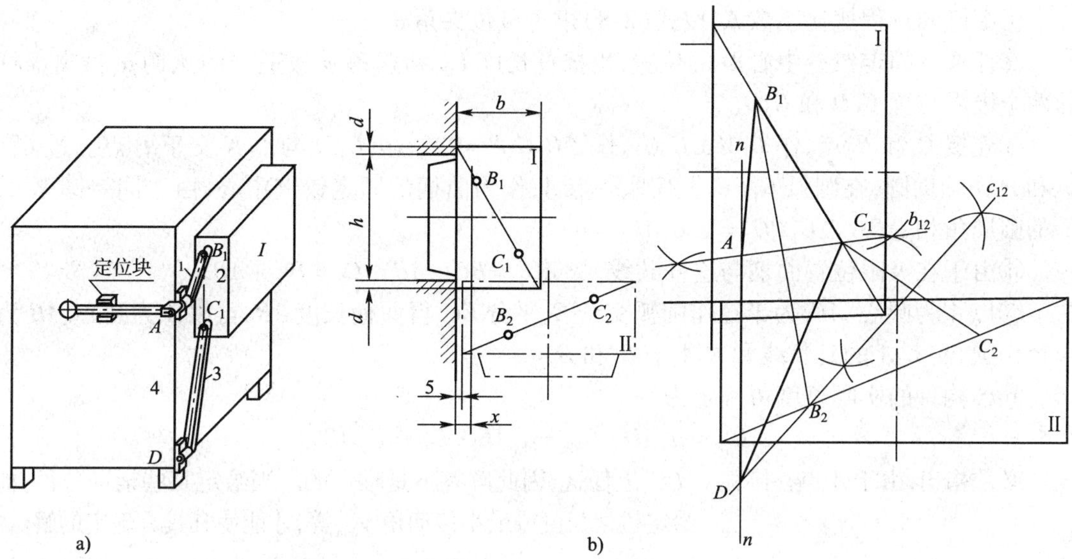

图 2-30　加热炉的炉门启闭机构

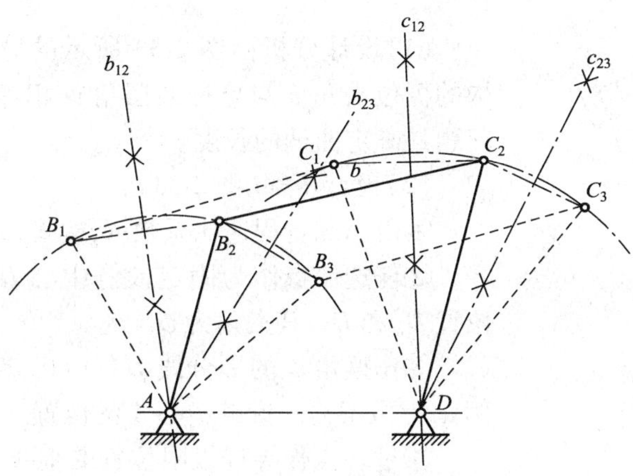

图 2-31　铰链四杆机构

▶▶ 二、按给定行程速比系数 K 设计四杆机构

设计具有急回特件的四杆机构，一般根据工作要求，先给定行程速比系数 K 值，然后根据机构在极限位置的几何关系结合有关的辅助条件确定机构的尺寸参数。

1. 已知行程速比系数 K、摇杆长度 CD 及其摆角 ψ，试设计曲柄摇杆机构

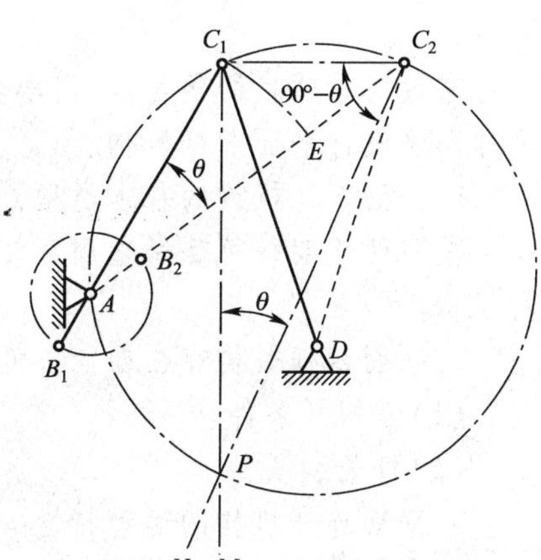

图 2-32　按 K 值设计曲柄摇杆机构

（1）设计分析。本设计的主要问题是确定固定铰链中心 A 点的位置。在图 2-32 所示的曲柄摇杆机构中，A 点是极位夹角 θ 的顶点，若过 A、C_1 和 C_2 三点作一辅助圆，则该圆上任意点 P 与 C_1 和 C_2 点连线的夹角均等于 θ，故 A 点必在该圆周上，如图 2-32 所示。

（2）设计步骤（图 2-32）。

①由已知行程速比系数 K，按式(2-8)求得极位夹角 θ。

②任选一固定铰链中心 D 的位置，由摇杆长度 L_{CD} 和摆角 ψ 按适当的比例 μ_1 做出摇杆的两个极限位置 C_1D 和 C_2D。

③连接 C_1 和 C_2 点，作 $C_1M \perp C_1C_2$，作 $\angle C_1C_2N = 90° - \theta$，$C_1M$ 与 C_2N 交于 P 点。过 C_1、C_2 和 P 作辅助圆，在圆弧 C_1PC_2 上任取一点 A，作为曲柄的固定铰链中心，由于同一圆弧 C_1C_2 的圆周角相等，故 $\angle C_1PC_2 = \angle C_1AC_2 = \theta$。

④由于在极限位置曲柄与连杆共线，故 $AC_1 = BC - AB$，$AC_2 = BC + AB$。

⑤以 A 为圆心、AC_1 为半径作圆弧交于 E，平分 EC_2 得曲柄长度 AB，再以 A 为圆心、AB 为半径作圆，交 C_1A 的延长线和 C_2A 于 B_1 和 B_2。

⑥各构件的实际长度可确定为

$$L_{AD} = \mu_1 AD,\ L_{AB} = \mu_1 AB \cdot L_{BC} = \mu_1 BC$$

必须指出，由于 A 点在圆弧 C_1PC_2 上任选，因此解答不是唯一的。当给定某些辅助条件，如给定机架长度或最小传动角 γ_{min} 等，才能使其具有确定的解。

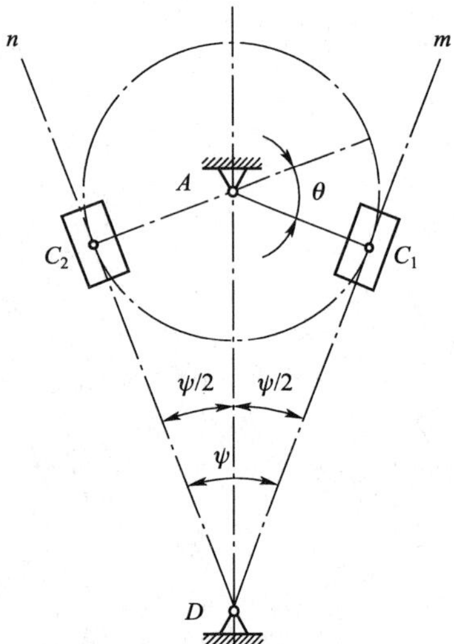

图 2-33　按 K 值设计导杆机构

2. 已知行程速比系数 K、机架长度 L_{AD}，试设计一导杆机构

(1)设计分析由图 2-33 所示的导杆机构可知，导杆机构的极位夹角 θ 与导杆的摆角 ψ 相等，所以本设计的主要问题是确定曲柄的长度。

(2)设计步骤(图 2-33)：

①由已知行程速比系数 K，按式(2-8)求得极位夹角 θ。

②任选一点作为固定铰链中心 D，作出导杆的两极限位置 D_m 和 D_n，其夹角为 $\psi = \theta$。

③作摆角 ψ 的平分线 DA，由机架长度 L_{AD} 按适当的比例 μ_1 得机架另一铰链中心 A 的位置。

④过 A 点作导杆极限位置的垂线 AC_1(或 AC_2)，即得曲柄的长度 $L_{AC} = \mu_1 AC$，机架长度 $L_{AD} = \mu_1 AD$。

项目小结

通过对本项目的学习，我们学会了平面四杆机构的三种基本形式及演化过程，也学会了用作图法设计平面四杆机构。

1. 平面四杆机构的基本类型

按照两连架杆可否做整周回转，平面四杆机构可分为为曲柄机构、曲柄摇杆机构和双摇杆机构。

2. 平面四杆机构存在曲柄条件及其基本类型的判别

(1)最短杆条件。

(2)杆长和条件。

3. 平面连杆机构的运动特性

$$K = \frac{180° + \theta}{180° - \theta} > 1$$

急回特性和行程速比系数。极位夹角和行程速比系数 K 是反映机构运动性能的重要参数。$\theta>0°$，则 $K>1$，机构具有急回特性；$\theta=0°$，则 $K=1$，机构无急回特性。

4. 平面四杆机构的传力特性

(1)压力角和传动角的概念。

压力角和传动角互为余角，即 $\alpha+\gamma=90°$。

压力角和传动角是反映机构力学性能的重要参数，必须使 $\alpha_{max}\leqslant[\alpha]$ 或 $\gamma_{min}\geqslant[\gamma]$。

(2)机构的死点位置。

机构处于死点位置时 $\alpha=90°$，$\gamma=0°$，此时机构的运动是不确定的。传动用的机构一般靠惯性和相同机构错位排列的方法使机构顺利通过死点位置。有时死点位置也可以被用来实现某些工作要求。

5. 平面连杆机构的设计方法

按给定连杆的位置设计平面连杆机构。

按给定行程速比系数 K 设计平面连杆机构。

练 习 题

2-1 四杆机构的类型有哪几种？各具有的型式又有哪些？

2-2 铰链四杆机构、曲柄滑块机构和摆动导杆机构中有曲柄的条件是什么？

2-3 平面四杆机构的 K 值和 θ 角是怎样定义的？它们之间有何关系？如何用几何作图法求出四杆机构的极位夹角 θ？

2-4 机构的压力角 α 和传动角 γ 是如何定义的？它们之间有何关系？

2-5 如何求出曲柄摇杆机构和曲柄滑块机构的最大压力角 α_{max} 或最小传动角 γ_{min}？

2-6 何谓机构的死点位置？如何求机构的死点位置？

2-7 平面四杆机构结构形式演化的特点是什么？

2-8 已知题图 2-1 所示铰链四杆机构 $ABCD$ 中，$l_{BC}=50mm$，$l_{CD}=35mm$，$l_{AD}=30mm$，取 AD 为机架。

(1)如果该机构能成为曲柄摇杆机构，且 AB 是曲柄，求 l_{AB} 的取值范围。

(2)如果该机构能成为双曲柄机构，求 l_{AB} 的取值范围。

(3)如果该机构能成为双摇杆机构，求 l_{AB} 的取值范围。

2-9 在题图 2-2 所示的铰链四杆机构中，各杆件长度分别为：$l_{AB}=28mm$，$l_{BC}=52mm$，$l_{CD}=50mm$，$l_{AD}=72mm$。

(1)若取 AD 为机架，求该机构的极位夹角 θ 和往复行程时间比系数 K，杆 CD 的最大摆角 φ 和最小传动角。

(2)若取 AB 为机架，该机构将演化为何种类型的机构？为什么？这时 C、D 两个转动副是整转副还是摇转副？

2-10 题图 2-3 为开槽机上用的急回机构。原动件 BC 匀速转动，已知 $a=80mm$，$b=200mm$，$l_{AD}=100mm$，$l_{DF}=400mm$。

(1)确定滑块 F 的上、下极限位置。

(2)确定机构的极位夹角。

(3)欲使极位夹角增大，杆长 BC 应当如何调整？

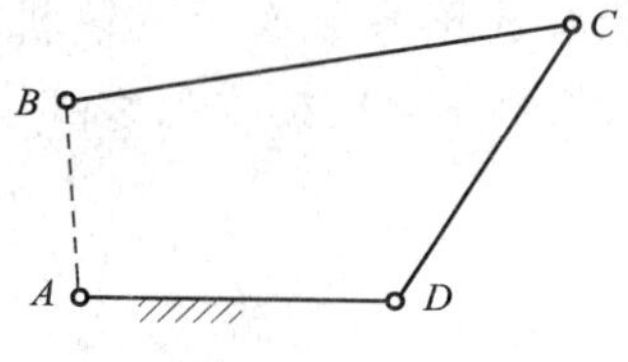

题图 2-1

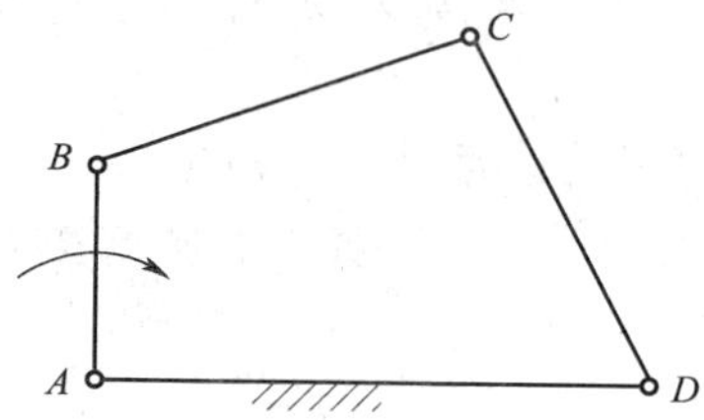

题图 2-2

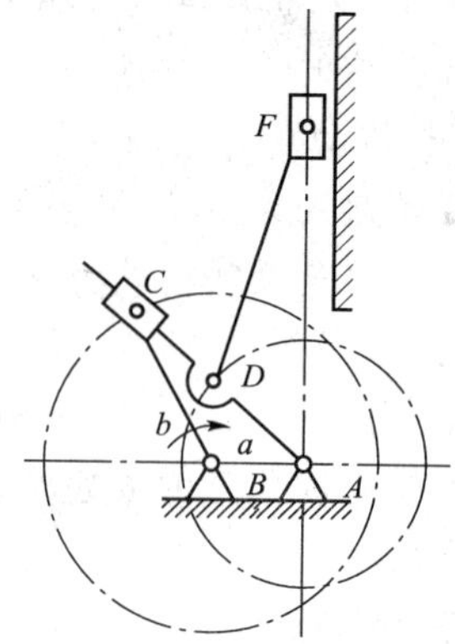

题图 2-3

2-11　根据题图 2-4 所示的各机构作出：

(1)机构的极限位置。

(2)最大压力角(或最小传动角)位置。

(3)死点位置。

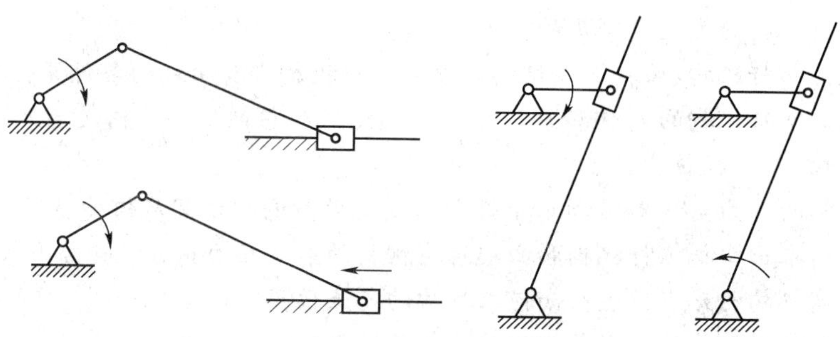

题图 2-4

2-12　试设计一铰链四杆机构，已知其摇杆 CD 的长度 $l_{CD}=75\text{mm}$，行程速比系数 $K=1.5$，机架 AD 的长度为 $l_{AD}=100\text{mm}$，摇杆的一个极限位置与机架间的夹角 $=45°$，求曲柄的长度 l_{AB}和连杆的长度 l_{BC}。

2-13　设计一曲柄滑块机构，已知滑块的行程 $S=50\text{mm}$，偏心距 $e=20\text{mm}$，行程速比系数 $K=1.5$，如题图 2-5 所示，求曲柄和连杆的长度。

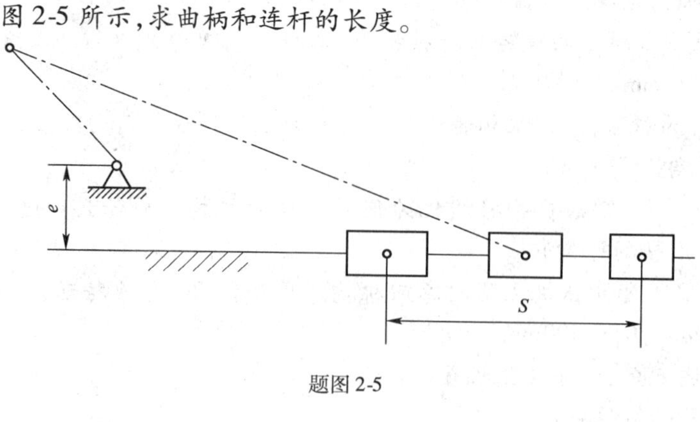

题图 2-5

项目三

凸轮机构

【职业能力目标】

1. 熟悉凸轮机构的特点及应用；

2. 了解从动件的运动规律及其选择；

3. 掌握盘状凸轮轮廓的设计的反转法；

4. 了解凸轮机构的压力角与自锁的关系、压力角与基圆半径的关系以及滚子半径与凸轮轮廓曲线形状的关系。

【学习重点与难点】

1. 学习重点：凸轮机构的类型；绘制三种运动规律的位移线图，按位移线图用反转法设计对心移动从动杆盘状凸轮轮廓；凸轮机构压力角的校核。

2. 学习难点：移动从动杆盘状凸轮轮廓的设计。

在机械设计时，常常要求某些从动件的位移、速度或加速度按照预期的运动规律变化。然而这种要求用连杆机构就不便实现，特别是当从动件需要复杂的运动规律运动时，通常采用凸轮机构。

课题一　凸轮机构的应用、组成及分类

一、凸轮机构的基本组成及应用特点

凸轮机构是含有凸轮的高副机构,具有结构简单、紧凑、工作可靠的特点。凸轮机构可以使从动件精确地实现各种预期的运动规律,还易于实现多个运动的相互协调配合,是工程中用以实现机械化和自动化的一种常用机构。

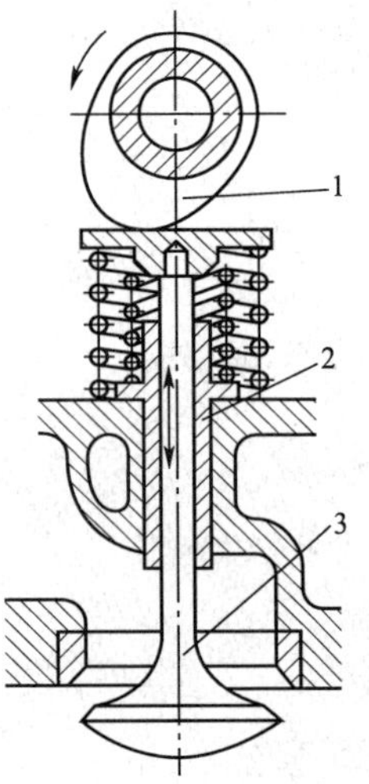

图 3-1　内燃机配气机构
1-凸轮;2-气阀杆;3-机架

图 3-1 所示为内燃机配气机构。气阀杆 2 的运动规律规定了凸轮 1 的轮廓外形。当矢径变化的凸轮轮廓与气阀杆 2 的平底接触时,气阀杆 2 产生往复运动;而当以凸轮 1 回转中心为圆心的圆弧段轮廓与气阀杆 2 接触时,气阀杆 2 将静止不动。因此,随着凸轮 1 的连续转动,气阀杆 2 可获得间歇的、按预期规律的运动。

图 3-2 所示为自动机床上控制刀架运动的凸轮机构。当圆柱凸轮 1 回转时,凹槽侧面迫使摆动件 2 摆动,从而驱使与之相连的刀架运动。至于刀架的运动规律则完全取决于凹槽的形状。

图 3-3 所示为缝纫机上的挑线凸轮机构。当带有沟槽的圆柱凸轮 1 回转时,其沟槽侧面迫使槽内的滚子带动摆杆(也称挑线摆杆)2 使其绕固定轴 *A* 做往复摆动而进行挑线工作。

图 3-4 所示为自动六角车床的进给机构。固装在分配轴 Ⅰ 上的凸轮 1、2、3 分别带动活套在轴 Ⅱ 上的从动摆杆 4、5、6,使它们各自作一定范围内的摆动。摆杆 5 通过扇形齿轮 7 和齿条 8 来控制前刀架 A 的进刀运动;摆杆 4 通过一对扇形齿轮 9、10 和扇形齿轮 11、齿条 12,控制后刀架 B 的进刀运动;摆杆 6 通过一对扇形齿轮 13、14,及连杆 15、扇形齿轮 16、齿条 17 来控制立刀架 C 的进刀运动。由上述可知,当分配轴 Ⅰ 转动时,使三个刀架协调配合自动完成切削工作。

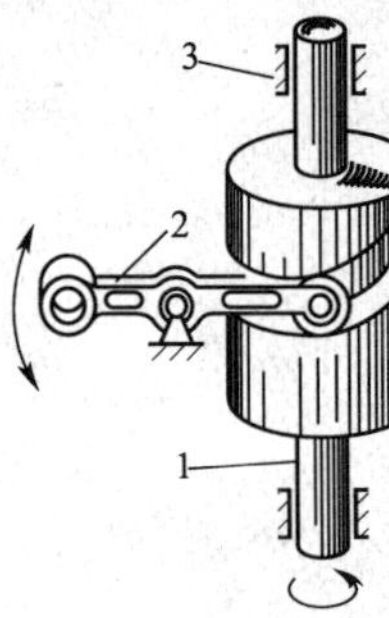

图 3-2　刀架运动的凸轮机构
1-凸轮;2-摆动件;3-机架

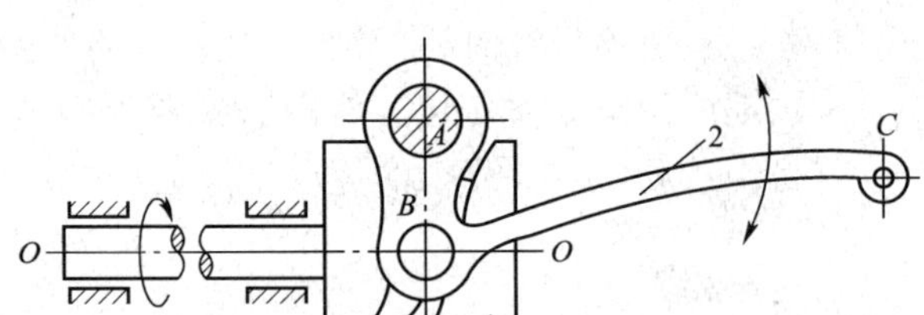

图 3-3　挑线凸轮机构
1-凸轮;2-挑线摆杆

由以上几个例子可以看出,凸轮机构由凸轮、从动件和机架三个基本构件所组成。凸轮通常是具有曲线轮廓或凹槽的构件,当它运动时,通过其曲线轮廓与从动件形成高副接触,根据凸轮轮廓曲线的形状和尺寸使从动件获得预期的运动。

凸轮机构的最大优点是几乎可以使从动件实现任意要求的运动规律。它的主要缺点在于凸轮轮廓与从动件之间由于是高副接触，易于磨损，故多用于传递动力不大的场合。

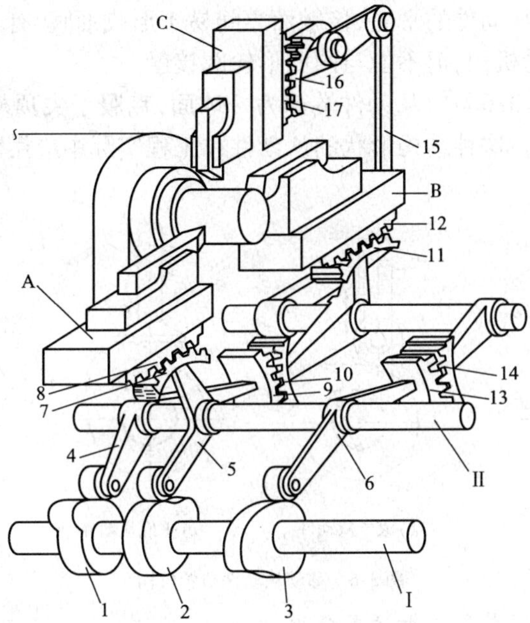

图 3-4　自动六角车床的进给机构

1、2、3-凸轮；4、5、6-摆杆；7、9、10、11、12、13、14、16-扇形齿轮；8、12、17-齿条；15-连杆；A-前刀架；B-后刀架；C-立刀架

▶▶ 二、凸轮机构的分类

1. 按凸轮的形状分类

(1)盘形凸轮(图 3-1)。凸轮是一个径向尺寸变化且绕固定轴转动的盘形构件。盘形凸轮机构的结构比较简单，应用较多，是凸轮中最基本的形式。

(2)移动凸轮(图 3-5)。凸轮相对机架作直线平行移动。它可看作是回转半径无限大的盘形凸轮。凸轮做直线往复运动时，推动从动件在同一运动平面内也作往复直线运动。有时也可将凸轮固定，使从动件导路相对于凸轮运动。

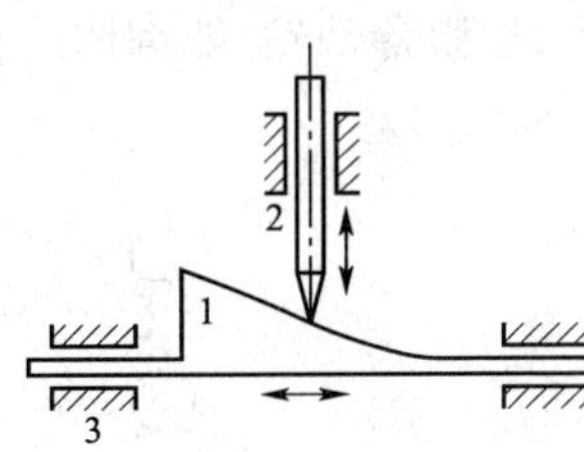

图 3-5　移动凸轮机构

1-移动凸轮；2-从动件；3-机架

(3)圆柱凸轮(图 3-3)。在圆柱体上开有曲线凹槽或制有外凸曲线的凸轮。圆柱绕轴线旋转，曲线凹槽或外凸曲线推动从动件运动。圆柱凸轮可使从动件得到较大行程，所以可用于要求行程较大的传动中。

2. 按从动件的型式分类

(1)尖顶从动件(图 3-6a)。从动件与凸轮接触的一端是尖顶的称为尖顶从动件。它是结构最简单的从动件。尖顶能与任何形状的凸轮轮廓保持逐点接触，因而能实现复杂的运动规律。但因尖顶与凸轮是点接触，滑动摩擦严重，接触表面易磨损，故只适用于受力不大的低速凸轮机构。

(2)滚子从动件(图 3-6b)。它是用滚子来代替从动件的尖顶，从而把滑动摩擦变成滚动摩擦，摩擦阻力小，磨损较少，所以可用于传递较大的动力。但由于它的结构比较复杂，滚子轴磨损后有噪声，所以只适用于重载或低速的场合。

(3)平底从动件(图3-6c)。它是用平面代替尖顶的一种从动件。若忽略摩擦,凸轮对从动件的作用力垂直于从动件的平底,接触面之间易于形成油膜,有利于润滑,因而磨损小,效率高,常用于高速凸轮机构,但不能与内凹形轮廓接触。

(4)球面从动件(图3-6d)。从动件端部为一球面,克服了尖顶从动件凸轮接触点处综合曲率半径过小的缺点。这种结构形状的从动件在工程实际中应用较多。

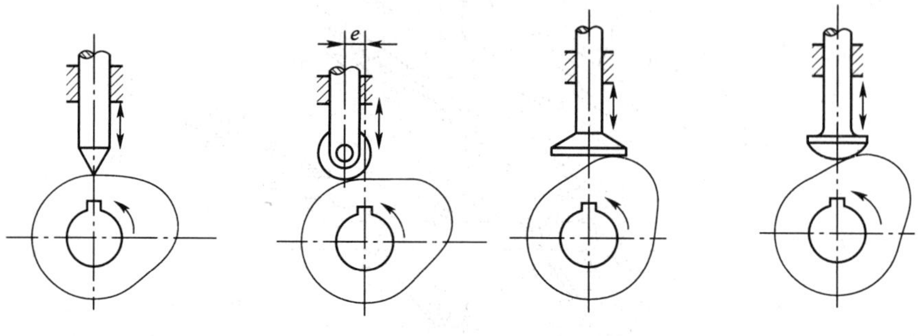

a) 尖顶从动件　b) 滚子从动件　c) 平底从动件　d) 球面从动件

图3-6　移动从动件凸轮机构

3. 按从动件的运动形式和相对位置分类

(1)移动从动件。从动件作往复移动,如图3-6所示。移动从动件凸轮机构根据从动件的中心线是否通过凸轮转动轴心,还可以进一步分为对心式(图3-6a)和偏置式(图3-6b)。

(2)摆动从动件。从动件作往复摆动,如图3-3所示。

4. 按凸轮与从动件维持高副接触方式分类

为了保证凸轮机构的正常工作,必须使凸轮与从动件始终保持接触,这种作用称为锁合。按锁合的方式不同可分为:力锁合凸轮,如靠重力(图3-7a)、弹簧力(图3-7b,c)锁合的凸轮等;形锁合凸轮,如沟槽凸轮(图3-7d)、等径及等宽凸轮(图3-7e),共轭凸轮(图3-7f)等。

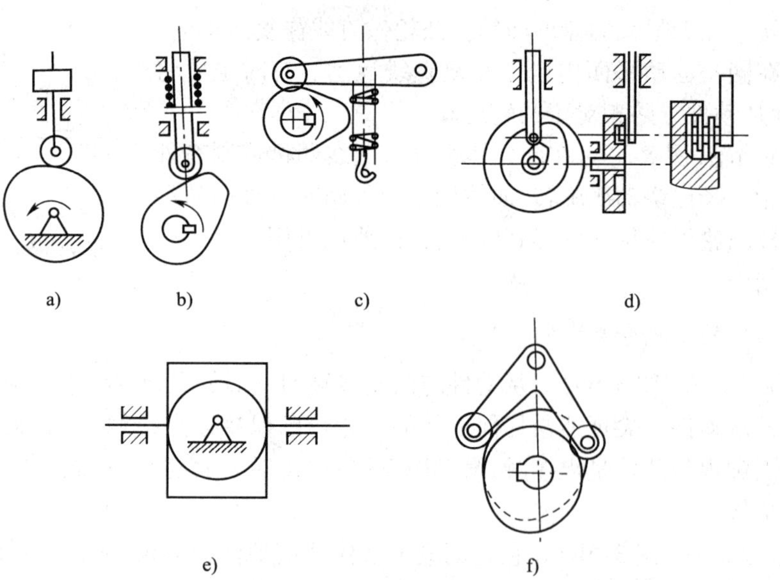

a)　b)　c)　d)

e)　f)

图3-7　凸轮锁合形式

课题二　常用的从动件运动规律

从动件运动规律全面地反映了从动件的运动特性及其变化的规律性。在设计凸轮机构时，重要的问题之一就是根据工作要求和条件选择从动件的运动规律。

一、凸轮机构的运动过程和基本参数

图 3-8 所示为一对心尖顶直动从动件盘形凸轮机构，现以凸轮工作一个周期为例阐述常用的名词术语。

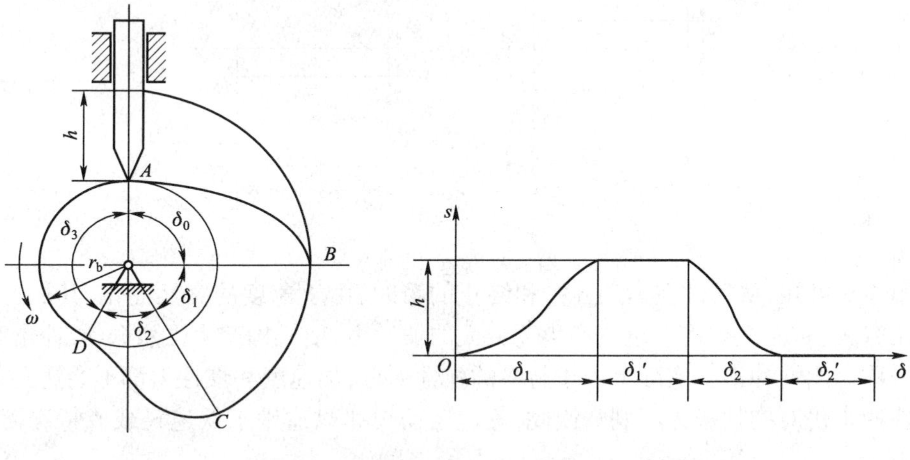

图 3-8　对心尖顶直动从动件盘形凸轮机构

(1)基圆。以凸轮轮廓的最小向径 r_b 为半径、凸轮转动中心为圆心所做的圆称为基圆，r_b 为基圆半径。

(2)推程与推程角。随着凸轮的转动，凸轮轮廓线上各点的向径逐渐增大，从动件从起始位置 A 开始，逐渐被凸轮推到离凸轮转动中心最远的位置 B 的运动过程称为推程。与从动件推程相对应的凸轮的转角 δ_0 称为推程角。

(3)远停程与远停程角。凸轮转动，而从动件在远离凸轮转动中心处停止不动的过程称为远停程，与从动件远停程相对应的凸轮的转角 δ_1 称为远停程角。

(4)回程与回程角。经过轮廓的 CD 段，从动件由最高位置回到最低位置，这个行程称为回程，与从动件回程相对应的凸轮的转角 δ_2 称为回程角。

(5)近停程与近停程角。从动件在离凸轮转动中心最近处停止不动的过程称为近停程。与从动件近停程相对应的凸轮的转角 δ_3 称为近停程角。

(6)位移。在推程或回程中，从动件运动的最大距离称为位移，通常以 h 表示。

(7)运动方程。表示从动件运动规律的函数称为从动件的运动方程。

(8)运动线图。表示从动件运动规律的图像，称为从动件的运动线图。

所谓推杆的运动规律，是指推杆在运动时，其位移 s、速度 v 和加速度 a 随时间 t 变化的规律。又因凸轮一般为等速运动，即其转角 δ 与时间 t 成正比，所以推杆的运动规律常表示为推杆的运动参数随凸轮转角 δ 变化的规律。

▶▶ 二、从动件常用运动规律

1. 等速运动规律

当凸轮等速回转时，从动件上升或下降的速度为一常数，这种运动规律称为等速运动规律。图 3-9 所示为从动件等速运动规律的运动线图（图 3-9a 为推程的运动线图，图 3-9b 为回程的运动线图）。

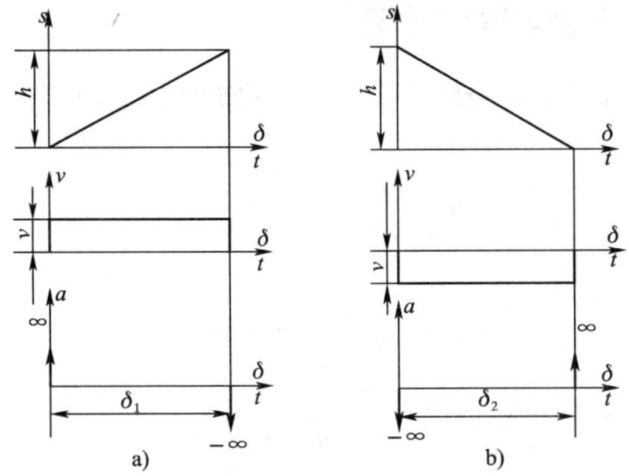

图 3-9　等速运动规律

由图 3-9 可知，从动件在运动开始和终止的瞬时，由于速度的突然变化，其加速度在理论上为无穷大，从而在理论上也会产生无穷大的惯性力，使机构产生强烈振动、冲击和噪声，这种冲击称为刚性冲击。实际上由于材料的弹性变形，加速度和惯性力都不会达到无穷大，但是刚性冲击仍对构件极为不利。因此，等速运动规律只适用于低速轻载或特殊需要的凸轮机构中。

2. 等加速—等减速运动规律

这种运动规律是从动件在一个推程或者回程中，前半程作等加速运动，后半程作等减速运动。通常加速度和减速度的绝对值相等（图 3-10）。

由图 3-10 可知，这种运动规律的速度曲线是连续的，不会产生刚性冲击。但在 A、B、C 三处加速度有突变，这表明惯性力也有突变，不过这是有限值的突变。这种加速度有限值的突变引起的冲击称为柔性冲击，它比刚性冲击要小得多，因此一般可用于中、低速的场合中。

3. 余弦加速度运动规律（简谐运动规律）

质点在圆周上作等速运动时，它在这个圆的直径上的投影所构成的运动称为简谐运动。从动件作简谐运动时，其位移曲线如图 3-11 所示。

由图 3-11 可见，这种运动规律在始末两点加速度有突变，故也会引起柔性冲击，因此在一般情况下它也只适用于中速凸轮机构。需要指出的是，当从动件作升→降→升运动循环时，若在推程和回程中都采用余弦加速度运动规律，则有可能获得包括始末点的全程光滑连续的加速度曲线（图 3-11 中虚线所示）。这种情况将既无刚性冲击也无柔性冲击，故可用于高速凸轮机构中。

4. 正弦加速度运动规律

设半径为 R 的滚圆沿纵坐标轴 s 等速地纯滚动时（图 3-12），圆周上一点 A 将描出一条摆线。A 点沿摆线运动时，在纵坐标轴上的投影构成摆线运动规律，其位移曲线如图 3-12 所示。

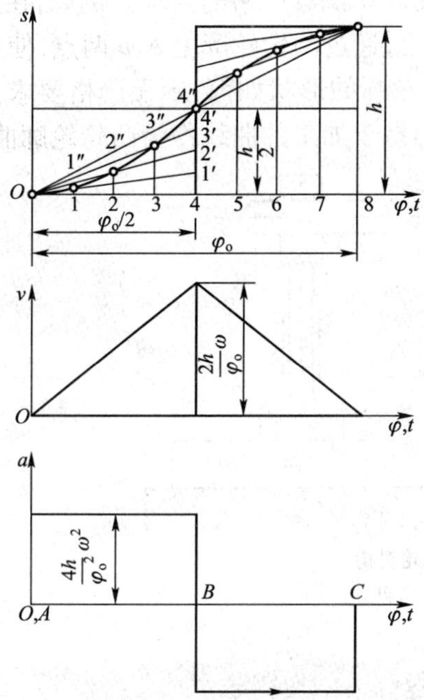

图 3-10 等加速—等减速运动规律

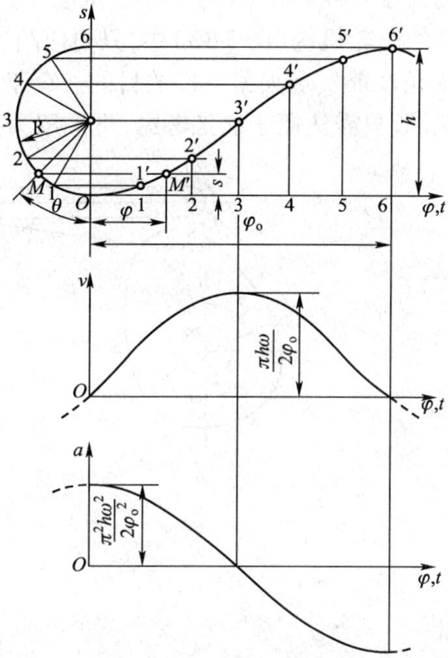

图 3-11 余弦加速度运动规律

由运动线图(图 3-12)可见,其速度和加速度曲线都是光滑连续的,因此没有柔性冲击,也没有刚性冲击,故多用于高速凸轮机构。

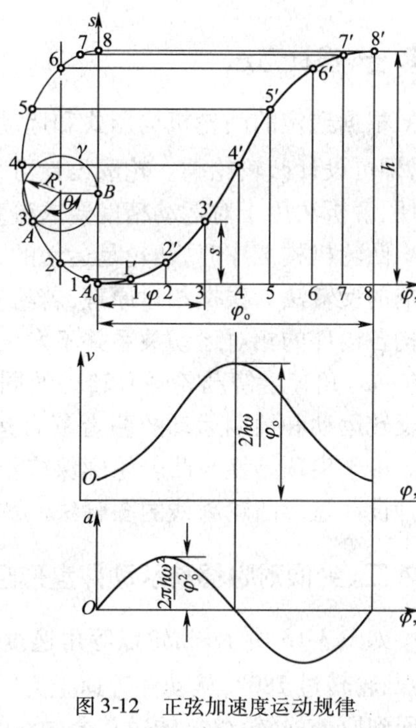

图 3-12 正弦加速度运动规律

三、凸轮机构的运动过程和基本参数

在选择从动件运动规律时,需考虑的问题很多,主要有:

(1)应满足机器工作的要求。有的机器工作过程要求从动件按一定的运动规律运动,例如前述的自动机床进给机构的工作行程要求从动件作等速运动。

(2)应使凸轮机构具有良好的工作性能。对凸轮机构工作性能影响较大的因素,除了刚性冲击和柔性冲击外,还有以下几个参数:

①最大速度 v_{max}。v_{max} 越大,则从动件系统的最大动量 mv_{max}(m 为从动件系统的质量)越大,故在起动、停车或突然制动时,会产生很大冲击。因此,对于质量大的从动件系统,应选择 v_{max} 较小的运动规律。

②最大加速度 a_{max}。a_{max} 越大,则惯性力越大。由惯性力引起的动压力,对机构的强度和磨损都有很大的影响。a_{max} 是影响动力学性能的主要因素,因此,对于高速凸轮机构,要注意 a_{max} 不宜太大。

(3)应考虑使凸轮轮廓加工方便。有些从动件只要求当凸轮转过某一角度 φ_0 时,完成

一定的行程 h 或摆角 ψ（对于摆动从动件），而对运动规律没有严格的要求。例如，在用于夹紧工件的凸轮机构（图 3-13）中，只要使凸轮转过 φ_0 角，通过凸轮轮廓上 a、b 两点，使从动件摆过 ψ 角就能实现夹紧工件的目的。至于 a、b 之间轮廓的形状如何，则无严格要求。在这种情况下，只需从便于加工考虑，可采用圆弧、直线等易于加工的曲线作为凸轮轮廓曲线。

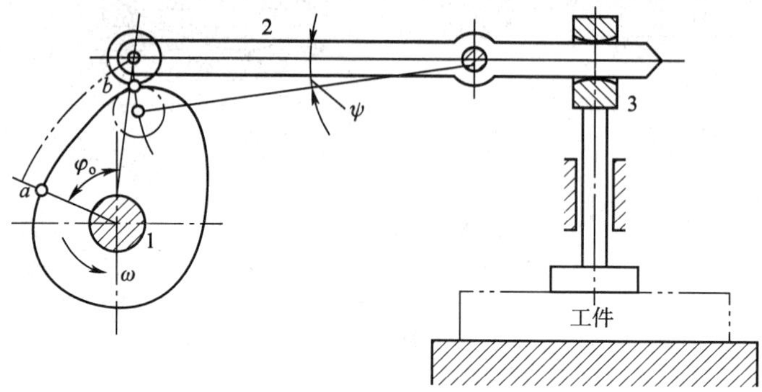

图 3-13　夹紧工件的凸轮机构

1-凸轮；2-摆动杆；3-执行件

课题三　盘状凸轮轮廓的设计

一、设计方法

根据选定的凸轮机构形式和运动规律以及凸轮机构公称尺寸（如基圆半径 r_b 等）确定后，即可设计凸轮轮廓。轮廓设计可采用图解法和解析法。图解法虽然误差较大，但直观、方便，解析法用于对运动精度要求较高的凸轮机构。本节只介绍图解法。

凸轮机构工作时，凸轮是运动的，为了便于设计凸轮轮廓，却需要凸轮相对固定，即采用所谓的反转法。根据相对原理，若给整个机构加上一个绕凸轮轴心 O 的公共角速度（$-\omega$），机构各构件的相对运动关系并不发生改变。但此时凸轮将静止不动，从动件随导路（机架）以（$-\omega$）角速度绕凸轮轴心转动的同时，又相对导路按给定的预期规律运动。从动件在这种反转运动和预期运动的两者复合运动中，各个瞬时所占据的位置如图 3-14 中的虚线所示。由于尖顶始终与凸轮轮廓保持接触，所以从动件尖顶的轨迹就是凸轮轮廓。下面介绍几种设计盘形凸轮廓线的图解法。

二、尖顶对心移动从动件盘形凸轮的设计

如图 3-15 所示，凸轮以等角速度 ω 逆时针转动，其基圆半径为 r_b，从动件的运动规律为：凸轮转过 180°，从动件等速上升一个位移 h；凸轮再转动 120°，从动件等加速、等减速下降回到原处；凸轮继续转过其余的 60°，从动件停止不动。试设计此凸轮的轮廓曲线。

根据反转法，该凸轮的轮廓曲线的作图步骤如下：

（1）选取适当的比例尺（位移 μ_l 和角度 μ_δ），作出从动件的位移线图，在横坐标轴上按一定间隔（间隔小则较精确，图中每一间隔为 30°）等分推程和回程，得 1、2、3…10 各点，停程不必取分点。自这些分点作垂线交位移线图于 1′、2′、3′、…、10′各点，即得与凸轮各转角相对应的从动件的位移 11′、22′、…、99′、1010′（图 3-15a）。

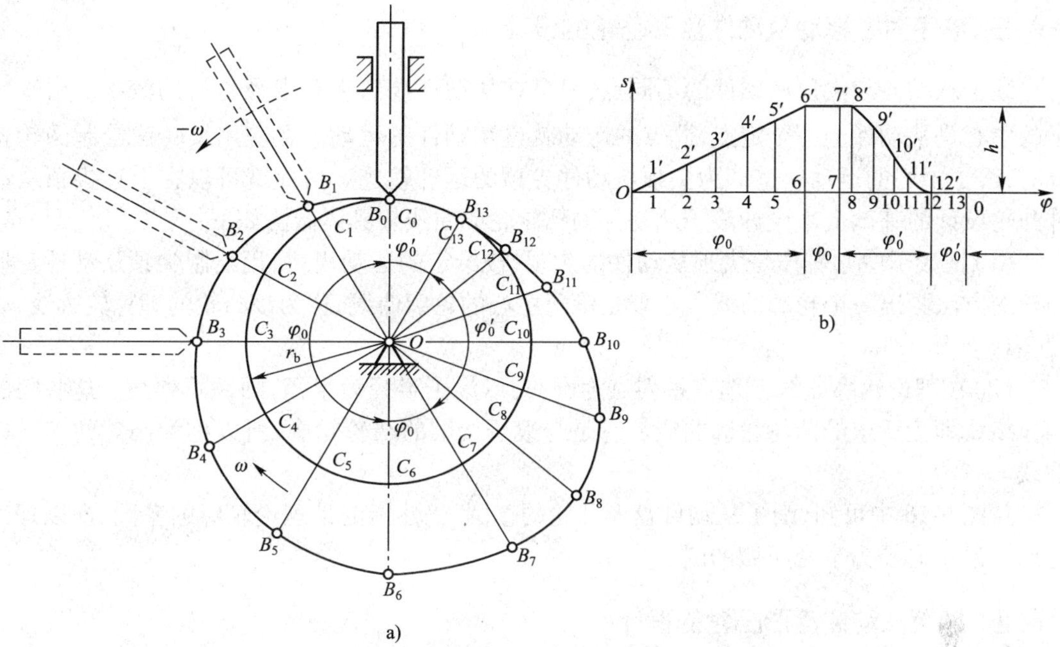

图 3-14　尖顶对心直动从动件盘形凸轮轮廓的绘制

(2)用与位移线图相同的比例尺，作基圆取分点，任取一点 O 为圆心，$OB = r_b$ 为半径作凸轮的基圆，圆周上点 B 即为轮廓曲线的起始点。按$(-\omega)$方向取推程角、回程角和近停程角，并分成与位移线图对应的相同等分，可得分点 B_1、B_2、…、B_{11}。B_{11} 与 B 点重合(图 3-15b)。

(3)画轮廓曲线连接 OB_1 并在延长线上取 $B_1B_1' = 11'$ 得 B_1'，在 OB_2 延长线上取 $B_2B_2' = 22'$、直到 B_9' 点，点 B_{10}' 与基圆上点 B_{10} 重合。将 B_1'、B_2'、…、B_{10}' 连接为光滑曲线，即得所求的凸轮轮廓曲线(图 3-15b)。

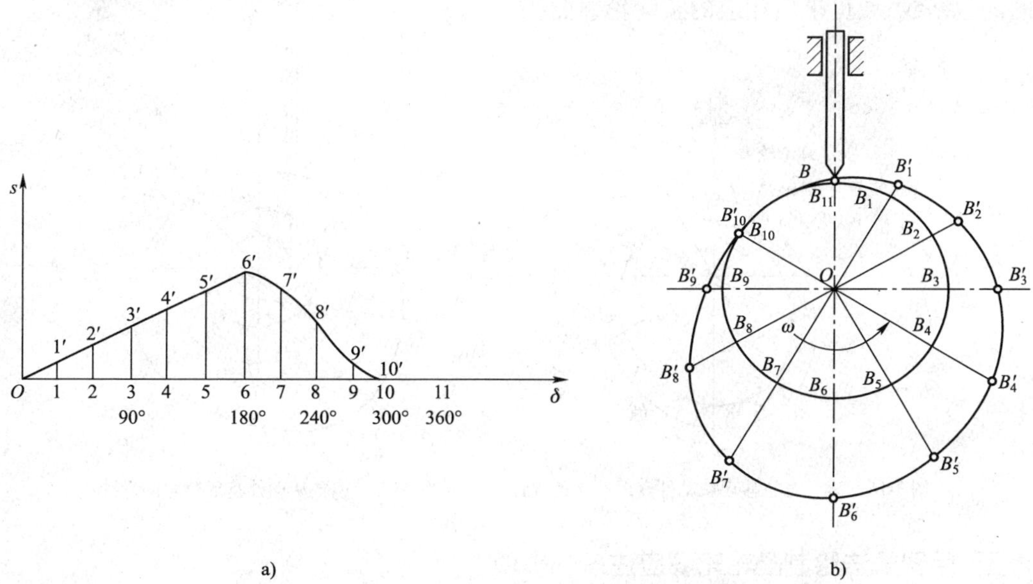

图 3-15　尖顶对心直动从动件盘形凸轮轮廓的设计

三、滚子对心移动从动件盘形凸轮的设计

滚子从动件与尖顶从动件的不同点，只是在从动件端部装上半径为 r_T 的滚子。由于滚子的中心是从动件上一个定点，此点的运动就是从动件的运动。在应用反转法绘制凸轮轮廓时，滚子中心的运动轨迹即为尖顶从动件尖顶的运动轨迹。由此就可以在上述尖顶从动件凸轮设计的基础上来设计滚子从动件的凸轮轮廓曲线。具体做法如下：

(1)把滚子中心看作是尖顶从动件的尖顶，按给定的运动规律，用绘制尖顶从动件盘形凸轮的方法画出一个轮廓曲线。它就是滚子中心的轮廓曲线，称为该凸轮的理论轮廓线，如图 3-16 所示。

(2)在理论轮廓曲线上选一系列点为圆心，以滚子半径为半径，画一系列圆。这些圆的内包络线即为所求的凸轮轮廓曲线。它是与滚子接触的凸轮轮廓，所以称为凸轮的实际轮廓线。

从图 3-16 中可知，滚子从动件盘形凸轮的基圆，仍然指的是理论轮廓的基圆，即以理论轮廓的最小向径为半径所做的圆。

四、偏置从动件盘形凸轮的设计

有时由于结构上的需要或为了改善受力情况，可采用偏置从动件盘形凸轮。如图 3-17 所示，从动件导路的中心线偏离凸轮回转中心 O 的距离 e 称为偏心距。若以 O 为圆心、以 e 为半径作偏距圆，则凸轮转动时从动件的中心线始终与偏距圆相切。因此在应用反转法绘制凸轮轮廓时，从动件中心线依次占据的位置必然都是偏距圆的切线，从动件的位移(A_1A_1'、A_2A_2'…)也应从这些切线与基圆的交点起始，在这些切线上量取。这是与对心移动从动件不同的地方。其余的作图步骤则与尖顶对心移动从动件盘形凸轮轮廓线的作法相同。

如为滚子从动件时，则上述方法求的轮廓线即是其理论轮廓线，只要如前所述，作出它们的内包络线，便可求出相应的实际轮廓曲线。

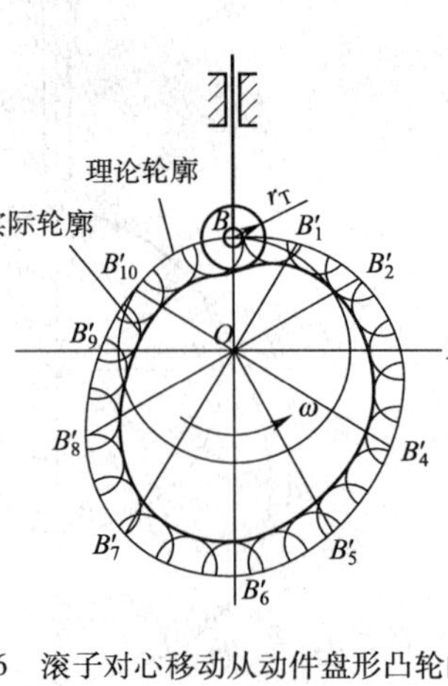

图 3-16 滚子对心移动从动件盘形凸轮的设计

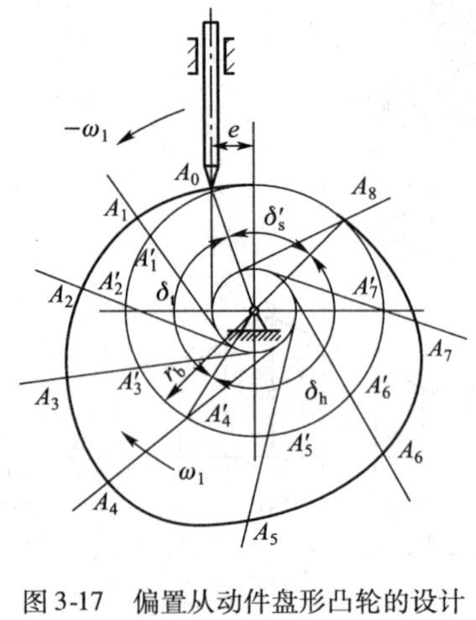

图 3-17 偏置从动件盘形凸轮的设计

五、用图解法绘制凸轮轮廓应注意的事项

(1)应用反转法绘制凸轮轮廓曲线时，一定要沿($-\omega$)方向在基圆周上按位移线图的

顺序截取分点，否则将不符合给定的运动规律。

(2)从动件的位移、基圆半径、偏距、滚子半径等，凡绘制同一轮廓的有关长度尺寸必须用同一长度比例尺画出。

(3)取分点越多所得的凸轮轮廓越准确，实际作图时取分点的多少可根据对凸轮工作准确度的要求适当决定。

(4)连接各分点的曲线必须是光滑连续的曲线。

六、凸轮的加工方法

凸轮轮廓的加工方法通常有两种。

1. 铣、锉削加工

对用于低速、轻载场合的凸轮，可以应用反转法原理在未淬火凸轮轮坯上通过作图法绘制出轮廓曲线，采用铣床或手工锉削方法加工而成。必要时可进行淬火处理，用这种方法加工出来的凸轮其变形难以得到修正。

2. 数控加工

即采用数控线切割机床对淬火凸轮进行加工，此种加工方法是目前常用的一种凸轮加工方法。加工时应用解析法，求出凸轮轮廓曲线的极坐标值(ρ,θ)，应用专用编程软件，切割而成。此方法加工出的凸轮精度高，适用于高速、重载的场合。

课题四　凸轮机构公称尺寸的确定

凸轮机构的设计，不仅要保证从动件能实现预期的运动规律，而且还要合理地确定基圆半径和滚子半径。因为它们不仅关系到机构的尺寸、受力、强度、磨损和效率，而且关系到从动件的运动规律是否能完全实现，因此必须合理地选取。

一、滚子半径与运动失真

当采用滚子从动件时，如果滚子的大小选择不恰当，从动件将不能实现设计所预期的运动规律，这种现象称为运动失真。

运动失真与理论轮廓的最小曲率半径和滚子半径有关。如图3-18所示，设外凸的理论廓线的最小曲率半径为ρ_{min}，滚子半径为r_T。

当$r_T<\rho_{min}$时，实际廓线为一光滑曲线(图3-18a)。

若$r_T=\rho_{min}$，凸轮实际廓线就会产生尖点(图3-18c)。这样的凸轮在工作时，尖点的接触应力很大，极易磨损，不能采用。

若$r_T>\rho_{min}$，实际廓线必出现交叉(图3-18b)，加工制造该凸轮时，这个交叉部位将被切掉，致使从动件的运动失真。

综上所述，对于外凸的凸轮，应使滚子半径r_T小于理论廓线的最小曲率半径为ρ_{min}一般取$r_T\leqslant 0.8\rho_{min}$，并使实际廓线的最小曲率半径$\rho_{min}'\geqslant(3\sim5mm)$。若出现运动失真，可以用减小滚子半径来解决。若由于滚子的结构等原因不能减小其半径时，可适当增大基圆半径以增大理论廓线的最小曲率半径。

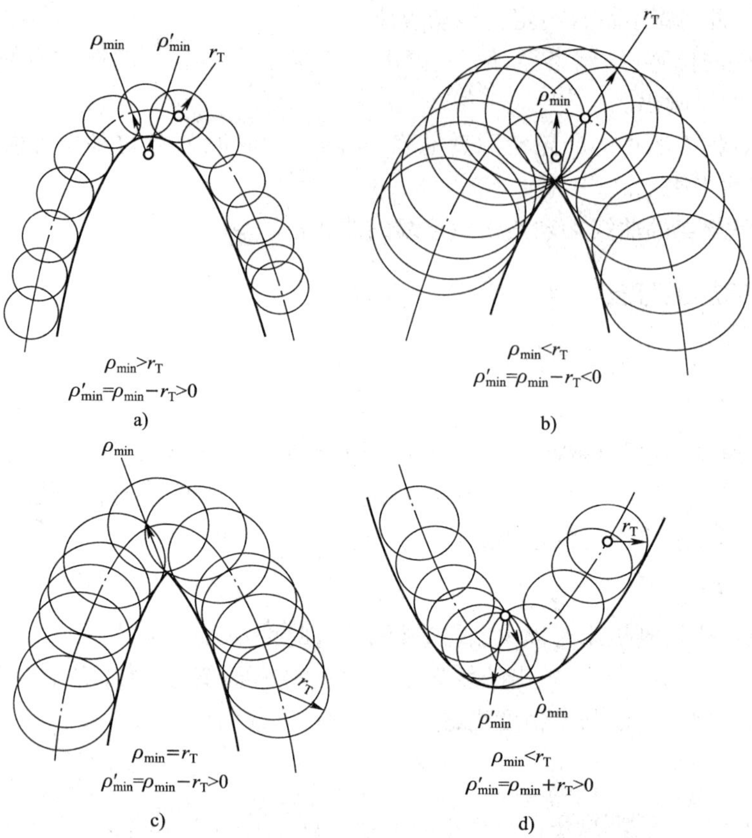

图 3-18　滚子半径与运动失真

图 3-18d）所示为内凹的凸轮轮廓，因其实际廓线的最小曲率半径 ρ_{min}' 等于理论廓线的曲率半径 ρ 与滚子半径 r_T 之和，即 $\rho_{min}'=\rho+r_T$。因此，无论滚子半径的大小如何，实际廓线总不会变尖，更不会交叉。

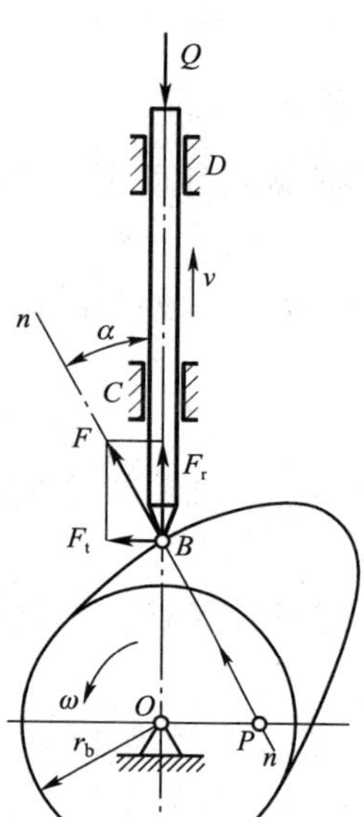

图 3-19　凸轮机构受力分析

二、压力角及其许用值

图 3-19 所示为尖顶对心移动从动件盘形凸轮机构在推程的某个位置，当不计摩擦时，凸轮对从动件的推力 F 必沿接触点的法线 $n—n$ 与从动件速度 v 所夹的锐角 α 称为凸轮机构在图示位置的压力角，压力角的余角 γ 称为传动角。其意义与连杆机构的压力角和传动角相同。凸轮廓线上的各点压力角不相同。

由图可见，作用力 F 可分解为沿从动件运动方向的分力 F_r 和垂直于运动方向的分力 F_t，则

$$F_r = F\cos\alpha \quad (\text{有效分力})$$

$$F_t = F\sin\alpha \quad (\text{有害分力})$$

显然，压力角越大，传动角就越小，推动从动件运动的有效分力 F_r 越小，有害分力 F_t 越大，由此引起的摩擦阻力也就越大；当压力角 α 达到某一数值时，有效分力 F_r 已不能克服由 F_t 所引起的摩擦阻力，于是力 F 无论多大也不能使从动件运动，这种现象称为自锁。可见，从传力合理、提高传动效率来看，压力角越小，传动角越

大越好。因此，在凸轮机构设计中常对压力角的最大值加以限制，即凸轮机构的实际压力角不应超过许用压力角[α]，一般推荐[α]的数值如下：

移动从动件的推程[α]≤30°～40°。

摆动从动件的推程[α]≤40°～50°。

由于在回程时，从动件通常是靠自重或弹簧力的作用而下降，不会出现自锁现象，并且希望从动件有较快的回程速度，故压力角可取大些，一般推荐[α]≤70°～80°。

三、凸轮基圆半径的确定

基圆半径 r_b 是凸轮的主要尺寸参数，基圆半径过小，会引起压力角过大而传动角过小，使机构效率降低，甚至会发生自锁。因此，基圆半径的确定，应满足最大压力角小于许用压力角的要求。

如果对机构的尺寸没有严格要求，可将基圆选大些，以减小压力角，增大传动角，使机构有良好的传力性能；如果要求机构尺寸紧凑，则所选基圆的大小应使最大压力角不超过许用值。对于装配在轴上的盘形凸轮，一般基圆半径可取为

$$r_b=(1.6\sim2)r_S+r_T$$

式中：r_S——凸轮轴半径。

按初选的基圆半径设计凸轮轮廓，然后校核机构推程的最大压力角。

项目小结

通过对本项目的学习，我们掌握了凸轮机构的分类方法，也学会了利用反转法设计凸轮轮廓曲线。

1. 已知凸轮机构从动件的运动规律，可以方便地设计出相应的凸轮轮廓曲线。凸轮副为高副，只适用于传力不大的场合。

2. 在从动件运动规律中，等速运动规律存在柔性冲击，等加速、等减速运动规律和简谐运动规律存在柔性冲击。

3. 凸轮轮廓曲线设计的基本原理是反转法，即从动件应按与凸轮转向相反的方向绕凸轮转动，以绘制出凸轮轮廓曲线。

4. 凸轮机构的压力角指其从动件受力方向与运动方向之间的夹角，压力角越大，传力性能越差。可采用增大基圆半径或适当偏置从动件等措施减小压力角。

5. 为避免滚子从动件凸轮机构的运动失真，可增大基圆半径或减小滚子半径。

练 习 题

3-1　试比较尖顶、滚子和平底从动件盘形凸轮机构的优缺点及应用场合。

3-2　在等加速、等减速运动规律中，是否可以只有等加速而无等减速？

3-3　选择从动件运动规律应考虑哪些方面的问题？

3-4　什么叫刚性冲击？如何避免刚性冲击？

3-5　基圆半径是否一定是凸轮实际轮廓曲线的最小向径？

3-6　何谓凸轮机构的压力角？设计时为什么要控制压力角的最大值？

3-7　何谓运动失真？它与哪些因素有关？

3-8　题图 3-1 所示为从动件在推程的部分运动线图，凸轮机构的 $\varphi_s \neq 0°$，$\varphi_s' \neq 0°$，试根据 s、v 和 a 之间的关系定性地补全该运动曲线；并指出该凸轮机构工作时，在推程的哪些位置会出现刚性冲击？哪些位置会出现柔性冲击？

3-9　题图 3-2 所示为凸轮机构的起始位置，试用反转法直接在图上标出：

(1)凸轮按 ω 方向转过 45°时从动件的位移。

(2)凸轮按 ω 方向转过 45°时凸轮机构的压力角。

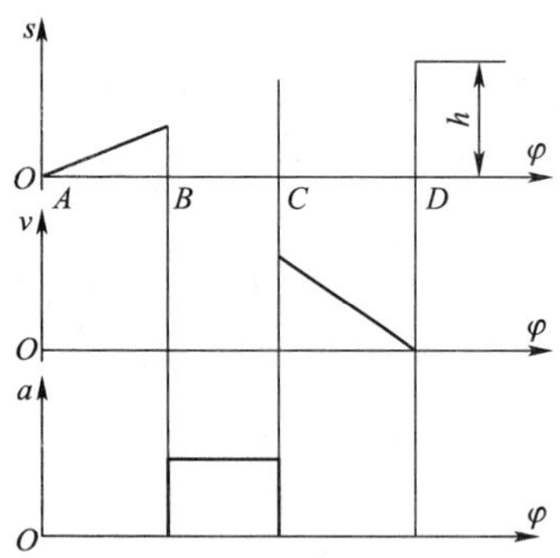

题图 3-1

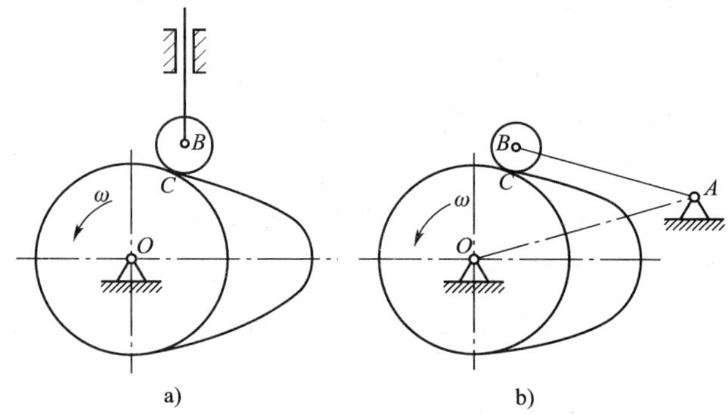

题图 3-2

3-10　设计一对心式直动滚子从动件盘形凸轮机构。已知凸轮顺时针等速回转，从动件的运动规律为：当凸轮转过 120°时，从动件以等加速、等减速运动规律上升 50mm；当凸轮继续回转 60°时，从动件停留不动；当凸轮再转 90°时，从动件以余弦加速度运动规律下降到初始位置；当凸轮再转其余 90°时，从动件停留不动。凸轮的基圆半径为 60mm，滚子直径为 15mm。试绘制该凸轮的轮廓曲线。

3-11　设计一对心移动滚子从动件盘形凸轮廓线。已知凸轮基圆半径 $r_b = 35$mm，滚子半径 $r_T = 10$mm。当凸轮顺时针方向等速回转时，从动件以等速上升，升距 $h = 30$mm，回程以等加速、等减速返回原处。各凸轮转角为 $\varphi_0 = 150°$，$\varphi_s = 30°$，$\varphi_0' = 120°$，$\varphi_s' = 60°$，并校验机构压力角。

3-12　题图 3-3 所示为书本打包机的推书机构简图。凸轮逆时针转动，通过摆杆滑块机构带动滑块 D 左右移动，完成推书工作。已知滑块行程 $H = 80$mm，凸轮理论廓线的基圆半径 $r_b = 50$mm，$l_{AC} = 160$mm，$l_{CD} = 120$mm，其他尺寸如题图 3-3 所示。当滑块处于左极限位置时，AC 与基圆切于 B 点；当凸轮转过 120°时，滑块以等加速、等减速运动规律向右移动 80mm；当凸轮接着转过 30°时，滑块在右极限位置静止不动；当凸轮再转过 60°时，滑块又以等加速、等减速运动向左移动至原处；当凸轮转过一周中最后 150°时，滑块在左极限位置静止不动。试设计该凸轮机构。

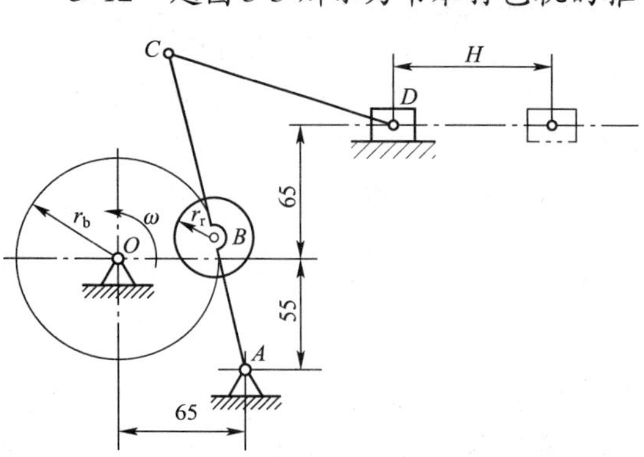

题图 3-3(尺寸单位：mm)

项目四

间隙运动机构

【职业能力目标】

了解棘轮机构、槽轮机构、不完全齿轮机构和凸轮式间歇运动机构的组成、工作原理、类型、特点和应用。

【学习重点与难点】

1. 学习重点:棘轮机构、槽轮机构、不完全齿轮机构和凸轮式间歇运动机构的工作原理。

2. 学习难点:棘轮机构、槽轮机构、不完全齿轮机构和凸轮式间歇运动机构的应用。

在机械中,特别是在各种自动和半自动的机械中,当主动件作连续运动时,常需要从动件具有周期性的时动时停的间歇运动。实现这种间歇运动的机构,称为间歇运动机构。它的种类很多,最常见的间歇运动机构有棘轮机构、槽轮机构、不完全齿轮机构和凸轮式间歇运动机构等。

课题一　棘轮机构

一、棘轮机构的工作原理

如图 4-1 所示，棘轮机构由棘轮 3、棘爪 2、摇杆 1、止回棘爪 4 及机架所组成。弹簧 5 用来使止回棘爪 4 和棘轮 3 保持接触，主动摇杆空套在与棘轮 3 固连的从动轴上，当摇杆逆时针转动时，棘爪 2 插入棘轮 3 的齿槽内，推动棘轮转动一定角度，这时止回棘爪在棘轮齿背上滑过。当摇杆顺时针方向转动时，止回棘爪阻止棘轮顺时针方向转动，棘爪 2 在棘轮齿背上滑动，棘轮 3 保持静止不动。这样，当摇杆 1 作连续往复摆动时，棘轮 3 便作单向间歇转动。

二、棘轮机构的分类

1. 齿式棘轮机构和摩擦式棘轮机构

按棘轮机构的结构形式可分为齿式棘轮机构和摩擦式棘轮机构两类。齿式棘轮机构如图 4-1 所示。其特点为结构简单，制造方便；转角到位准确，运动可靠；动程可在较大范围内调节；动与停的时间比可通过选择合适的驱动机构来实现。但动程只能做有级调节；棘爪在齿背上的滑行引起噪声、冲击和磨损，故不宜用于高速。

摩擦式棘轮机构如图 4-2 所示。偏心扇形楔块代替齿式棘轮机构中的棘爪，以无齿摩擦轮代替棘轮。其特点是传动平稳，无噪声；动程可无级调节。因靠摩擦力传动，会出现打滑现象，虽然可起超载保护作用，但是传动精度不高。适用于低速轻载的场合。

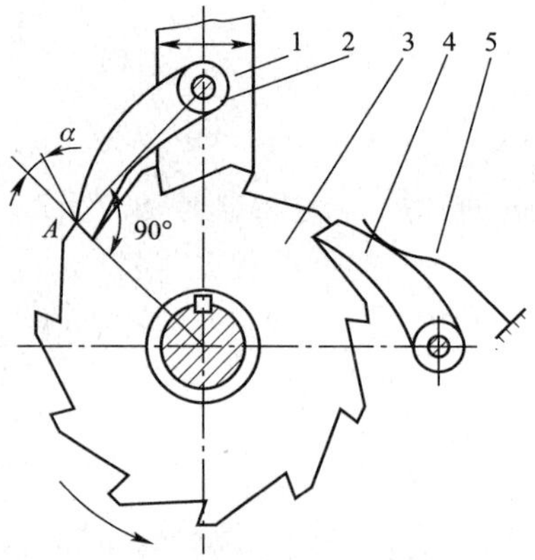

图 4-1　外啮合轮齿式棘轮机构

1-摇杆；2-棘爪；3-棘轮；4-止回棘爪；5-弹簧

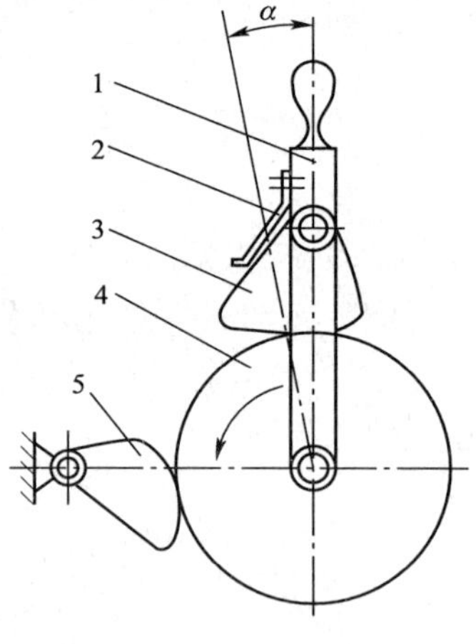

图 4-2　外接摩擦式棘轮机构

1-摇杆；2-弹簧；3-主动棘爪；4-主动轮；5-止动棘爪

2. 外啮合和内啮合棘轮机构

按啮合方式分类，棘轮机构有外啮合和内啮合两种方式。图 4-1、图 4-2 所示为外啮合式棘轮机构。其棘爪或楔块均安装在从动轮的外部。图 4-3 所示为内啮合齿式棘轮机构。

外啮合式棘轮机构由于加工、安装、维修方便，应用较广，内啮合棘轮机构特点是结构紧凑,外形尺寸小。

3. 转动棘轮机构和移动棘轮机构

按棘轮的运动形式可分为转动棘轮机构和移动棘轮机构。转动棘轮机构如图 4-1 所示。当棘轮半径为无穷大时,棘轮就成了棘齿条,主动件往复摆动时,棘爪即推动棘齿条做单向间歇移动,如图 4-4 所示。

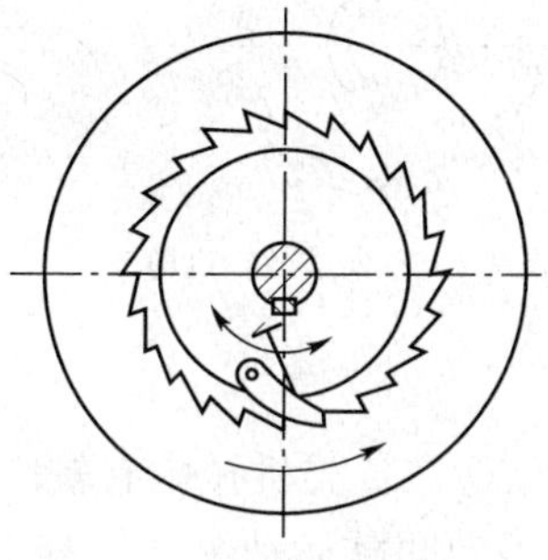

图 4-3　内啮合轮齿式棘轮机构

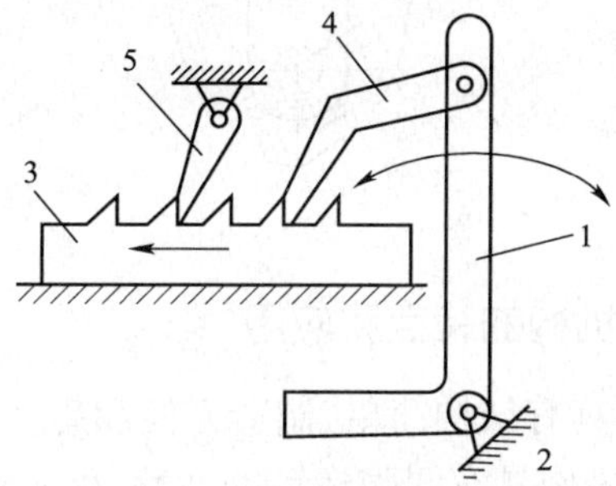

图 4-4　棘条式间歇移动机构

1-摇杆;2-机架;3-棘条;4-棘爪;5-逆止爪

4. 单动式和双动式棘轮机构

按从动件的运动形式可将棘轮机构分为单动式和双动式两种形式。图 4-1 所示的棘轮机构,都是当主动件按某一个方向摆动时,才能推动棘轮转动,故称为单动式棘轮机构。图 4-5 所示为双动式棘轮机构,其棘爪可制成平头撑杆(又称为直头撑杆,图 4-5b)或钩头拉杆(图 4-5a)。在主动摇杆向两个方向往复摆动的过程中,分别带动两个棘爪,两次推动棘轮转动。

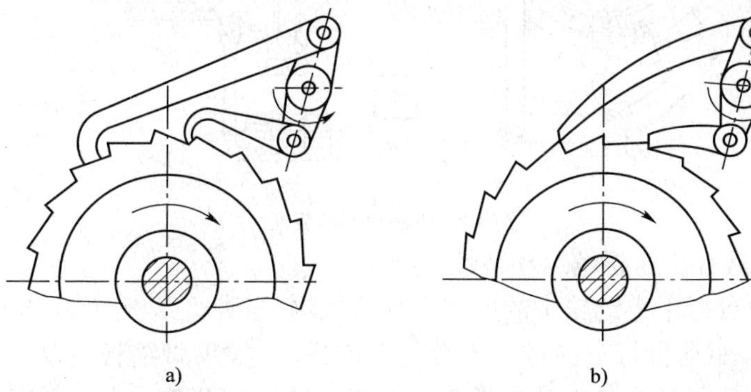

图 4-5　双动式棘轮机构

双动式棘轮机构常用于载荷较大、棘轮尺寸受限、齿数较少,而主动摆杆的摆角小于棘轮齿距的场合。

5. 双向式棘轮机构

以上介绍的棘轮机构,都只能按一个方向作单向间歇运动。图 4-6 和图 4-7 所示的机构为棘轮可变换方向的双向式棘轮机构。图 4-6 所示机构,只需拔出销子,提起棘爪绕自身轴线转 180°放下,即可改变棘轮的间歇转动方向;图 4-7 所示机构,棘爪在图示位置时棘轮按逆时针方向做间歇运动,当棘爪反方向推动棘轮时,棘轮按顺时针方向作间歇运动。双向式棘轮机构的齿形应采用对称齿形。

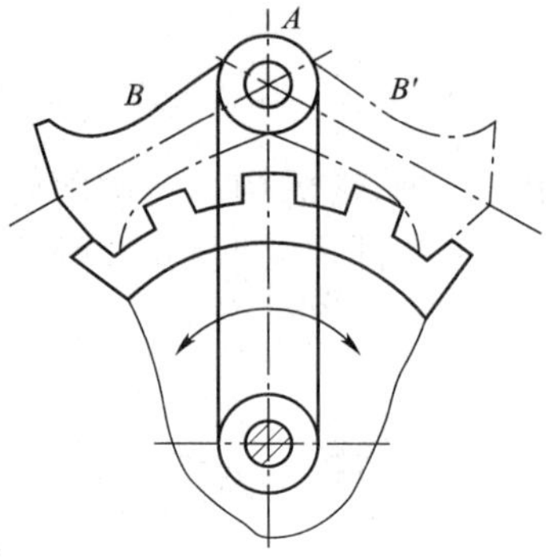

图 4-6　双向式棘轮机构

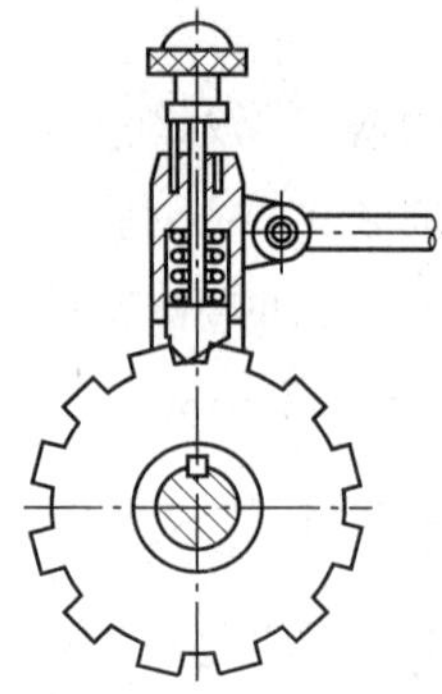

图 4-7　双向式棘轮机构

三、棘轮机构的特点和应用

棘轮机构具有结构简单、制造方便和运动可靠的特点，在各类机械中有较广泛的应用。

(1)棘轮机构具有间隙运动的特性，可实现单向和多向间歇运动。

当棘轮直径无穷大时，即变为棘条，此时可实现间歇移动，利用它可满足送进、制动和转位分度等工艺要求。图 4-8 所示为起重机所用的制动装置，它能使被提升的重物停留在任何位置上。

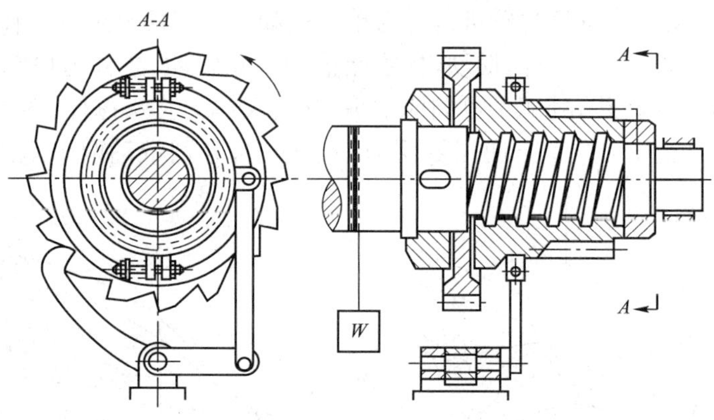

图 4-8　起重机制动装置

(2)棘轮机构具有快速超越运动特性。

图 4-9 所示为自行车小链轮中的内啮合棘轮机构，当脚蹬踏板时，小链轮 3 带动车轮轴 1 做顺时针转动时，驱动自行车前进。当自行车前进时，如果脚踏板不动，车轮轴 1 及安装在其上的棘爪 2 可以超越棘轮 3(即车上的小链轮)而转动。这种从动件可以超越主动件做快速转动的特点，称为棘轮机构的超越运动特性。

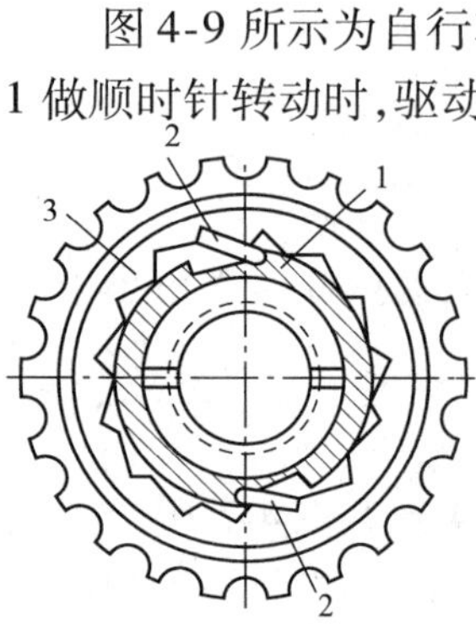

图 4-9　自行车小链轮中的内啮合棘轮机构
1-轴；2-棘爪；3-小链轮

(3)棘轮机构可以实现有级变速传动。

如图 4-10a)所示，可以改变摇杆的摆角来调节棘轮转角的大小；如图 4-10b)所示，棘轮罩在棘爪摆角 α 的范围内遮住一部分棘齿，使棘爪在摆动过程中，只能与未遮住的棘轮轮齿啮合。改变齿罩的位置或者摇杆的摆角，可以获得不同的啮合齿数，从而改变棘轮的转动角度，实现有级变速传动。如果要实现无级变速传动，必须采用摩擦式棘轮机构，如图 4-2 所示，这种机构是通过棘爪 3 与棘轮 4 之间的摩擦力来传递运动的，其中 5 为制动棘爪。这种机构在传动过程中很少发生噪声，但其接触面积间容易发生滑动，因此传动精度不高，传递的扭矩也受到一定的限制。实际应用中，常把摩擦式棘轮机构作为超越离合器，实现进给和传递运动。

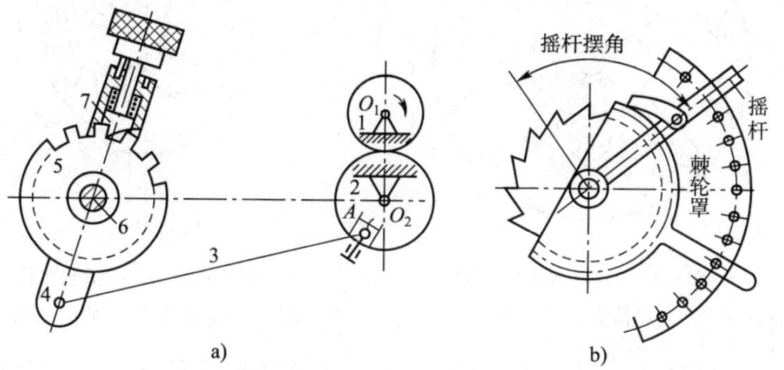

图 4-10　棘轮机构输出转角的调节方法

1-主动轮；2-从动轮；3-连杆；4-摆杆；5-棘轮；6-机架；7-棘爪

课题二　槽轮机构

▶▶ 一、槽轮机构的工作原理

槽轮机构又称马耳他机构或日内瓦机构，是一种常见的间歇运动机构。图 4-11 所示为一槽轮机构，它由主动拨盘 1、从动槽轮 2 和机架组成。一般主动拨盘以角速度 ω_1 匀速转动。当主动拨盘上的圆销 A 没有进入槽轮的槽中时，槽轮上的内凹锁止弧 nn 被拨盘上外凸的锁止弧 $mm'm$ 卡住，槽轮静止；当主动拨盘上的圆销进入槽轮的槽中时，拨盘锁止弧与槽轮锁止弧分离，拨盘拨动槽轮转动，直到圆销与槽轮的槽脱离为止。

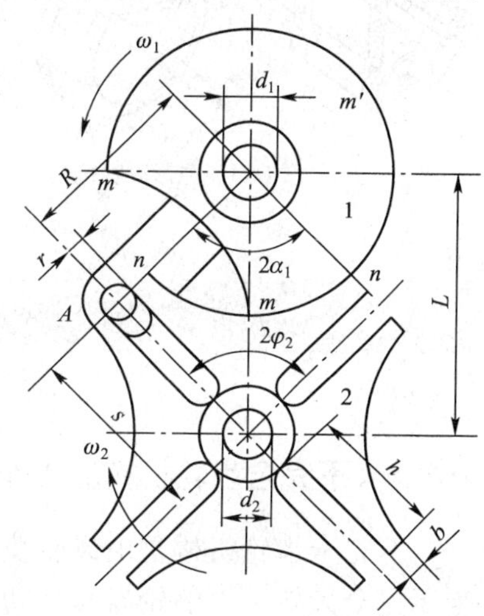

图 4-11　槽轮机构

1-主动拨盘；2-从动槽轮

▶▶ 二、槽轮机构的基本类型及其应用

槽轮机构分为两轴线平行的平面槽轮机构和两轴线相交的空间槽轮机构（图 4-13）两大类。平面槽轮机构又分为外啮合槽轮机构和内啮合槽轮机构，图 4-11 所示的外啮合槽轮机构，其主动拨盘与从动槽轮转向相反；图 4-12 所示的内啮合槽轮机构，其主动拨盘与从动槽轮转向相同。

槽轮机构结构简单，制造容易，工作可靠，能准确控制转角，机械效率高。但槽轮在起动和停止时加速度变化大、有冲击，随着转速的增加或槽轮槽数的减少而加剧，故不适用于高速。

两类槽轮机构中，除从动件转向不同外，内啮合槽轮机构结构紧凑，传动较平稳，槽轮停歇时间较短。实际应用中可根据这些特点选用所需的槽轮机构。

如图 4-14 所示的电影放映机构，可以间歇移动胶片。

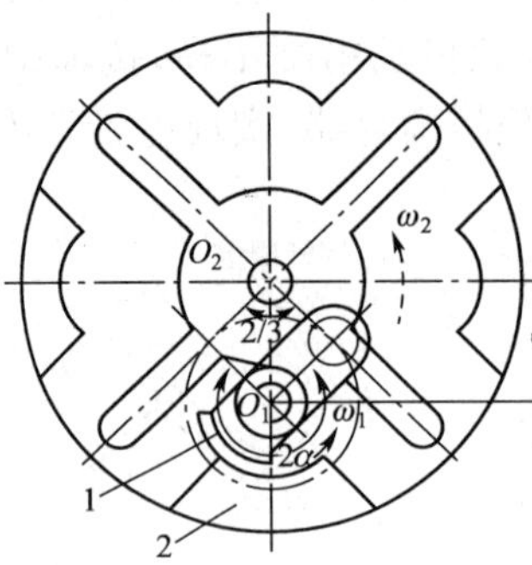

图 4-12　内啮合槽轮机构

1-主动拨盘;2-从动槽轮

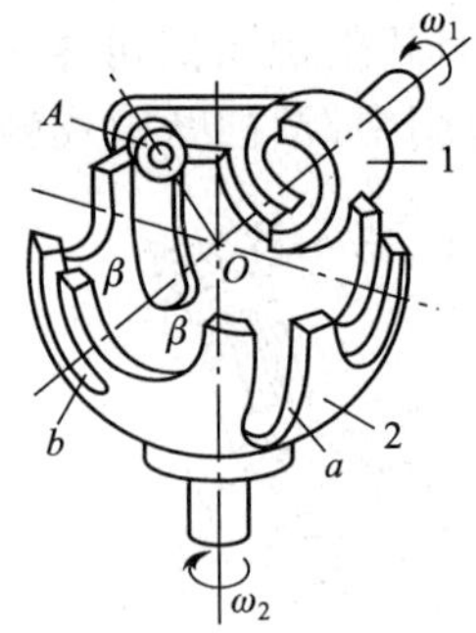

图 4-13　空间槽轮机构

1-主动拨盘;2-从动槽轮

图 4-15 所示为转塔车床的刀架转位机构,为了能按照零件加工工艺的要求自动改变需要的刀具,采用了槽轮机构。在与槽轮固连的刀架上装有六种刀具,槽轮上有六个径向槽,拨盘上装有一个圆销 A。拨盘转动一周,圆销 A 便进入槽轮一次,驱使槽轮转过 60°,刀架也随着转过 60°,从而将下一道工序的刀具转换到工作位置。

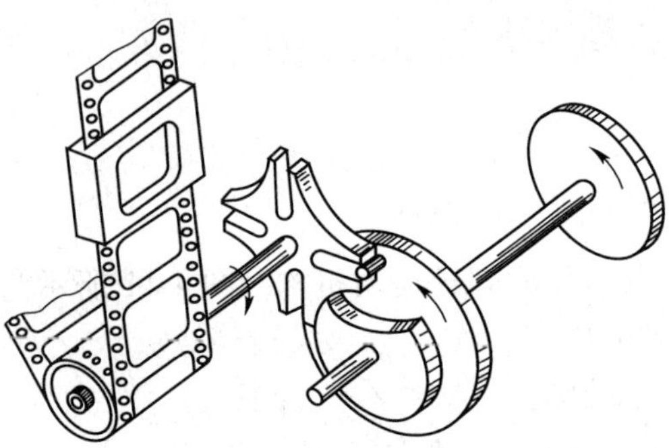

图 4-14　电影放映机构

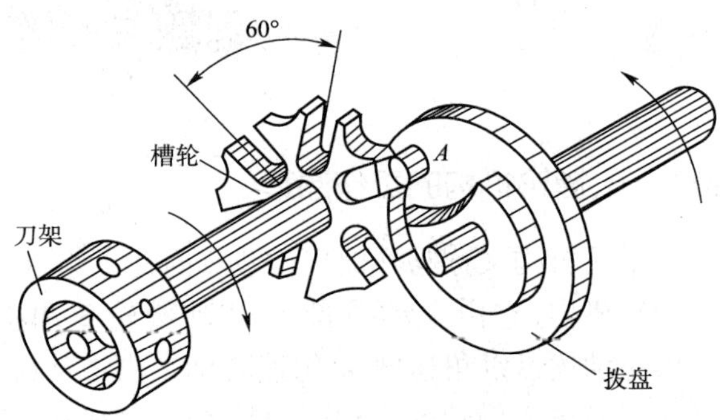

图 4-15　转塔车床的刀架转位机构

课题三　不完全齿轮机构

一、不完全齿轮机构的工作原理和类型

不完全齿轮机构是由齿轮机构演变而来的,图 4-16a)所示即为一个不完全齿轮机构。当不完全齿轮 1 上的轮齿与从动齿轮 2 上的轮齿相啮合时,从动轮运动;当两轮上的锁止弧起定位作用时,从动轮静止。不完全齿轮机构从动轮的运动时间和静止时间的比值可以在很大的范围内变化。

不完全齿轮机构的形式也分外啮合和内啮合,以及不完全齿轮齿条机构,如图 4-16b)和图 4-17 所示。

二、不完全齿轮机构的特点及应用

不完全齿轮机构的优点是设计灵活,从动轮的运动角范围大,很容易实现一个周期中的多次动、停时间不等的间歇运动。缺点是加工复杂；在进入和退出啮合时速度有突变，引起刚性冲击，不宜用于高速传动；主、从动轮不能互换。

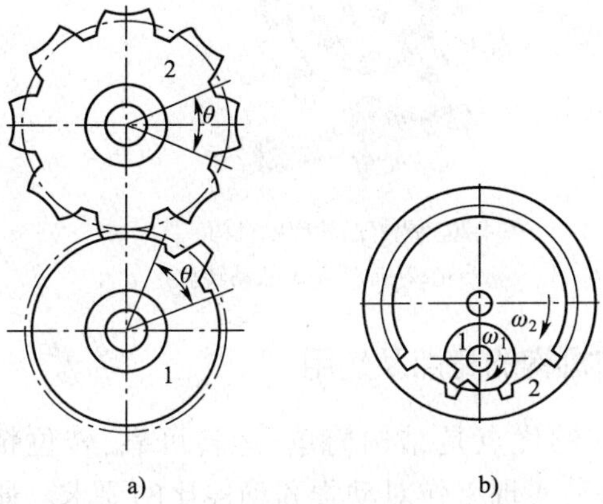

图 4-16　不完全齿轮机构

1-主动轮；2-从动轮

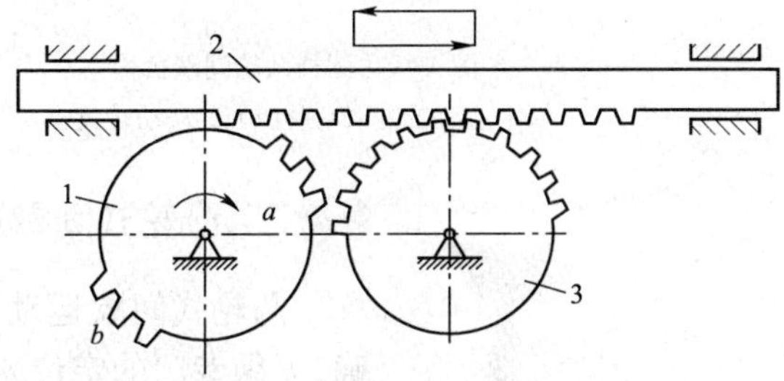

图 4-17　不完全齿轮齿条机构

1、3-齿轮；2-齿条

不完全齿轮机构常用于多工位、多工序的自动机械或生产线上，实现工作台的间歇转位和进给运动等。

图 4-18 所示是蜂窝煤压制机工作台五个工位的间歇转位机构示意图。该机构完成煤粉的装填、压制、退煤等五个动作，因此每转 1/5 周需要停歇一次。齿轮 3 是不完全齿轮，当它作连续转动时，通过齿轮 6 使工作台 7（其外周是一个大齿圈）获得预期的间歇运动。此外，为使工作比较平稳，在齿轮 3 和齿轮 6 上添加了一对起动用的附加板 4 和 5，还添加了凸形和凹形的圆弧板，以便起锁止弧的作用。

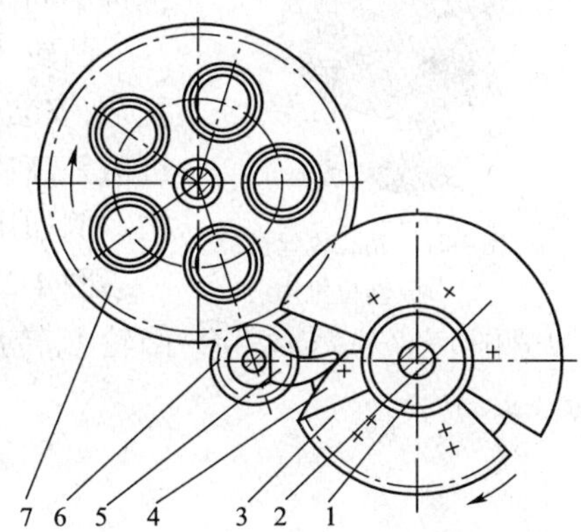

图 4-18　蜂窝煤压制机构

1、2-原动件；3-主动齿轮；4、5-附加板；6-从动齿轮；7-工作台

课题四　凸轮式间歇运动机构

一、凸轮式间歇运动机构的组成和工作原理

凸轮式间歇运动机构一般由主动凸轮、从动转盘和机架组成。图 4-19 所示为圆柱凸轮间歇运动机构，其主动凸轮 1 的圆柱面上有一条两端开口不闭合的曲线沟槽（或凸脊），从动转盘 3 的端面上有均匀分布的圆柱销 2。当凸轮转动时，通过其曲线沟槽（或凸脊）拨动从动盘 3 上的圆柱销，使从动转盘 3 做间歇运动。

图 4-20 为蜗杆凸轮间歇运动机构，其主动凸轮 1 上有一条凸脊，犹如圆弧面蜗杆，从动盘 2 的圆柱面上均匀分布有圆柱销 3，犹如蜗轮的齿。当蜗杆凸轮转动时，将通过转盘上的圆柱销推动从动转盘 2 做间歇运动。

图 4-19　圆柱凸轮间歇机构
1-主动凸轮;2-圆柱销;3-从动转盘

图 4-20　蜗杆凸轮间歇机构
1-主动凸轮;2-圆柱销;3-从动转盘

二、凸轮式间歇运动机构的特点及应用

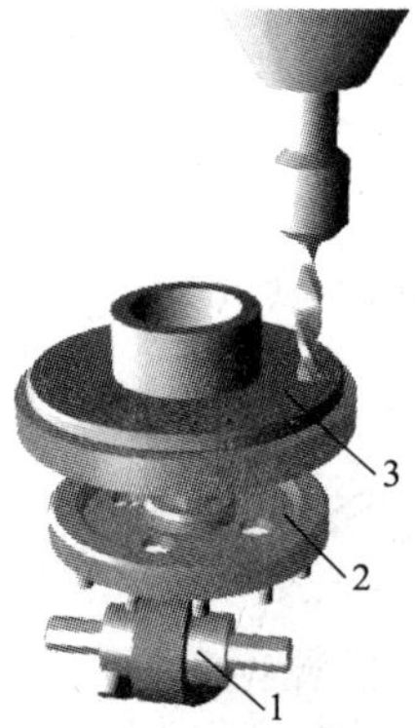

图 4-21　钻孔攻丝机转位机构
1-圆柱凸轮;2-转盘;3-工作台

凸轮式间歇运动机构的优点是结构简单、运转可靠、转位精确,无须专门的定位装置,易实现工作对动程和动停比的要求。通过适当选择从动件的运动规律和合理设计凸轮的轮廓曲线,可减小动载荷和避免冲击,以适应高速运转的要求,这是这种间歇运动机构不同于棘轮机构、槽轮机构的最突出优点。

凸轮式间歇运动机构的主要缺点是精度要求较高,加工比较复杂,安装调整比较困难。凸轮式间歇运动机构在轻工机械、冲压机械等高速机械中常用于高速、高精度的步进进给、分度转位等机构。例如用于高速冲床,多色印刷机、包装机、折叠机等。

图 4-21 所示为钻孔攻丝机转位机构,运动由变速箱传给圆柱凸轮 1,转盘 2 与工作台 3 固接,使工作台作间歇转位。

项目小结

通过对本项目的学习,我们了解棘轮机构、槽轮机构、不完全齿轮机构及凸轮式间歇运动机构的特点及应用。

1. 棘轮机构是一种间歇运动机构,能够实现单向和双向间隙运动的控制。

2. 槽轮轮机构也是一种间歇运动机构,分为外啮合槽轮机构和内啮合槽轮机构,常用于自动车床的间歇进给运动或转位运动。

3. 不完全齿轮机构分为外啮合和内啮合两种形式的间歇转位或间歇进给运动。常用于自动机和半自动机工作台的间歇转位或间歇进给运动。

4. 凸轮式间歇运动机构结构简单、运转可靠、转位精确,无须专门的定位装置,易实现工作对动程和动停比的要求。在轻工机械、冲压机械等高速机械中常用于高速、高精度的步进进给、分度转位等机构。

练习题

4-1　常用的棘轮机构有哪几种类型?齿啮式棘轮机构可分哪几种类型?

4-2　棘轮机构工作原理是怎样的?可实现怎样的运动转换?

4-3 棘轮机构的转角是否可调节？调节方法有几种形式？

4-4 槽轮机构可分哪几种类型？

4-5 槽轮机构的转角是否可进行调节？

4-6 试比较棘轮机构、槽轮机构、不完全齿轮机构和凸轮式间歇运动机构在运动平稳性、加工难易程度、制造成本方面所具有的特点，各适用于何种场合？

4-7 不完全齿轮机构和普通齿轮机构的啮合过程有什么异同点？

项目五

挠性传动

【职业能力目标】

1. 了解带传动的组成、主要类型及特点；
2. 掌握普通 V 带的结构和标准、V 带轮的典型结构；
3. 掌握带传动的弹性滑动产生的原因及传动比的计算；
4. 掌握普通 V 带传动的设计步骤；
5. 具有对 V 带传动安装和维护的能力；
6. 了解链传动的组成及类型、特点和应用；
7. 掌握滚子链的结构、标准及链轮的结构和主要尺寸；
8. 掌握滚子链传动的设计步骤。

【学习重点与难点】

带传动的受力分析；V 带传动的设计；链传动的设计。

课题一　带传动的类型、特点及应用

一、带传动的组成

带传动是一种常用的机械传动，如图 5-1 所示。它由主动带轮 1、从动带轮 2 和传动带 3 组成。

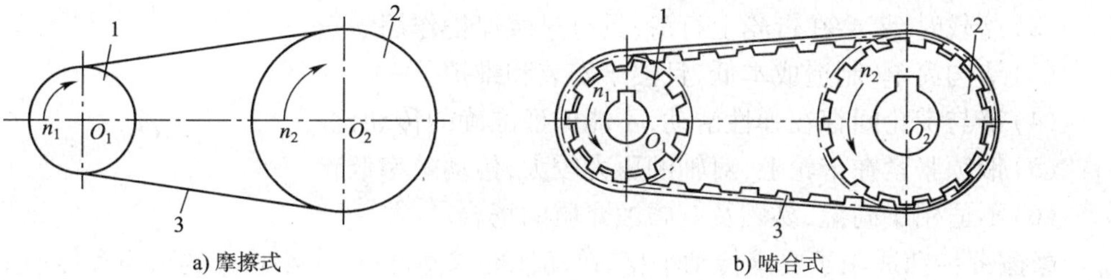

图 5-1　带传动的组成
1-主动带轮；2-从动带轮；3-传动带

二、带传动的主要类型

带传动按工作原理可分为摩擦式带传动和啮合式带传动两大类，前者过载可以打滑，但传动比不准确；后者可保证同步传动。根据带的形状，可分为平带传动、V 带传动和同步带传动。根据用途，有一般工业用、汽车用和农机用等之分。

1. 摩擦式带传动

按带的截面形状可分为平带传动（图 5-2a）、V 带传动（图 5-2b）、多楔带传动（图 5-2c）和圆带传动（图 5-2d）等传动类型。

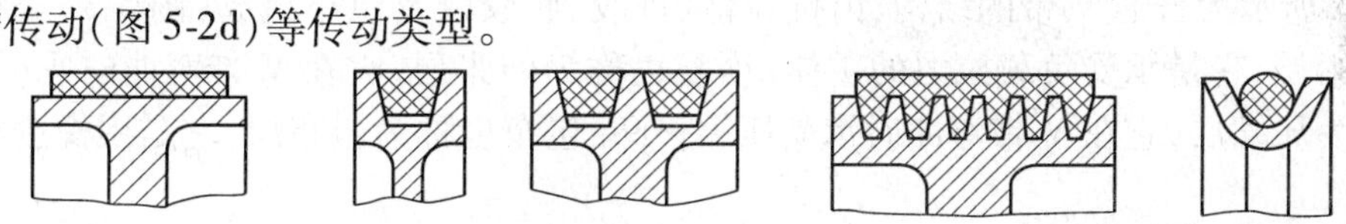

图 5-2　摩擦式带传动的类型

平带的横截面为扁平矩形，内表面为工作面，而 V 带的横截面为等腰梯形，两侧面为工作面。根据楔形面的受力分析可知，在相同压紧力和相同摩擦因数的条件下，V 带产生的摩擦力要比平带约大 3 倍，所以 V 带传动能力强，结构更紧凑，应用最广泛。

多楔带是以平带为基体，内表面具有等距纵向楔的环形传动带，其工作面为楔的侧面。它主要用于传递功率较大而要求结构紧凑的场合。

圆带的横截面为圆形，只用于小功率传动，如缝纫机、仪器等。

2. 啮合式带传动

啮合式带传动是靠带的齿与带轮上的齿相啮合来传递动力的，较典型的是图 5-1b）所示的同步带传动。同步带传动兼有带传动和齿轮传动的特点，传动功率较大（可达几百千瓦），传动效率高（$\eta = 0.98 \sim 0.99$），允许的线速度高（$v \leqslant 50\text{m/s}$），传动比大（$i \leqslant 12$），传动结构紧凑。传动时无相对滑动，能保证准确的传动比。同步带用聚氨醋或氯丁橡胶为基体，以细钢丝绳或玻璃纤维绳为抗拉体，抗拉强度高，受载后变形小。其主要缺点是制造和安装精度要求高，中心距要求严格。目前，同步带已广泛用于计算机、数控机床及纺织机械等传动装置中。

三、带传动的特点和应用

摩擦带传动有以下主要特点：

(1)传动具有良好的弹性，能缓冲吸振，传动平稳，噪声小。

(2)过载时，带会在带轮上打滑，具有过载保护作用。

(3)结构简单，制造成本低，且便于安装和维护。

(4)带与带轮间存在弹性滑动，不能保证准确的传动比。

(5)带须张紧在带轮上，对轴的压力较大，传动效率低。

(6)不适用于高温、易燃及有腐蚀介质的场合。

摩擦带传动适用于要求传动平稳、传动比要求不准确、中小功率的远距离传动。一般带传动的传递功率 $P \leqslant 50\mathrm{kW}$，带速 $v = 5 \sim 25\mathrm{m/s}$，传动比 $i = 3 \sim 5$。

课题二　普通 V 带和 V 带轮

V 带可分为普通 V 带、窄 V 带、宽 V 带、大楔角 V 带、汽车 V 带等多种类型，其中普通 V 带和窄 V 带应用最广。本书主要介绍普通 V 带传动的计算。

一、普通 V 带的结构和标准

图 5-3 所示为普通 V 带的结构，由抗拉体、顶胶、底胶以及包布组成(图 5-3)。抗拉体也称为强力层，它是承受负载拉力的主体；顶胶也称为伸张层，它在 V 带弯曲时承受拉伸；底胶也称为压缩层，它在 V 带弯曲时承受压缩；外壳包布也称为包布层，它是用橡胶帆布包围成型。

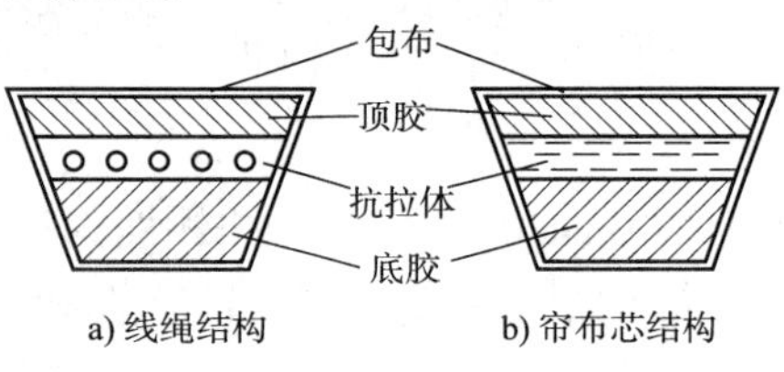

图 5-3　V 带的结构

V 带的抗拉体分为线绳(图 5-3a)和帘布芯(图 5-3b)两种结构。帘布芯结构承载能力高，制造方便，型号多，应用较广；线绳结构柔性好，抗弯强度高，适用于带轮直径较小、速度较高的场合。现在，生产中越来越多地采用线绳结构的 V 带。

普通 V 带的尺寸已标准化(GB/T 11544—2012)，按截面尺寸从小到大依次为 Y、Z、A、B、C、D、E 七种型号，窄 V 带有 SPZ、SPA、SPB、SPC 四种型号。其截面尺寸见表 5-1。其中普通 V 带 Y 型截面尺寸最小，只用于传递运动，常用 Z、A、B、C 等型号。

V 带为无接头环形带。V 带绕在带轮上产生弯曲，外层受拉伸长，内面受压缩短，故内、外层之间必有一长度不变的中性层，其宽度 b_p 称为节宽(表 5-1)。V 带装在带轮上，和 b_p 相应的带轮直径称为基准直径 d_d(表 5-1)。带轮基准直径上带的周线长度称为基准长度，用 L_d 表示。

普通 V 带和 V 带轮槽截面尺寸(摘自 GB/T 11544—2012、GB/T 13575.1—2008)(单位:mm)　　表 5-1

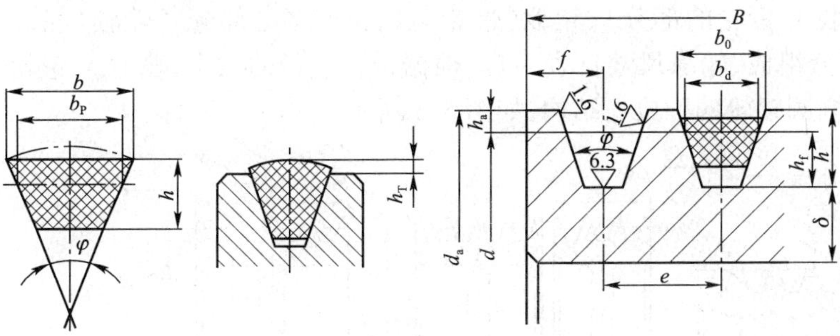

标记示例:型号为 Y 型基准长度为 500mm 的 V 带标记为 Y－500 GB/T 11544—2012

尺寸参数			V带型号						
			Y	Z(SPZ)	A(SPA)	B(SPB)	C(SPC)	D	E
V 带	节宽 b_p		5.3	8.5(8)	11.0(11)	14.0(14)	19.0(19)	27.0	32.0
	顶宽 b		6.0	10.0(10)	13.0(13)	17.0(17)	22.0(22)	32.0	38.0
	高度 h		4.0	6.0(8)	8.0(10)	11.0(14)	14.0(18)	19.0	23.0
	露出高度 h_T	最大	+0.8	+1.6	+1.6	+1.6	+1.5	+1.6	+1.6
		最小	−0.8	−1.6	−1.6	−1.6	−2.0	−3.2	−3.2
	楔角		40°						
	截面面积 $A(mm^2)$		18	47	81	138	230	476	692
	每米带长质量 q(kg/m)		0.02	0.06 (0.07)	0.10 (0.12)	0.17 (0.2)	0.30 (0.37)	0.60	0.87
V 带轮	基准宽度 b_p		5.3	8.5	11.0	14.0	19.0	27.0	32.0
	基准线至槽顶高度 h_{amin}		1.6	2.0	2.75	3.5	4.8	8.1	9.6
	基准线至槽底深度 h_{fmin}		4.7	7.0(9)	8.7(11)	10.8(14)	14.3(19)	19.9	23.4
	第一槽对称线至端面距离 f_{min}		6	7	9	11.5	16	23	28
	槽间距 e		8 ±0.3	12 ±0.3	15 ±0.3	19 ±0.4	25.5 ± 0.5	37 ±0.6	44.5 ± 0.7
	最小轮缘厚度 δ		5	5.5	6	7.5	10	12	15
	带轮宽 B		$B=(z-1)e+2f$(z 为轮槽数)						
	槽角 φ 32°	相应的基准直径 d	≤60	—	—	—	—	—	—
	槽角 φ 34°	相应的基准直径 d	—	≤80	≤118	≤190	≤315	—	—
	槽角 φ 36°	相应的基准直径 d	>60	—	—	—	—	≤475	≤600
	槽角 φ 38°	相应的基准直径 d	—	>80	>118	>190	>315	>475	>600
	槽角 φ 极限偏差		±0.5°						

二、V 带轮的材料和结构

1. 带轮材料

带轮材料常用灰铸铁、钢、铝合金或工程塑料等。灰铸铁应用最广,当 $v\leqslant30$m/s 时,用 HT15－33 或 HT20－40。当 $v\geqslant25\sim45$m/s 时可采用球墨铸铁或铸钢;也可用钢板冲压焊接带轮；小功率传动可用铸铝或塑料；塑料带轮的质量轻、摩擦因数大，常用于机床中。

2. 带轮结构

V 带轮由轮缘（用于安装 V 带轮的部分）、轮毂（带轮与轴相连接的部分）、轮辐（轮缘与轮毂相连接的部分）三部分组成，轮缘尺寸见表 5-1。根据带轮直径的大小，普通 V 带轮有实心轮、辐板轮、孔板轮、椭圆辐轮四种典型结构，如图 5-4 所示。

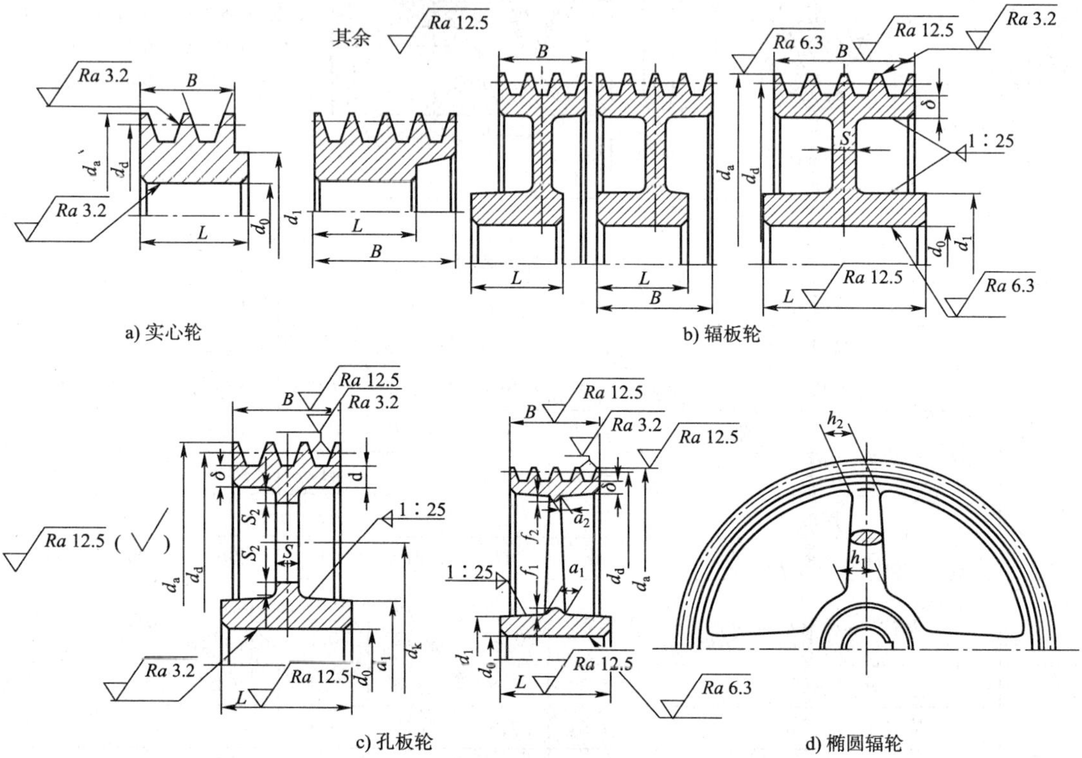

a) 实心轮　b) 辐板轮　c) 孔板轮　d) 椭圆辐轮

图 5-4　V 带轮的典型结构

$$h_1 = 290\sqrt[3]{\frac{P}{nA}}\text{mm}$$

式中：P——传递的功率，kW；

n——带轮转速，r/min；

A——轮辐数。

$h_2 = 0.8h_1$，$a_1 = 0.40h_1$，$a_2 = 0.8a_1$，$f_1 = 0.2h_1$，$f_2 = 0.2h_2$，$d_1 = (1.8 \sim 2)d_0$，$L = (1.5 \sim 2)d_0$，$S_1 \geqslant 1.5S$，$S_2 \geqslant 0.5S$，S 查有关表可得。h_1 的单位为 mm。

课题三　带传动的受力分析和应力分析

一、带传动的受力分析

带传动未运转时，由于带张紧在两带轮上，带的上、下两边都受到相同的张紧力 F_0，即初拉力，如图 5-5a）所示。

带传动工作时，当主动轮 1 在转矩作用下以转速 n_1 旋转时，其对带的摩擦力 F_f 与带的运动方向一致，带又以摩擦力驱动从动轮以转速 n_2 转动，从动轮对带的摩擦力 F_f 与带的运动方向相反（图 5-5b）。带进入主动轮一边被进一步拉紧，拉力增大为 F_1，该边称为紧边，离开主动轮的一边带的拉力降为 F_2，该边称为松边。紧边拉力与松边拉力之差为带传动的有效圆周力 F。

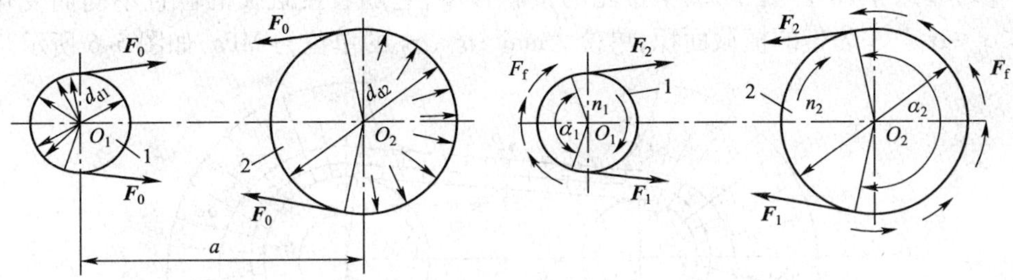

a) 未运转时　　b) 传动时

图 5-5　带传动的受力分析

1-主动轮；2-从动轮

假设工作前后带的总长度保持不变，且认为带是弹性体，则带的紧边拉力的增加量等于松边拉力的减少量，即

$$F_1 - F_0 = F_0 - F_2 \tag{5-1}$$

$$F_1 + F_2 = 2F_0 \tag{5-2}$$

有效圆周力

$$F = F_1 - F_2 = \sum F_f \text{（摩擦力总和）}$$

有效圆周力实际上等于带与带轮接触部分摩擦力的总和。在初拉力一定的情况下，带与带轮之间的摩擦力是有限的，当所要传递的圆周力超过该极限值时，带将在带轮上打滑。它使带磨损加剧，从动轮转速急剧降低，甚至停止转动，失去正常工作能力。

有效圆周力 F(N)，带速 v(m/s)和传递功率 P(kW)之间的关系为

$$P = \frac{Fv}{1000} \tag{5-3}$$

当 V 带即将打滑时，F_1 与 F_2 之间的关系可用柔韧体摩擦的欧拉公式表示，即

$$F_1 = F_2 e^{f_v \alpha} \tag{5-4}$$

式中：F_1——紧边拉力，N；

F_2——松边拉力，N；

e——自然对数的底数；

f_v——当量摩擦因数；

α——小带轮的包角，rad。

联立解式(5-2)和式(5-4)可得

$$F_{max} = 2F_0 \frac{(e^{f_v\alpha} - 1)}{(e^{f_v\alpha} + 1)} = 2F_0\left[1 - \frac{2}{(e^{f_v\alpha} + 1)}\right] = F_1\left(1 - \frac{1}{e^{f_v\alpha}}\right) \tag{5-5}$$

由式(5-5)可知，最大有效圆周力 F_{max} 与初拉力 F_0、包角 α、当量摩擦因数 f_v 成正比。

▶▶ 二、带传动的应力分析

带传动工作时，带中应力由下列三部分组成。

1. 两边拉力产生的拉应力

紧边拉应力：紧边拉力 F_1 产生的拉应力 $\sigma_1 = F_1/A$，产生于紧边。

松边拉应力：松边拉力 F_2 产生的拉应力 $\sigma_2 = F_2/A$，产生于松边。

接触弧中的拉应力 σ：接触弧上的带每一点受到大小不同的拉力 F 作用，它产生的拉应力为 $\sigma = F/A$ 式中，σ 产生于大、小带轮的接触弧中，它随着接触弧的位置不同而变化。满足 $\sigma_2 \leqslant \sigma \leqslant \sigma_1$。$A$ 为带的横截面积，单位为mm^2；σ_1、σ_2 的单位为 MPa，如图 5-6 所示。

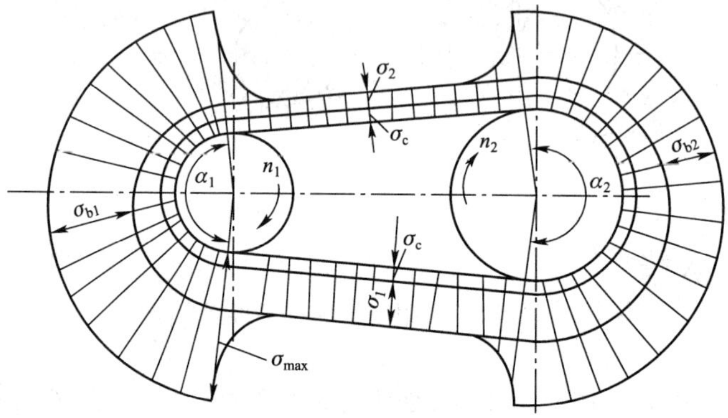

图 5-6　带的应力分布图

2. 离心力产生的拉应力

带在带轮上作圆周运动时，带本身的质量将引起离心力，由此引起的离心应力作用于带的全长，其值为

$$\sigma_c = F/A = qv^2/A$$

式中：q——每米带长的质量，kg/m（表 5-1）；

v——带速，m/s。

σ_c 的单位为 MPa。

3. 弯曲应力

带绕在带轮上产生弯曲应力。V 带外层处的弯曲应力最大。由材料力学公式可得

$$\sigma_b = \frac{2Eh_a}{d_d}$$

式中：E——带的弹性模量，MPa；

h_a——带的最外层到节面的距离，mm；

d_d——带轮基准直径，mm。

σ_b 的单位为 MPa。

由上式可知，当 h_a 越大，d_d 越小，带的弯曲应力 σ_b 就越大。如果带传动的两个带轮直径不同，则带绕上小带轮时产生的弯曲应力更大。为了防止弯曲应力过大，对每种型号的 V 带，都规定了相应的最小带轮基准直径 $d_{d,\min}$，见表 5-2。

V 带轮的最小直径 $d_{d,\max}$（单位：mm）　　表 5-2

槽型	Y	Z	A	B	C	D	E
$d_{d,\max}$	20	50	75	125	200	355	500

带在工作时的应力分布如图 5-6 所示。最大应力发生在紧边绕上小轮处，其值为

$$\sigma_{\max} = \sigma_1 + \sigma_c + \sigma_{b1}$$

带不被疲劳拉断有

$$\sigma_{max} \leqslant [\sigma]$$

式中:$[\sigma]$——许用疲劳应力。

当 $\sigma_{max} > [\sigma]$,带可能被拉断,失去工作能力,称为拉断失效。

由于带是在变应力状态下工作的,当应力循环次数达到一定值时,带就会发生疲劳破坏。

课题四　带传动的弹性滑动及其传动比

一、带的弹性滑动的概念

带是弹性体,传动带在工作时,受到拉力的作用要产生弹性变形。由于紧边拉力 F_1 大于松边拉力 F_2,因此紧边的伸长量大于松边的伸长量,如图 5-7 所示。当传动带的紧边在 a 点进入主动轮 1 时,带的速度和主动轮 1 的圆周速度 v_1 相等,但在传动带随主动轮 1 由 a 点旋转至 b 点的过程中,带所受的拉力由 F_1 逐渐降到 F_2,其弹性伸长量也将逐渐减小,这时带在带轮上必向后产生微小滑动,造成带的速度小于主动轮的圆周速度,至 b 点处带速已由 v_1 降为 v_2 了。

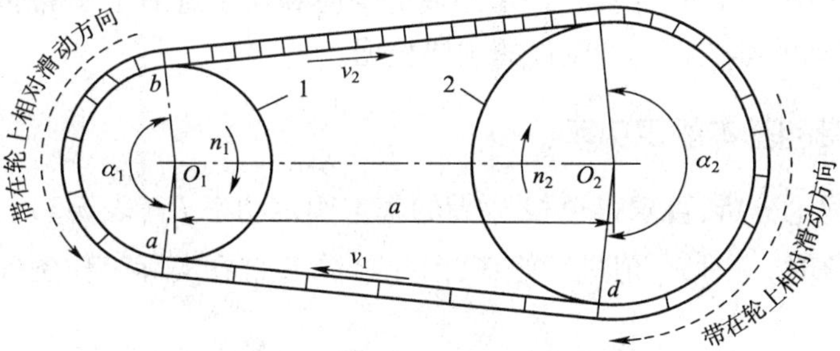

图 5-7　带传动的弹性滑动

1-主动轮;2-从动轮

同理,传动带在从动轮 2 上由 c 点旋转至 d 点的过程中,由于拉力逐渐增大,其弹性伸长量也将逐渐增加,这时带在带轮上必向前产生滑动,致使带的速度领先于从动轮的圆周速度,至 d 点处带的速度又增加到 v_1。这种由于带在接触弧上受到的拉力变化,使带的弹性伸长量产生变化,造成带与带轮在接触弧上产生微小的、局部的相对滑动运动,称为弹性滑动。

二、弹性滑动产生的原因

由于带两边拉力不相等致使两边弹性变形不相同,由此引起的带与带轮间的滑动称为带传动的弹性滑动。它在摩擦带传动中是不可避免的一种现象。

三、造成结果

(1)造成带的传动比 $i = n_1/n_2$ 不是恒定常数。由于弹性滑动引起的从动轮圆周速度的降低率称为带传动的滑动系数,用 ε 表示,即

$$\varepsilon = \frac{(v_1 - v_2)}{v_1} = \frac{(\pi d_{d1} n_1 - \pi d_{d2} n_2)}{\pi d_{d1} n_1} = 1 - \frac{d_{d2} n_2}{d_{d1} n_1} \tag{5-6}$$

从动轮转速的计算式为

$$n_2 = \frac{n_1 d_{d1}}{d_{d2}}(1 - \varepsilon) \tag{5-7}$$

通常带传动的滑动系数 $\varepsilon = 0.01 \sim 0.12$，因 ε 值较小，非精确计算时可忽略不计。

(2)造成传动效率不高。

(3)造成带的磨损。

课题五　普通 V 带传动的设计

一、带传动的失效形式和设计准则

(1)带在带轮上打滑，不能传递动力。

(2)带由于疲劳产生脱层、撕裂和拉断。

(3)带的工作面磨损。

保证带在工作中不打滑，并具有一定的疲劳强度和使用寿命是 V 带传动设计的主要根据，也是靠摩擦传动的其他带传动设计的主要根据。

二、单根 V 带的基本额定功率

通过实验和理论分析，可求得单根 V 带的基本额定功率 P_1(表 5-3)。当实际使用条件与实验条件不相符时，应对 P_1 值进行修正，因此单根 V 带在实际工作条件下允许传递的功率为

$$[P_1] = (P_1 + \Delta P_1) K_\alpha K_L \tag{5-8}$$

式中：$[P_1]$——单根 V 带在实际工作条件下允许传递的额定功率，kW；

P_1——单根 V 带所能传递的基本额定功率，kW(查表 5-3)；

ΔP_1——$i \neq 1$ 时，单根 V 带的额定功率增量，kW(查表 5-4)；

K_α——小带轮包角修正因数(查表 5-5)；

K_L——带长修正因数(查表 5-6)。

单根 V 带的基本额定功率 P_1(摘自 GB/T 13575.1—2008)

($\alpha_1 = \alpha_2 = 180°$，特定基准长度，载荷平稳)(单位：kW)　　　表 5-3

带型	小带轮直径 d_{d1}(mm)	小带轮转速 n_1(r/min)											
		200	300	400	500	600	730	800	980	1200	1460	1600	1800
Y	20	—	—	—	—	—	—	—	0.02	0.02	0.02	0.03	—
	31.5	—	—	—	—	—	0.03	0.04	0.04	0.05	0.06	0.06	—
	40	—	—	—	—	—	0.04	0.05	0.06	0.07	0.08	0.09	—
	50	—	—	0.05	—	—	0.06	0.07	0.08	0.09	0.11	0.12	—

续上表

带型	小带轮直径 d_{d1}(mm)	小带轮转速 n_1(r/min)											
		200	300	400	500	600	730	800	980	1200	1460	1600	1800
Z	50	—	—	0.06	—	—	0.09	0.10	0.12	0.14	0.16	0.17	—
	63	—	—	0.08	—	—	0.13	0.15	0.18	0.22	0.25	0.27	—
	71	—	—	0.09	—	—	0.17	0.20	0.23	0.27	0.31	0.33	—
	80	—	—	0.14	—	—	0.20	0.22	0.26	0.30	0.36	0.39	—
	90	—	—	0.14	—	—	0.22	0.24	0.28	0.33	0.7	0.40	—
A	75	0.16	—	0.27	—	—	0.42	0.45	0.52	0.60	0.68	0.73	—
	90	0.22	—	0.39	—	—	0.63	0.68	0.79	0.93	1.07	1.15	—
	100	0.26	—	0.47	—	—	0.77	0.83	0.97	1.14	1.32	1.42	—
	125	0.37	—	0.67	—	—	1.11	1.19	1.40	1.66	1.93	2.07	—
	160	0.51	—	0.94	—	—	1.56	1.69	2.00	2.36	2.74	2.94	—
B	125	0.48	—	0.84	—	—	1.34	1.44	1.67	1.93	2.20	2.33	2.50
	160	0.74	—	1.32	—	—	2.16	2.32	2.72	3.17	3.64	3.86	4.15
	200	1.02	—	1.85	—	—	3.06	3.30	3.86	4.50	5.15	5.46	5.83
	250	1.37	—	2.50	—	—	4.14	4.46	5.22	6.04	6.85	7.20	7.63
	280	1.58	—	2.89	—	—	4.77	5.13	5.93	6.90	7.78	8.13	8.46
C	200	1.39	1.92	2.41	2.87	3.30	3.80	4.07	4.66	5.29	5.86	6.07	6.28
	250	2.03	2.85	3.62	4.33	5.00	5.82	6.23	7.18	8.21	9.06	9.38	9.63
	315	2.86	4.04	5.14	6.17	7.14	8.34	8.92	10.23	11.53	12.48	12.72	12.67
	400	3.91	5.54	7.06	8.52	9.82	11.52	12.10	13.67	15.04	15.51	15.24	14.08
	450	4.51	6.40	8.20	9.81	11.29	12.98	13.80	15.39	16.59	16.41	15.57	13.29

$i \neq 1$ 时单根 V 带的额定功率增量 ΔP_1(单位:kW) 表 5-4

带型	小带轮直径 n_1(r/min)	传动比 i									
		1.00~1.01	1.02~1.04	1.05~1.08	1.09~1.12	1.13~1.18	1.19~1.24	1.25~1.34	1.35~1.50	1.51~1.99	≥2.00
Z	400										
	700										
	800										
	950		0.00								
	1200										
	1450					0.01		0.02			
	1600										
	2000										
	2400										
	2800							0.03		0.04	

项目五 挠性传动

续上表

带型	小带轮直径 n_1 (r/min)	传动比 i									
		1.00 ~ 1.01	1.02 ~ 1.04	1.05 ~ 1.08	1.09 ~ 1.12	1.13 ~ 1.18	1.19 ~ 1.24	1.25 ~ 1.34	1.35 ~ 1.50	1.51 ~ 1.99	≥2.00
A									0.04		
									0.07		
									0.08		
									0.08		
									0.11		
	400	0.00	0.01	0.01	0.02	0.02	0.03	0.03	0.13		0.05
	700		0.01	0.02	0.03	0.04	0.05	0.06	0.15		0.09
	800		0.01	0.02	0.03	0.04	0.05	0.06	0.19		0.10
	950		0.01	0.03	0.04	0.05	0.06	0.07	0.23		0.11
	1200		0.02	0.03	0.05	0.07	0.08	0.10	0.26		0.15
	1450		0.02	0.04	0.06	0.08	0.09	0.11	0.04		0.17
	1600		0.02	0.04	0.06	0.09	0.11	0.13	0.08		0.19
	2000		0.03	0.06	0.08	0.11	0.13	0.16	0.09		0.24
	2400		0.03	0.07	0.10	0.13	0.16	0.19	0.10		0.29
	2800		0.04	0.08	0.11	0.15	0.19	0.23	0.13		0.34
									0.15		
									0.17		
									0.22		
									0.26		
									0.30		
B	400	0.00	0.01	0.03	0.04	0.06	0.07	0.08	0.010	0.11	0.13
	700		0.02	0.05	0.07	0.10	0.12	0.15	0.17	0.20	0.22
	800		0.03	0.06	0.08	0.11	0.14	0.17	0.20	0.23	0.25
	950		0.03	0.07	0.10	0.13	0.17	0.20	0.23	0.26	0.30
	1200		0.04	0.08	0.13	0.17	0.21	0.25	0.30	0.34	0.38
	1450		0.05	0.10	0.15	0.20	0.25	0.31	0.36	0.40	0.46
	1600		0.06	0.11	0.17	0.23	0.28	0.34	0.39	0.45	0.51
	2000		0.07	0.14	0.21	0.28	0.35	0.42	0.49	0.56	0.63
	2400		0.08	0.17	0.25	0.34	0.42	0.51	0.59	0.68	0.76
	2800		0.10	0.20	0.29	0.39	0.49	0.59	0.69	0.79	0.89
C	200	0.00	0.02	0.04	0.06	0.08	0.10	0.12	0.14	0.16	0.18
	300		0.03	0.06	0.09	0.12	0.15	0.18	0.21	0.24	0.26
	400		0.04	0.08	0.12	0.16	0.20	0.23	0.27	0.31	0.35
	500		0.05	0.10	0.15	0.20	0.24	0.29	0.34	0.39	0.44
	600		0.06	0.12	0.18	0.24	0.29	0.35	0.41	0.47	0.53
	700		0.07	0.14	0.21	0.27	0.34	0.41	0.48	0.55	0.62
	800		0.08	0.16	0.23	0.31	0.39	0.47	0.55	0.63	0.71
	950		0.09	0.19	0.27	0.37	0.47	0.56	0.65	0.74	0.83
	1200		0.12	0.24	0.35	0.47	0.59	0.70	0.82	0.94	1.06
	1450		0.14	0.28	0.42	0.58	0.71	0.85	0.99	1.14	1.27

小带轮包角修正因数 K_α 表 5-5

包角 α(°)	180	170	160	150	140	130	120	110	100	90
K_α	1.00	0.98	0.95	0.92	0.89	0.86	0.82	0.78	0.74	0.69

V 带长度系列和带长修正因数 K_L（摘自 GB/T 13575.1—2008） 表 5-6

基准长度 L_d(mm)	K_L					基准长度 L_d(mm)	K_L			
	Y	Z	A	B	C		Z	A	B	C
200	0.81					2000		1.03	0.98	0.88
224	0.82					2240		1.06	1.00	0.91
250	0.84					2500		1.09	1.03	0.93
280	0.87					2800		1.11	1.05	0.95
315	0.89					3150		1.13	1.07	0.97
355	0.92					3550		1.17	1.09	0.99
400	0.96	0.87				4000		1.19	1.13	1.02
450	1.00	0.89				4500			1.15	1.04
500	1.02	0.91				5000			1.18	1.07
560		0.94				5600				1.09
630		0.96	0.81			6300				1.12
710		0.99	0.83			7100				1.15
800		1.00	0.85			8000				1.18
900		1.03	0.87	0.82		9000				1.21
1000		1.06	0.89	0.84		10000				1.23
1120		1.08	0.91	0.86		11200				
1250		1.11	0.93	0.88		12500				
1400		1.14	0.96	0.90		14000				
1600		1.16	0.99	0.92	0.83	16000				
1800		1.18	1.01	0.95	0.86					

▶▶ 三、V 带传动的设计计算

1. 确定计算功率

$$P_d = K_A P \tag{5-9}$$

式中：P_d——计算功率，kW；

K_A——工况因数（查表 5-7）；

P——理论传递功率，kW。

工 况 因 数 K_A 表 5-7

载荷性质	工作机	K_A					
		空、轻载起动			重载起动		
		每天工作时间(h)					
		<10	10~16	>16	<10	10~16	>16
载荷变动微小	液体搅拌机、通风机和鼓风机（$P \leqslant 7.5$kW）、离心机水泵和压缩机、轻型输送机	1.0	1.1	1.2	1.1	1.2	1.3

续上表

载荷性质	工作机	K_A					
		空、轻载起动			重载起动		
		每天工作时间(h)					
		<10	10~16	>16	<10	10~16	>16
载荷变动小	带式输送机(不均匀载荷)、通风机($P>7.5$ kW)、发电机、金属切削机床、印刷机、冲床、压力机、旋转筛、木工机械	1.1	1.2	1.3	1.2	1.3	1.4
载荷变动较大	制砖机、斗式提升机、往复式水泵和压缩机、起重机、摩擦机、冲剪机床、橡胶机械、振动筛、纺织机械、重型输送机、木材加工机械	1.2	1.3	1.4	1.4	1.5	1.6
载荷变动很大	破碎机、摩擦机、卷扬机、橡胶压延机、挖掘机	1.3	1.4	1.5	1.5	1.6	1.7

注:1. 空、轻载起动——电动机(交流起动、△起动、直流并励),四缸以上的内燃机,装有离心式离合器、液力联轴器的动力机。

重载起动——电动机(联机交流起动、直流复励或串励),四缸以下的内燃机。

2. 在反复起动、正反转频繁、工作条件恶劣等场合,K_A 应取表值的 1.2 倍。

2. 选择带的型号

依据计算功率 P_d 和小带轮的转速 n_1,按图 5-8 选取。

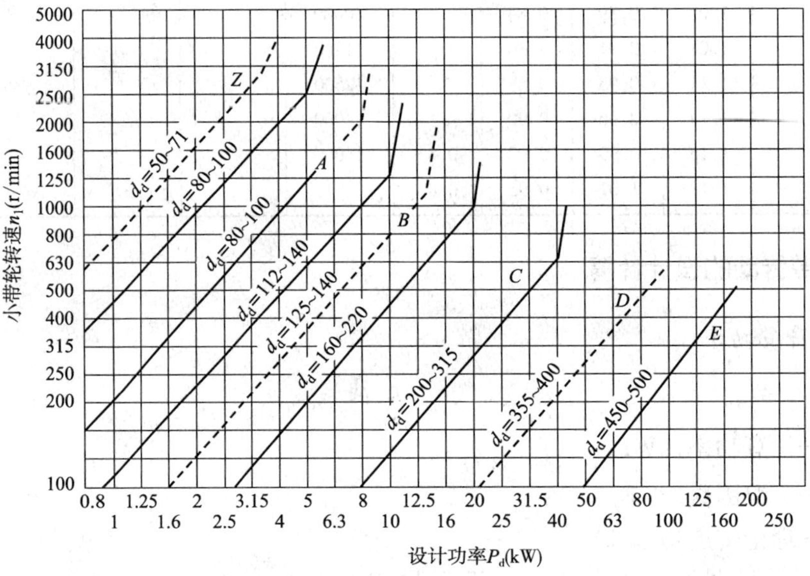

图 5-8 普通 V 带选型图(摘自 GB/T 13575.1—2008)

3. 确定带轮的基准直径 d_{d1}、d_{d2}

一般取 $d_{d1} \geqslant d_{d,\min}$,并取标准值,表 5-8 规定了最小带轮基准直径 $d_{d,\min}$。

大带轮的基准直径 d_{d2} 由下式计算

$$d_{d2} = i d_{d1}(1-\varepsilon)$$

然后再按表 5-8 选取。

4. 验算带速

$$v = \frac{\pi d_{d1} n_1}{(60 \times 1000)} \tag{5-10}$$

式中：v——带速，m/s；

d_{d1}——小带轮基准直径，mm；

n_1——小带轮转速，r/min。带速控制在 5 ~25m/s。

V 带轮基准直径（摘自 GB/T 13575.1—2008）　　表 5-8

V 带轮型号	Y	Z	A	B	C	D	E
$d_{d,\min}$	20	50	75	125	200	355	500
基准直径系列	28 31.5 40 50 56 63 71 75 80 90 100 106 112 118 125 132 140 150 160 180 200 212 224 250 280 315 355 375 400 450 500 560 630…						

5. 确定中心距 a 和带的基准长度 L_d

（1）初定中心距 a。若中心距未给出，可按下式初选中心距

$$0.7(d_{d1}+d_{d2}) \leqslant a_0 \leqslant 2(d_{d1}+d_{d2}) \tag{5-11}$$

若已给出了中心距，则 a_0 应取给定值。

（2）确定带的基准长度 L_d。按下式初定带的基准长度 L_{d0}

$$L_{d0} = 2a_0 + \pi \frac{d_{d1}+d_{d2}}{2} + \frac{(d_{d1}+d_{d2})^2}{4a_0} \tag{5-12}$$

由 L_{d0} 和 V 带型号，查表 5-6，选取相应的基准长度 L_d。

（3）确定实际中心距 a

$$a \approx a_0 + \frac{L_d - L_{d0}}{2} \tag{5-13}$$

考虑安装、调整或补偿等因素，中心距 a 要有一定的调整范围，一般为

$$a_{\max} = a + 0.03L_d$$

$$a_{\min} = a - 0.015L_d$$

6. 验算小带轮包角

$$\alpha_1 = 180° - \frac{(d_{d2}-d_{d1}) \times 57.3°}{a} \tag{5-14}$$

要求 $\alpha_1 \geqslant 120°$，若 α_1 过小，可增大中心距或设置张紧轮。

7. 确定带的根数 z

$$z \geqslant \frac{P_d}{[P_1]} \tag{5-15}$$

式中：z——带的根数；

P_d——计算功率，kW；

$[P_1]$——单根 V 带在实际工作条件下允许传递的额定功率，kW。

将 z 圆整取整数。为使各根带间的受力均匀，带的根数 z 不能太多，因此 z 不应超过最多使用根数 $z_{\max}$，各种型号 V 带推荐最多使用根数 $z_{\max}$，见表 5-9。若超出允许范围，应加大带轮直径或选较大截面的带型，重新计算。

V 带最多使用根数 z_{max}　　表 5-9

V 带型号	Y	Z	A	B	C	D	E
z_{max}	1	2	5	6	8	8	9

8. 计算单根 V 带的初拉力 F_0

初拉力 F_0 若过小，则带易在带轮上打滑；而 F_0 若过大，则轴承及轴受力较大。保证带传动正常工作的单根 V 带合适的初拉力

$$F_0 = 500\left[\left(\frac{2.5}{K_\alpha}\right) - 1\right]\left(\frac{P_d}{zv}\right) + qv^2 \tag{5-16}$$

式中：q——每米带长的质量，kg/m（查表 5-1）。

9. 计算带对轴的压力 F_Q

为了进行轴和轴承的计算，需要确定 V 带对轴的压力 F_Q，它等于 V 带紧边拉力 F_1 与松边拉力 F_2 的合力，如图 5-9 所示。

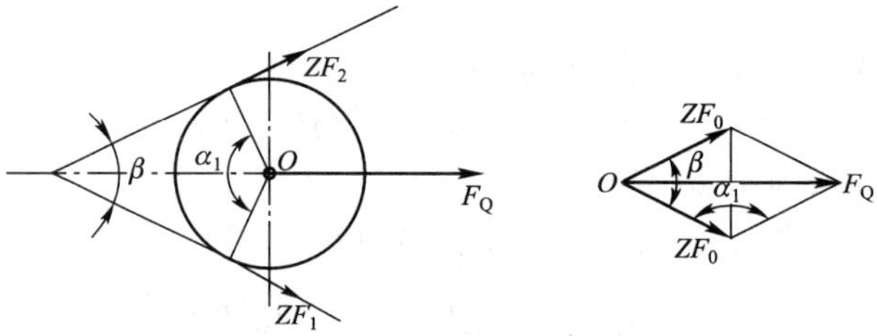

图 5-9　带作用在轴上的压力

若不考虑两边的拉力差，可近似地按两边均为 zF_0 计算，即

$$F_Q \approx 2zF_0\cos\frac{\beta}{2} = 2zF_0\sin\frac{\alpha_1}{2} \tag{5-17}$$

10. V 带轮的设计

带轮的设计主要是选择材料和结构形式，确定轮缘尺寸。

四、V 带传动的设计计算实例

下面以实例来说明带传动的设计方法与步骤。

【例 5-1】　设计一带式运输机的普通 V 带传动。已知电动机额定功率 $P = 5.5$kW，主动轮转速 $n_1 = 1440$r/min，从动轮转速 $n_2 = 450$r/min，两班制工作，要求中心距约为 500mm，载荷变动较小。

【解】　(1)计算功率。查表 5-7，$K_A = 1.2$。

$$P_d = K_A P = 1.2 \times 5.5\text{kW} = 6.6\text{kW}$$

(2)选择带型。据 $P_d = 6.6$kW 和 $n_1 = 1440$r/min 由图 5-8 选取 A 型带。

(3)确定带轮基准直径。由表 5-8 确定 $d_{d1} = 125$mm。

$$d_{d2} = id_{d1} = \frac{1440}{450} \times 125 \times (1 - 0.02)\text{mm} = 392\text{mm}$$

查表 5-8 取标准值 $d_{d2} = 400$mm。

(4)验算带速。$v = \dfrac{\pi d_{d1} n_1}{60 \times 1000} = \dfrac{\pi \times 125 \times 1440}{60 \times 1000}$m/s $= 9.42$m/s

$5m/s < v < 25m/s$，故符合要求。

(5)验算带长。已知中心距 $a_0 = 500mm$，则

$$L_{d0} = 2a_0 + \frac{\pi(d_{d1} + d_{d2})}{2} + \frac{(d_{d2} - d_{d1})^2}{4a_0}$$

$$= 2 \times 500 + \frac{\pi(125 + 400)}{2} + \frac{(400 - 125)^2}{4 \times 500}mm$$

$$= 1862.06mm$$

表3-6选取相近的 $L_d = 2000mm$。

(6)确定中心距。

$$a = a_0 + \frac{L_d - L_{d0}}{2} = 500 + \frac{2000 - 1862.06}{2}mm \approx 569mm$$

$$a_{min} = a - 0.015L_d = 431 - 0.015 \times 2000mm = 539mm$$

$$a_{max} = a + 0.03L_d = 431 + 0.03 \times 2000mm = 629mm$$

确定中心距 $a = 569mm$。

(7)验算小带轮包角。

$$\alpha_1 = 180° - 57.3° \times \frac{(d_{d2} - d_{d1})}{a}$$

$$= 180° - 57.3° \times \frac{400 - 125}{569} = 152.31°$$

因 $\alpha_1 > 120°$，故符合要求。

(8)确定带的根数。

据 d_{d1} 和 n_1 查表5-3得 $P_1 = 1.91kW$。

据带型和 i 查表5-4得 $\Delta P_1 = 0.71kW$。

查表5-5得 $K_\alpha = 0.93$。

查表5-6得 $K_L = 1.03$。

$$z = \frac{P_d}{[P_1]} = \frac{P_d}{[(P_1 + \Delta P_1)K_\alpha K_L]} = \frac{6.6}{[(1.91 + 0.17) \times 0.93 \times 1.03]} = 3.31$$

取 $z = 4$。

(9)单根V带的初拉力。

查表5-1，$q = 0.10kg/m$。

$$F_0 = 500\left[\left(\frac{2.5}{K_\alpha}\right) - 1\right]\left(\frac{P_d}{zv}\right) + qv^2$$

$$= 500\left[\left(\frac{2.5}{0.93}\right) - 1\right]\left(\frac{6.6}{4 \times 9.42}\right) + 0.1 \times 9.42^2N$$

$$= 156.72N$$

(10)作用在轴上的力。

$$F_Q \approx 2zF_0 \sin\frac{\alpha_1}{2} = 2 \times 4 \times 156.72 \times \sin\frac{152.31}{2}N = 1217.35N$$

(11)带轮的结构尺寸，略。

课题六　V 带传动的张紧、安装和维护

一、V 带传动的张紧

1. 张紧的概念

带传动是摩擦传动,适当的张紧力(初拉力)可提供足够的正压力,进而产生足够的最大摩擦力,是保证带传动正常工作的重要因素。张紧力不足,传动带将在带轮上打滑,使传动带急剧磨损;张紧力过大则会使带容易疲劳拉断,寿命降低,也使轴和轴承上的作用力增大。一般规定用一定的载荷加在两带轮中点的传动带上,使它产生一定的挠度来确定张紧力是否合适。通常在两带轮相距不大时,以用拇指在带的中部能压下 15mm 左右为宜。

2. 张紧的方法

为使 V 带具有一定的初拉力,新安装的带在套装后需张紧;V 带运行一段时间后,会产生磨损和塑性变形,使带松弛,初拉力减小,V 带传动能力下降。为了保证带传动的传动能力,必须定期检查与重新张紧,常用的张紧方法有下述两种。

(1)调整中心距。如图 5-10a)所示,通过调整螺栓 3,使电动机 1 在滑道 2 上移动,直到所需位置;如图5-10b)所示,通过调整螺栓使电动机绕定轴 O 摆动将带张紧,也可依靠电动机和机架的自重使电动机摆动实现自动张紧,如图 5-10c)所示。

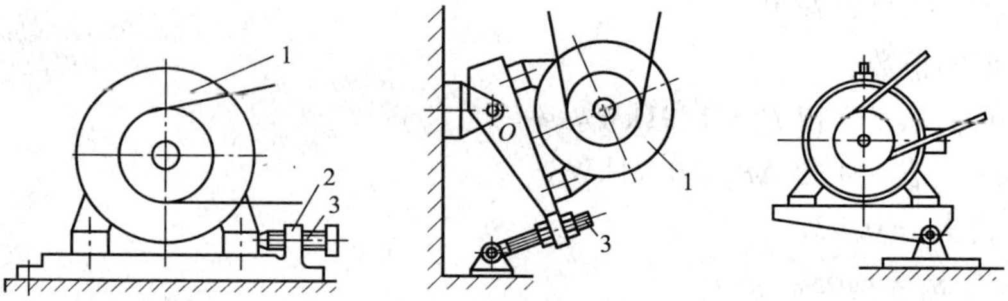

图 5-10　调整中心距

1-电动机;2-滑道;3-调整螺栓

(2)采用张紧轮。当中心距不能调节时,可采用张紧轮将带张紧,如图 5-11 所示。张紧轮一般放在松边内侧,使带只受到单向弯曲,并要靠近大带轮,以保证小带轮有较大的包角,其直径宜小于小带轮直径。

二、带传动的安装和维护

(1)安装 V 带时,先将中心距缩小后将带套入,然后慢慢调整中心距,直至张紧。

(2)安装 V 带时,两带轮轴线应相互平行,各带轮相对应的轮槽的对称平面应重合,其误差不得超过20′,如图 5-12 所示。

(3)多根 V 带传动时,为避免各带受力不均,各带的配组公差应在同一档次。

(4)新旧带不能同时混合使用,更换时,要求全部同时更换。

(5)定期对 V 带进行检查,以便及时调整中心距或更换 V 带。

(6)为了保证安全,同时也防止油、酸、碱等对 V 带的腐蚀,带传动应加防护罩。

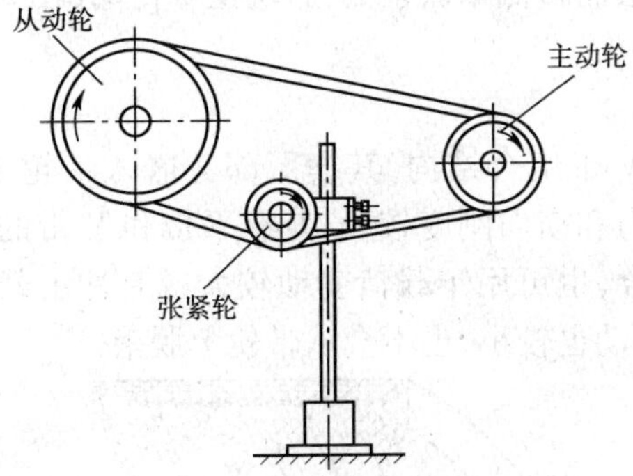

图 5-11　采用张紧轮

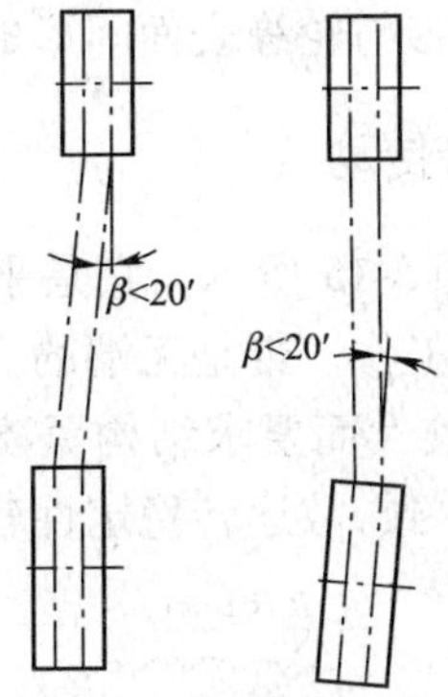

图 5-12　V 带轮的安装位置

课题七　其他带传动简介

一、同步带传动

同步带传动综合了带传动和链传动的特点。优点:①能保证准确的传动比;②因同步带的纵向柔性好,可用于较小节径的带轮,结构紧凑;③由于同步带薄而轻、强度高,带速可达 40m/s,甚至可高达 80m/s,传动比达 12,传动功率可达 100kW;④传动效率高,可达 98%,因而应用日益广泛。缺点为:同步带和带轮价格较高,对制造安装要求高。主要用于要求传动比准确的中、小功率传动,如电子计算机、录音机等所需的机械传动。

同步带是聚氨酯或橡胶为基体,以钢丝绳或玻璃纤维为抗拉体,工作面上带齿的环状带,如图 5-13 所示。工作时,靠同步带的凸齿与带轮外缘上的齿槽作啮合传动。由于同步带和带轮间无相对滑动,能保证两轮圆周速度同步,故称同步带传动。

同步带的主要参数是节距 P_b 和模数 m,当同步带在纵截面内弯曲时,同步带中保持原长度不变的任意一条周线称为节线,节线长度为同步带的公称长度。目前,国际上使用的同步带有节距制和模数制两种标准。国产同步带采用模数制,标准模数系列为:1.5,2,2.5,3,4,5,7,10 等。同步带的标记:模数(mm)×宽度(mm)×齿数,即 $m \times b \times z$。

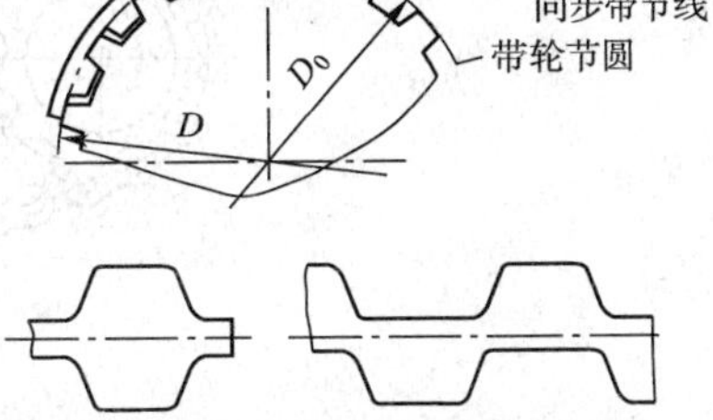

图 5-13　同步带传动

二、高速带传动

带速 $v > 30\text{m/s}$,高速轴转速 $n_1 = 10000 \sim 50000\text{r/min}$ 的带传动属于高速带传动。这种传动要求运转平稳,传动可靠,并有一定的寿命。高速带要求采用质量轻、薄而均匀、挠曲性好的环形平带,如特制的编织带(丝、麻、锦纶等)、薄型锦纶片复合平带等。

高速带轮要求质量轻、质量均匀对称、运转时空气阻力小。带轮各面均应进行精加工,并进行动平衡。高速带轮通常采用钢或铝合金制造。

为防止掉带,大、小轮缘都应加工出凸度,可制成鼓形面或双锥面。在轮缘表面常开环形槽，以防止在带与轮缘表面间形成空气层而降低摩擦系数，影响正常传动（图 5-14）。

三、多楔带传动

多楔带如图 5-15 所示。它是平带和 V 带组合结构，其楔形部分嵌入带轮上的楔形槽内，靠楔面摩擦工作。带是无端的。摩擦力和横向刚度较大，兼有平带和 V 带的优点，故适用于传递功率较大而要求结构紧凑的场合，也可用于载荷变动较大或有冲击载荷的传动。因其长度完全一致，故运转稳定性较好，振动也较小，也不会从带轮上脱落。

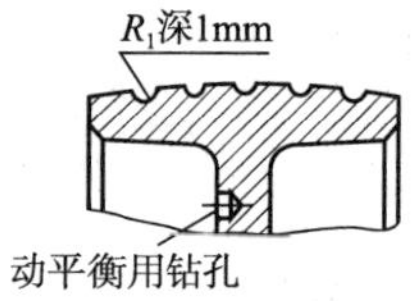

图 5-14　高速带轮轮缘

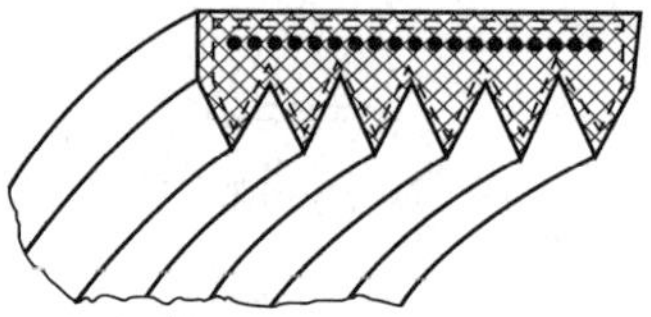

图 5-15　多楔带传动

课题八　链传动的类型、特点及应用

一、链传动的组成及类型

链传动是由主动链轮 1、从动链轮 2 和链条 3 等组成（图 5-16）。它是靠链条和链轮轮齿的啮合来传递平行轴间的运动和动力。

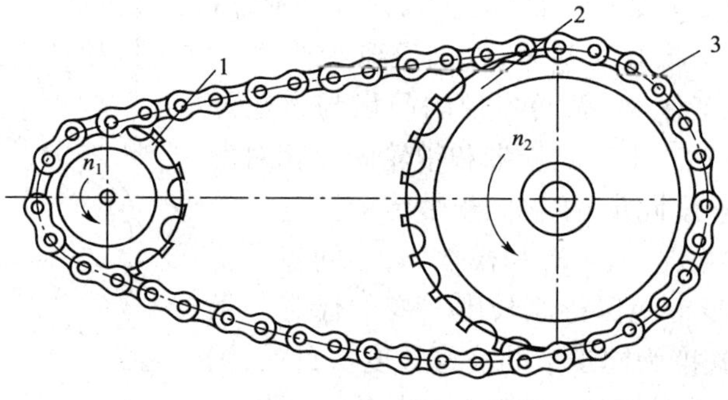

图 5-16　链传动的组成

1-主动链轮；2-从动链轮；3-链条

按用途的不同，链传动分为传动链、起重链和牵引链。起重链和牵引链用于起重机械和运输机械。传动链主要用于一般机械传动。

根据结构的不同，传动链又可分为滚子链、套筒链、齿形链和成形链，分别如图 5-17 所示。

二、链传动的特点和应用

链传动主要有以下特点：

（1）由于是啮合传动，链与链轮间没有滑动现象，故能保证平均传动比不变。

（2）链传动不需要初拉力，工作时对轴的作用力较小。

（3）可在高温、低温、多尘、油污、潮湿、泥沙等恶劣环境下工作。

(4)由于瞬时传动比不恒定，传动平稳性较差，有冲击和噪声，且磨损后发生跳齿，不宜用于高速和急速反向场合。

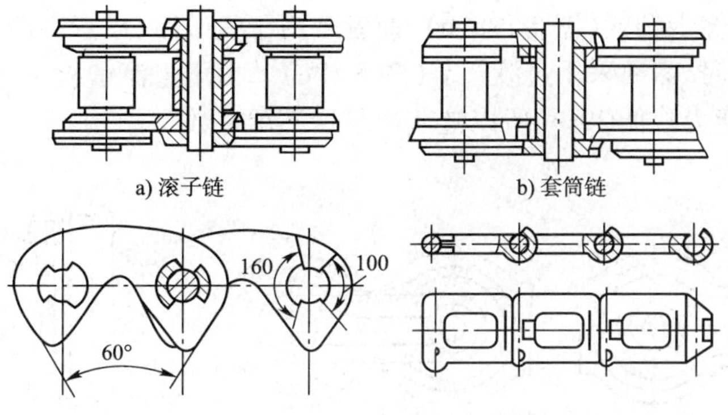

a) 滚子链　b) 套筒链　c) 齿形链　d) 成形链

图 5-17　传动链的类型

链传动适用于两平行轴线中心距较大、瞬时传动比无严格要求以及工作环境恶劣的场合，广泛用于农业、采矿、冶金、石油化工及运输等各种机械中。目前，链传动所能传递的功率可达 3600kW，常用 $P \leqslant 100$kW 以下；链速 v 可达 30～40m/s，常用 $v \leqslant 15$m/s；传动比最大可达 15，一般 $i \leqslant 6$；效率 $\eta = 0.94 \sim 0.97$；中心距 $a \leqslant 6$m。

课题九　滚子链和链轮

一、滚子链的结构和标准

滚子链有单排、双排和多排。单排滚子链的结构如图 5-18 所示，它由内链板 1、外链板 2、销轴 3、套筒 4、滚子 5 组成。

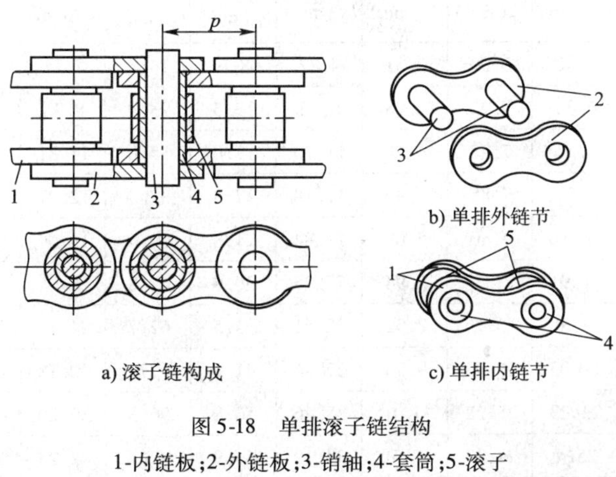

a) 滚子链构成　b) 单排外链节　c) 单排内链节

图 5-18　单排滚子链结构

1-内链板；2-外链板；3-销轴；4-套筒；5-滚子

两片外链板与销轴采用过盈配合，构成外链节。两片内链板与套筒也构成过盈配合，构成内链节。销轴穿过套筒，将内、外链节连接成链条。套筒、销轴间为间隙配合，这样，内外链节可相对转动。滚子与套筒间也为间隙配合，当链与链轮啮合时，链轮齿面与滚子之间形成滚动摩擦，可减轻链条与链轮轮齿的磨损。链板制成∞字形，使链板各截面强度大致相等，并减轻质量。

滚子链的接头形式如图5-19所示。当链条的链节数为偶数时，内外链板正好相接，接头处用开口销或弹簧卡锁紧（图5-19a、b），前者常用于大节距，后者一般用于小节距。当链条的链节数为奇数时，需要采用过渡链节（图5-19c）。由于过渡链板是弯的，承载后其承受附加弯矩，使承载能力降低20%，所以链节数尽量不用奇数。

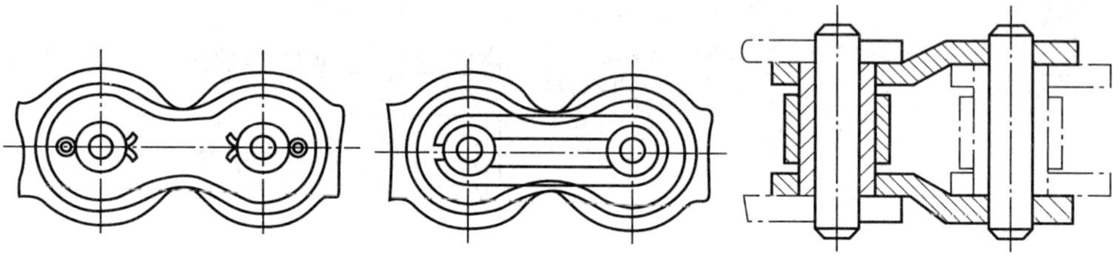

a) 开口销　　b) 弹簧卡　　c) 过渡链节

图5-19　滚子链的接头形式

滚子链上相邻两销轴中心间的距离称为节距，用 p 表示，它是链传动的基本特性参数。节距越大，链条各零件的尺寸越大，其承载能力也越大。因此，当传递的功率较大时，可采用多排链。图5-20所示为常用的双排滚子链，排距用 p_t 表示。

多排链的承载能力与排数成正比。由于受到制造精度的影响，各排受力难以均匀，故排数不宜过多，一般不超过4排。

滚子链已标准化，它的基本参数与尺寸见表5-10。表内的链号数乘以25.4/16mm即为节距值。链号中的后缀表示系列。其中A系列是我国滚子链的主体，供设计用，B系列主要供维修用。

滚子链的基本参数与尺寸　　表5-10

链号	节距 p(mm)	排距 p_t(mm)	滚子外径 d_1(mm)	内链节内宽 b_1(mm)	销轴直径 d_2(mm)	内链节外宽 b_2(mm)	销轴长度		内链板高度 h_2(mm)	极限拉伸载荷 Q_{min}(N)		单排质量 q(kg/m)
							单排 b_4(mm)	双排 b_5(mm)		单排	双排	
05B	8.00	5.64	5.00	3.00	2.31	4.77	8.6	14.3	7.11	4400	7800	0.18
06B	9.252	10.24	6.35	5.72	3.28	8.53	13.5	23.8	8.26	8900	16900	0.40
08B	12.7	13.92	8.51	7.75	4.45	11.30	17.0	31.0	11.81	17800	31100	0.70
08A	12.7	14.38	7.95	7.85	3.96	11.18	17.8	32.3	12.07	13800	27600	0.6
10A	15.875	18.11	10.16	9.40	5.08	13.84	21.8	39.9	15.09	21800	43600	1.0
12A	19.05	22.78	11.91	12.57	5.94	17.75	26.9	49.8	18.08	31100	62300	1.5
16A	25.4	29.29	15.88	15.75	7.92	22.61	33.5	62.7	24.13	55600	112100	2.6
20A	31.75	35.76	19.05	18.90	9.53	27.46	41.1	77	30.18	86700	173500	3.8
24A	38.10	45.44	22.23	25.22	11.10	35.46	50.8	96.3	36.20	124600	249100	5.6
28A	44.45	48.87	25.4	25.22	12.70	37.19	54.9	103.6	42.24	169000	338100	7.5
32A	50.8	58.55	28.58	31.55	14.27	45.21	65.5	124.2	48.26	222400	444800	10.1
40A	63.5	71.55	39.68	37.85	19.54	54.89	80.3	151.9	60.33	347000	693900	16.1
48A	76.2	87.83	47.63	47.35	23.80	67.82	95.5	183.4	72.39	500400	1000800	22.6

注：使用过渡链节时，其极限拉伸载荷按表列数值80%计算。

二、滚子链链轮

滚子链链轮是链传动的主要零件。链轮齿形应保证链条能平稳而顺利地进入和退出啮合，受力均匀，不易脱链，并便于加工。链轮的齿形有国家标准。GB/T 1243—2006 规定了滚子链链轮的端面齿槽形状，如图 5-21 所示，即为三圆弧（dc、ba、aa'）和一直线（$\overline{cb}$）齿形。

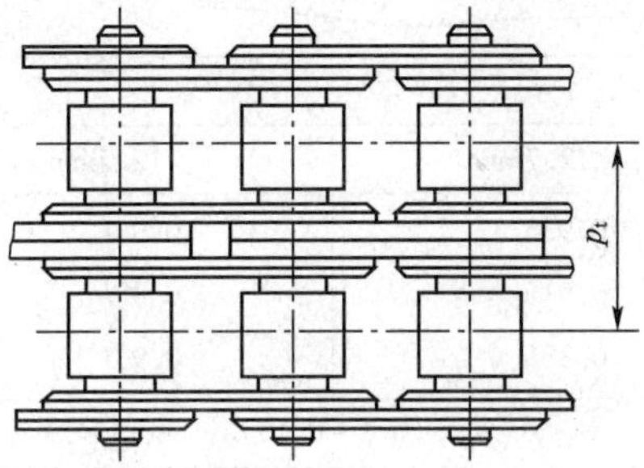

图 5-20　双排滚子链

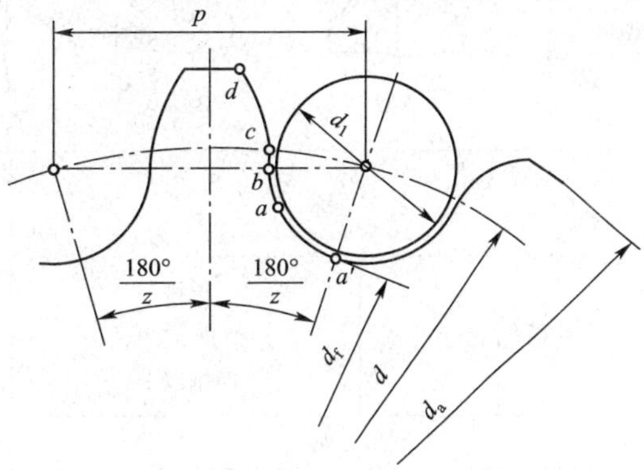

图 5-21　链轮端面齿形

当链轮采用标准齿形时，在链轮零件图上不必绘制其端面齿形，只需注明链轮的基本参数和主要尺寸，并注明"齿形按 GB/T 1243—2006 规定制造"即可。

链轮的主要尺寸及计算公式见表 5-11。链轮的轴向齿廓可查表 5-12。

滚子链链轮主要尺寸　　表 5-11

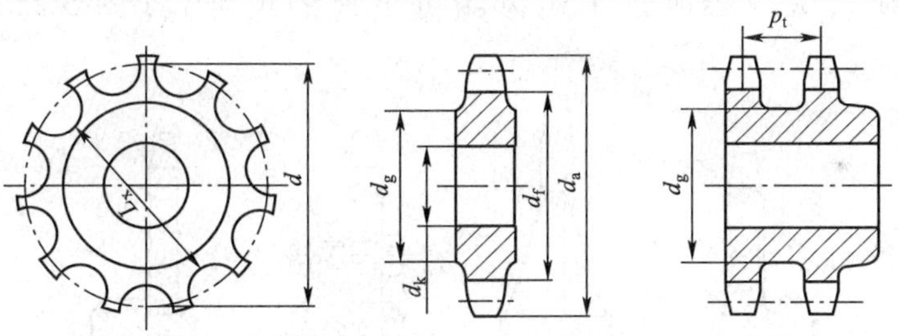

名　称	符号	公　式	说　明
分度圆直径	d	$d=\frac{P}{\sin(180°/z)}$	
齿顶圆直径	d_a	$d_{a,max}=d+1.25p-d_1$ $d_{a,min}=d+(1-\frac{1.6}{z})p-d_1$	可在 $d_{a,max}$ 与 $d_{a,min}$ 范围内选取。但当选用 $d_{a,max}$ 时，应注意用展成法加工，d_a 要取整数
分度圆弦齿高	h_a	$h_{a,max}=(0.625+\frac{0.8}{z})p-0.5d_1$ $h_{a,min}=0.5(p-d_1)$	h_a 是为简化放大齿形图的绘制而引入的辅助尺寸。$h_{a,max}$ 相应于 $d_{a,max}$，$h_{a,min}$ 相应于 $d_{a,min}$
齿根圆直径	d_f	$d_f=d-d_1$	
最大齿根距离	L_x	奇数齿：$L_x=d\cos\frac{90°}{z}-d_1$ 偶数齿：$L_x=d_f=d-d_1$	
齿侧凸缘（或排间槽）直径	d_g	$d_g<p\cot\frac{180°}{z}$ $1.04h_2$——0.76	h_2——内链板高度；d_g 要取为整数

轴向齿廓(摘自 GB/T 1243—2006)　　表 5-12

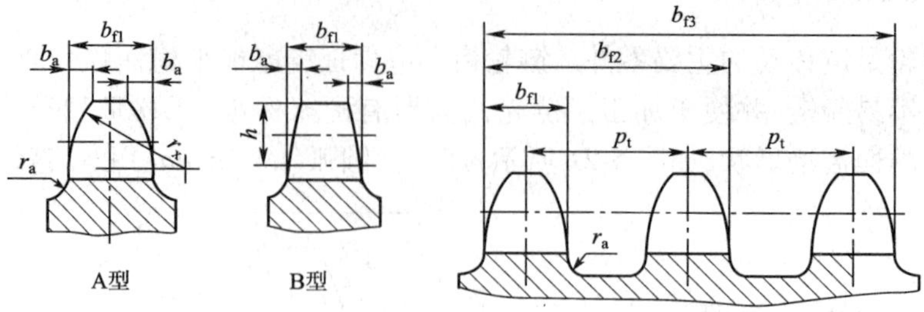

名　　称		计　算　公　式	
		$p \leqslant 12.7$mm	$p > 12.7$mm
齿宽 b_{f1}	单排	$0.93b_1$	$0.95b_1$
	双排、三排	$0.91b_1$	$0.93b_1$
	四排以上	$0.88b_1$	$0.93b_1$
倒角宽 b_a		$b_a = (0.1 \sim 0.15)p$	
倒角半径 r_x		$r_x \geqslant p$	
倒角深 h		$h = 0.5p$	
齿侧缘(或排间槽)圆角半径 r_a		$r_a \approx 0.04p$	
链轮齿总宽 b_{fm}		$b_{fm} = (m-1)p_t + b_{f1}$($m$ 为排数)	

链轮的结构与链轮的直径有关。小直径可制成实心式(图 5-22a);中等直径的可制成孔板式(图 5-22b),大直径时常采用齿圈可更换的组合式(图 5-22c)或焊接结构(图 5-22d)。

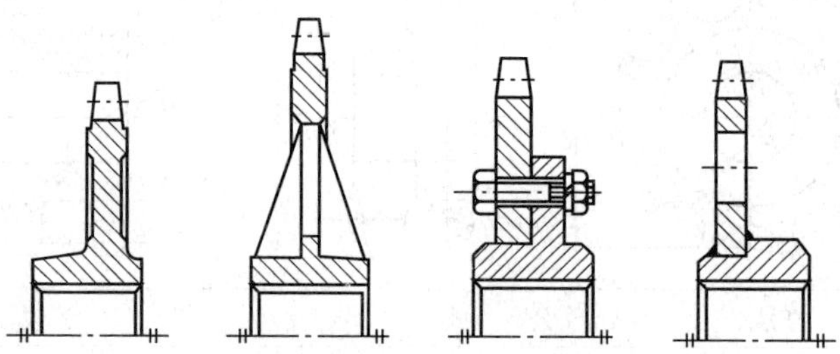

a) 实心式　　b) 孔板式　　c) 组合式　　d) 焊接式

图 5-22　链轮的结构

课题十　滚子链传动的设计

一、链传动的失效形式

(1)链板的疲劳破坏。在传动中,由于松边、紧边拉力不同,使得滚子链各元件都受变应力作用。经过一定循环次数后,链板将出现疲劳破坏。在正常润滑条件下,链板疲劳强度是决定链传动承载能力的主要因素。

(2)滚子和套筒的冲击破坏。经常起动、反转、制动会使链传动产生较大的惯性冲击,使销轴、套筒、滚子产生冲击疲劳破坏。

(3)铰链的磨损。链传动时,相邻链节间要发生相对转动,因而使销轴与套筒、套筒与滚子间发生摩擦,引起磨损,而磨损后会使链节距变大,极易引起跳齿或脱链。

(4)销轴与套筒的胶合。在高速、重载时,链条所受冲击载荷、振动较大,销轴与套筒接触表面难以维持连续的油膜,导致摩擦严重而产生高温,易发生胶合。

(5)链条的过载拉断。低速、重载,链条会因静强度不足而被拉断。

▶▶ 二、额定功率曲线

链传动的不同失效形式限定了传动的承载能力。在特定的实验条件下(小链轮齿数 $z_1=19$、链节数 $L_p=100$),并根据理论计算可求得链传动不发生失效时所能传递的额定功率 P_0。为便于应用,将它绘制成额定功率曲线。图5-23所示为A系列滚子链的额定功率曲线。当传动工作在额定功率曲线的凸峰左侧时,其失效形式为链板疲劳;当传动工作在额定功率曲线的凸峰右侧时,其失效形式为滚子、套筒的冲击疲劳。

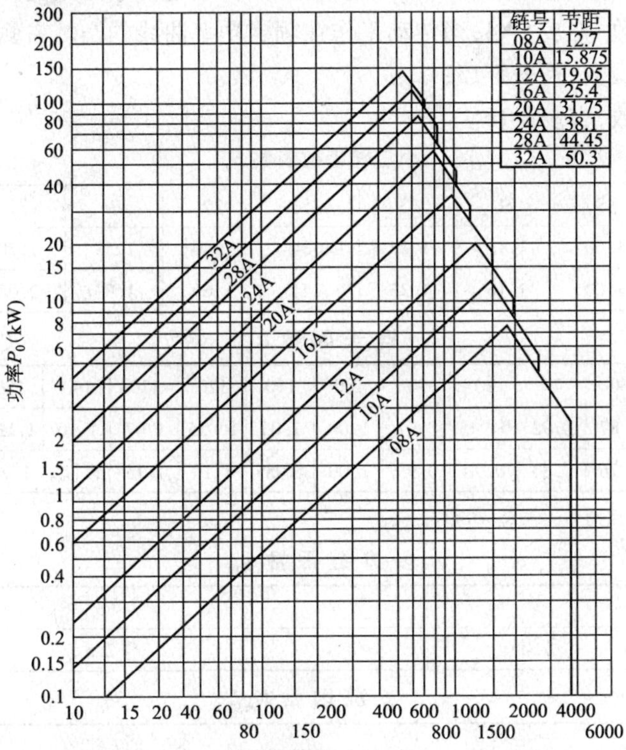

图5-23 额定功率曲线

▶▶ 三、滚子链传动的设计计算

1. 链传动的平均速度及传动比

(1)平均速度。链轮转动一周,链条转过的长度为 zp,则链的平均速度为

$$v_{av}=\frac{z_1pn_1}{60\times1000}=\frac{z_2pn_2}{60\times1000} \tag{5-18}$$

式中:v_{av}——平均链速,m/s;

z_1、z_2——主动链轮和从动链轮的齿数；

n_1、n_2——主动链轮和从动链轮的转速，r/min；

p——节距，mm。

（2）链传动的平均传动比。

$$i_{av}=n_1/n_2=z_2/z_1 \tag{5-19}$$

2. 功率计算

（1）当 $v \geqslant 0.6$m/s 时，链传动能传递的功率为

$$K_A P \leqslant P_0 K_Z K_L K_m$$

$$P \leqslant P_0 K_Z K_L K_m / K_A \tag{5-20}$$

式中：P——链传动所能传递的功率，kW；

P_0——特定条件下单排链传递的额定功率，kW；

K_Z——小链轮齿数因数，查表 5-13，当传动工作在额定功率曲线的凸峰右侧时查 K'_z；

K_L——链长因数，查表 5-14，当传动工作在额定功率曲线的凸峰右侧时查 K'_L；

K_m——多排链因数，查表 5-15；

K_A——工况因数，查表 5-16。

小链轮齿数因数 K_z 表 5-13

z_1	17	19	21	23	25	27	29	31	33	35
K_z	0.887	1.00	1.11	1.23	1.34	1.46	1.58	1.70	1.82	1.93
K'_z	0.846	1.00	1.16	1.33	1.51	1.69	1.89	2.08	2.29	2.50

链长因数 K_L 表 5-14

链节数 L_p	50	60	70	80	90	100	110	120	130	140	150	180	200	220
K_L	0.835	0.87	0.92	0.945	0.97	1.00	1.03	1.055	1.07	1.10	1.135	1.175	1.215	1.265
K'_L	0.70	1.76	0.83	0.90	0.95	1.00	1.055	1.10	1.15	1.175	1.26	1.34	1.415	1.50

注：L_p 为其他数值时，用插值法求 K_L 和 K'_L。

多排链因数 K_m 表 5-15

排数	1	2	3	4
K_m	1.0	1.7	2.5	3.3

工况因数 K_A 表 5-16

载荷种类	原动机	
	电动机或汽轮机	内燃机
载荷平稳	1.0	1.2
中等冲击	1.3	1.4
较大冲击	1.5	1.7

设计时，先计算出所需的额定功率 P_0，即

$$P_0=K_A P/K_z K_L K_m \tag{5-21}$$

再根据 P_0 和小链轮的转速 n_1，查图 5-23 确定滚子链的型号。

（2）当 $v<0.6$m/s 时，为低速链传动，因其主要失效形式是链条的静力拉断，故应按静强度校核。根据已知条件，可参考图 5-23 初选链号，然后校核链的静强度安全因数 S，其计

算公式为

$$S = Qm/(K_A F) \geqslant [S] \tag{5-22}$$

式中：S——安全因数；

Q——单排链的极限拉伸载荷，N；

m——链条排数；

K_A——工况因数；

F——链的工作拉力，N；

$[S]$——静强度安全系数许用值，取$[S]=4\sim8$。

3. 链传动主要参数的选择

(1)传动比 i。通常链传动的传动比 $i\leqslant7$，推荐 $i=2\sim3.5$。

(2)齿数 z_1、z_2。选择时可参照表 5-17。

小链轮齿数推荐值 表 5-17

链速 v(m/s)	<0.6	0.6~3	3~8	>8
齿数 z_1	≥13~14	>15~17	≥19~21	≥23

4. 中心距 a 和链节数 L_p

一般取中心距 $a_0=(30\sim50)p$，推荐 $a_0=40p$，最大中心距 $a_{max}=80p$。链条的长度常用链节数 L_p 表示，链条总长为 $L=pL_p$

$$L_p = 2\frac{a_0}{p} + \frac{z_1+z_2}{2} + \left(\frac{z_2-z_1}{2\pi}\right)^2\frac{p}{a_0} \tag{5-23}$$

计算出的 L_p 应圆整成相近的偶数。

由 L_p 计算理论中心距 a 为

$$a = \frac{p}{4}\left[\left(L_p - \frac{z_1+z_2}{2}\right) + \sqrt{\left(L_p - \frac{z_1+z_2}{2}\right)^2 + 8\left(\frac{z_2-z_1}{2\pi}\right)^2}\right] \tag{5-24}$$

链的实际中心距 a' 为

$$a' = a - \Delta a$$

通常

$$\Delta a = (0.002\sim0.004)a$$

一般机械设计手册都备有介绍链传动的设计方法、步骤和实例等资料，设计时可参照手册。

四、链传动的布置

链传动的布置是否合理，对传动的工作能力及使用寿命都有较大影响，布置时应注意：

(1)两轮轴线应布置在同一水平面内(图 5-24a)，或两轮中心线与水平面成 45°以下的倾斜角(图 5-24b)。

(2)应尽量避免垂直传动，不得已时使上、下链轮左右偏离一段距离 e(图 5-24c)。

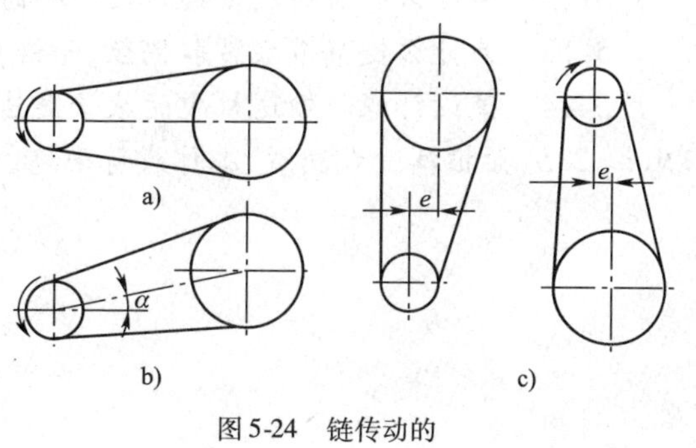

图 5-24 链传动的

(3)紧边放在上边,避免松边在上边时链条下垂而出现咬链现象。

项目小结

1. 普通 V 带与 V 带轮的结构。

2. 带传动的应力分析。紧边拉应力:$\sigma_1 = F_1/A$。松边拉应力:$\sigma_2 = F_2/A$;离心力产生的拉应力:$\sigma_c = F/A = qv^2/A$;最大弯曲应力:$\sigma_{max} = \sigma_1 + \sigma_c + \sigma_{b1}$。

3. 普通 V 带的设计。

4. 普通 V 带的张紧、安装和维护。

5. 链传动的特点及应用。

6. 滚子链及链轮的结构和主要尺寸。

7. 滚子链传动的设计。

练习题

5-1　与平带相比,普通 V 带传动有何特点?

5-2　为什么常将带传动配置在传动装置的高速级?

5-3　为什么普通 V 带轮的槽角小于普通 V 带的楔角?

5-4　带传动的最大应力发生在何处?由哪几部分组成?

5-5　弹性滑动和打滑是怎样产生的?对带传动各有什么影响?能否避免?

5-6　试说明带传动设计中,如何确定下列参数:

(1)带轮直径;(2)带速 v;(3)小带轮包角 α_1;(4)张紧力 F_0;(5)带的根数 z;(6)传动比 i。

5-7　带传动为什么要张紧?常用的张紧方法有哪些?

5-8　新带和旧带为什么不能混用?

5-9　某普通 V 带传动由电动机驱动,电动机转速 $n_1 = 1460$r/min,传动比 $i = 3.5$,小带轮基准直径 $d_{d1} = 125$mm,中心距 $\alpha = 1000$mm,传动用 3 根 B 型带,载荷平稳,两班制工作,试求此 V 带传动所能传递的功率。

5-10　试设计一普通 V 带传动,已知:电动机功率 $P = 3$kW,转速 $n_1 = 960$r/min,传动比 $i = 2.5$,单班制工作,工作机有轻微冲击。

5-11　链传动与带传动相比有哪些特点?

5-12　为什么一般情况下链传动的瞬时传动比不是恒定的?

5-13　为什么链节节数常取偶数,而链轮齿数取奇数?

5-14　试设计螺旋输送机中的滚子链传动。已知:$P = 5.5$kW,转速 $n_1 = 970$r/min,传动比 $i = 2.5$,按推荐方式润滑,工作载荷平稳,中心距可调。

项目六

齿轮传动

【职业能力目标】

1. 了解齿轮传动的特点及分类；
2. 掌握渐开线齿轮的形成；
3. 掌握直齿圆柱齿轮的结构；
4. 掌握渐开线直齿圆柱齿轮啮合传动的过程、特点及条件；
5. 掌握渐开线直齿圆柱齿轮传动的设计步骤。

【学习重点与难点】

1. 学习重点：齿轮的啮合过程；直齿圆柱齿轮的设计。
2. 学习难点：直齿圆柱齿轮的设计。

齿轮传动由主动轮、从动轮和支承件等组成，是通过轮齿间直接啮合来实现的一种机械传动，主要用来传递运动和动力，在机械中应用非常广泛。

课题一　齿轮传动概述

一、齿轮传动的特点

齿轮传动用来传递任意两轴之间的运动和动力。其圆周速度可达300m/s；传递功率可达10^5kW；齿轮直径可达1～15m，是现代机械中应用最广泛的一种机械传动。

1. 齿轮传动的优点

(1)能保证瞬间传动比恒定不变。

(2)适用的圆周速度和功率范围广。

(3)传动平稳、噪声小，传动效率高。

(4)结构紧凑，工作可靠，寿命长。

2. 齿轮传动的缺点

(1)要求较高的制造和安装精度，成本较高。

(2)不适宜于远距离两轴之间的传动。

(3)低精度齿轮在传动时会产生噪声和振动。

二、齿轮传动的分类

齿轮传动的类型很多，按齿轮轴线间的位置和齿向的不同，常用齿轮传动的分类方法如图6-1所示。

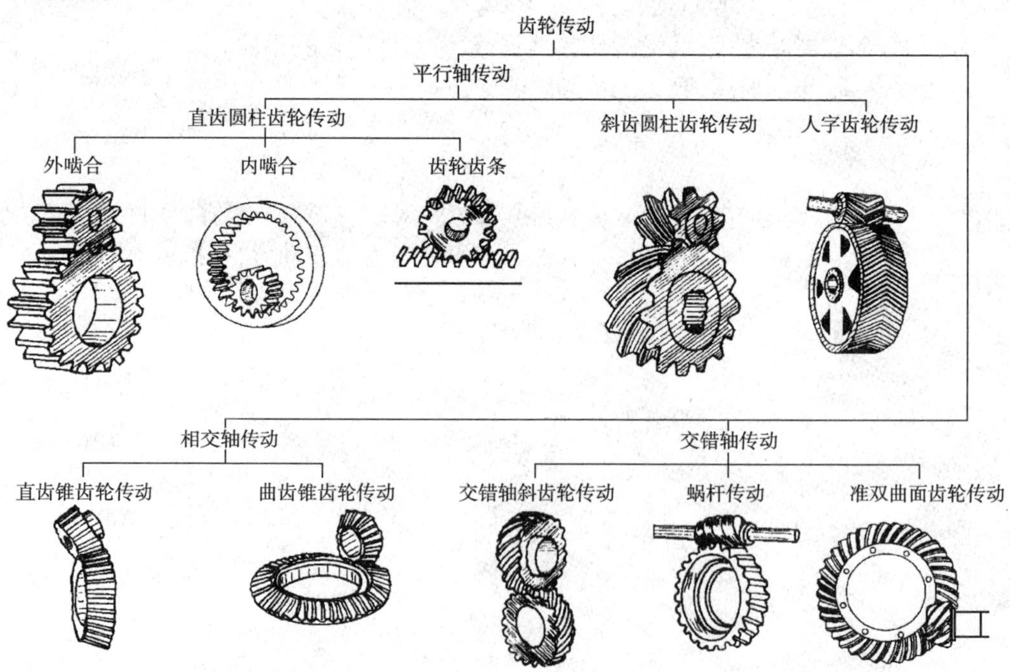

图6-1　齿轮传动的分类

按两齿轮轴线的位置不同分为：两齿轮轴线平行、两齿轮轴线相交和两齿轮轴线交错；

按两齿轮啮合方式分为:外啮合、内啮合和齿轮与齿条啮合;按轮齿齿廓曲线形状分为:渐开线齿轮、圆弧齿轮、摆线齿轮等;按照工作条件分为:开式齿轮传动和闭式齿轮传动,前者轮齿外露,灰尘易于落在齿面,后者轮齿密封在刚性箱体内,具有良好的润滑条件。本项目主要介绍渐开线标准直齿圆柱齿轮的传动。

课题二　渐开线齿轮

一、渐开线的形成及基本性质

齿轮齿廓有渐开线、摆线和圆弧三种,其中渐开线齿廓的齿轮应用最广泛。下面主要介绍渐开线齿轮。如图 6-2 所示,当直线 NK 沿着一固定的圆作纯滚动时,此直线上任一点 K 的轨迹称为该圆的渐开线。这个圆称为渐开线的基圆,直线 NK 称为渐开线的发生线。

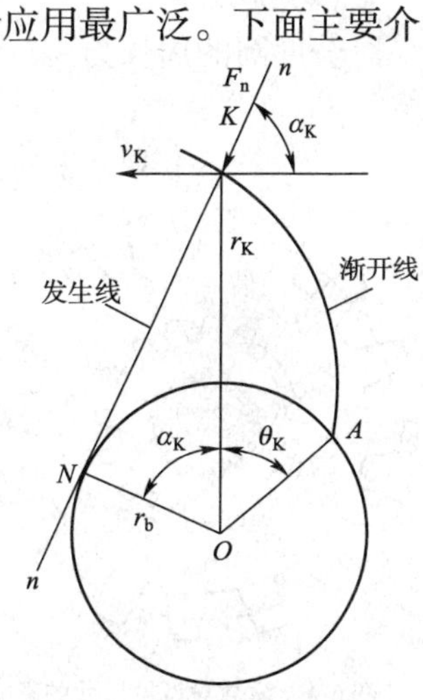

图 6-2　渐开线的形成

由渐开线形成的过程可知,渐开线具有下列性质:

(1)发生线沿基圆滚过的长度$\overline{NK}$,等于基圆上被滚过的圆弧长$\overset{\frown}{AN}$,即$\overline{NK}=\overset{\frown}{AN}$。

(2)发生线 NK 是渐开线在任意点 K 的法线。由图 6-2 可知,形成渐开线时,K 点附近的渐开线可看成以 N 为圆心,以$\overline{NK}$为半径的一段圆弧。因此,N 点是渐开线在 K 点的曲率中心,NK 是渐开线上 K 点的法线。又由于发生线在各个位置与基圆相切,因此,渐开线上任意点的法线必与基圆相切。

(3)图 6-2 中的 α_K 是渐开线上 K 点的法线与该点的速度方向线所夹的锐角,称为该点的压力角。渐开线各点处的压力角不等,r_K 越大(即 K 点离圆心 O 越远),其压力角越大;反之越小。基圆上的压力角等于零。

(4)渐开线形状决定于基圆的大小。基圆半径越小,渐开线越弯曲;基圆半径越大,渐开线越平直;基圆半径无穷大时,渐开线为一条斜直线(齿条齿廓)。

(5)基圆以内无渐开线。

二、标准直齿圆柱齿轮的几何计算

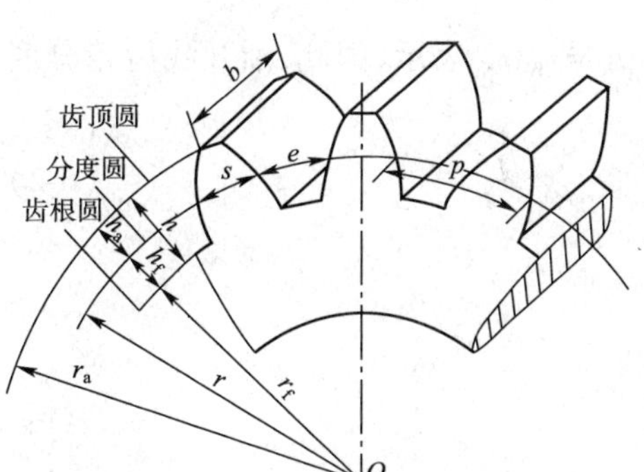

图 6-3　直齿轮各部分的名称和符号

图 6-3 所示为渐开线直齿圆柱齿轮的一部分,齿轮轮齿两侧均为渐开线,整个轮缘由轮齿与齿槽组成。图中,半径 r_a 所在的圆是齿顶圆,其直径用 d_a 表示;半径 r_f 所在的圆是齿根圆,其直径用 d_f 表示;齿轮齿廓渐开线所在的基圆直径用 d_b 表示。为了设计、制造方便,将齿轮上某个圆作为度量齿轮尺寸的基准,这个圆称为分度圆。分度圆半径和直径分别用 r 和 d 表示。分度圆上,一个齿槽两侧齿廓间的弧长称为齿槽宽,用 e 表示;一个轮齿两侧齿廓间的弧长称为齿厚,用 s 表示;相邻两齿同

侧齿廓之间的弧长称为分度圆齿距，用 p 表示。显然，齿轮的齿距 $p=e+s$。分度圆与齿顶圆之间的径向高度称为齿顶高，用 h_a 表示；分度圆与齿根圆之间的径向高度称为齿根高，用 h_f 表示；齿顶圆和齿根圆之间的径向高度，称为全齿高，用 h 表示。显然，$h=h_a+h_f$。齿轮几何尺寸均取决于齿轮的基本参数。

1. 直齿圆柱齿轮的基本参数

渐开线标准直齿圆柱齿轮的基本参数有；齿数 z、模数 m、压力角 α、齿顶高系数 h_a^*、顶隙系数 c^* 等。

(1)齿数 z

在齿轮整个圆周上齿的总数称为该齿轮的齿数，用符号 z 表示。齿数由设计计算确定。

(2)模数 m

分度圆的周长为

$$\pi d=zp \quad 或 \quad d=\frac{zp}{\pi}$$

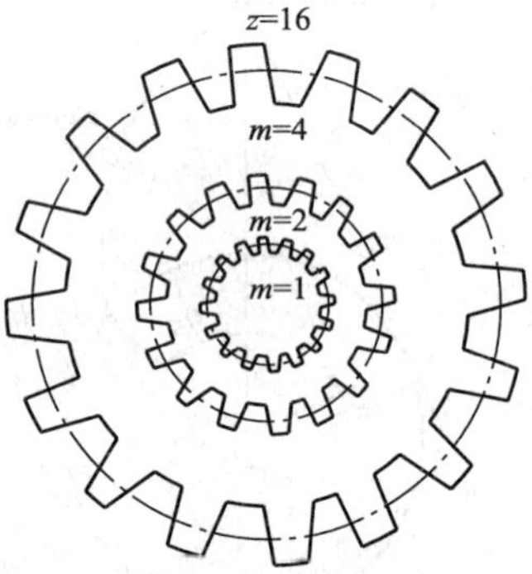

图 6-4 模数对齿轮尺寸的影响

式中的 π 为无理数，为便于设计、制造和检验，把 p/π 比值制定成标准值，称为模数，用 m 表示，即

$$m=\frac{p}{\pi}$$

因此，分度圆直径为

$$d=mz \tag{6-1}$$

模数 m 是齿轮几何尺寸计算的重要参数。齿数相同的齿轮，模数越大，其尺寸越大，轮齿所能承受的载荷也越大，如图 6-4 所示。齿轮的模数已标准化，表 6-1 为国家标准中的模数系列，设计时应选择标准模数。

标准模数系列表(摘自 GB/T 1357—2008)　　表 6-1

第一系列	1	1.25	1.5	2	2.5	3	4	5	6	8
	10	12	16	20	25	32	40	50		
第二系列	1.125	1.375	1.75	2.25	2.75	3.5	4.5	5.5	(6.5)	7
	9	11	14	18	22	28	35	45		

注：1. 本表用于渐开线圆柱齿轮。对斜齿轮是指法向模数。

2. 选用模数时，应优先采用第一系列，其次是第二系列，括号内的模数尽可能不用。

(3)压力角 α

如图 6-2 所示，渐开线 K 点的压力角 α_K 可用 $\cos\alpha_K=r_b/r_K$ 表示，因此，渐开线齿轮分度圆上的压力角可用下式表示

$$\cos\alpha=\frac{r_b}{r} \tag{6-2}$$

式中：r_b——基圆半径，mm；

r——分度圆半径，mm。

国家标准规定，标准齿轮的压力角 $\alpha=20°$。

(4)齿顶高系数 h_a^* 和顶隙系数 c^*

齿顶高

$$h_a=h_a^* m$$

齿根高

$$h_f=(h_a^*+c^*)m$$

式中：h_a^*——齿顶高系数；

c^*——顶隙系数。

国家标准中规定，h_a^*、c^*的标准值为

正常齿

$$h_a^*=1, c^*=0.25$$

短齿

$$h_a^*=0.8, c^*=0.3$$

一对轮齿啮合时，一个齿轮的齿顶圆到另一个齿轮的齿根圆之间的径向距离，称为顶隙。顶隙用 c 表示，标准齿轮顶隙 $c=c^*m$。顶隙不仅可避免传动时轮齿相互顶撞，而且还可储存润滑油。

2. 渐开线直齿圆柱齿轮几何尺寸计算

标准渐开线直齿圆柱齿轮几何尺寸计算公式列于表6-2。

渐开线标准直齿圆柱齿轮几何尺寸的计算公式 表6-2

名 称	符 号	外 齿 轮	内 齿 轮	齿 条
模数	m	经设计计算后取表6-1标准值		
压力角	α	$\alpha=20°$		
顶隙	c	$c=c^*m$		
齿顶高	h_a	$h_a=h_a^*m$		
齿根高	h_f	$h_f=(h_a^*+c^*)m$		
全齿高	h	$h=h_a+h_f$		
齿距	p	$p=\pi m$		
基圆齿距	p_b	$p_b=p\cos\alpha=\pi m\cos\alpha$		
齿厚	s	$s=\frac{\pi m}{2}$		
齿槽宽	e	$e=\frac{\pi m}{2}$		
分度圆直径	d	$d=mz$		$d=\infty$
基圆直径	d_b	$d_b=d\cos\alpha$		$d_b=\infty$
齿顶圆直径	d_a	$d_a=d+2h_a$	$d_a=d-2h_a$	$d_a=\infty$
齿根圆直径	d_f	$d_f=d-2h_f$	$d_f=d+2h_f$	$d_f=\infty$

3. 内齿轮与齿条

图6-5a)所示为一圆柱内齿轮，内齿轮的齿廓是内凹的渐开线。其特点是：齿厚相当于外齿轮的齿槽宽，而齿槽相当于外齿轮的齿厚；内齿轮的齿顶圆小于分度圆，齿根圆大于分度圆。基于上述特点，内齿轮的齿顶圆直径与齿根圆直径的计算也不同于外齿轮，其计算公式见表6-2。

图6-5b)所示为一齿条，当外齿轮的齿数增加到无穷多时，齿轮上的圆变为互相平行的直线，渐开线齿廓就变成直线齿廓。这种齿轮的一部分就是齿条。齿条在分度线或与其平行的其他直线上，齿距 p 均相等，即 $p_k=\pi m$；分度线上 $s=e$，其他直线上不相等；齿廓上各点

处的压力角均相等，标准值为20°。

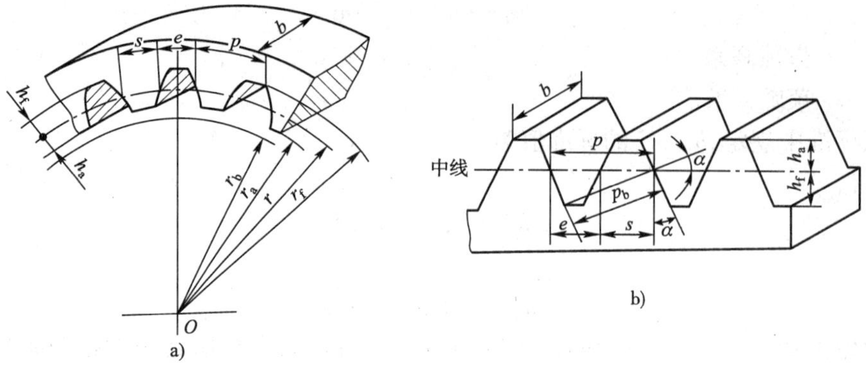

图6-5　内齿轮与齿条

4. 标准齿轮的公法线长度

在设计、制造和检验齿轮时，经常需要知道齿轮的齿厚（如控制齿侧间隙、控制进刀量和检验加工精度等），因无法直接测量弧齿厚，故常需测量齿轮的公法线长度。所谓公法线长度是指齿轮卡尺跨过 k 个齿所量得的齿廓间的法向距离。

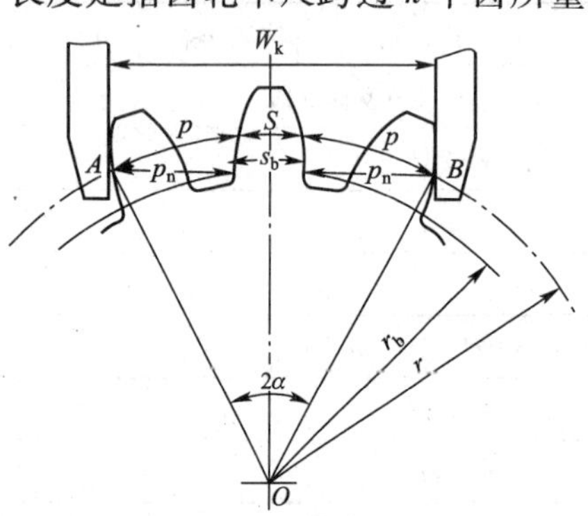

图6-6　齿轮公法线长度的测量

如图6-6所示，卡尺的测量爪与齿廓相切于 A、B 两点（图中测量爪跨3个齿），设跨齿数为 k，测量爪与齿廓切点 A、B 的距离 AB 即为所测得的公法线长度，用 W_k 表示。由图可知

$$W_k=(k-1)p_n+s_b=(k-1)p_b+s_b$$

经推导可得标准齿轮的公法线长度计算公式

$$W_k=m\cos\alpha[(k-0.5)\pi+z(\tan\alpha-\alpha)]$$

当 $\alpha=20°$ 时

$$W_k=m[2.9521(k-0.5)+0.014z] \quad (6\text{-}3)$$

为保证测量准确，应使测量爪与齿廓分度圆附近相切。此时，跨齿数 k 由下式确定

$$k=\frac{z}{9}+0.5$$

计算得到的跨齿数应圆整为整数。公法线长度 W_k 和跨齿数 k 也可直接从机械设计手册中查得。

课题三　直齿圆柱齿轮的结构

齿轮的结构与毛坯种类、所选材料、几何尺寸、制造工艺及经济性等因素有关。通常是先按齿轮直径和材料选定合适的结构形式，然后再由经验公式或有关数据确定各部分尺寸。

齿轮常用的结构形式有如下几种。

1. 齿轮轴

对于直径较小的齿轮，齿根圆直径与轴径相差很小，应将齿轮与轴制成一体，称为齿轮轴。通常是齿轮键槽底部与齿根圆之间的径向尺寸 $x<2.5m_n$ 时，可将齿轮和轴制成一体，如图 6-7 所示。

2. 实心式齿轮

若齿根圆到键槽底部的径向尺寸 $x>2.5m_n$，直径 $d_a \leqslant 200$mm 时，制成实心式齿轮，如图 6-8 所示。

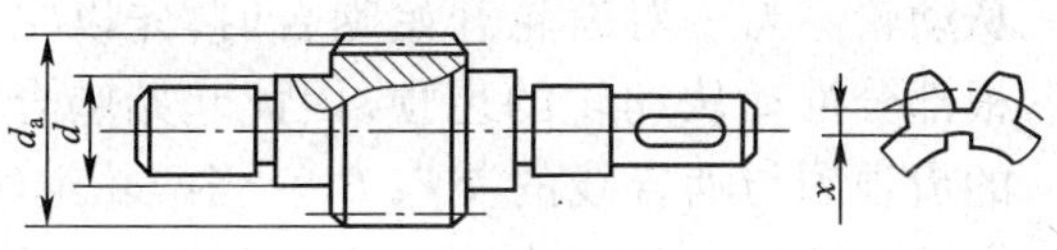

图 6-7　齿轮轴

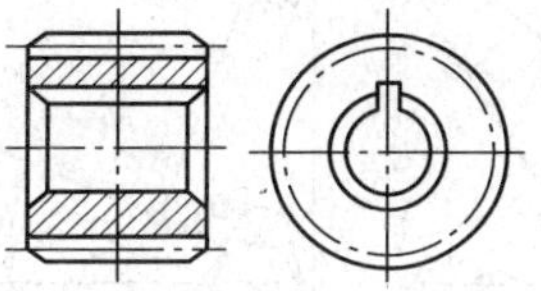

图 6-8　实心式齿轮

3. 腹板式齿轮

当齿轮直径较大时，$200\text{mm}<d_a \leqslant 500$mm 时，为节约材料及减轻质量，通常制成腹板式，如图 6-9 所示。

4. 轮辐式齿轮

当 $d_a>500$mm 时，齿轮毛坯锻造不便，往往改用铸铁或铸钢浇注。铸造齿轮常制成轮辐式结构，如图 6-10 所示。

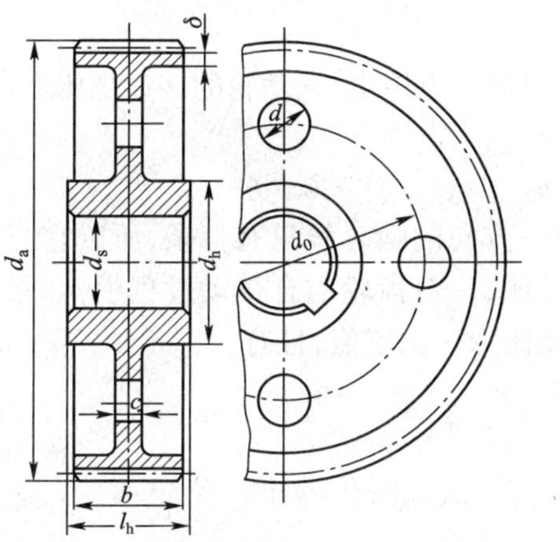

图 6-9　腹板式齿轮

$d_h=1.6d_s$；$l_h=(1.2\sim1.5)d_s$，并使 $l_h \geqslant bc=0.3b$；$\delta=(2.5\sim4)m_n$，但不小于 8mm；d_0 和 d 按结构取定，当 d 较小时可不开孔

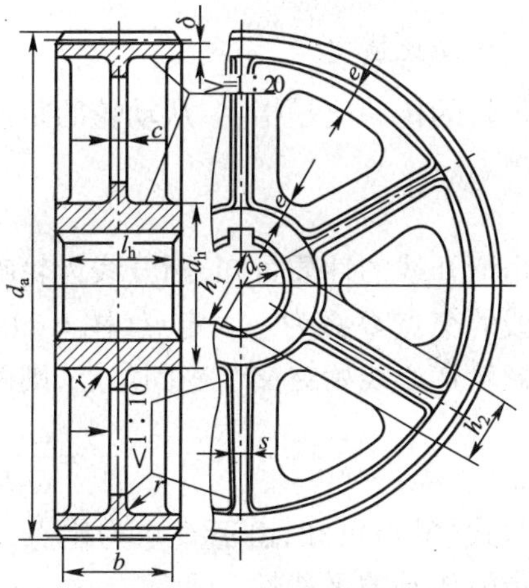

图 6-10　轮辐式齿轮

$d_h=1.6d_s$（铸钢），$d_h=1.8d_s$（铸铁）；$l_h=(1.2\sim1.5)d_s$ 并使 $l_h>b$；$c=0.2b$，但不小于 10mm；$\delta=(2.5\sim4)m_n$，但不小于 8mm；$h_1=0.8d_s$；$h_2=0.8h_1$；$S=0.15h_1$，但不小于 10mm；$e=0.8\delta$

课题四　渐开线标准直齿圆柱齿轮啮合传动

上面所讨论的是单个渐开线齿轮，而机器上所使用的齿轮总是成对的，下面介绍一对齿轮啮合传动的情况。

一、渐开线齿轮的啮合过程

如图 6-11 所示一对渐开线齿轮相啮合，由渐开线性质可知，N_1N_2 是两齿廓在啮合点的公法线，也是两基圆的内公切线，所以渐开线齿轮啮合时，各啮合点始终沿着两基圆的内公切线 N_1N_2 移动，N_1N_2 称为啮合线。设齿轮 1 为主动轮，齿轮 2 为从动轮。当一对齿轮开始啮合时，先以主动轮的齿根部分推动从动轮的齿顶，因此起始啮合是从动轮的齿顶圆与啮合线的交点 B_2。当两轮继续转动时，主动轮轮齿上的啮合点向齿顶移动，而从动轮轮齿上的啮合点向齿根部移动。终止啮合点是主动轮的齿顶圆与啮合线的交点 B_1，此时两轮齿将脱离接触。线段 B_2B_1 为齿轮啮合点的实际轨迹，称为实际啮合线段。若将两齿顶圆加大，则 B_1B_2 就越接近点 N_1 和 N_2。但因基圆内无渐开线，故线段 N_1N_2 称为理论最大的啮合线段，称为理论啮合线段。

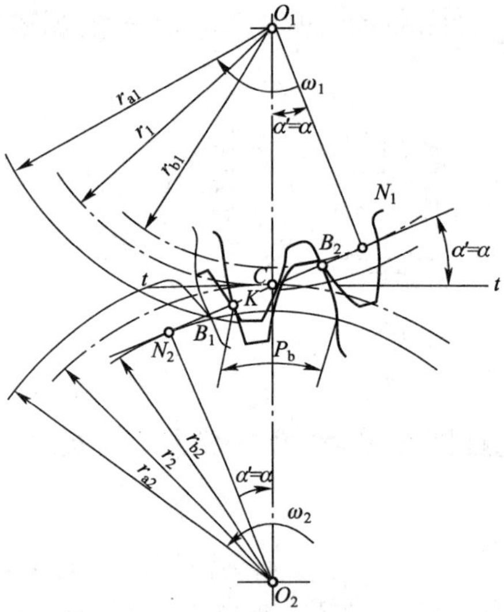

图 6-11　渐开线齿轮的啮合过程

二、渐开线齿轮啮合传动特点

1. 传动比恒定

齿轮的传动比是指主、从动轮的角速度之比，习惯上也用主、从动轮的转速之比表示，即

$$i_{12}=\frac{\omega_1}{\omega_2}=\frac{n_1}{n_2}$$

由渐开线的性质可知，渐开线齿轮啮合时，同一方向的啮合线只有一条，所以它与两轮连心线的交点 C 必为一固定点（图 6-11）。可以证明，一对齿轮啮合传动过程中，如果啮合线与两轮连心线始终交于一固定点，则两轮的传动比为一恒定值，且有

$$i_{12}=\frac{\omega_1}{\omega_2}=\frac{n_1}{n_2}=\frac{O_2C}{O_1C}=\frac{r'_2}{r'_1}=\frac{r_{b2}}{r_{b1}} \tag{6-4}$$

从式(6-4)可知，由于 C 点为定点，r'_2/r'_1 为定值，故瞬时传动比 i_{12} 恒定不变。这就保证了齿轮传动的平稳性。

O_1O_2 中心线交一固定点 C，C 点称为节点。分别以 O_1 与 O_2 为圆心，过节点 C 所作的两个相切圆称为节圆，r'_1、r'_2 分别称为主、从动轮的节圆半径。由式(6－4)可知，一对齿轮传动时，两齿轮在节点处的速度相等，即 $v_1=\omega_1r'_1$，$v_2=\omega_2r'_2$，$v_1=v_2$，因此一对齿轮的啮合可以看作为两个节圆的纯滚动。

2. 中心距具有可分性

由上面的分析可知，渐开线齿轮传动比还取决于基圆半径的大小。当一对齿轮制成后，其基圆半径已确定，因而传动比确定。在齿轮安装以后，中心距的微小变化不会改变瞬时传动比，这就给制造、安装、调试都提供了便利。

3. 传动的作用力方向不变

由前述可知，两齿廓无论在何点啮合，齿廓间作用的压力方向沿着法线方向，即啮合线方向。由于啮合线为与两轮基圆相切的固定直线,所以齿廓间作用的压力方向不变,这对齿轮传动的平稳性是很有利的。

啮合线 N_1-N_2 与两节圆的公切线 $t-t$ 所夹的锐角称为啮合角,用 α' 表示。

三、渐开线齿轮啮合传动的条件

1. 正确啮合的条件

一对渐开线齿轮要实现啮合传动,必须满足正确啮合条件。下面以图 6-12 所示的一对齿轮进行分析。

齿轮传动时,每一对轮齿仅啮合一段时间便要分离,而由后一对轮齿接替。为了保证每对轮齿都能正确地进入啮合,要求前一对轮齿在 K 点接触时,后一对轮齿能在啮合线上另一点 K' 正常接触。而 KK' 恰为齿轮 1 和齿轮 2 的法向齿距,即 $p_{n1}=p_{n2}$。由渐开线性质可知,法向齿距 p_n 与基圆齿距 p_b 相等,因此

$$p_{b1}=p_{b2}$$

而

$$p_b=p\cos\alpha=\pi m\cos\alpha$$

得到

$$m_1\cos\alpha_1=m_2\cos\alpha_2$$

式中:m_1、m_2、α_1、α_2——分别为两轮的模数和分度圆压力角。

由于 m、α 均已标准化,所以得到正确啮合条件为

$$\left.\begin{array}{l}m_1=m_2=m\\ \alpha_1=\alpha_2=\alpha\end{array}\right\}\qquad(6\text{-}5)$$

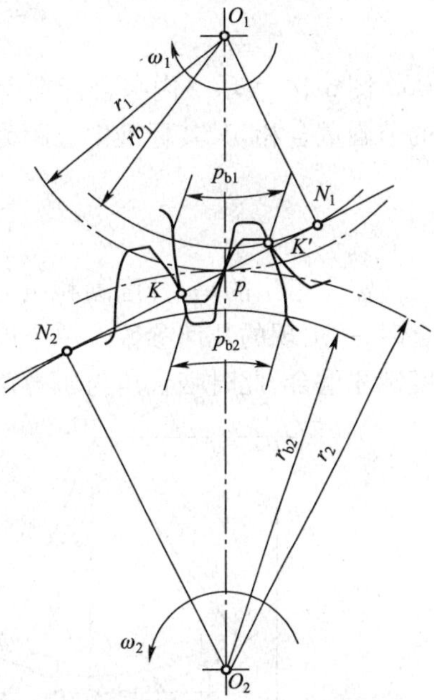

图 6-12 渐开线齿轮正确啮合的条件

可见,直齿圆柱齿轮正确啮合的条件是:两轮的模数和压力角必须分别相等并为标准值。

2. 连续传动条件

如图 6-12 所示,由齿轮啮合过程可知,为使齿轮连续的进行传动,就必须使前一对轮齿尚未脱离啮合时,后一对轮齿已经进入啮合。这就要求实际啮合线必须大于或等于基圆齿距,即

$$B_2B\geqslant p_b$$

此式称为连续传动条件。上式可写成

$$\varepsilon=\frac{\overline{B_2B_1}}{p_b}\geqslant 1\qquad(6\text{-}6)$$

式中:ε——重合度。

重合度 ε 越大,表明齿轮传动的连续性和平稳性越好。直齿圆柱齿轮的重合度应 $\varepsilon\geqslant 1.1\sim1.4$。

重合度的大小,可通过作图法在啮合线 N_1N_2 上确定 B_2、B_1 点,量取 $\overline{B_2B_1}$,与 p_b 相比而得。

3. 标准安装的条件

一对标准齿轮节圆与分度圆相重合的安装称为标准安装，标准安装时的中心距称为标准中心距，以 a 表示。一对齿轮标准安装时，两个齿轮的传动可以看作是两个分度圆的纯滚动。在满足正确啮合的条件下，存在 $s_1 = e_2 e_1 = s_2$，此时，两轮可实现无侧隙啮合。这对避免传动的反向空程冲击是有实际意义的。

标准安装时，对于外啮合传动，如图 6-13 所示

$$a = r'_1 + r'_2 = r_1 + r_2 = \frac{m}{2}(z_1 + z_2) \tag{6-7}$$

图 6-14 表示一内啮合标准齿轮传动，当按标准中心距安装时，两轮的各分度圆与各自的节圆重合相切，其标准中心距为

$$a = r_2 - r_1 = \frac{m}{2}(z_2 - z_1) \tag{6-8}$$

需要指出的是，分度圆和压力角是单个齿轮所具有的参数，节圆和啮合角是一对齿轮啮合时，才出现的几何参数。单个齿轮不存在节圆和啮合角。标准齿轮标准安装时，节圆与分度圆才重合，此时啮合角与压力角相等，即 $\alpha' = \alpha$。

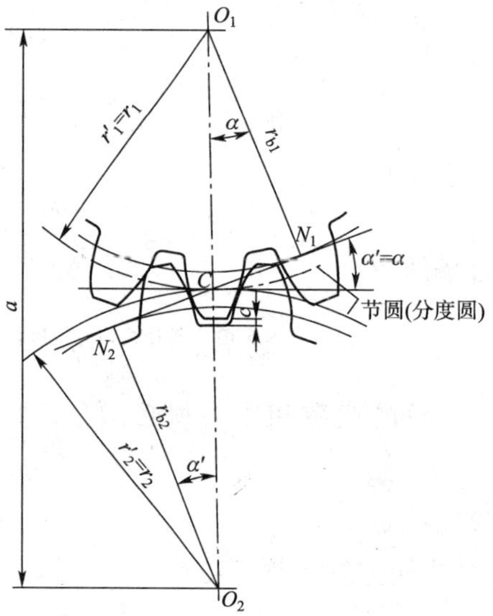

图 6-13　外啮合齿轮传动

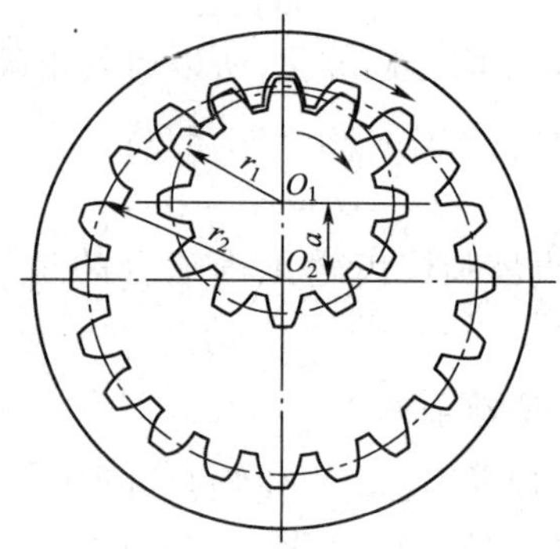

图 6-14　内啮合齿轮传动

课题五　渐开线齿轮的切齿原理与根切现象

一、渐开线齿轮的切齿原理

齿轮的切齿方法就其原理来说可分为仿形法和展成法两种。

1. 仿形法

这种方法的特点是所采用的成形刀具，在其轴向剖面内，刀刃的形状和被切齿轮齿槽的

形状相同。常用的有盘状铣刀和指状铣刀。

图 6-15a)所示为用盘状铣刀切制齿轮的情况。切制时,铣刀转动,同时齿轮毛坯随铣床工作台沿平行于齿轮轴线的方向直线移动,切出一个齿槽后,由分度机构将轮坯转过$360°/z$再切制第二个齿槽,直至整个齿轮加工结束。图 6-15b)所示为用指状铣刀加工齿轮的情况。加工方法与用盘状铣刀时相似。指状铣刀常用于加工大模数(如 $m>20$mm)的齿轮,并可以切制人字齿轮。

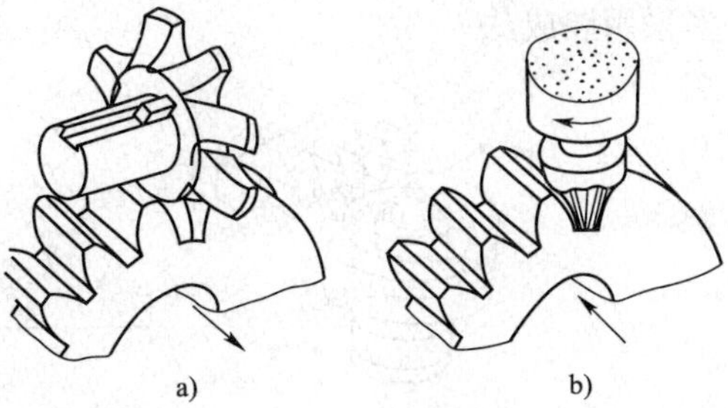

图 6-15 仿形法切齿

仿形法的优点是加工方法简单,不需要专门的齿轮加工设备。缺点是:由于铣制相同模数不同齿数的齿轮是用一组有限数目的齿轮铣刀来完成的,因此所选铣刀不可能与要求齿形准确吻合,加工出的齿形不够准确,轮齿的分度有误差,制造精度较低;由于切削是断续的,生产效率低。所以仿形法常用于单件、修配或少量生产及齿轮精度要求不高的齿轮加工。

2. *展成法*

展成法是目前齿轮加工中最常用的一种方法。用展成法加工齿轮,常用的刀具有齿轮型刀具(如齿轮插刀)和齿条型刀具(如齿条插刀、滚刀)两大类。

(1)齿轮插刀加工。图 6-16 所示为用齿轮插刀加工齿轮的情况。齿轮插刀是一个具有刀刃的渐开线外齿轮。插齿时,插刀与轮坯严格地按定比传动作展成运动(即啮合传动,如图 6-16b 所示)同时插刀沿轮坯轴线方向作上下往复的切削运动。为了防止插刀退刀时擦伤已加工的齿廓表面,在退刀时,轮坯还需作小距离的让刀运动。另外,为了切出轮齿的整个高度,插刀还需要向轮坯中心移动,作径向进给运动。

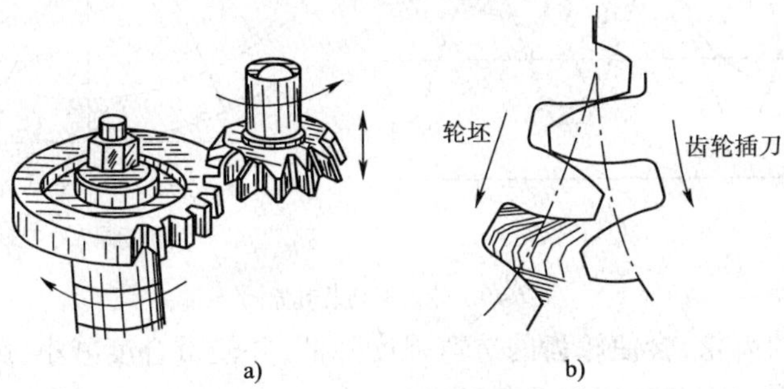

图 6-16 用齿轮插刀加工齿轮

(2)齿条插刀加工。图 6-17 所示为用齿条插刀加工齿轮的情况。切制齿廓时,刀具与轮坯的展成运动相当于齿条与齿轮啮合传动,其切齿原理与用齿轮插刀加工齿轮的原理相同。

(3)齿轮滚刀加工。插齿加工其切削是不连续的,不仅影响生产率的提高,还限制了加工精度。因此,在生产中更广泛地采用齿轮滚刀切制齿轮。图 6-18 所示为用齿轮滚刀切制齿轮的情况。滚刀形状像一螺旋,它的轴向剖面为一齿条。当滚刀转动时,相当于齿条做轴向移动,滚刀转一周,齿条移动一个导程的距离。所以用滚刀切制齿轮的原理和齿条插刀切制齿轮的原理基本相同。滚刀除了旋转之外,还沿着轮坯的轴线缓慢地进给,以便切出整个齿宽。

用展成法加工齿轮时，只要刀具和被加工齿轮的模数 m 和压力角 α 相同，则不管被加工齿轮的齿数多少，都可以用同一把齿轮刀具加工，而且生产效率较高。所以在大批生产中多采用展成法。

a) b)

图 6-17 齿条插刀切齿

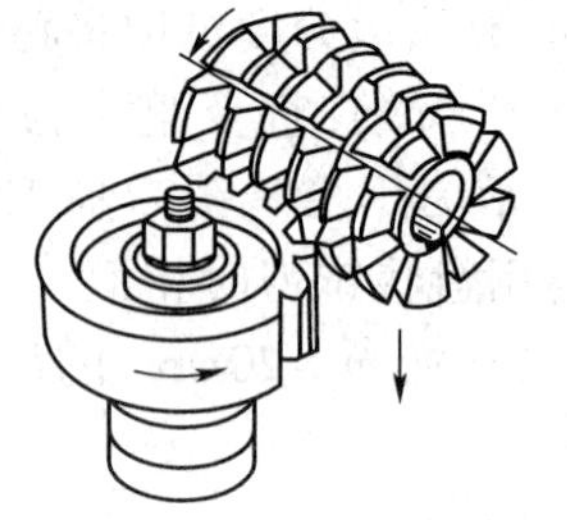

图 6-18 齿轮滚刀切齿

二、根切现象与不根切的最少齿数

1. 根切现象

用展成法加工标准齿轮时，如果刀具的齿顶线超过了极限啮合点 N_1，轮齿根部的渐开线齿廓将会被刀具切去一部分，这种现象称为切齿干涉，又称根切，如图 6-19 所示。

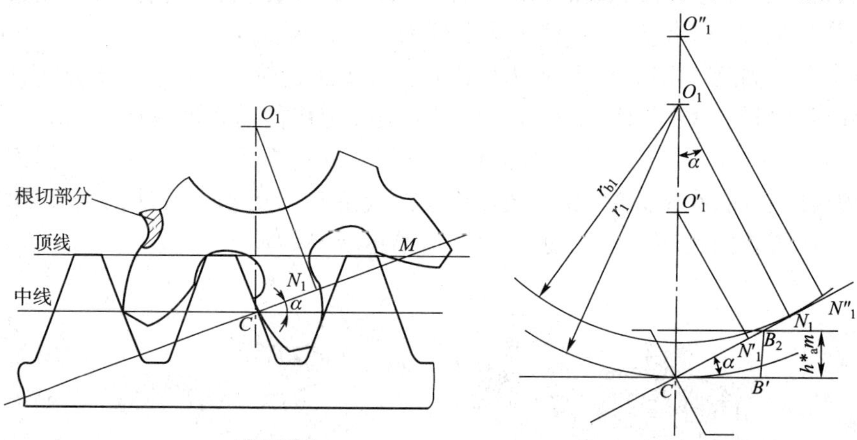

a)根切现象 b)基圆大小的影响

图 6-19 轮齿根切及其原因

产生严重根切的齿轮，会使轮齿的抗弯强度降低，并使重合度减小，影响传动的平稳性，对传动十分不利。因此应避免根切现象的产生。

2. 最少齿数 z_{min}

要避免根切，就必须使刀具的顶线不超过 N_1 点。刀具模数确定后，刀具齿顶高也为一定值。由于标准齿轮在分度圆上的齿厚 s 与齿槽宽 e 相等，为此，加工时刀具的分度中线必须与轮坯分度圆相切。这样，齿顶线位置也就确定下来。当轮坯基圆半径越小，齿数越少，N_1 点就越接近 C，产生根切的可能性就越大。

如图 6-19 所示，按不根切条件，应使 $CB_2 \leqslant CN_1$。由 ΔO_1N_1C 得

$$CN_1 = r_1\cos\alpha = \frac{mz}{2}\sin\alpha$$

由 $\Delta CB_2B'$ 得

$$CB_2 = \frac{h_a^* m}{\sin\alpha}$$

$$\frac{h_a^* m}{\sin\alpha} \leqslant \frac{mz}{2}\sin\alpha$$

故有

$$z \geqslant \frac{2h_a^*}{\sin^2\alpha}$$

上述即为切制标准齿轮不发生根切的条件。

令

$$z_{min} = \frac{2h_a^*}{\sin^2\alpha} \tag{6-9}$$

z_{min}即为标准齿轮不发生根切的最少齿数。对于正常齿$z_{min}=17$,允许少量根切时$z_{min}=14$;对于短齿$z_{min}=14$。

由上述可知,标准齿轮避免根切的措施是使齿轮齿数大于或等于最少齿数。

课题六　渐开线直齿圆柱齿轮传动的设计

一、传动的失效形式

齿轮在传动过程中,常见失效形式有轮齿折断、齿面点蚀、齿面磨损、齿面胶合及塑性变形等五种形式。

1. 轮齿折断

轮齿折断形式有两种:一种是在交变载荷作用下,齿根弯曲应力超过允许限度时,齿根处产生微小裂纹,随后裂纹不断扩展,最终导致轮齿疲劳折断;另外一种是短时过载或受冲击载荷发生突然折断,如图6-20所示。

防止轮齿折断的措施有:限制齿根上的弯曲应力;降低齿根处的应力集中;选用合适的齿轮参数和几何尺寸;强化处理(如喷丸、辗压)和良好热处理工艺等。

2. 齿面点蚀

轮齿齿面在载荷的反复交变作用下,当轮齿表面接触应力超过允许限度时,表面发生微小裂纹,以致小颗粒的金属剥落形成麻坑(图6-21),称为齿面疲劳点蚀。点蚀的产生破坏了渐开线的完整性,从而引起振动和噪声,继而恶性循环,以致传动不能正常进行。

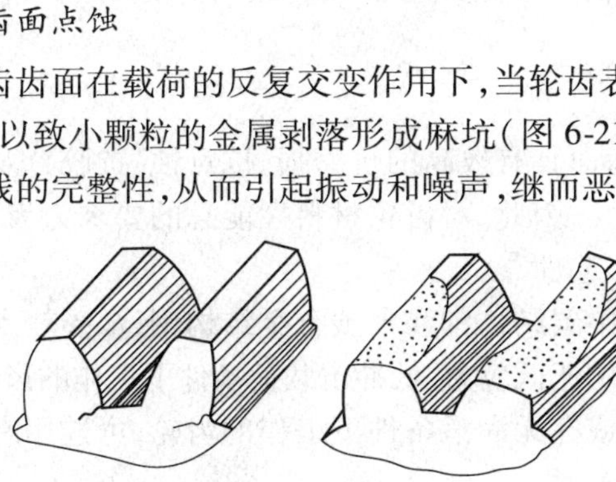

图6-20　轮齿折断

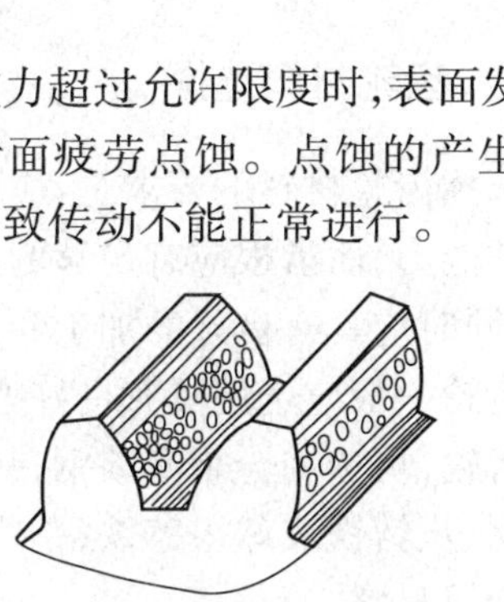

图6-21　齿面疲劳点蚀

在润滑防护良好的闭式(有箱体防护)传动中,软齿面齿轮(硬度≤350HBW),易发生齿面点蚀。在开式(无箱体防护)齿轮传动中,齿面磨损人,看不到点蚀现象。

防止齿面点蚀的措施有:限制齿面接触应力;提高齿面硬度;降低齿面的表面粗糙度值;采用黏度高的润滑油等。

3. 磨损

在开式传动中,轮齿工作面间进入灰尘杂物时,会引起齿面磨损。齿面磨损后(图 6-22),齿厚变薄,渐开线齿廓被破坏,引起冲击、振动和噪声,最后导致轮齿因强度不足而折断。

防止磨损的措施有:提高齿面硬度;降低表面粗糙度值;改善工作条件;采用适当的防尘罩;在润滑油中加入减摩剂并保持润滑油的清洁等。

4. 胶合

高速、重载传动中,由于齿面的压力大、相对滑动速度高,造成局部温度过高,使齿面油膜破裂,产生接触齿面金属黏着,随着齿面的相对运动,使金属从齿面上撕落。这种现象称为齿面胶合,如图 6-23 所示。

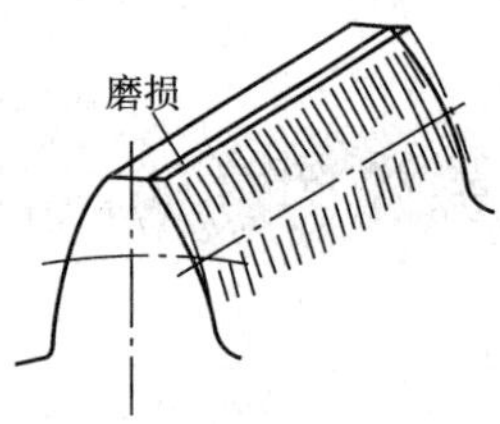

图 6-22　齿面磨损

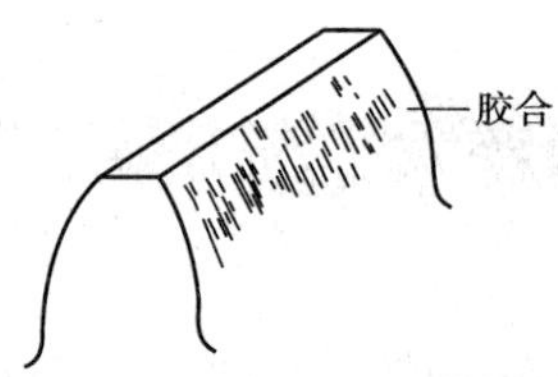

图 6-23　齿面胶合

防止胶合的措施有:提高齿面硬度;采用黏度较大或抗胶合性能好的润滑油;降低齿面表面粗糙度值等。

防止胶合的措施有:提高齿面硬度;采用黏度较大或抗胶合性能好的润滑油;降低齿面表面粗糙度值等。

5. 齿面塑性变形

硬度不高的齿面在重载荷作用下,可能产生局部的塑性变形。这种失效常在过载严重和起动频繁的传动中出现。

防止的措施有:保证良好的润滑;减小表面粗糙度值;选用屈服强度较高的材料等。

二、齿轮材料选择

选择齿轮材料的要求是:应使齿轮的齿面具有较高的抗磨损、抗点蚀、抗胶合及抗塑性变形的能力,而齿根应有足够的抗折断能力。因此,对齿轮材料性能总的要求为齿面硬、齿心韧,同时应具有良好的加工和热处理的工艺性。

齿轮一般应选用具有良好力学性能的中碳结构钢和中碳合金结构钢;承受较大冲击载荷的齿轮,可选用合金渗碳钢;一些低速或中速低应力、低冲击载荷条件下工作的齿轮,可选用铸钢、灰铸铁或球墨铸铁;一些受力不大或在无润滑条件下工作的齿轮,可选用有色金属和非金属材料。

(1)调质钢齿轮。调质钢主要用于制造对硬度和耐磨性要求不很高,对冲击韧度要求一般的中、低速和载荷不大的中、小型传动齿轮。如金属切削加工机床的变速箱齿轮、挂轮齿轮等，通常采用45、40Cr、40MnB、35SiMn、45Mn2 等钢制造。一般常用的热处理工艺是经调质或正火处理后，再进行表面淬火（即硬齿面），有时经调质和正火处理后也可直接使用（软齿面）。对于精度要求高、转速快的齿轮，可选用渗氮用钢（38CrMoAlA），经调质处理和渗氮处理后使用。

（2）渗碳钢齿轮。渗碳钢主要用于制造高速、重载、冲击较大的重要齿轮，如汽车变速器齿轮、驱动桥齿轮、立式车床的重要齿轮等，通常采用 20CrMnTi、20CrMo、20Cr、18Cr2Ni4WA、20CrMnMo 等钢制造，经渗碳淬火和低温回火处理后（硬齿面），表面硬度高，耐磨性好，心部韧性好，耐冲击。为了增加齿面的残余压应力，进一步提高齿轮的疲劳强度，还可进行喷丸处理。

（3）铸钢和铸铁齿轮。形状复杂、难以锻造成形的大型齿轮采用铸钢和铸铁等材料制造。对于工作载荷大、韧性要求较高的齿轮，如起重机齿轮等，选用 ZG270—500、ZG310—570、ZG340—640 等铸钢制造；对于耐磨性、疲劳强度要求较高，但冲击载荷较小的齿轮，如机油泵齿轮等，可选用球墨铸铁制造，如 QT500—7、QT600—3 等；对于冲击载荷很小的低精度、低速齿轮，可选用灰铸铁制造，如 HT200、HT250、HT300 等。

（4）有色金属齿轮和塑料齿轮。仪器、仪表中的齿轮，以及某些在腐蚀介质中工作的轻载齿轮，常选用耐蚀、耐磨的有色金属制造，如黄铜、铝青铜、锡青铜、硅青铜等。塑料齿轮主要用于制造轻载、低速、耐蚀、无润滑或少润滑条件下工作的齿轮，如仪表齿轮、无声齿轮，常用材料如尼龙、ABS、聚甲醛、聚碳酸醋等。

常用齿轮材料及其力学性能见表 6-3。由表可见，相同牌号的材料采用硬齿面时其许用应力值显著提高。所以条件许可时，选用硬齿面可使传动结构更紧凑。

齿轮常用材料和力学性能 表 6-3

材料	热处理方法	强度极限 σ_b（MPa）	屈服点 σ_s（MPa）	齿面硬度 HBW	许用接触应力 $[\sigma_H]$（MPa）	许用弯曲应力 $[\sigma_{bb}]$①（MPa）
HT300	正火	300		187 ~ 255	290 ~ 347	80 ~ 105
QT600—3		600		190 ~ 270	436 ~ 535	262 ~ 315
ZG310—570		580	320	163 ~ 197	270 ~ 301	171 ~ 189
ZG340—640		650	350	179 ~ 207	288 ~ 306	182 ~ 196
45		580	290	162 ~ 217	468 ~ 513	280 ~ 301
ZG340—640	调质	700	380	241 ~ 269	468 ~ 490	248 ~ 259
45		650	360	217 ~ 255	513 ~ 545	301 ~ 315
35SiMn		750	450	217 ~ 269	585 ~ 648	388 ~ 420
40Cr		700	500	241 ~ 286	612 ~ 675	399 ~ 427
45	调质后表面淬火			40 ~ 50HRC	972 ~ 1053	427 ~ 504
40Cr				48 ~ 55HRC	1035 ~ 1098	483 ~ 518
20Cr	渗碳后淬火	650	400	56 ~ 62HRC	1350	645
20CrMnTi		1100	850	56 ~ 62HRC	1350	645

注：①$[\sigma_{bb}]$为轮齿单向受载的试验条件下得到的，若轮齿的工作条件为双向受载，则应将表中数值乘以 0.7。

三、齿轮精度等级的选择

为了防止齿轮因为制造误差过大而影响正常工作，国家标准提出了圆柱齿轮精度制，将圆柱齿轮的精度评定分为轮齿同侧齿面偏差(GB/T 10095.1—2001)、径向综合偏差和径向跳动(GB/T 10095.2—2001)三个方面的多个项目。另外,标准又将各个评定项目的精度分为13个等级(其中2个项目为9个等级)。0级最高,12级最低。常用的是6~9级。齿轮传动设计中通过选择合适的精度等级来提出齿轮的制造要求。

齿轮精度等级的选择一般采用类比法,即根据齿轮传动的用途、使用要求和工作条件,查阅有关参考资料,参照经过实践验证的类似产品的精度进行选用。在机械传动中应用最多的齿轮是既传递运动又传递动力,其精度等级与圆周速度密切相关(表6-4),因此可根据计算出齿轮的最高圆周速度,参考表6-4确定齿轮的精度等级。

齿轮常用精度等级及应用范围 表6-4

精度等级	圆周速度			应用举例
	直齿圆柱齿轮	斜齿圆柱齿轮	直齿锥齿轮	
6	≤15	≤30	≤9	精密机器、仪表、飞机、汽车、机床中的重要齿轮
7	≤10	≤20	≤6	一般机械中的重要齿轮;标准系列减速器;飞机、汽车、机床中的齿轮
8	≤5	≤9	≤3	一般机械中的齿轮;飞机、汽车、机床中不重要的齿轮;农业机械中的重要齿轮
9	≤3	≤6	≤2.5	工作要求不高的齿轮

齿轮工作图上,齿轮精度的标注分为三部分:精度等级、带括号的对应检验项目和所属标准号。例如

$$7(F_p、f_{pt}、F_\alpha)、6(F_\beta)\text{GB/T 10095.1—2001}$$

若齿轮所选检验项目的公差同为某一公差等级,则在图样上可只标注精度等级和所属标准号。例如所选检验项目精度等级同为7级,由GB/T 10095.1—2001标准规定时,可标注为7GB/T 10095.1—2001。

若同为8级,且所选检验项目分属两个标准时,可标注为8(f_{pt}、F_α、F_β、F_r)GB/T 10095.1~2—2001。

齿轮各检验项目及其允许值还应标注在齿轮工作图右上角的参数表中。

四、直齿圆柱齿轮传动设计

(一)齿轮受力分析及计算载荷

1. 齿轮受力分析

齿轮传动是靠轮齿间作用力传递功率的。为便于分析计算,现以节点作为计算简化点且忽略摩擦力的影响。如图6-24所示,齿廓间的总作用力 F_n 沿啮合线方向,F_n 称为法向力。在分度圆上 F_n 可分解成两个相互垂直的分力:指向轮心的径向力 F_r 和与分度圆相切的圆周力 F_t。

传动设计时,主动轮1传递的功率 P_1(kW)及转速 n_1(r/min)通常是已知的,为此,主动轮上的转矩 T_1(N·mm)可由下式求得

$$T_1 = 9.55 \times 10^6 \frac{P_1}{n_1}$$

F_t、F_r 和 F_n 分别为

$$F_t=\frac{2T_1}{d_1}=-F_{t2}$$

$$F_{r1}=F_{t1}\tan\alpha=-F_{r2} \tag{6-10}$$

$$F_{n1}=\frac{F_t}{\cos\alpha}=\frac{2T_1}{d_1\cos\alpha}=-F_{n2}$$

式中：d_1——主动轮分度圆直径，mm；

α——分度圆压力角，$\alpha=20°$。

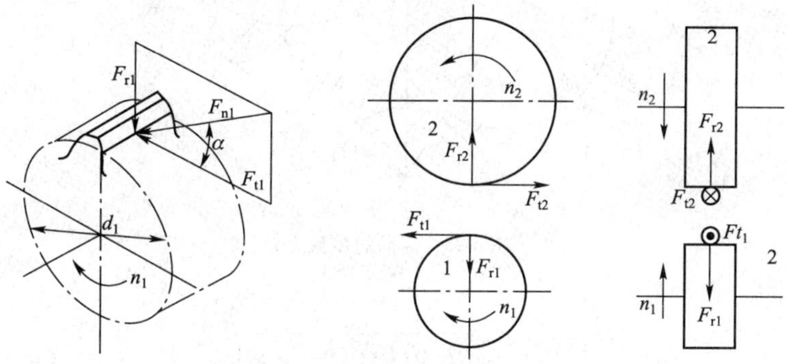

图 6-24　直齿圆柱齿轮的受力分析

各力的方向：F_{t1}是主动轮上的工作阻力，故其方向与主动轮的转向相反；F_{t2}是从动轮上的驱动力，其方向与从动轮的转向相同；F_{r1}与F_{r2}指向各自的回转中心。

2. 计算载荷

按式(6-10)计算的F_t、F_r、F_n均是作用在轮齿上的名义载荷。在实际传动中受到很多因素的影响，如原动机和工作机的工作特性；轴与联轴器系统在运动中所产生的附加动载荷；齿轮受载后，由于轴的弯曲变形，使作用在齿面上的载荷沿接触线分布不均等。所以进行齿轮的强度计算时，应按计算载荷进行。计算载荷按下式确定：

$$F_{nc}=KF_n \tag{6-11}$$

式中：K——载荷系数，按表 6-5 查取。

载 荷 系 数 K　　表 6-5

原 动 机	工作机械的载荷特性		
	平稳和比较平稳	中等冲击	大的冲击
电动机、汽轮机	1～1.2	1.2～1.6	1.6～1.8
多缸内燃机	1.2～1.6	1.6～1.8	1.9～2.1
单缸内燃机	1.6～1.8	1.8～2.0	2.2～2.4

（二）齿面接触疲劳强度计算

如图 6-25 所示，齿面接触疲劳强度计算是以两齿廓曲面曲率半径为ρ_1、ρ_2的两圆柱体接触，在载荷F的作用下，为保证不产生点蚀，由弹性力学，得到接触区的强度校核公式为

$$\sigma_H=671\sqrt{\frac{KT_1}{\psi_d d_1^3}\frac{u\pm1}{u}}\leqslant[\sigma_H] \tag{6-12}$$

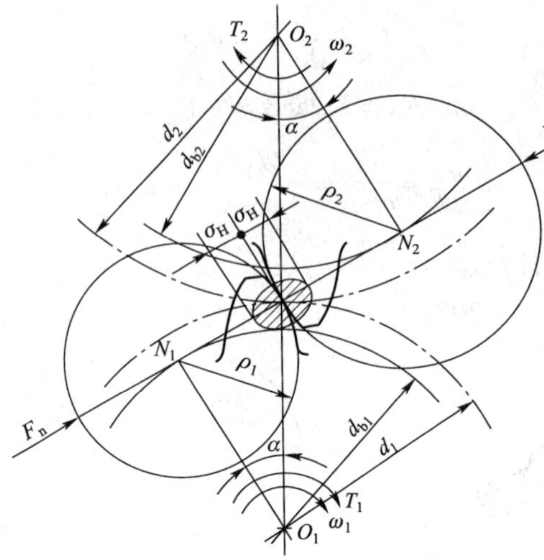

图6-25　齿面的接触应力

设计公式为

$$d_1 \geqslant \sqrt[3]{\left(\frac{671}{[\sigma_H]}\right)^2 \frac{KT_1}{\psi_d} \frac{u \pm 1}{u}} \tag{6-13}$$

式中：σ_H——齿面接触应力，MPa；

d_1——小齿轮分度圆直径，mm；

u——齿数比，u = 大齿轮齿数/小齿轮齿数；

"+"用于外啮合；

"-"用于内啮合；

$[\sigma_H]$——许用接触应力，MPa（表6-3）；

ψ_d——齿宽系数，见表6-6，$\psi_d = b/d_1$，其中 b 为齿宽，单位为 mm。

圆柱齿轮齿宽系数 ψ_d　　表6-6

齿轮相对轴承的位置	轮齿表面硬度≤350HBW	两轮齿面硬度>350HBW
对称布置	0.8～1.4	0.4～0.9
不对称布置	0.6～1.2	0.3～0.6
悬臂布置	0.3～0.4	0.2～0.5

上述接触强度计算公式仅适用于齿轮材料为钢对钢的情况，对于钢对灰铸铁或灰铸铁对灰铸铁的传动，要将式中的系数671分别乘以0.85或0.76。

设计时应注意：一对齿轮啮合时，根据作用力与反作用力原理，两齿面的接触应力是相等的，即 $\sigma_{H1} = \sigma_{H2}$；而两轮材料或热处理不同，其许用接触应力不相等，即 $[\sigma_{H1}] \neq [\sigma_{H2}]$，在强度计算时应将 $[\sigma_{H1}]$ 与 $[\sigma_{H2}]$ 中的较小值代入公式计算。

（三）齿轮弯曲疲劳强度计算

对齿根弯曲疲劳强度计算时，为使问题简化，将轮齿看作一悬臂梁，全部载荷由一对齿承担；齿根处为危险截面。可用30°切线法确定，即作与轮齿对称中心线成30°夹角并与齿根过渡圆角相切的斜线，两切点的连线为危险截面，如图6-26所示。如将作用于齿顶的法向力 F_n 分解为 $F_n\cos\alpha_F$ 和 $F_n\sin\alpha_F$，两个分力，则弯矩 $M = (F_n\cos\alpha_F)l$，危险剖面处的抗弯截

面模量为 W,从而求得最大弯曲应力为 $\sigma_{max}=M_{max}/W$,由此得到齿根弯曲疲劳强度计算公式为

$$\sigma_{bb1}=\frac{2KT_1}{\psi_d z_1^2 m^3}Y_{FS}\leqslant[\sigma_{bb1}] \tag{6-14}$$

$$\sigma_{bb2}=\sigma_{bb1}\frac{Y_{FS2}}{Y_{FS1}}\leqslant[\sigma_{bb2}]$$

设计公式

$$m\geqslant\sqrt[3]{\frac{2KT_1}{z_1^2\psi_d}\frac{Y_{FS}}{[\sigma_{bb}]}} \tag{6-15}$$

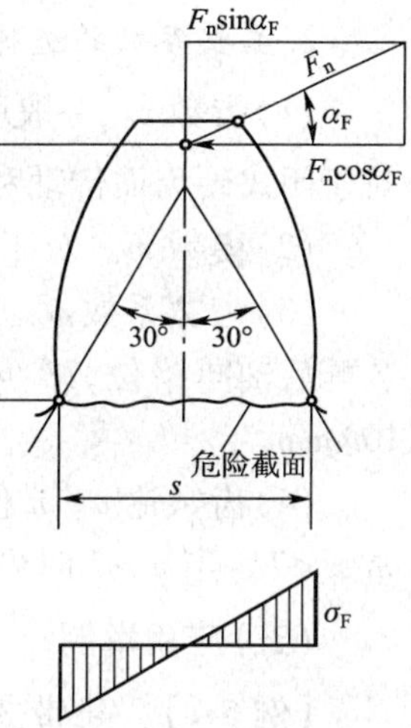

图 6-26　轮齿弯曲应力分析

式中:σ_{bbi}——齿根弯曲应力,MPa;

z_1——小齿轮齿数;

m——齿轮模数,mm;

$[\sigma_{bb}]$——许用弯曲应力,MPa(表 6-3);

Y_{FS}——齿形系数,决定于轮齿形状(表 6-7)。

齿形系数 Y_{FS}　　表 6-7

$z(z_V)$	17	18	19	20	21	22	23	24	25	26	27	28	29
Y_{FS}	4.51	4.45	4.41	4.36	4.33	4.30	4.27	4.24	4.21	4.19	4.17	4.15	4.13
$z(z_V)$	30	35	40	45	50	60	70	80	90	100	150	200	∞
Y_{FS}	4.12	4.06	4.04	4.02	4.01	4.00	3.99	3.98	3.97	3.96	4.00	4.03	4.06

注:斜齿轮按当量齿数 z_v 查表。

设计时应注意:一对齿轮相啮合时,两齿轮模数相等,齿形不同,即 $Y_{FS1}\neq Y_{FS2}$,所以齿根弯曲应力不相等,即 $\sigma_{bb1}\neq\sigma_{bb2}$;同时,由于两轮的许用应力不等,即 $[\sigma_{bb1}]\neq[\sigma_{bb2}]$,所以设计计算时应将 $Y_{FS1}/[\sigma_{bb1}]$ 和 $Y_{FS2}/[\sigma_{bb2}]$ 中的较大者代入设计公式计算,算得的模数再按表 6-1 圆整成标准值。

(四)设计步骤及参数的选择

1. 设计步骤

(1)选择齿轮材料及热处理。通过分析齿轮的工作条件,确定材料的性能和组织要求,综合比较后选择材料牌号与热处理方法。齿轮材料的许用应力值见表 5-3。

(2)确定传动的精度等级。尽量选择低的精度等级,这样可减少加工难度,降低制造成本。具体选择可参照表 6-4。

(3)强度计算。对于闭式软齿面传动,通常按齿面接触疲劳强度确定 d_1,再校核齿根弯曲疲劳强度;对于闭式硬齿面传动,通常按齿根弯曲疲劳强度确定模数,再校核齿面接触疲劳强度;对于开式传动和铸铁齿轮传动,通常按齿根弯曲疲劳强度确定模数,并将模数增加 10% ~20%,以作为预留磨损裕量。

(4)计算齿轮的几何尺寸。按表 6-2 所列公式计算。

(5)确定齿轮结构形式。

(6)绘制齿轮工作图。

2. 主要参数的选择

(1)齿数 z。一般取 $z_1=20\sim40$。中心距一定时,适当增加齿数,能提高传动的平稳性。对于闭式硬齿面传动和开式传动,为了提高弯曲强度,可取较小值,但应 $z_1\geqslant17$。

(2)模数 m。对于传递动力的齿轮,应保证 $m\geqslant2\text{mm}$。

(3)齿宽系数 ψ_d。按表6-6选取。$b=\psi_d d_1$ 算得的齿宽加以圆整作为 b_2,为防止两轮因装配后轴向错位,减少啮合宽度,小齿轮齿宽应在 b_2 的基础上增大,即 $b_1=b_2+(5\sim10)\text{mm}$。

(4)齿数比 u。u 值不宜过大,以免大齿轮直径增大而使整个传动的外廓尺寸过大。通常 $u<7$。当 $u>7$ 时可采用多级传动。

(五)应用举例

【例6-1】 某带式输送机单级圆柱齿轮减速器圆柱齿轮传动。已知,$i=4.6$,$n_1=1440\text{r/min}$,传递功率 $P=5\text{kW}$,单班制工作,单向运转,载荷平稳。试设计该齿轮传动。

【解】 (1)选择材料及热处理。该传动是闭式齿轮传动,属于转速不高、载荷不大,要求一般的小型传动,为了简化制造,降低成本,可采用软齿面钢制齿轮,查表6-3,选择小齿轮材料为45钢,调质处理,硬度为255HBW;大齿轮材料也为45钢,正火处理,硬度为215HBW。

(2)选择精度等级。运输机为一般机械,速度不高,故选择8级精度。

(3)按齿面接触疲劳强度设计。软齿面闭式传动主要的失效形式为齿面点蚀。根据齿面接触疲劳强度,按式(6-13)确定尺寸

$$d_1\geqslant\sqrt[3]{\left(\frac{671}{[\sigma_H]}\right)^2\frac{KT_1}{\psi_d}\frac{u\pm1}{u}}$$

式中,按表6-5选载荷系数 $K=1.2$;转矩

$$T=9.55\times10^6\frac{P_1}{n_1}=\left(9.55\times10^6\frac{5}{1440}\right)\text{N}\cdot\text{mm}=33159.7\text{N}\cdot\text{mm}$$

查表6-3,取 $[\sigma_{H1}]=530\text{MPa}$、$[\sigma_{H2}]=500\text{MPa}$;由表6-6,取 $\psi_d=1.1$,$u=i=4.6$。代入后计算小齿轮分度圆直径 d_1,即

$$d_1\geqslant\sqrt[3]{\left(\frac{671}{[500]}\right)^2\times\frac{1.2\times33159.7}{1.1}\times\frac{4.6+1}{4.6}}\text{mm}=42.96\text{mm}$$

计算圆周速度 v

$$v=\frac{\pi d_1 n_1}{60\times1000}=\frac{3.14\times42.96\times1440}{60\times1000}\text{m/s}=3.24\text{m/s}$$

因 $v<5\text{m/s}$,取8级精度合适。

(4)确定主要参数,计算主要几何尺寸。

①齿数:取 $z_1=22$,则 $z_2=z_1u=22\times4.6=101$

②模数:$m=\dfrac{d_1}{z_1}=\dfrac{42.96}{22}\text{mm}=1.953\text{mm}$

由表6-1取标准模数 $m=2\text{mm}$。实际传动比 $i=101/22=4.59$,$\Delta i=4.6-4.59/4.6=0.2\%$,传动比误差小于允许范围 $\pm5\%$。

③分度圆直径。

$$d_1 = mz_1 = 2 \times 22\text{mm} = 44\text{mm}$$

$$d_2 = mz_2 = 2 \times 101\text{mm} = 202\text{mm}$$

④中心距：$a = \frac{m}{2}(z_1 + z_2) = \frac{2}{2}(22 + 101)\text{mm} = 123\text{mm}$

⑤齿宽：$b = \psi_d d_1 = 1.1 \times 44\text{mm} = 48\text{mm}$，取 $b_2 = 48\text{mm}$，$b_1 = b_2 + 5 = 53$。

(5)校核弯曲疲劳强度。

①齿形系数 Y_{FS}：由表 6-7 查得，$Y_{FS1} = 4.30$，$Y_{FS2} = 3.96$。

②弯曲疲劳许用应力$[\sigma_{bb}]$：查表 6-3，得$[\sigma_{bb1}] = 301\text{MPa}$，$[\sigma_{bb2}] = 280\text{MPa}$。

③校核计算：

$$\sigma_{bb1} = \frac{2KT_1}{\psi_d z_1^2 m^3} Y_{FS1} = \frac{2 \times 1.2 \times 33159.7}{1.1 \times 22^2 \times 2^3} \times 4.30\text{MPa} = 80.35\text{MPa}$$

$$\sigma_{bb2} = \sigma_{bb1} \frac{Y_{FS2}}{Y_{FS1}} = 80.35 \times \frac{3.96}{4.30}\text{MPa} = 73.99\text{MPa}$$

计算应力小于许用应力，所以齿轮弯曲强度足够。

(6)结构设计与工作图绘制。略。

课题七　斜齿圆柱齿轮传动简介

一、齿廓的形成

由于直齿圆柱齿轮轮齿方向与轴线平行，在所有垂直于轴线的平面内轮齿情况完全相同，因此研究直齿圆柱齿轮的啮合原理可仅就端面进行讨论。但实际上齿轮有一定宽度，如图 6-27a）所示，直齿圆柱齿轮的轮齿曲面是发生面 S 在基圆柱上作纯滚动时，发生面上与基圆柱轴线平行的任意直线 KK 展成的渐开线曲面。

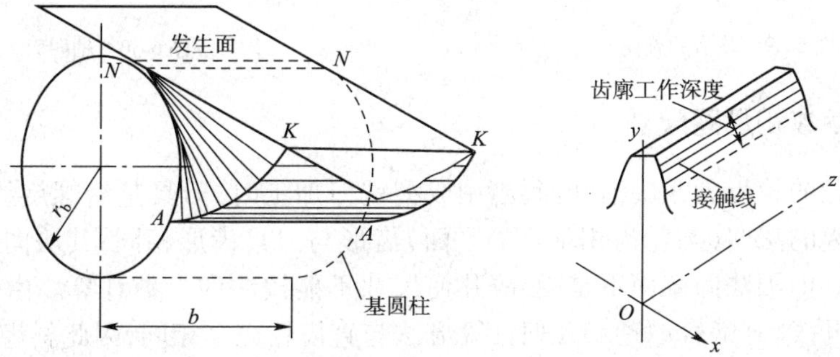

图 6-27　直齿圆柱齿面形成及接触线

斜齿圆柱齿轮齿廓形成原理与直齿轮相似，所不同的是发生面上的直线 KK 不与基圆柱母线平行，而成一夹角 β_b，如图 6-28 所示。当发生面与基圆柱作纯滚动时，KK 线的轨迹为螺旋渐开面，即斜齿轮的齿廓。该螺旋渐开面与任意一个以轮轴为轴线的圆柱面的交线都是螺旋线，与齿轮端面的交线仍为渐开线。根据螺旋线方向的不同斜齿轮有左旋和右旋之分，如图 6-29 所示。

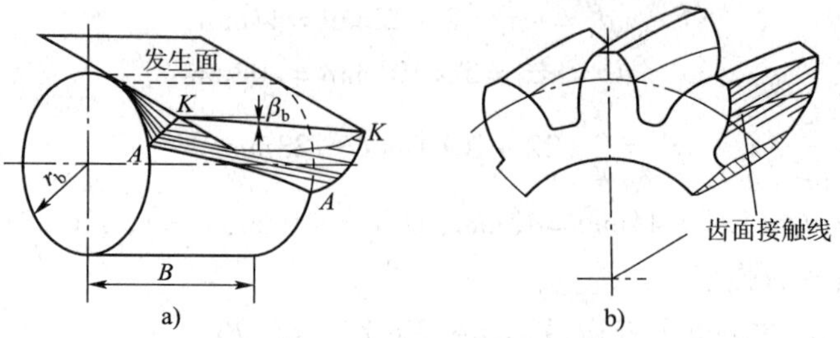

图 6-28　斜齿轮齿廓形成及接触线

二、啮合特点

直齿圆柱齿轮啮合时，齿面上的接触线是平行于轴线的直线，并沿齿面移动，如图 6-27b）所示，所以在传动过程中轮齿沿整个齿宽同时进入啮合或退出啮合，因而易引起冲击、振动和噪声，传动平稳性较差。

在平行轴斜齿轮机构中，两斜齿圆柱齿轮在啮合传动时，接触线不与轴线平行，而与轴线成β_b夹角，如图 6-28 所示。一对轮齿从开始啮合起，接触线由零逐渐增大，然后又由长变短，直至脱离啮合。可见，轮齿是沿齿宽方向逐渐进入啮合，又逐渐脱离啮合的。所以斜齿圆柱齿轮传动平稳，冲击和噪声较小，总接触线较长，故承载能力较强，适用于高速、大功率传动。但是斜齿轮在传动过程中有轴向力产生，这是其缺点。不过轴向力可采用人字齿轮来消除，如图 6-30 所示。

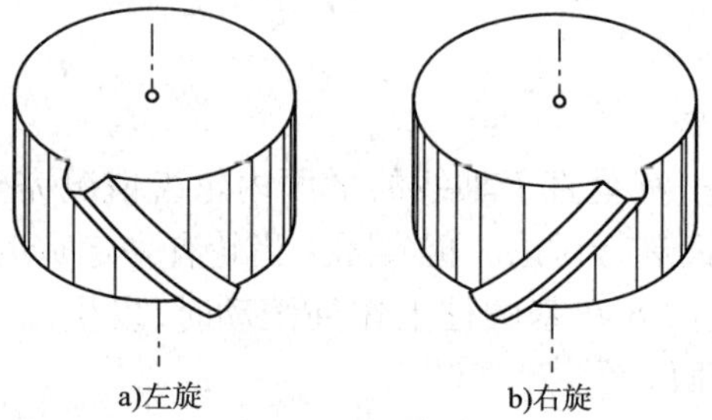

图 6-29　轮齿的旋向

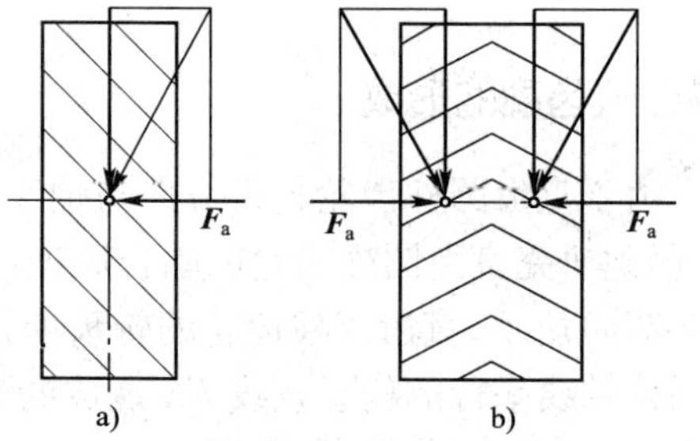

图 6-30　轴向力

三、主要参数和几何尺寸

由于斜齿轮的轮齿为螺旋渐开面，当用成型铣刀加工时，刀具是沿螺旋线方向进刀的，所以斜齿轮轮齿的法向（与轮齿相垂直的平面）齿形与刀具齿形相同，其法向参数和刀具齿形的参数相同。但因法向截面不是圆，故几何尺寸不能按法向参数计算。由于端面上斜齿轮的齿形为渐开线，其啮合原理和几何计算方法与直齿轮完全相同，因此斜齿轮的几何尺寸需按端面参数计算。这就需要弄清端面和法向各参数之间的关系。

1. 螺旋角 β

在斜齿轮各个不同的圆柱面上，螺旋角是不同的。通常用分度圆柱面上的螺旋角 β 来表示轮齿的倾斜程度和进行几何计算。β 越大，轮齿越倾斜，传动平稳性越好，但轴向力也越大。设计时一般取 $\beta = 8° \sim 20°$。近年来，为增大重合度，增加传动的平稳性和降低噪声，有大螺旋角化的倾向。对于人字齿轮，由于轴向力可以抵消，常取 $\beta = 25° \sim 45°$，但因加工困难，精度较低，一般用于重型机械传动中。

2. 模数

将斜齿轮的分度圆柱面展成平面，如图 6-31 所示。图中有阴影的部分表示齿厚，无阴影部分表示齿槽，P_n表示法向齿距，P_t表示端面齿距，则有

$$P_n = P_t \cos\beta \tag{6-16}$$

$$m_n = m_t \cos\beta \tag{6-17}$$

式中：m_n、m_t——法向模数和端面模数，一般规定 m_n取标准值。

3. 压力角

斜齿轮在分度圆上的压力角有法向压力角与端面压力角。在图 6-32 的斜齿条中△abc为端面上的直角三角形，∠abc 为端面压力角 α_t，△$a'b'c$ 为法面上的直角三角形，∠$a'b'c$ 为法向压力角 α_n，由于 $ab = a'b'$相等，故有

$$\tan\alpha_n = \tan\alpha_t \cos\beta \tag{6-18}$$

国家标准规定斜齿轮的法向压力角为标准值，且 $\alpha_n = 20°$。

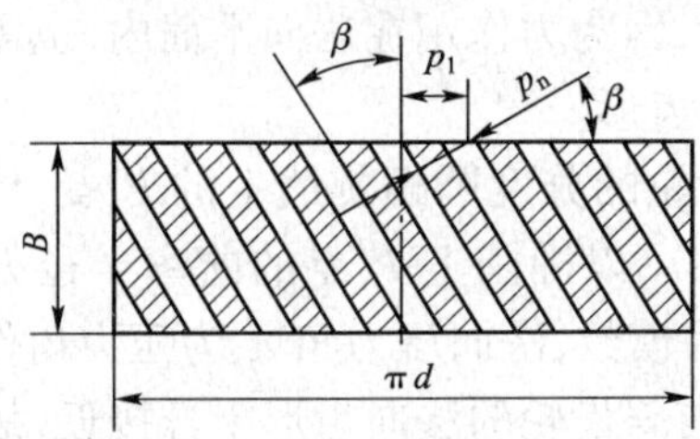

图 6-31 斜齿轮分度圆柱面展开图

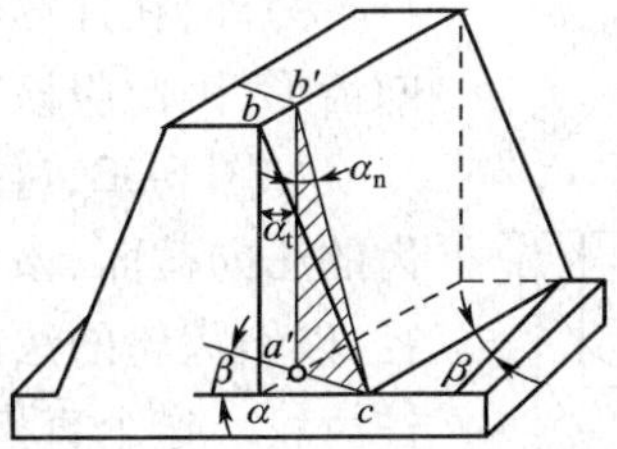

图 6-32 端面模数与法向模数的关系

4. 法向齿顶高系数与法向顶隙系数

斜齿轮的齿顶高系数与顶隙系数也有法向与端面两种。由于法向诸参数符合标准值，故对于正常齿，$h_a^* = 1$，$c_n^* = 0.25$（当 $m < 1$mm 时，$c_n^* = 0.35$）；对于短齿，$h_a^* = 0.8$，$c_n^* = 0.3$。

5. 斜齿轮的几何尺寸

斜齿轮的几何尺寸计算见表 6-8。

渐开线标准斜齿圆柱齿轮的几何尺寸计算　　表 6-8

名　称	符　号	计 算 公 式
端面模数	m_t	$m_t = m_n/\cos\beta$，m_n为标准值
端面压力角	α_t	$\alpha_t = \alpha_n/\cos\beta$，$\alpha_n = 20°$
螺旋角	β	一般取 $\beta = 8° \sim 20°$
分度圆直径	d	$d_1 = m_t z_1 = m_n z_1/\cos\beta$，$d_2 = m_t z_2 = m_n z_2/\cos\beta$
齿顶高	h_a	$h_{a1} = h_{a2} = h_{an}^* m_n = m_n$
齿根高	h_f	$h_{f1} = h_{f2} = (h_{an}^* + c_n^*) m_n = 1.25 m_n$
端面法节	P_{bt}	$p_{bt} = p_t \cos\alpha_t = p_n \cos\alpha_t/\cos\beta$
齿顶圆直径	d_a	$d_{a1} = d_1 + 2m_n$，$d_{a2} = d_2 + 2m_n$
齿根圆直径	d_f	$d_{f1} = d_1 - 2.5m_n$，$d_{f2} = d_2 - 2.5m_n$
基圆直径	d_b	$d_{b1} = d_1 \cos\alpha_t$，$d_{b2} = d_2 \cos\alpha_b$
标准中心距	a	$a = (d_1 + d_2)/2 = (z_1 + z_2) m_n/2/\cos\beta$

四、斜齿圆柱齿轮传动的正确啮合条件

从斜齿轮齿廓的形成原理可知,其端面齿廓与直齿圆柱齿轮一样,因此一对外啮合斜齿轮的正确啮合条件是:两齿轮的端面模数和端面压力角必须分别相等,且两轮的螺旋角必须大小相等,旋向相反(内啮合时的旋向相同)。由式(6-17)和式(6-18)可知,两齿轮的法向模数和法向压力角也必须分别相等。故斜齿轮传动的正确啮合条件为

$$m_{n1}=m_{n2}=m_n$$
$$\alpha_{n1}=\alpha_{n2}=\alpha_n$$
$$\beta_1=\pm\beta_2 \tag{6-19}$$

其中,"-"号表示外啮合时螺旋角旋向相反;"+"表示内啮合时的螺旋角旋向相同。

五、斜齿圆柱齿轮的当量齿数

加工斜齿轮时,铣刀是沿着螺旋线方向进刀的,故应当按照斜齿轮的法向齿形选择刀具。另外,在计算轮齿强度时,因为力作用在法向平面内,也需要知道法向齿形,因此应该明确其法向齿形。

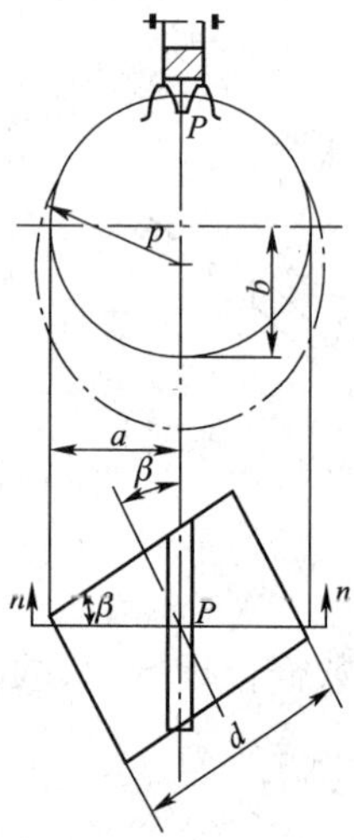

图 6-33　斜齿轮的当量齿数

如图 6-33,过斜齿圆柱齿轮的分度圆螺旋线上的 P 点,作垂直于轮齿的法向截面,该截面为椭圆。以椭圆上 P 点的曲率半径为分度圆半径,以斜齿轮的法向模数 m_n 为模数,法向压力角 α_n 为压力角作一直齿圆柱齿轮。这个直齿轮的齿形与斜齿轮的法向齿形十分接近,故称这个直齿圆柱齿轮为该斜齿轮的当量齿轮。它的齿数称为当量齿数,以 z_v 表示。

$$z_v=\frac{z}{\cos^3\beta}>1 \tag{6-20}$$

可见,当量齿数 z_v 大于斜齿轮的实际齿数 z,并且不一定为整数。由于标准正常齿圆柱齿轮不产生根切的最少齿数 $z_{min}\geqslant17$,故对于标准正常齿斜齿圆柱齿轮不产生根切最少齿数为 $z_v\geqslant17$,因此有

$$z_{min}=17\cos^3\beta \tag{6-21}$$

六、斜齿圆柱齿轮轮齿的受力分析

图 6-34 所示为一对斜齿圆柱齿轮的受力图,主动轮 1 为右旋齿轮,以逆时针方向转动,如不计摩擦力,则作用于主动轮齿上的总压力 F_{n1} 必沿接触点的公法线方向,并指向工作齿面,此力称为法向力。它可分解为径向力 F_{r1} 和 F'_1,力 F'_1 又可分解为圆周力 F_{t1} 和轴向力 F_{x1}。

圆周力 F_{t1} 的大小可由齿轮 1 的平衡条件求得,即

$$F_{t1}=\frac{2000T_1}{d_1} \tag{6-22}$$

径向力 F_{r1} 和轴向力 F_{x1} 的大小可由图中的几何关系求得,即

$$F_{x1}=F_{t1}\tan\beta \tag{6-23}$$

$$F_{r1}=F_1'\tan\alpha_n=\frac{F_{t1}}{\cos\beta}\tan\alpha_n \tag{6-24}$$

式中:β——齿轮分度圆柱上的螺旋角;

α_n——齿轮分度圆柱上的法向压力角;

其他符号的含义和单位同前。

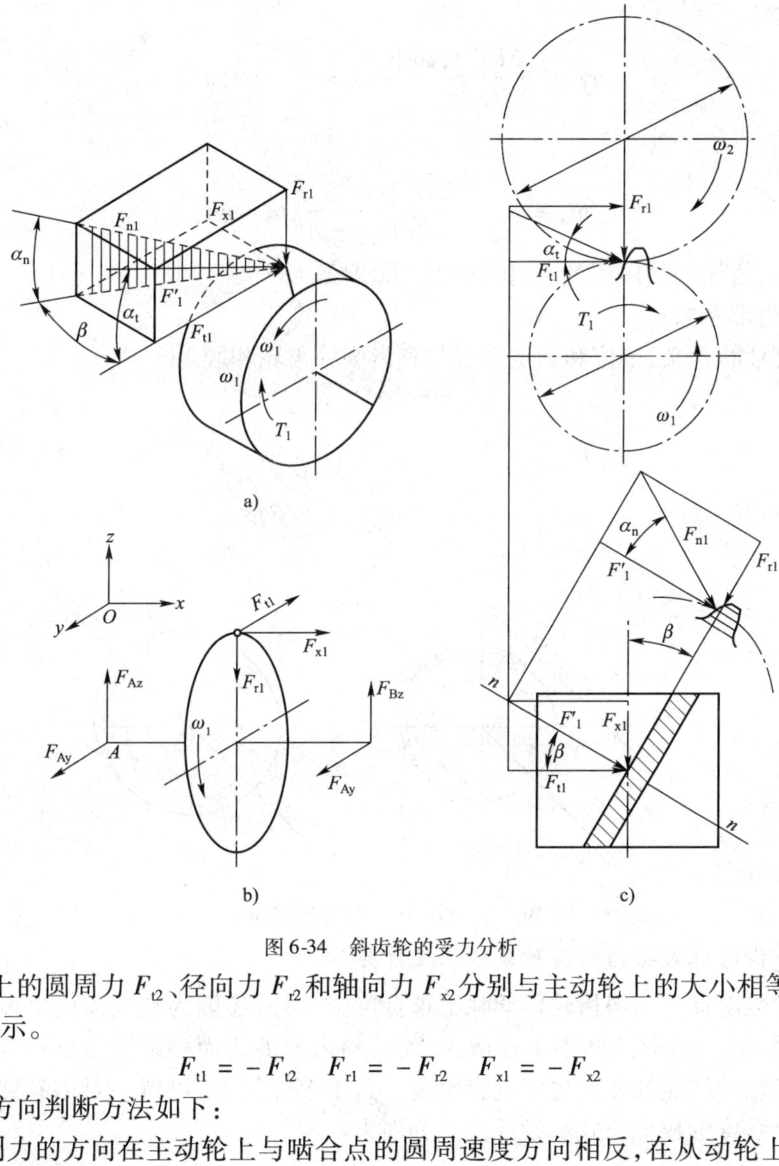

图 6-34　斜齿轮的受力分析

从动轮上的圆周力 F_{t2}、径向力 F_{r2} 和轴向力 F_{x2} 分别与主动轮上的大小相等、方向相反，如图 6-34 所示。

$$F_{t1} = -F_{t2} \quad F_{r1} = -F_{r2} \quad F_{x1} = -F_{x2} \tag{6-25}$$

各力的方向判断方法如下:

(1)圆周力的方向在主动轮上与啮合点的圆周速度方向相反，在从动轮上则与啮合点的圆周速度方向相同。

(2)径向力的方向分别指向各自的轮心。

(3)轴向力的方向与齿轮的螺旋方向和转动方向有关，可用主动轮左、右手法则来判定，即对主动右旋齿轮，以右手四指弯曲的指尖方向表示齿轮的转动方向，则伸直拇指的指向即为主动轮上的轴向力方向;对于主动左旋齿轮，则应以左手用同样的方法来判定(图 6-35)。

七、斜齿轮的强度分析

1. 标准斜齿圆柱齿轮轮齿弯曲疲劳强度计算

斜齿圆柱齿轮的法向齿形与其当量齿轮的齿形近似，所以斜齿圆柱齿轮的轮齿弯曲疲劳强度与当量齿轮的轮齿弯曲疲劳强度相等。因此，只要计算当量齿轮的轮齿弯曲疲劳强度就行了。将当量齿数的参数代入直齿圆柱齿轮的计算公式，并考虑斜齿轮重合度及齿面接触线是斜线等因素对强度的影响，即可得到斜齿轮轮齿弯曲疲劳强度计算公式如下：

校核公式

$$\sigma_F=\frac{1.6KT_1Y_F\cos\beta}{bm_n^2z_1}\leqslant[\sigma_F]\quad(\text{MPa})\tag{6-26}$$

设计公式

$$m_n\geqslant\sqrt[3]{\frac{3.2KT_1Y\cos^2\beta}{\varphi_a(u\pm1)z_1^2[\sigma_F]}}\quad(\text{mm})\tag{6-27}$$

式中：m_n——斜齿轮的法向模数，应圆整为标准模数；

Y_F——齿形系数；

其余各符号的含义、单位和确定方法与直齿圆柱齿轮相同。

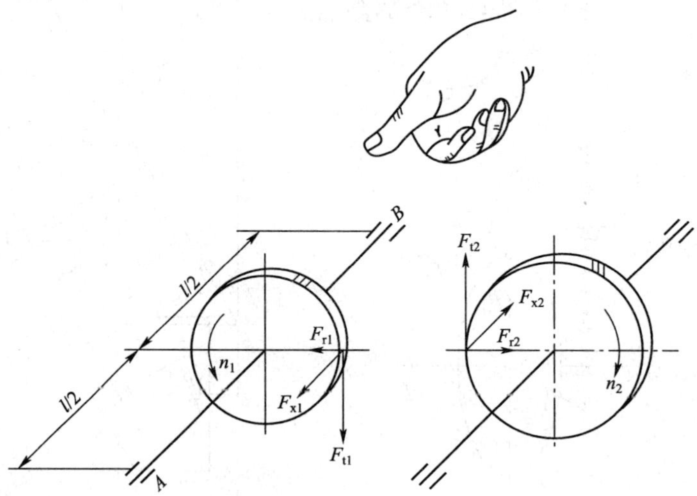

图6-35　斜齿轮上轴向力的确定

2.标准斜齿圆柱齿轮齿面接触疲劳强度计算

齿面接触强度计算。斜齿轮传动除了重合度较大外，还因为在法面内斜齿轮当量齿轮的分度圆半径增大，齿廓的曲率半径增大，而使斜齿轮的齿面接触应力也较直齿轮有所降低。因此斜齿轮的抗点蚀能力也较直齿轮高。基于上述特点，可得一对钢制标准斜齿轮传动的齿面接触强度的校核公式和设计公式分别为：

校核公式

$$\sigma_H=305\sqrt{\frac{(u\pm1)^3KT_1}{uba^2}}\leqslant[\sigma_H]\quad(\text{MPa})\tag{6-28}$$

设计公式

$$a\geqslant(u\pm1)\sqrt[3]{\left(\frac{305}{[\sigma_H]}\right)^2\frac{KT_1}{\psi_a u}}\quad(\text{mm})\tag{6-29}$$

若配对齿轮材料改变时，以上两式中因数 305 应加以修正。钢对铸铁应给 305 乘以 285/335；铸铁对铸铁应给 305 乘以 250/335。

按式(6-29)求出中心距后，可先选定齿数 z_1、z_2 和螺旋角 β(或模数 m_n)，再按下式计算

模数 m_n(或螺旋角 β),即

$$m_n = \frac{2a\cos\beta}{z_1 + z_2}$$

$$\beta = \arccos \frac{m_n(z_1 + z_2)}{2a}$$

课题八　锥齿轮传动简介

一、直齿锥齿轮传动的特点及应用

锥齿轮是用于传递两相交轴之间的运动和动力的一种齿轮机构(图 6-36)。其传动可以看成是两个锥顶共点的圆锥体相互作纯滚动,如图 6-36b)所示。锥齿轮的轮齿是均匀分布在一个截锥体上,从大端到小端逐渐收缩,其轮齿有直齿、曲齿多种形式。直齿锥齿轮易于制造,适用于低速、轻载传动。曲齿锥齿轮传动平稳,承载能力高,常用于高速重载传动,如汽车、坦克和飞机中的锥齿轮机构,但其设计和制造复杂。本节只讨论直齿锥齿轮传动。

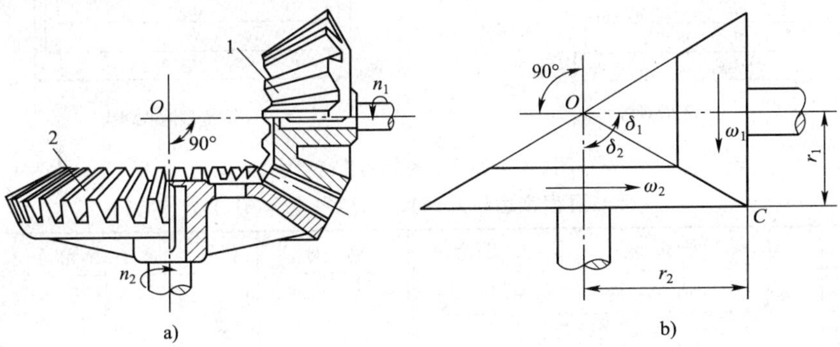

图 6-36　锥齿轮传动

1、2-锥齿轮

由于锥齿轮的轮齿分布在截锥体上,因而圆柱齿轮中各有关的圆柱,在锥齿轮中均变成圆锥。例如分度圆锥、齿顶圆锥、齿根圆锥和基圆锥。一对锥齿轮轴间的夹角 Σ 可根据机构的传动要求来决定,一般机械中多采用轴间夹角 $\Sigma = 90°$的传动。

二、直齿锥齿轮的几何计算

1. 基本参数和几何尺寸计算

为了制造和测量的方便,直齿锥齿轮规定以大端参数为标准值。基本参数有:大端模数 m(表 6-9)、压力角 $\alpha = 20°$、分度圆锥角 δ、齿顶高系数 h_a^*、顶隙系数 c^*、齿数 z。

锥齿轮模数(摘自 GB/T 12368—1990)　　表 6-9

……	1	1.5	2	2.25	2.5	2.75	3	3.25	3.5		3.75	4	4.5
	5	5.5	6	6.5	7	8	9	10	12	……			

一对直齿锥齿轮的正确啮合条件应为:两轮大端模数和压力角分别相等,即

$$\left.\begin{aligned} m_1 = m_2 = m \\ \alpha_1 = \alpha_2 = \alpha \end{aligned}\right\} \tag{6-30}$$

在图 6-36 所示两轴相互垂直的锥齿轮机构中，δ_1、δ_2 分别为两轮的分度圆锥角，由几何关系可知其传动比为

$$i=\frac{\omega_1}{\omega_2}=\frac{z_2}{z_1}=\frac{d_2}{d_1}=\frac{\sin\delta_2}{\sin\delta_1}=\tan\delta_2=\cot\delta_1 \tag{6-31}$$

直齿锥齿轮有不等顶隙收缩齿和等顶隙收缩齿两种（图 6-37）。等顶隙收缩齿的顶隙从大端到小端保持不变（图 6-37b），现多采用等顶隙收缩齿锥齿轮，其几何尺寸计算公式列于表 6-10 中。

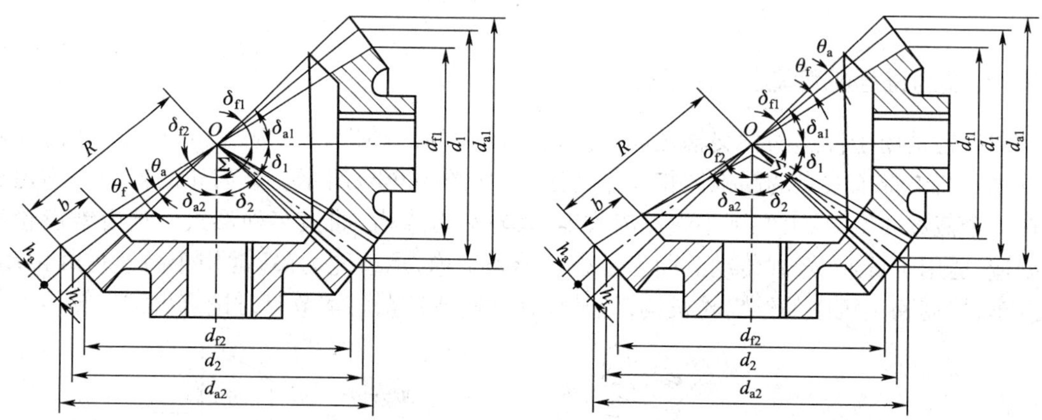

a)不等顶隙收缩齿　　b)等顶隙收缩齿

图 6-37　直齿锥齿轮的几何尺寸

标准直齿锥齿轮几何尺寸计算（$\Sigma=90°$）　　表 6-10

名　称	代号	小齿轮	大齿轮	名　称	代号	小齿轮	大齿轮
分锥角	δ	$\tan\delta_1=z_1/z_2$	$\delta_2=90°-\delta_1$	齿宽	b	$b\leqslant R/3$	
齿顶高	h_a	$h_a=h_a^* m=m$					
齿根高	h_f	$h_f=(h_a^*+c^*)=1.2m$		齿根角	θ_f	$\tan\theta_f=h_f/R$	
全齿高	h	$h=h_a+h_f=2.2m$		齿顶角	θ_a	$\theta_a=\theta_f$	
分度圆直径	d	$d_1=mz_1$	$d_2=mz_2$	顶锥角	δ_a	$\delta_{a1}=\delta_1+\theta_f$	$\delta_{a1}=\delta_1+\theta_f$
齿顶圆直径	d_a	$d_{a1}=d_1+2h_a\cos\delta_1$	$d_{a2}=d_2+2h_a\cos\delta_2$	根锥角	δ_f	$\delta_{f1}=\delta_1-\theta_f$	$\delta_{f1}=\delta_2-\theta_f$
齿根圆直径	d_f	$d_{f1}=d_1-2h_f\cos\delta_1$	$d_{f2}=d_2-2h_f\cos\delta_2$	顶隙	c	$c=c^* m$	
外锥距	R	$R=\frac{m}{2}\sqrt{z_1^2+z_2^2}$		分度圆齿厚	s	$s=\pi m/2$	

2. 锥齿轮的当量齿轮和当量齿数

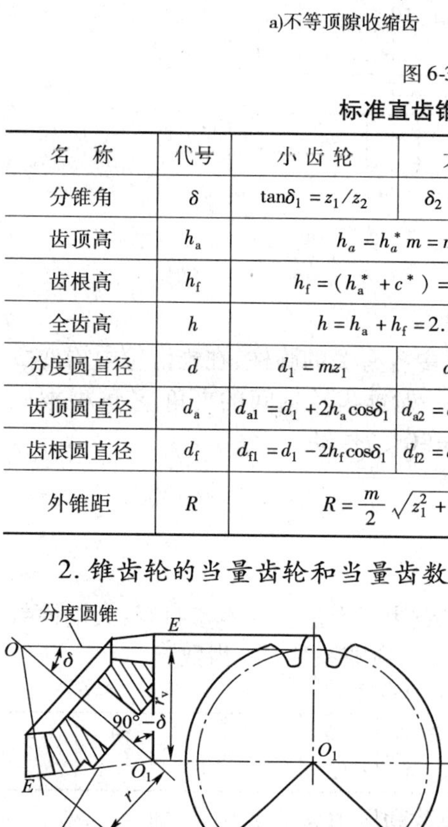

图 6-38　锥齿轮的当量齿轮

如图 6-38 所示，锥齿轮大端的齿廓曲线分布在以 O_1 为锥顶的圆锥面 O_1EE 上，该圆锥面称为锥齿轮的背锥。背锥与以 O 为锥顶的分度圆锥面 OEE 垂直相交。如将锥齿轮的背锥面展开成平面，得一扇形齿轮。如果将扇形齿轮补全为完整的直齿圆柱齿轮，则这一假想的圆柱齿轮称为锥齿轮的当量齿轮。显然，这个当量齿轮的端面齿形与锥齿轮的大端齿形相当。

图6-38中，锥齿轮的分度圆锥角为δ，齿数为z，分度圆半径为r，当量齿轮的分度圆半径为r_v，则$r_v = r/\cos\delta$，而$r = mz/2r_v$，$r_v = mz_v/2$，所以

$$z_v = \frac{z}{\cos\delta} \tag{6-32}$$

用成形铣刀加工直齿圆锥齿轮时，铣刀的参数应与大端参数相同，铣刀的号码应根据当量齿数选取。标准直齿锥齿轮不发生根切的最少齿数也可通过当量齿数来计算，即

$$z_{min} = z_v \cos\delta \tag{6-33}$$

3. 锥齿轮结构

锥齿轮的结构有齿轮轴（图6-39）、实心式[图6-40，$x \leqslant (1.6 \sim 2)m$]和腹板式（图6-41）等。

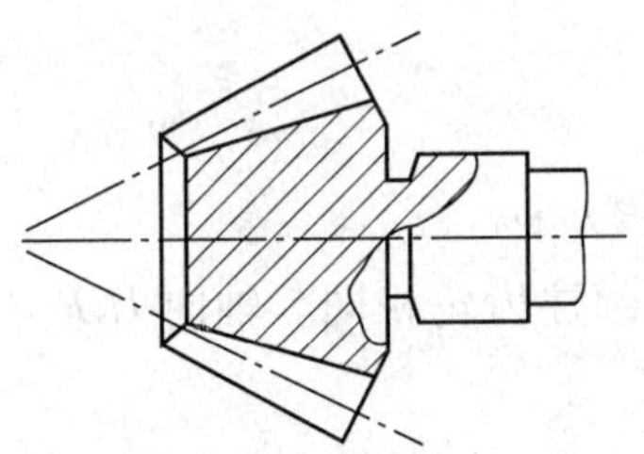

图6-39　齿轮轴

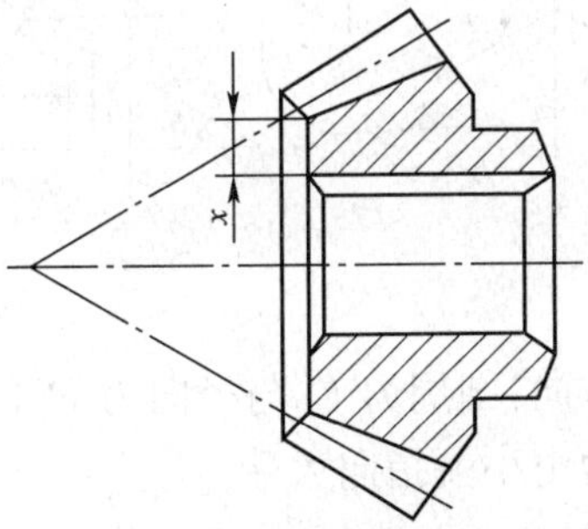

图6-40　实心式齿轮

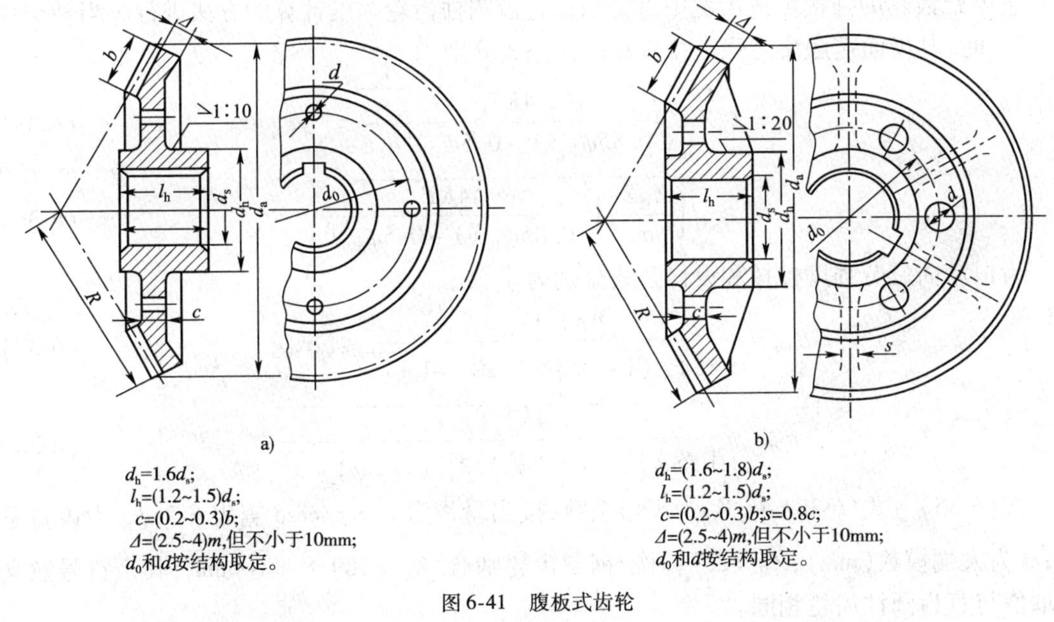

a) $d_h=1.6d_s$; $l_h=(1.2\sim1.5)d_s$; $c=(0.2\sim0.3)b$; $\Delta=(2.5\sim4)m$，但不小于10mm; d_0和d按结构取定。

b) $d_h=(1.6\sim1.8)d_s$; $l_h=(1.2\sim1.5)d_s$; $c=(0.2\sim0.3)b$; $s=0.8c$; $\Delta=(2.5\sim4)m$，但不小于10mm; d_0和d按结构取定。

图6-41　腹板式齿轮

三、直齿锥齿轮传动设计

1. 受力分析

图6-42所示为直齿锥齿轮的受力情况，略去摩擦力，法向力F_n作用在平均分度圆上的空间力，可分解为三个相互垂直的正交分力：圆周力、径向力和轴向力。各力计算公式为

$$F_{t1} = \frac{2T_1}{d_{m1}} = -F_{t2} \tag{6-34}$$

$$F_{r1} = F_{t1}\tan\alpha\cos\delta_1 = -F_{a2}$$

$$F_{a1} = F_{t1}\tan\alpha\sin\delta_1 = -F_{r2}$$

式中：d_{m1}——小齿轮的平均分度圆直径，$d_{m1} = (1-0.5\psi_R)d_1$；

ψ_R——齿宽系数，$\psi_R = b/R$，一般取 $\psi_R = 0.25 \sim 0.30$。

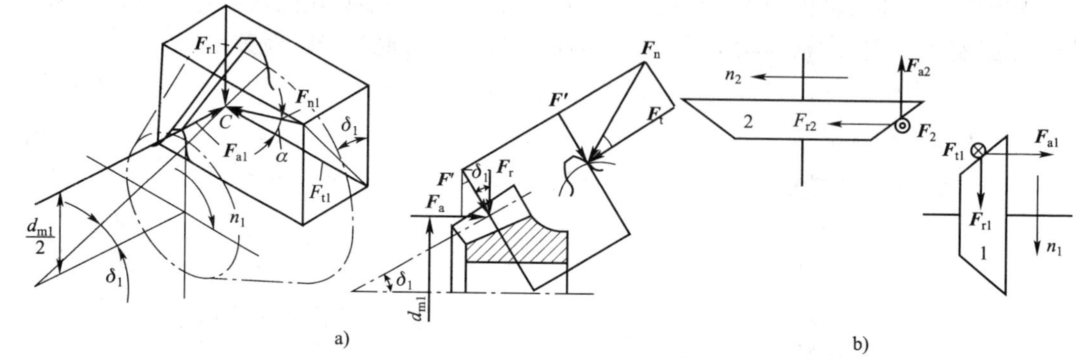

图 6-42　锥齿轮传动受力分析

各力的方向：圆周力 F_t 与径向力 F_r 的判断与圆柱齿轮相同。轴向力 F_a 的方向，在主从动轮上均为由小端指向大端。

2. 强度计算

直齿锥齿轮的强度可按齿宽中点处当量直齿圆柱齿轮强度计算的方法进行。当轴交角 $\Sigma = 90°$时，其齿面接触疲劳强度校核和设计公式分别为

$$\sigma_H = Z_H Z_E \sqrt{\frac{4KT_1}{0.85\psi_R(1-0.5\psi_R)^2 d_1^3 u}} \leqslant [\sigma_H] \tag{6-35}$$

$$d_1 \geqslant \sqrt[3]{\left[\frac{Z_H Z_E}{[\sigma_H]}\right]^2 \frac{4KT_1}{0.85\psi_R(1-0.5\psi_R)^2 u}} \tag{6-36}$$

齿根弯曲疲劳强度校核和设计公式分别为

$$\sigma_{bb} = \frac{4KT_1 Y_{FS}}{0.85\psi_R(1-0.5\psi_R)^2 Z_1^2 \sqrt{1+u^2}} \leqslant [\sigma_{bb}] \tag{6-37}$$

$$m \geqslant \sqrt[3]{\frac{4KT_1 Y_{FS}}{0.85\psi_R(1-0.5\psi_R)^2 Z_1^2 [\sigma_{bb}] \sqrt{1+u^2}}} \tag{6-38}$$

式(6-35)～式(6-38)中，Y_{FS}为齿形系数，按当量齿数 $z_v = z/\cos\delta$ 查表 6-7；ψ_R 为齿宽系数；m 为大端模数(mm)；$Z_H = 2.5$；对于钢制齿轮啮合，$Z_E = 189.8\sqrt{N/mm^2}$；其余符号意义及取值与直齿圆柱齿轮相同。

课题九　蜗轮蜗杆传动简介

蜗杆传动由蜗杆、蜗轮组成(图 6-43)，用于传递空间两交错轴间的运动和动力。轴交角Σ通常为 90°。蜗杆传动广泛应用于各种机械设备和仪表中，常用做减速，且蜗杆为主动件，仅少数机械，如离心机、内燃机增压器等，蜗轮为主动件，用于增速。

一、蜗杆传动的类型

按蜗杆形状不同可分为圆柱蜗杆传动、环面蜗杆传动、锥蜗杆传动三类，如图 6-44 所示。由于刀具加工位置的不同，圆柱蜗杆又有阿基米德蜗杆（ZA 型）、渐开线蜗杆（ZI 型）、法向直廓蜗杆（ZN 型）等多种，如图 6-45 所示。

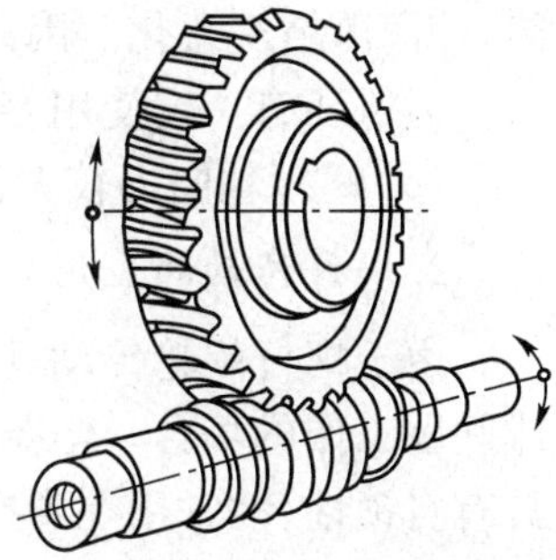
图 6-43　蜗杆传动

按蜗杆螺旋线方向不同，有左旋和右旋之分。除非特殊需要，一般都采用右旋。两者原理相同，计算方法也相同，但作用力的方向不同（除径向力外）。

按蜗杆头数不同有单头蜗杆与多头蜗杆之分。单头蜗杆主要用于传动比较大的场合，要求自锁的传动必须采用单头蜗杆。多头蜗杆主要用于传动比不大和要求效率较高的场合。

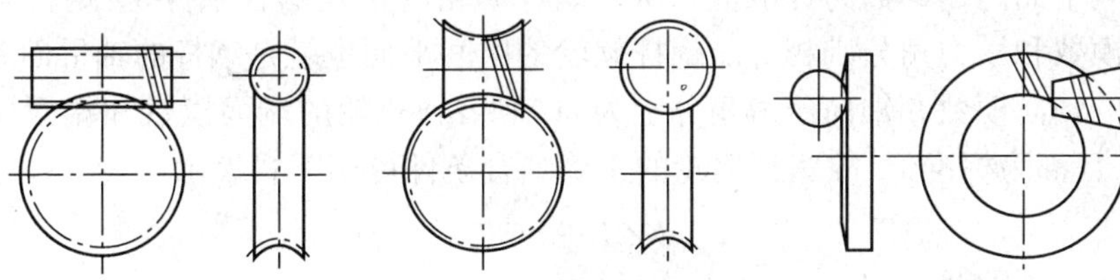
a) 圆柱蜗杆传动　b) 环面蜗杆传动　c) 锥蜗杆传动

图 6-44　蜗杆传动的类型

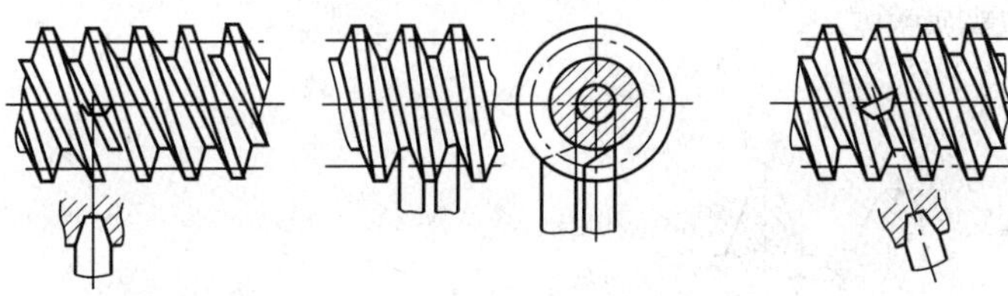
a) 阿基米德蜗杆　b) 渐开线蜗杆　c) 法向直廓蜗杆

图 6-45　圆柱蜗杆的主要类型

二、蜗杆传动的特点和应用

1. 蜗杆传动的特点

（1）传动比大，结构紧凑。在动力传动中，一般传动比 $i=5\sim80$；在分度机构或手动机构的传动中，传动比可达 300；若只传递运动，传动比可达 1000。由于传动比大，零件数目又少，因而结构十分紧凑。

（2）传动平稳，噪声低。在蜗杆传动中，由于蜗杆齿是连续不断的螺旋齿，它和蜗轮齿是逐渐进入啮合及逐渐退出啮合的，同时啮合的齿对又较多，故冲击载荷小，传动平稳，噪声低。

（3）具有自锁性。当蜗杆的螺旋线升角小于啮合面的当量摩擦角时，蜗杆传动便具有自锁性。但此时只能以蜗杆为主动件带动蜗轮传动，而不能由蜗轮带动蜗杆运动。

（4）传动效率较低，磨损较严重。蜗杆传动与螺旋齿轮传动相似，在啮合处有相对滑动。当滑动速度很大、工作条件不够良好时，会产生较严重的摩擦与磨损，从而引起过分发热，使润滑情况恶化。因此摩擦损失较大，效率低；当传动具有自锁性时，效率仅为0.4左右。为保证有一定使用寿命，蜗轮常须采用价格较昂贵的减摩材料，因而成本高。

(5)蜗杆轴向力较大，致使轴承摩擦损失较大。

2.蜗杆传动的应用

由于蜗杆蜗轮传动具有以上特点，故广泛用于两轴交错、传动比较大、传递功率不太大或间歇工作的场合。当要求传递较大功率时，为提高传动效率，常取 $z_1=2\sim4$。此外，由于具有自锁性，故常用在卷扬机等起重机械中，起安全保护作用。

三、蜗杆蜗轮的正确啮合条件

阿基米德蜗杆与蜗轮的啮合情况如图6-46所示。垂直于蜗轮轴线并包含蜗杆轴线的剖面称为中间平面。在中间平面内蜗杆与蜗轮的啮合，就相当于齿条与齿轮的啮合。蜗杆蜗轮都以中间平面内的参数为标准值。所以蜗杆蜗轮的正确啮合条件是：蜗杆与蜗轮在中间平面内的模数和压力角分别相等。蜗杆蜗轮的中间平面也就是蜗杆的轴平面和蜗轮的端面。设蜗杆的轴向模数和轴向压力角分别为 m_{x1} 和 α_{x1}，蜗轮的端面模数和端面压力角分别为 m_{t2} 和 α_{t2}，且都为标准值，故蜗杆蜗轮的正确啮合条件可用下式表示

$$m_{x1}=m_{t2}=m$$

$$\alpha_{x1}=\alpha_{t2}=\alpha$$

$$\lambda=\beta \tag{6-39}$$

式中：λ——蜗杆的导程角；

β——涡轮的螺旋角。

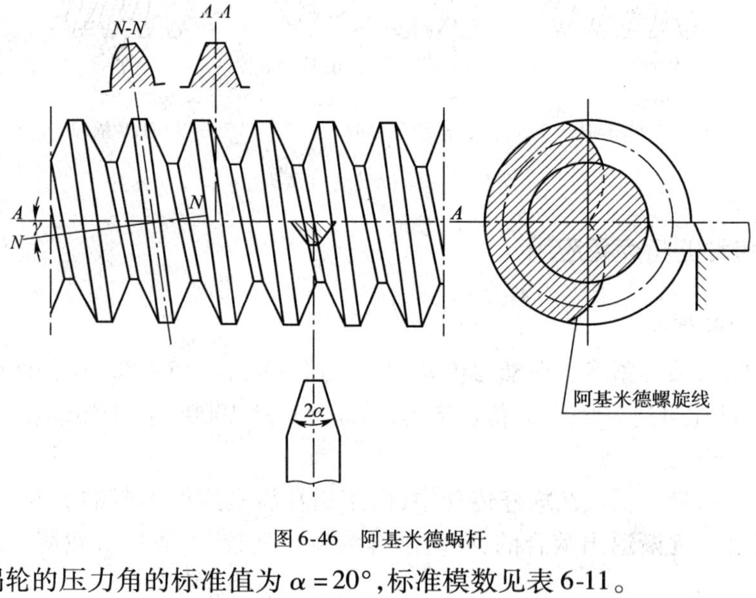

图6-46　阿基米德蜗杆

蜗杆和蜗轮的压力角的标准值为 $\alpha=20°$，标准模数见表6-11。

蜗杆蜗轮的标准模数(单位：mm)　　表6-11

第一系列	1	1.25	1.6	2	2.5	3.15	4	5	6.3	8	10	12.5	16	20	25	31.5	40
第二系列	1.5	1.75	3	3.5	4.5	5.5	6	7	12	14	18	22	30	36			

注：优先采用第一系列。

四、蜗杆蜗轮的传动比及蜗轮的转向

蜗杆蜗轮的传动比可按式(6-40)计算，即

$$i=\frac{n_1}{n_2}=\frac{z_2}{z_1} \tag{6-40}$$

式中：z_1——蜗杆的头数；

z_2——蜗轮的齿数。

蜗杆蜗轮机构中，通常蜗杆为主动件，蜗轮的转向取决于蜗杆的转向及蜗杆蜗轮的旋向。

蜗轮的转向也可运用相对速度关系来确定。例如图6-47所示的蜗杆蜗轮，两者都是右旋，蜗杆为主动件，其角速度为 ω_1，转向如图6-47所示。啮合点 P 的公切线为 t，其速度关系为

$$\overrightarrow{v_{p2}}=\overrightarrow{v_{p1}}+\overrightarrow{v_{p2p1}} \tag{6-41}$$

由图上画出的速度三角形，便可知道蜗轮上 P 点的速度 v_{P2} 的方向，据此便可确定蜗轮的转向，如图6-47所示。

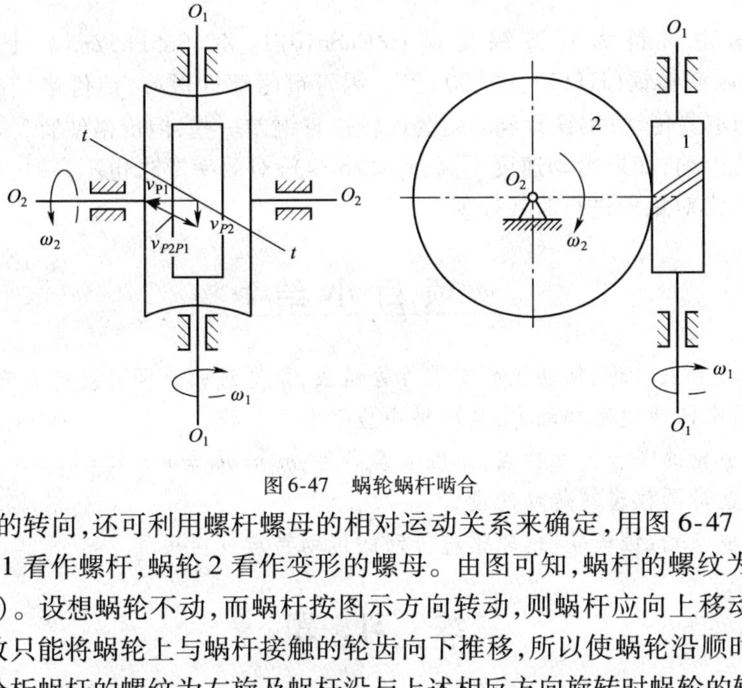

图6-47　蜗轮蜗杆啮合

判断蜗轮的转向，还可利用螺杆螺母的相对运动关系来确定，用图6-47中右侧视图来分析。将蜗杆1看作螺杆，蜗轮2看作变形的螺母。由图可知，蜗杆的螺纹为右旋(蜗轮的轮齿也为右旋)。设想蜗轮不动，而蜗杆按图示方向转动，则蜗杆应向上移动，但实际上蜗杆不能移动，故只能将蜗轮上与蜗杆接触的轮齿向下推移，所以使蜗轮沿顺时针方向转动。同样，也可以分析蜗杆的螺纹为左旋及蜗杆沿与上述相反方向旋转时蜗轮的转向。

五、蜗杆传动的失效形式、计算准则及常用材料

1. 失效形式和计算准则

由于蜗杆传动类似于螺旋传动，效率较低、相对滑动速度较大，故其失效形式主要为齿面胶合、磨损及点蚀，而齿根断裂却很少发生。由于材料和结构上的原因，蜗杆螺旋齿部分的强度总是高于蜗轮轮齿的强度，蜗轮是该传动的薄弱环节。因此，一般只对蜗轮轮齿进行承载能力计算。必要时对蜗杆进行强度计算和刚度校核。

闭式传动中主要失效形式是齿面胶合或点蚀。由于蜗轮轮齿呈倾斜的弧状曲梁，则很

少发生轮齿折断。因此一般闭式传动可按齿面接触疲劳强度进行设计，无须进行齿根弯曲疲劳强度校核。只是当 $z_2>80\sim100$ 时，才进行弯曲强度校核。开式传动中主要失效形式是齿面磨损及过度磨损引起轮齿折断，要按齿根弯曲疲劳强度进行设计。此外，闭式蜗杆传动，由于散热较为困难，还应作热平衡核算。鉴于蜗杆传动大都采用闭式传动，故本项目仅介绍齿面接触疲劳强度计算。有关齿根弯曲疲劳强度计算可参考有关手册。

2. 常用材料

蜗杆、蜗轮的材料不仅要求具有足够的强度，更重要的是要具有良好的跑合性能、耐磨性能和抗胶合性能。

(1)蜗杆。

一般是用碳钢或合金钢制成。高速重载蜗杆常用 15CrMn、20Cr、20CrMnTi 等渗碳钢，这样可以提高表面硬度，增加耐磨性，表面硬度达 58～63HRC，表面粗糙度 $Ra=1.6\sim0.8\mu m$。也可用 45 钢、40Cr、42SiMn 等，经调质表面淬火，硬度为 45～55HRC，表面粗糙度 $Ra=1.6\sim0.8\mu m$。采用 38CrMoAl 等渗氮钢，经渗氮处理后其硬度为 HV＞850。对于不太重要的低速中载的蜗杆，可采用 45 钢，经调质处理，其硬度为 255～270HBS，表面粗糙度 $Ra=6.3\mu m$。

(2)蜗轮。

常用的蜗轮材料为铸造锡青铜(ZCuSn10P1，ZCuSn5Pb5Zn5)、铸造铝铁青铜($ZCuAl10Fe_3$)及灰铸铁(HT150、HT200)等。锡青铜耐磨性最好，但价格较高，用于滑动速度 $v_s\geq3m/s$ 的重要传动；铝铁青铜的耐磨性较锡青铜差一些，但价格便宜，一般用于滑动速度 $v_s\leq4m/s$ 的传动；如果滑动速度不高($v_s<2m/s$)，对效率要求也不高时，可采用灰铸铁。为了防止变形，常对蜗轮进行时效处理。

项目小结

1. 齿轮传动由主动轮、从动轮和支承件等组成，是通过轮齿间直接啮合来实现的一种机械传动，主要用来传递运动和动力，在机械中应用非常广泛。
2. 渐开线齿轮的啮合传动特点，正确啮合条件：$m_1=m_2=m\quad a_1=a_2=a$
3. 渐开线直齿圆柱齿轮传动的设计。
4. 斜齿圆柱齿轮、锥齿轮、蜗轮蜗杆传动的传动特点及应用。

练习题

6-1　标准直齿圆柱齿轮五个基本参数是哪几个参数？

6-2　渐开线的基本性质有哪些？

6-3　齿轮的分度圆与节圆有什么不同？

6-4　渐开线标准直齿圆柱齿轮传动。已知传动比 $i_{12}=4.5$，$z_1=24$，$m=3mm$，正常齿制。试求这对齿轮中心距、两轮分度圆直径、顶圆直径、根圆直径和基圆直径。

6-5　一单级闭式圆柱齿轮减速器，小齿轮材料为 45 钢，调质处理，大齿轮材料为 45 钢，正火处理。传递功率 $P=5kW$，$n_1=960r/min$，$m=3mm$，$z_1=24$，$z_2=81$，$b_1=60mm$，$b_2=55mm$，电动机驱动，单向运转，载荷平稳。验算接触疲劳强度和弯曲疲劳强度。

项目七

齿轮系与减速器

【职业能力目标】

1. 了解齿轮系的分类及功用；
2. 掌握定轴轮系、周转轮系的传动比计算；
3. 解齿轮减速器的类型、特点、结构及润滑。

【学习重点与难点】

齿轮系传动比的计算。

课题一　齿轮系的分类及功用

在机械传动中，仅用一对齿轮往往不能满足工作要求，须采用一系列相互啮合的齿轮来传动。这种由一系列齿轮所组成的齿轮传动系统，简称为轮系。

一、轮系的类型

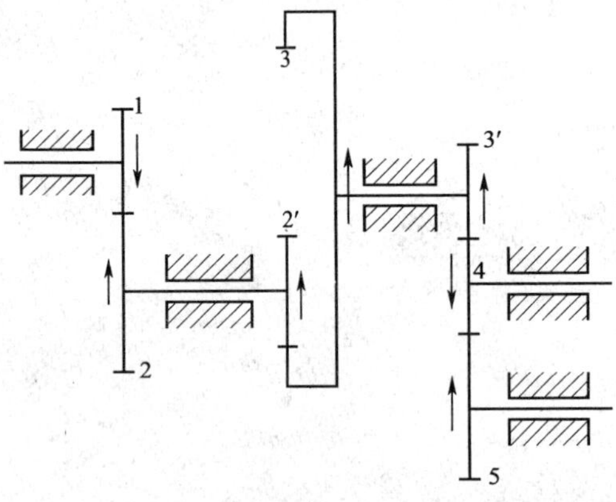

图 7-1　定轴轮系

1. 定轴轮系

图 7-1 所示的轮系中，每个齿轮的几何轴线都是固定的。这种轮系，称为定轴轮系。

2. 周转轮系

在图 7-2 所示的轮系中，齿轮 2 既绕自身轴线转动，又绕齿轮 1 轴线 O_1 转动。这种至少有一个齿轮的几何轴线绕其他齿轮固定轴线回转的轮系，称为周转轮系。齿轮 2 称为行星轮，支持行星轮的构件 H 称为系杆或行星架，齿轮 1 和 3 称为太阳轮。

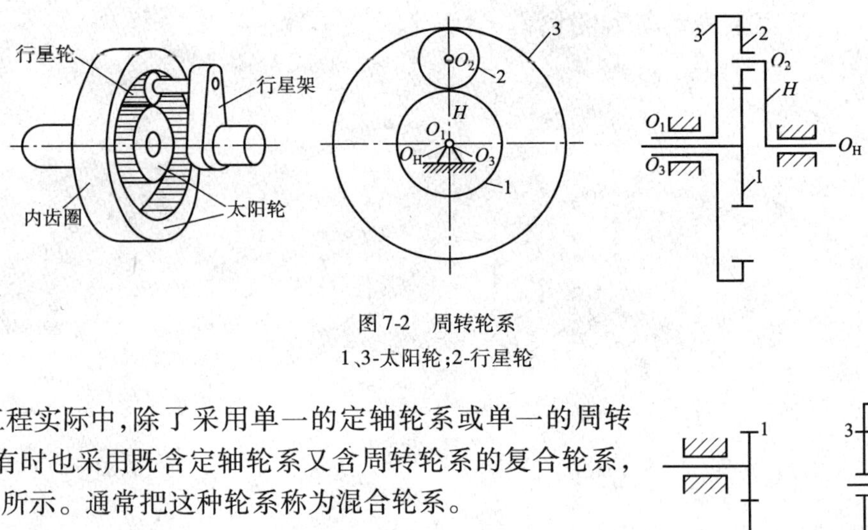

图 7-2　周转轮系

1、3-太阳轮；2-行星轮

在工程实际中，除了采用单一的定轴轮系或单一的周转轮系外，有时也采用既含定轴轮系又含周转轮系的复合轮系，如图 7-3 所示。通常把这种轮系称为混合轮系。

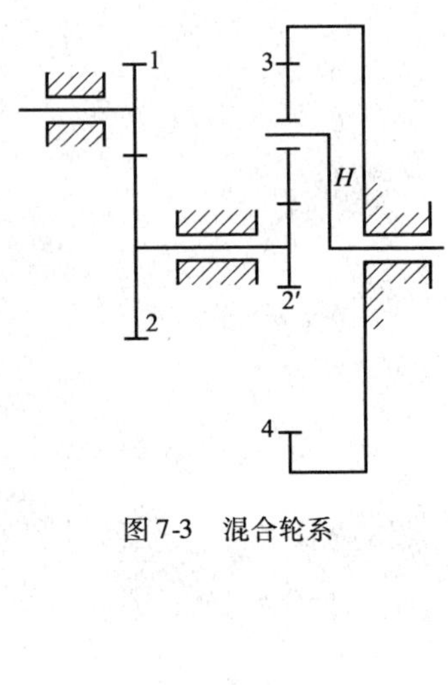

图 7-3　混合轮系

二、轮系的功用

轮系的用途较广泛，主要有以下几个方面：

（1）获得大的传动比。

（2）实现较远距离传动。

（3）得到多种传动比。

（4）合成或分解运动。

课题二　定轴轮系传动比计算

轮系中输入齿轮与输出齿轮角速度或转速比，称为轮系的传动比，即

$$i_{ab}=\frac{\omega_a}{\omega_b}=\frac{n_a}{n_b}$$

式中，下角标 a 和 b 分别表示输入轮和输出轮。

轮系传动比的计算，包括计算其传动比大小和确定其输入轴与输出轴的转向两项内容。

对于由圆柱齿轮组成的定轴轮系，由于一对外啮合圆柱齿轮的转向相反，而一对内啮合圆柱齿轮转向相同，故此外啮合圆柱齿轮传动比取负号，内啮合圆柱齿轮传动比取正号(图 7-1)。轮系中各对齿轮传动比为

$$i_{12}=\frac{n_1}{n_2}=-\frac{z_2}{z_1}$$

$$i_{2'3}=\frac{n_{2'}}{n_3}=\frac{z_3}{z_{2'}}$$

$$i_{3'4}=\frac{n_{3'}}{n_4}=-\frac{z_4}{z_{3'}}$$

$$i_{45}=\frac{n_4}{n_5}=-\frac{z_5}{z_4}$$

将上述各式连乘得

$$i_{12}i_{2'3}i_{3'4}i_{45}=\frac{n_1n_2'n_3'n_4}{n_2n_3n_4n_5}=\left(-\frac{z_2}{z_1}\right)\left(\frac{z_3}{z_{2'}}\right)\left(-\frac{z_4}{z_{3'}}\right)\left(-\frac{z_5}{z_4}\right)$$

即有

$$i_{15}=\frac{n_1}{n_5}=(-1)^3\frac{z_2z_3z_4z_5}{z_1z_{2'}z_{3'}z_4}$$

上述结论可推广到定轴轮系的一般情形。设 n_1 与 n_K 分别代表定轴轮系首轮和末轮的转速，则定轴轮系传动比的计算式为

$$i_{1K}=\frac{n_1}{n_K}=(-1)^m\frac{\text{所有从动齿轮齿数的乘积}}{\text{所有主动齿轮齿数的乘积}}\tag{7-1}$$

式中：m——轮系中外啮合次数。

如图 7-1 所示，也可用画箭头的方法确定主、从动轮的转向关系。

当定轴轮系中有锥齿轮、蜗杆蜗轮等齿轮机构时，其传动比的大小仍用式(7-1)计算。但由于一对空间齿轮轴线不平行，主、从动齿轮之间不存在转动方向相同或相反问题，所以不能用式(7-1)来确定首轮与末轮的转向关系，各轮的转向须用画箭头的方法来确定，如图 7-4 所示。

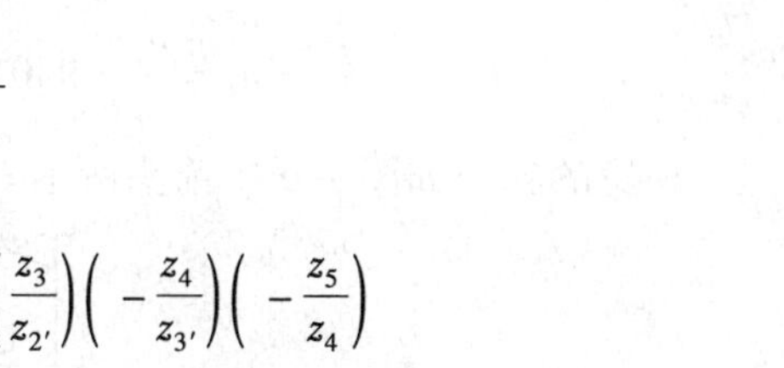

图 7-4　定轴轮系的齿轮转向

【例 7-1】　在图 7-5 所示的车床溜板箱进给刻度盘轮系中，运动由齿轮 1 输入，由齿轮

5 输出。各齿轮齿数为 $z_1=18, z_2=87, z_3=28, z_4=20, z_5=84$。试计算轮系的传动比 i_{15}。

【解】 由图 7-5 可以看出，该轮系为定轴轮系，所以按式(7-1)计算传动比

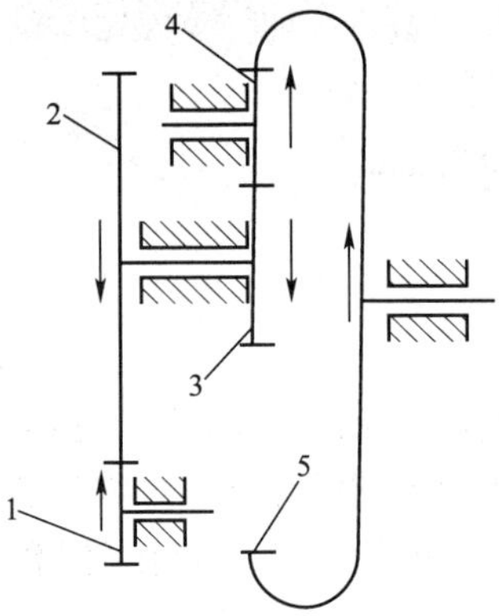

图 7-5 车床溜板箱进给轮系

$$i_{15}=\frac{n_1}{n_5}=(-1)^2\frac{z_2z_4z_5}{z_1z_3z_4}=(-1)^2\frac{87\times84}{18\times28}=14.5$$

因为传动比为正号，所以末轮 5 的转向与首轮 1 的转向相同。首、末两轮的关系也可以用画箭头的方法确定，如图 7-5 所示。

【例 7-2】 在图 7-6 所示的组合机床动力滑台轮系中，运动由电动机输入，由蜗轮输出。电动机转速 $n=960\text{r/min}$，各齿轮齿数 $z_1=34, z_2=42, z_3=21, z_4=31$，蜗轮齿数 $z_6=38$，蜗杆齿数 $z_5=2$，螺旋线方向为右旋。试确定蜗轮的转速和转向。

【解】 该轮系为定轴轮系。因轮系中有蜗杆蜗轮机构，所以只能用式(7-1)计算传动比的大小，蜗轮转向需用画箭头的方向确定。

传动比为

$$i_{16}=\frac{n_1}{n_6}=\frac{z_2z_4z_6}{z_1z_3z_5}=\frac{42\times31\times38}{34\times21\times2}=34.64$$

蜗轮的转速为

$$n_6=\frac{n_1}{i_{16}}=940\times\frac{1}{34.64}\text{r/min}\approx27.14\text{r/min}$$

蜗轮的转向如图 7-6 中箭头所示。

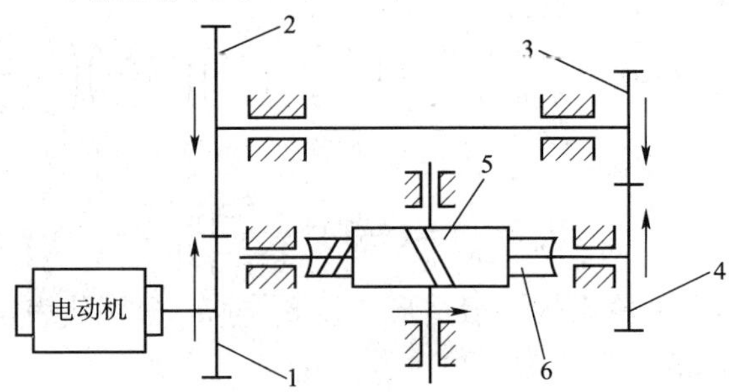

图 7-6 机床动力滑台轮系

课题三 周转轮系传动比计算

图 7-7a)所示为典型的周转轮系。在周转轮系中，由于其行星轮的运动不是绕定轴的简单运动，因此其传动比的计算不能按定轴轮系传动比的方法计算。

周转轮系与定轴轮系的根本区别在于周转轮系中有一个转动的行星架，因此使行星轮既自转又公转。如果能设法使行星架固定不动，周转轮系就可转化成定轴轮系。为此，假如给整个轮系加上一个与行星架 H 转速等值反向的附加转速“$-n_H$”(图 7-7a)，根据相对运动原理可知，各构件之间的相对运动关系并不改变，但此时行星架的转速变成 $n_H-n_H=0$，即行星架静止不动(图 7-7b)，于是，周转轮系转化为一假想的定轴轮系，这个假想的定轴轮

系称为原周转轮系的转化机构。转化机构中各构件对行星架的相对转速分别用 n_1^{H}、n_2^{H}、n_3^{H} 及 $n_{\mathrm{H}}^{\mathrm{H}}$ 表示，其大小见表 7-1。

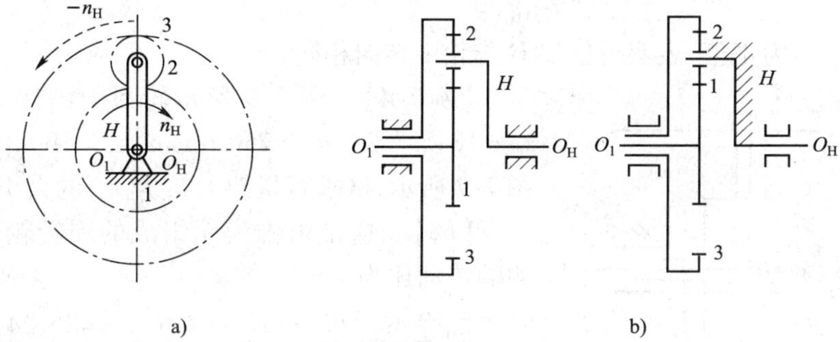

图 7-7　简单行星轮系

构件在转化轮系中的相对转速　　表 7-1

构件	周转轮系中的转速	转化轮系中的转速	构件	周转轮系中的转速	转化轮系中的转速
太阳轮 1	n_1	$n_1^{\mathrm{H}}=n_1-n_{\mathrm{H}}$	太阳轮 3	n_3	$n_3^{\mathrm{H}}=n_3-n_{\mathrm{H}}$
行星轮 2	n_2	$n_2^{\mathrm{H}}=n_2-n_{\mathrm{H}}$	行星轮 H	n_{H}	$n_{\mathrm{H}}^{\mathrm{H}}=n_{\mathrm{H}}-n_{\mathrm{H}}=0$

上述周转轮系既已转化为定轴轮系，该转化机构的传动比就可按照定轴轮系的计算方法来计算，图 7-7 所示轮系传动比为

$$i_{13}^{\mathrm{H}}=\frac{n_1-n_{\mathrm{H}}}{n_3-n_{\mathrm{H}}}=-\frac{z_2z_3}{z_1z_2}$$

式中，齿数比前的负号，表示转化轮系中轮 1 与轮 3 的转向相反。

推广到一般情况，设周转轮系中，首轮为 1，末轮为 K，则可写出

$$i_{1\mathrm{K}}^{\mathrm{H}}=\frac{n_1-n_{\mathrm{H}}}{n_K-n_{\mathrm{H}}}=(-1)^m\frac{\text{所有从动齿轮齿数的乘积}}{\text{所有主动齿轮齿数的乘积}}\tag{7-2}$$

式中：m——转化轮系在齿轮 1、k 间外啮合次数。

应用式(7-2)时必须注意以下几点：

(1)式中 1 为主动轮，K 为从动轮。中间各轮的主、从动地位从齿轮 1 按顺序判定。

(2)将 n_1、n_{K}、n_{H} 和已知值代入式(7-2)时，必须带有正、负号，两构件转向相同时取同号，两构件转向相反时取异号。

(3)因为只有两轴平行时，两轴转速才能代数相加，故式(7-2)只用于齿轮 1、K 和行星架轴线平行的场合。对于锥齿轮组成的周转轮系，两太阳轮和行星架轴线必须平行，转化机构的传动比瑞的正、负号可用画箭头的方法确定。

【例 7-3】　图 7-8 所示轮系中，已知各齿轮齿数为 $z_1=33$，$z_2=20$，$z_{2'}=26$，$z_3=75$。试求 $i_{1\mathrm{H}}$。

【解】　这是一个周转轮系，其转化机构的传动比为

$$i_{13}^{\mathrm{H}}=\frac{n_1-n_{\mathrm{H}}}{n_3-n_{\mathrm{H}}}=-\frac{z_2z_3}{z_1z_{2'}}=-\frac{20\times75}{33\times26}=-1.748$$

由于 $n_3=0$，故得

$$\frac{n_1-n_{\mathrm{H}}}{-n_{\mathrm{H}}}=-1.748$$

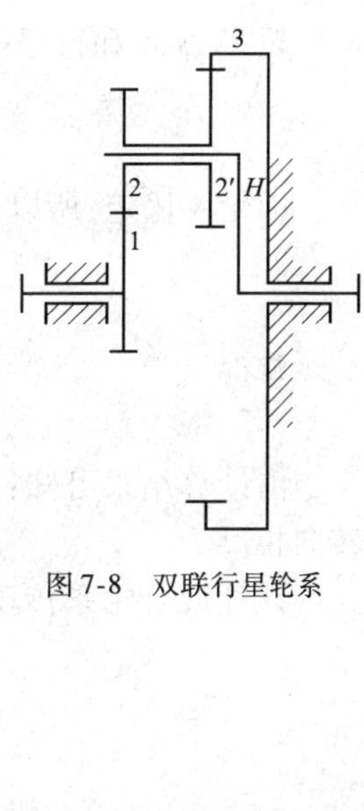

图 7-8　双联行星轮系

由此得

$$i_{1H}=\frac{n_1}{n_H}=1+1.748=2.748$$

计算结果 i_{1H}为正值,表明行星架 H 与轮 1 转向相同。

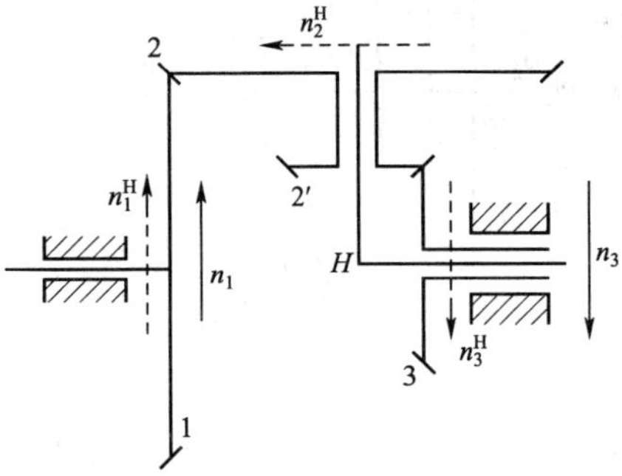

图 7-9　锥齿轮行星轮系

【例 7-4】　图 7-9 所示轮系中已知 $z_1=z_2=48$, $z_{2'}=18$, $z_3=24$, $n_1=250$ r/min, $n_3=100$r/min,转向如图 7-9 所示,试求行星架 H 转速 n_H 的大小及方向。

【解】　这是由锥齿轮组成的周转轮系。转化机构的传动比为

$$i_{13}^H=\frac{n_1^H}{n_3^H}=\frac{n_1-n_H}{n_3-n_H}=-\frac{z_2z_3}{z_1z_{2'}}=-\frac{48\times24}{48\times18}=-\frac{4}{3}$$

式中,"－"号表示在该轮系的转化机构中齿轮 1、3 的转向相反,是通过图中虚线箭头确定的。

将已知 n_1、n_3 的值代入上式。由于 n_1、n_3 的实际转向相反,故一个取正值,另一个取负值。若取 n_1 为正,n_3 为负,则

$$\frac{250-n_H}{-100-n_H}=-\frac{4}{3}$$

故此得:行星架计算结果为正值,表明 H 的转向与齿轮 1 相同,与齿轮 3 相反。

【例 7-5】　在图 7-3 所示的轮系中,已知各轮的齿数 $z_1=18$, $z_2=27$, $z_{2'}=18$, $z_3=27$, $z_4=60$,轮 1 的转速 $n_1=300$r/min。求行星架 H 的转速 n_H。

【解】　由图可知轮 1、2 组成一定轴轮系,轮 2 与轮 2′为固连在同一轴上的两个齿轮,故 $n_2=n_{2'}$。轮 2′、3、4 和行星架 H 组成一简单周转轮系,这是一个由定轴轮系和周转轮系组成的混合轮系。轮系的传动比应分别计算,再进一步求解。

轮 1、2 为定轴轮系,故按式(7-1)计算为

$$i_{12}=\frac{n_1}{n_2}=-\frac{27}{18}=-\frac{3}{2}$$

故

$$n_2=-\frac{2}{3}n_1=-\frac{2}{3}\times300=-200\text{r/min}$$

$$n_2=n_{2'}=-200\text{r/min}$$

轮 2′、3、4 和行星架 H 为周转轮系,由式(7-2)计算得

$$\frac{n_{2'}-n_H}{n_4-n_H}=\frac{z_4}{z_{2'}}=-\frac{60}{18}=-\frac{10}{3}$$

因轮 4 固定,所以 $n_4=0$,即

$$\frac{-200-n_H}{-n_H}=-\frac{10}{3}$$

解得

$$n_H=-46.15\text{r/min}$$

由计算结果可知:n_2、n_H 均为负值,表明轮 2 和行星架 H 的转向相同;轮 2、H 与轮 1 的转向相反。

计算混合轮系传动比时,先将周转轮系与定轴轮系区分开,分别列出传动比的计算公

式，再进一步求解。

课题四　轮系的应用

在实际机械传动中，轮系在机械传动中得到了广泛应用。其功用大致可以归纳为以下几个方面。

一、实现相距较远的两轴之间的传动

当两轴相距较远时，常采用多个惰轮来进行两轴间的传动。如图7-10所示为一相距较远的两轴，中心距为a。图中采用两个惰轮进行传动，显然较之用一对齿轮传动（图中的双点画线所示）大大地缩小了径向尺寸，使传动装置结构紧凑。

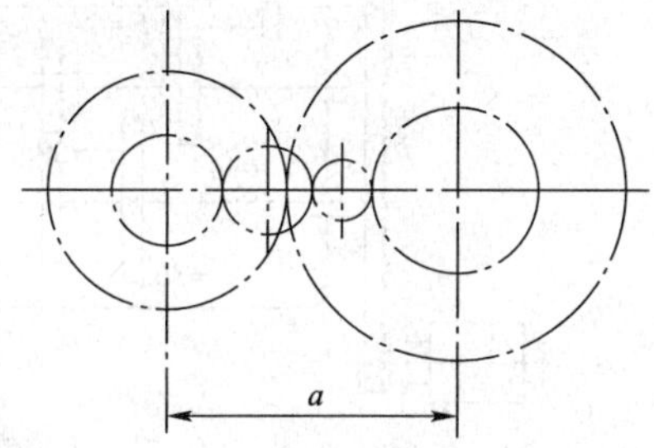

图7-10　远距离传动

二、实现较大传动比的传动

当需要传动比较大时，若用一对齿轮进行传动（图7-11a），将使径向尺寸变大，同时小齿轮容易损坏。因此，当传动比较大时，常采用多对齿轮进行传动，如图7-11b）所示。

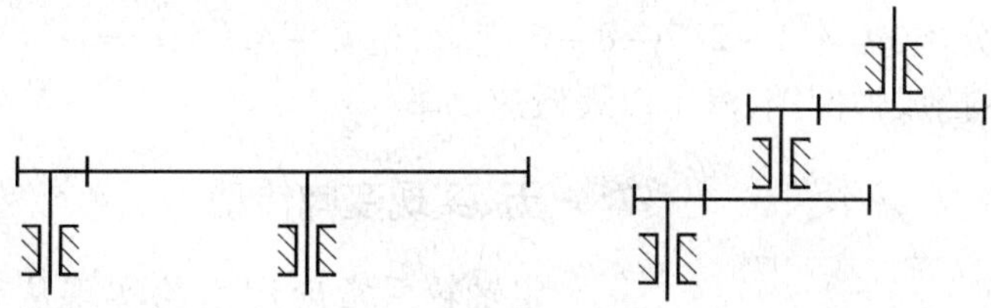

图7-11　大传动比传动

三、实现分路传动

利用轮系可以使一个主动轴带动几个从动轴转动。在图7-12所示的钟表传动示意图中，主动齿轮1由发条盘N驱动，分别由齿轮1、2、3、4、5、6，齿轮1、2和齿轮1、2、9、10、11、12组成三个定轴轮系，并分别带动秒针S、分针M和时针H转动。图中7、8为操纵机构。

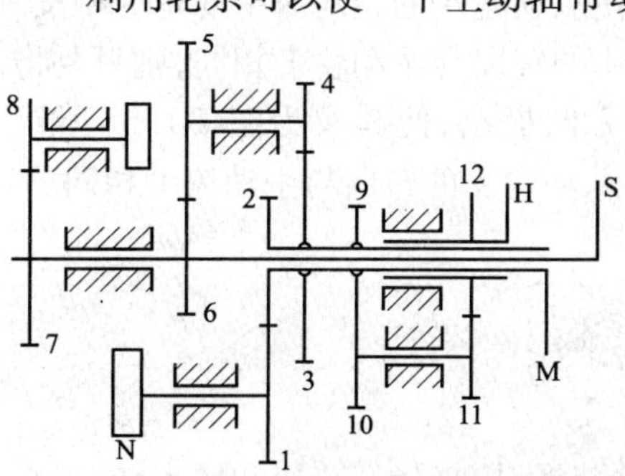

图7-12　钟表传动示意图

四、实现变速传动

在主动轴转速不变时，利用轮系可以获得多种转速。如汽车、机床等机械中大量运用这种变速传动。

在图7-13所示的轮系中，齿轮3－4，5－6为两对双联齿轮，可沿轴向滑动。当在图示位置时，齿轮4与齿轮2相啮合，得到一种传动比；而当双联齿轮3－4向左滑动，使得齿轮3与齿轮1相啮合，又得到另一种传动比。同理，5－6双联齿轮沿轴滑动也可得到两种传动比。

图 7-14 为某汽车变速器的传动示意图,输入轴Ⅰ与发动机相连,$n_1=2000\text{r/min}$,输出轴Ⅳ与传动轴相连,Ⅰ、Ⅳ轴之间采用了定轴轮系。当操纵杆变换挡位,分别移动轴Ⅳ上与内齿圈 B 相固连的齿轮 4 或齿轮 6,使其处于啮合状态时,便可获得四种输出转速,以适应汽车行驶条件的变化。

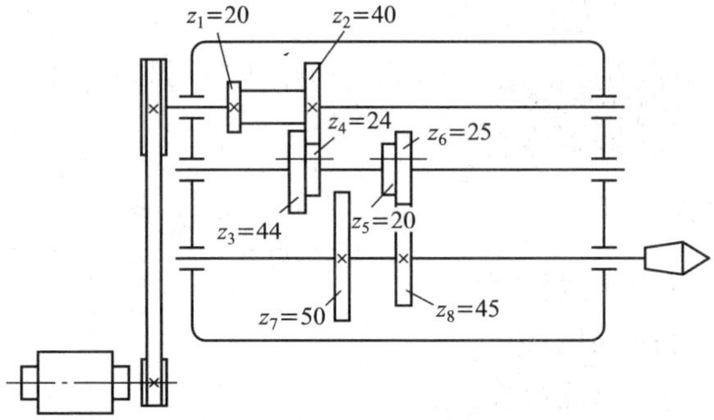

图 7-13 机床主轴传动图

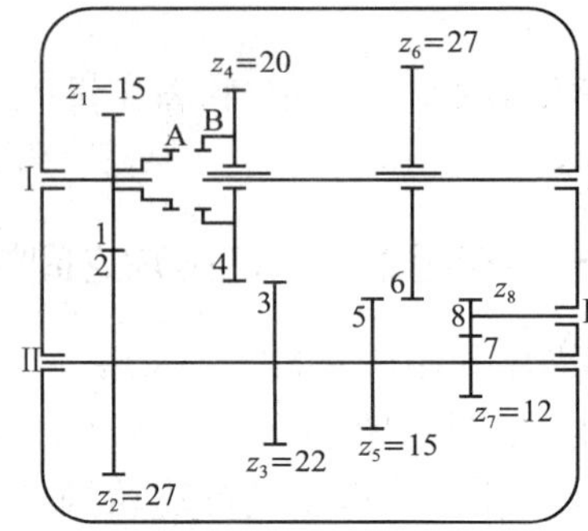

图 7-14 汽车变速器传动简图

第 1 挡,A—B 接合,$i_{14}=1$,$n_4=n_1=2000\text{r/min}$,汽车以最高速行驶。

第 2 挡,A—B 分离,齿轮 1-2、3-4 啮合,$i_{14}=+1.636$,$n_4=1222.5\text{r/min}$,汽车以中速行驶。

第 3 挡,A—B 分离,齿轮 1-2、5-6 啮合,$i_{14}=3.24$,$n_4=617.3\text{r/min}$,汽车以低速行驶。

第 4 挡,A—B 分离,齿轮 1-2、7-8-6 啮合,$i_{14}=-4.05$,$n_4=-493.8\text{r/min}$,这里惰轮起换向作用,使本挡成为倒挡,汽车以最低速倒车。

五、实现变向传动

定轴轮系常应用惰轮实现从动轴的变向转动。在图 7-14 所示的汽车变速器中,便应用了惰轮 8 而使从动轴Ⅲ的转向改变,使汽车后退。

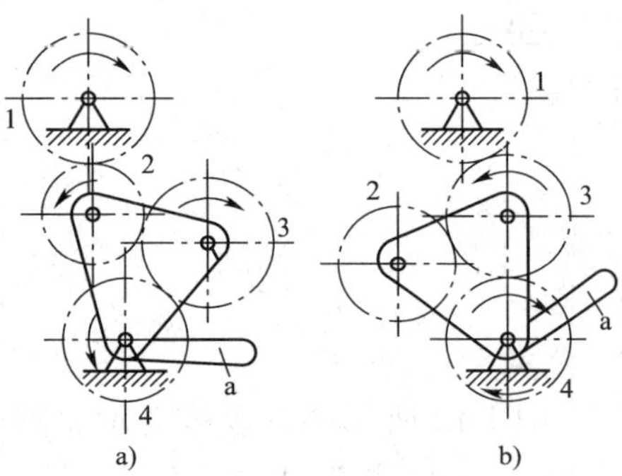

图 7-15 惰轮换向

图 7-15 所示为用于车床走刀丝杆上的三星齿轮换向机构。图 7-15a)表示主动轮 1 的转动经惰轮 2、3 传至从动轮 4,使从动轮 4 的转向与主动轮 1 相反。如果要求从动轮 4 的转向与主动轮 1 相同,则只要将手柄 a 按逆时针方向扳动,使其成为图 7-15b)所示的位置,此时主动轮 1 的转动经惰轮 3 传至从动轮 4,使从动轮 4 的转向与主动轮 1 相同。

课题五 齿轮减速器简介

齿轮减速器是原动机与工作机之间的闭式齿轮传动装置,用来降低转速和增大转矩,以适应工作机的需要。由于减速器使用维护方便,故此在机械中应用十分广泛。

一、减速器的类型和特点

常用减速器的类型如图 7-16 所示。

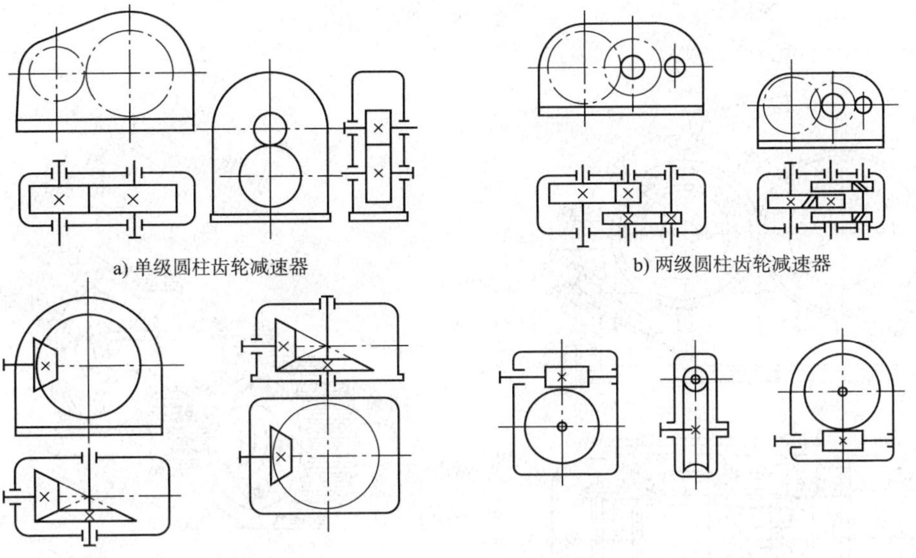

a) 单级圆柱齿轮减速器　b) 两级圆柱齿轮减速器

c) 锥齿轮减速器　d) 蜗杆减速器

图 7-16　齿轮减速器类型

按传动件类型的不同可分为圆柱齿轮减速器、锥齿轮减速器、蜗杆减速器、齿轮蜗杆减速器和行星齿轮减速器。

按传动级数的不同可分为一级减速器、二级减速器和多级减速器。

按传动布置方式不同可分为展开式减速器、同轴式减速器和分流式减速器。

按传动功率的大小不同可分为小型减速器、锥齿轮减速器、中型减速器和大型减速器。

▶▶ 二、减速器的结构

减速器的结构一般由箱体、轴承、轴、轴上零件和附件等组成。

图 7-17a) 所示为单级圆柱齿轮减速器的结构。箱体为剖分式结构，由箱盖和箱座组成，剖分线通过了齿轮轴线平面。箱体应有足够的强度和刚度，除适当的壁厚外，还在轴承座孔处加设加强肋。部分剖面上铣出导油沟，将飞溅到箱盖上的润滑油沿内壁流入油沟，引入轴承室润滑轴承。

箱盖与箱座用一组螺栓连接，螺栓布置要合理，螺栓个数按实际情况而定。连接螺栓尽量靠近轴承孔，以保证轴承的连接刚度。安装螺栓的凸台处应留扳手空间。

箱盖上一设有窥视孔，以便观察轴上零件运动情况。窥视孔盖上装有通气器，如箱体内温度升高，气压增大，经过通气器向外散发。为了方便拆卸箱盖，装有两个起盖螺钉。为了搬运方便，在箱体上设置了吊环。箱座上装有油标尺，用来检查箱内的油量。最低处设有放油螺塞，以便排出污油或清洗箱底。

为了便于箱盖与箱座加工及安装定位，在剖分面的长度两端各有一个定位销。装配减速器时，在剖分面上不允许用垫片，以免影响轴承孔的圆度。箱体一般用灰铸铁铸成，易于成形、切削，并具有良好的刚度及减振性能。单件生产或少量生产时，可用钢板焊成，质量比铸铁轻 20% ~50%。

▶▶ 三、减速器的润滑

为了保证减速器能正常工作，减少摩擦功率损失和延长使用寿命，必须考虑传动零件和轴承的润滑。

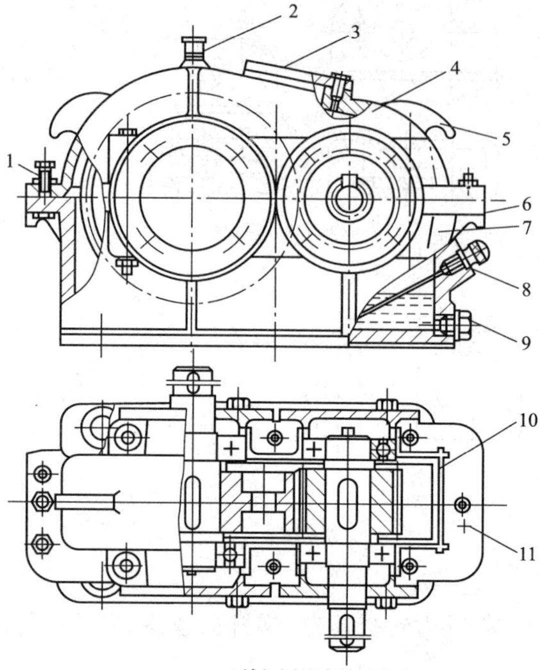

a)单级圆柱齿轮减速器

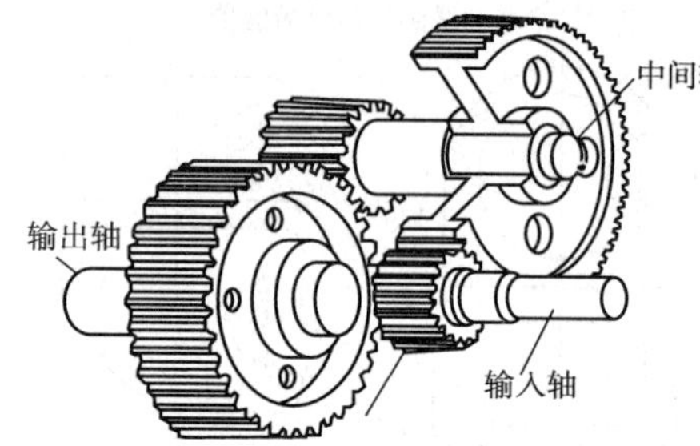

b)双级圆柱齿轮减速器

图 7-17　圆柱齿轮减速器的结构

1-螺钉;2-通气器;3-视孔盖;4-箱盖;5-吊耳;6-吊钩;7-箱座;8-油标尺;9-油塞;10-集油沟;11-定位销

1. 传动零件的润滑

传动零件的润滑分为油池润滑和喷油润滑。

(1)油池润滑。减速器中传动零件的圆周速度 $v < 12\mathrm{m/s}$ 时,采用油池润滑,如图 7-18 所示。圆柱齿轮或蜗轮浸入油中深度以 2 ~ 3 个齿高为宜,锥齿轮要把整个齿宽浸入油中;下置式蜗杆浸油深度为一个齿高。有时为了避免低速级大齿轮浸油过深,用一非金属制造的打油轮来润滑高速齿轮。

此外,还应保证大齿轮顶圆距箱底距离不少于 30 ~ 50mm,避免污物及铁屑被搅起带入啮合处和轴承内。

(2)喷油润滑。当圆周速度 $v > 12\mathrm{m/s}$ 时,应用液压泵将润滑油经油管和喷嘴直接喷至啮合处。

2. 轴承润滑

当齿轮的圆周速度 $v > 2 \sim 3\mathrm{m/s}$ 时,可采用飞溅润滑,这种方法是利用集油沟把搅溅于箱体内壁上的油引导到轴承中(图 7-18)。蜗杆减速器可用特殊的刮油板,将蜗轮端面上的油收集,引导到轴承中,如图 7-19 所示。

当齿轮的圆周速度 $v < 2 \sim 3\mathrm{m/s}$ 时,由于飞溅的油量不满足轴承的要求,可采用润滑脂润滑,但应在轴承端面处设置封油环,以免油池中的油进入轴承中稀释润滑脂。

四、齿轮减速器标准简介

为了缩短设计和生产减速器的周期,提高质量,降低成本,通用减速器大多已标准化,可查相关标准。

配置减速器传动装置时，应优先选购标准减速器。根据使用条件，选择类型；根据给定的传动比范围、输入轴转速范围等选择减速的规格。当无合适的标准减速器时，可考虑自行设计、制造。

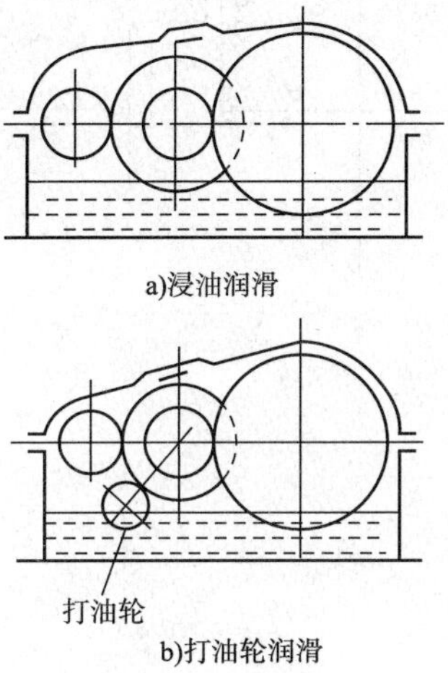

图 7-18　油池润滑

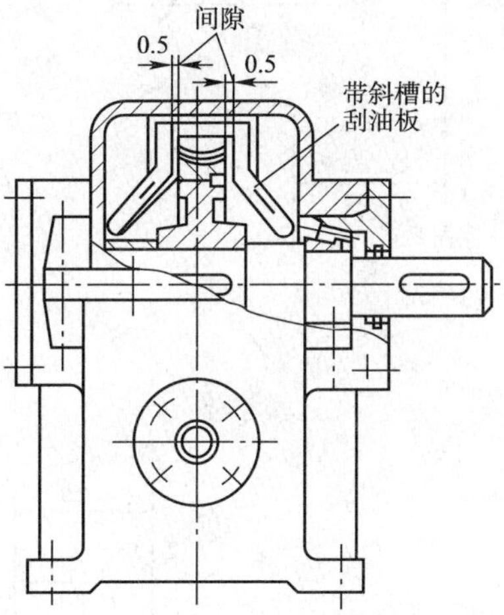

图 7-19　轴承的润滑

项目小结

1. 在机械传动中，仅用一对齿轮往往不能满足工作要求，须采用一系列相互啮合的齿轮来传动。这种由一系列齿轮所组成的齿轮传动系统，简称为轮系。

2. 齿轮系传动比的计算。

定轴轮系

$$i_{1K}=\frac{n_1}{n_K}=(-1)^m\frac{\text{所有从动齿轮齿数的乘积}}{\text{所有主动齿轮齿数的乘积}}$$

周转轮系

$$i_{1K}^{H}=\frac{n_1-n_H}{n_K-n_H}=(-1)^m\frac{\text{所有从动齿轮齿数的乘积}}{\text{所有主动齿轮齿数的乘积}}$$

3. 轮系在减速器、汽车变速器中的应用。

练　习　题

7-1　题图 7-1 所示轮系中，已知 $z_1=z_{2'}=15$，$z_2=45$，$z_3=30$，$z_{3'}=17$，$z_4=34$，试求传动比 i_{14}。

7-2　题图 7-2 所示轮系中，已知 $z_1=z_2=20$，$z_3=30$，$z_4=45$，$n_1=500\text{r/min}$。试求行星架 H 的转速 n_H。

7-3　题图 7-3 所示的轮系中，已知各轮齿数分别为：$z_1=z_2=40$，$z_{2'}=20$，$z_3=18$，$z_4=24$，$z_{4'}=76$，$z_6=36$，试求该轮系的传动比。

7-4　减速器箱体结构应满足哪些基本要求？并说明有哪些附件？

7-5　减速器如何进行润滑？

7-6　选择减速器的要点是什么？

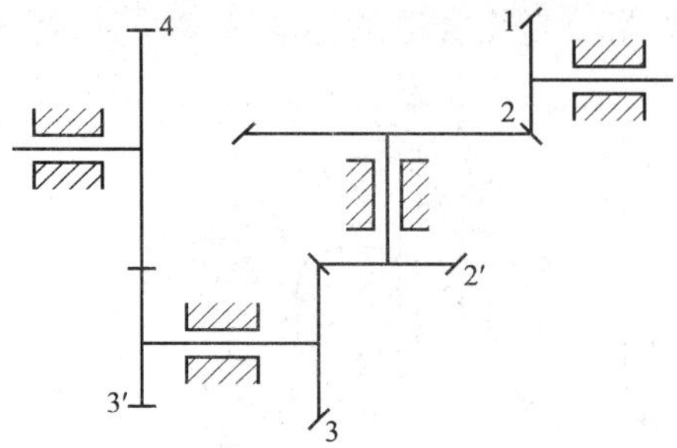

题图 7-1

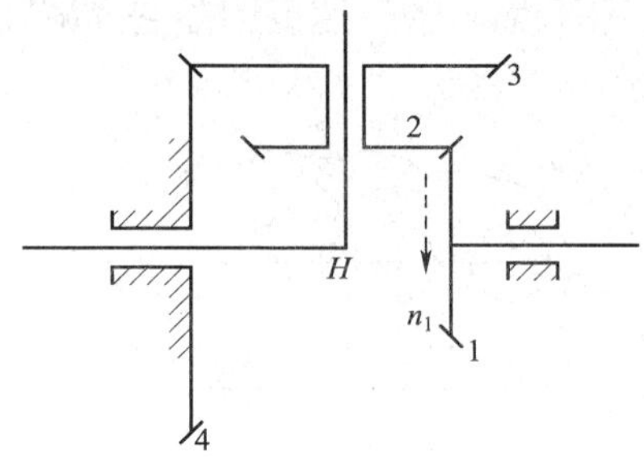

题图 7-2

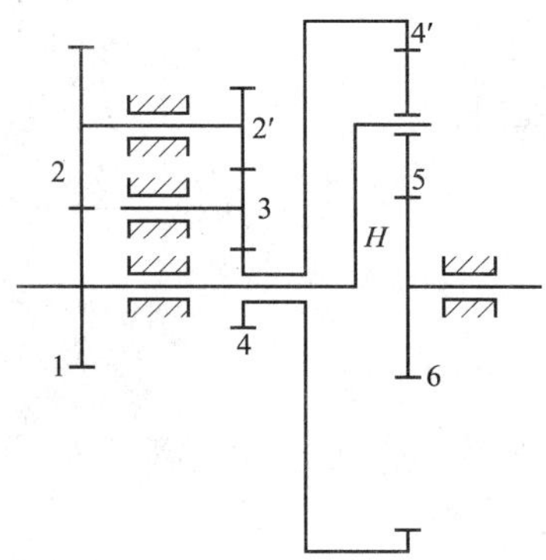

题图 7-3

项目八

连　接

【职业能力目标】

1. 掌握键连接的类型、标准、作用、选用、强度计算；

2. 掌握花键连接、销连接、螺纹连接、联轴器、离合器的类型、作用及应用。

【学习重点与难点】

连接的类型及应用。

由于使用、制造、装配、维修及运输等原因，机器中有相当多的零件需要彼此连接。所谓连接，就是指被连接件与连接件的组合结构。起连接作用的零件，如螺栓、螺母、键以及铆钉等，称为连接件；需要连接起来的零件，如齿轮与轴、箱盖与箱体等，称为被连接件。有些连接没有连接件，如成形连接等。

连接可以分可拆连接和不可拆连接。可拆连接是指连接拆开时，不会损坏连接件和被连接件，如螺纹连接、键连接、花键连接、成形连接和销连接等。不可拆连接是指连接拆开时，会损坏连接件或被连接件，如铆接、焊接和黏结等。机械连接还可分为动连接和静连接。在机器工作时，被连接零件间可以有相对运动的称为动连接，如各种运动副、变速器中滑移齿轮的连接。反之，称为静连接，如减速器中箱体与箱盖的连接。

课题一　键　连　接

键连接主要用于轴与轴上零件（如齿轮、带轮）之间的周向固定，用以传递转矩，其中有的键连接也兼有轴向固定或轴向导向的作用。键是标准件，它可以分为平键、半圆键、楔键和切向键等几类。平键连接和半圆键连接构成松键连接，楔键和切向键连接构成紧键连接。

一、松键连接

松键连接依靠两侧面传递转矩。键的上表面与轮毂键槽底面有间隙（图 8-1），不影响轴与轮毂的同心精度，装拆方便。

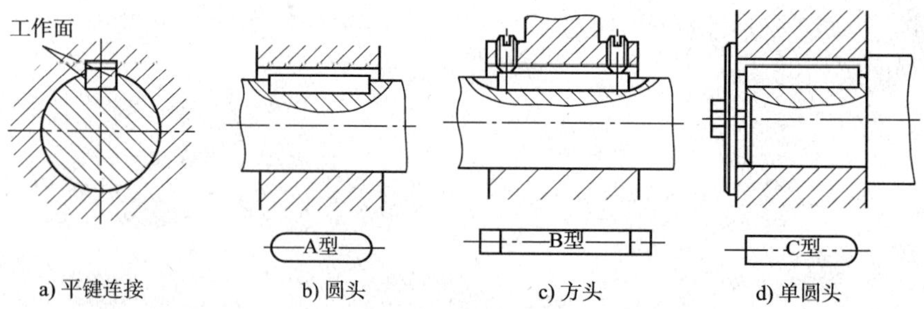

图 8-1　普通平键连接

1. 平键连接

如图 8-1a）所示，这种平键连接结构简单，装拆方便，对中性好，应用最广泛。但它不能承受轴向力，故对轴上零件不能起到轴向固定作用。按用途不同，平键可以分为普通平键、导向平键和滑键三种。普通平键用于静连接，导向平键和滑键用于动连接。

（1）普通平键。这种键应用最广。按键的端部形状可分为圆头（A 型）、方头（B 型）和单圆头（C 型）三种，如图 8-1b）、c）、d）所示。平键连接和键槽尺寸见表 8-1。

普通平键的外形为长方形，一半嵌入轴槽，一半插入轮毂槽，键的顶面与轮毂槽底面有间隙，平键两侧面与轴键槽、轮毂键槽的侧面相配合，如图 8-1a）所示。

装配时，通常先将键嵌入轴的键槽内，再将轮毂上的键槽对准轴上的键，把轮子装在轴上，构成平键连接。

采用圆头平键时，轴上的键槽采用端铣刀在立式铣床上加工（图 8-2a），键在轴上的键槽中固定良好，但轴上键槽端部的应力集中较大。采用方头平键时，轴上键槽采用圆盘铣刀加工(图 8-2b),键槽两端的应力集中较小,但键在轴上的轴向固定不好;当键的尺寸较大时,需用紧定螺钉把键压紧在轴上的键槽中(图 8-1c)。单圆头平键常用于轴端与轮毂的连接。轮毂上的键槽一般用插刀或拉刀加工,因此都是开通的。

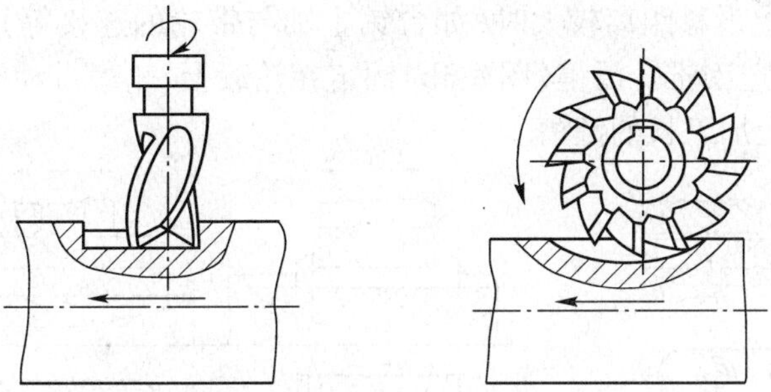

a) 端铣刀加工　　b) 圆盘铣刀加工

图 8-2　轴上键槽的加工

变通型平键及键槽的剖面尺寸(GB/T 1095—2003、GB/T 1096—2003)(单位:mm)　表 8-1

<table>
<tr><th>轴</th><th>键</th><th colspan="12">键　槽</th></tr>
<tr><th rowspan="4">公称直径
d</th><th rowspan="4">公称尺寸
$b \times h$</th><th colspan="6">宽度 b</th><th colspan="4">深度</th><th colspan="2" rowspan="3">半径 r</th></tr>
<tr><th rowspan="3">公称尺寸
b</th><th colspan="5">极限偏差</th><th colspan="2" rowspan="2">轴 t</th><th colspan="2" rowspan="2">毂 t_1</th></tr>
<tr><th colspan="2">松连接</th><th colspan="2">正常连接</th><th>紧密连接</th></tr>
<tr><th>轴 H9</th><th>毂 D10</th><th>轴 N9</th><th>毂 JS9</th><th>轴和毂 P9</th><th>公称尺寸</th><th>极限偏差</th><th>公称尺寸</th><th>极限偏差</th><th>最小</th><th>最大</th></tr>
<tr><td>自 6~8</td><td>2×2</td><td>2</td><td rowspan="2">+0.025
0</td><td rowspan="2">+0.060
+0.020</td><td rowspan="2">-0.004
-0.029</td><td rowspan="2">±0.0125</td><td rowspan="2">-0.006
-0.031</td><td>1.2</td><td rowspan="5">+0.1
0</td><td>1</td><td rowspan="5">+0.1
0</td><td rowspan="3">0.08</td><td rowspan="3">0.16</td></tr>
<tr><td>>8~10</td><td>3×3</td><td>3</td><td>1.8</td><td>1.4</td></tr>
<tr><td>>10~12</td><td>4×4</td><td>4</td><td rowspan="3">+0.030
0</td><td rowspan="3">+0.078
+0.030</td><td rowspan="3">0
-0.030</td><td rowspan="3">±0.015</td><td rowspan="3">-0.012
-0.042</td><td>2.5</td><td>1.8</td></tr>
<tr><td>>12~17</td><td>5×5</td><td>5</td><td>3.0</td><td>2.3</td><td rowspan="3">0.16</td><td rowspan="3">0.25</td></tr>
<tr><td>>17~22</td><td>6×6</td><td>6</td><td>3.5</td><td>2.8</td></tr>
<tr><td>>22~30</td><td>8×7</td><td>8</td><td rowspan="2">+0.036
0</td><td rowspan="2">+0.098
+0.040</td><td rowspan="2">0
-0.036</td><td rowspan="2">±0.018</td><td rowspan="2">-0.015
-0.051</td><td>4.0</td><td rowspan="10">+0.2
0</td><td>3.3</td><td rowspan="10">+0.2
0</td></tr>
<tr><td>>30~38</td><td>10×8</td><td>10</td><td>5.0</td><td>3.3</td><td rowspan="5">0.25</td><td rowspan="5">0.40</td></tr>
<tr><td>>38~44</td><td>12×8</td><td>12</td><td rowspan="4">+0.043
0</td><td rowspan="4">+0.120
+0.050</td><td rowspan="4">0
-0.043</td><td rowspan="4">±0.0215</td><td rowspan="4">-0.018
-0.061</td><td>5.0</td><td>3.3</td></tr>
<tr><td>>44~50</td><td>14×9</td><td>14</td><td>5.5</td><td>3.8</td></tr>
<tr><td>>50~58</td><td>16×10</td><td>16</td><td>6.0</td><td>4.3</td></tr>
<tr><td>>58~65</td><td>18×11</td><td>18</td><td>7.0</td><td>4.4</td></tr>
<tr><td>>65~75</td><td>20×12</td><td>20</td><td rowspan="4">+0.052
0</td><td rowspan="4">+0.149
+0.065</td><td rowspan="4">0
-0.052</td><td rowspan="4">±0.026</td><td rowspan="4">-0.022
-0.074</td><td>7.5</td><td>4.9</td><td rowspan="4">0.40</td><td rowspan="4">0.60</td></tr>
<tr><td>>75~85</td><td>22×14</td><td>22</td><td>9.0</td><td>5.4</td></tr>
<tr><td>>85~95</td><td>25×14</td><td>25</td><td>9.0</td><td>5.4</td></tr>
<tr><td>>95~110</td><td>28×16</td><td>28</td><td>10.0</td><td>6.4</td></tr>
<tr><td>键的长度系列</td><td colspan="13">6,8,10,12,14,16,18,20,22,25,28,32,36,40,50,56,63,70,80,90,100,110,125,140,160,180,200,220,250,280,320,360</td></tr>
</table>

注:1. 在工作图中,轴槽深用 t 或 $(d-t)$ 标注,轮毂槽深用 $(d+t_1)$ 标注。

2. $(d-t)$ 和 $(d+t_1)$ 两组组合尺寸的极限偏差按相应的 t 和 t_1 极限偏差选取,但 $(d-t)$ 极限偏差值应取负号(-)。

(2)导向平键。导向平键是一种较长的平键，用螺钉固定在轴槽中，为了便于拆装，在键上制有起键螺钉孔（图 8-3a）。键与轮毂采用间隙配合，轮毂可沿键作轴向滑移。常用于变速器中的滑移齿轮与轴的连接。

(3)滑键。当轴上滑移距离较大时（如台钻主轴与带轮的连接等），因为滑移距离较大时，用过长的平键，制造困难。滑键（图 8-3b）固定在轮毂上，轮毂带动滑键在轴槽中做轴向移动，因而需要在轴上加工长的键槽。

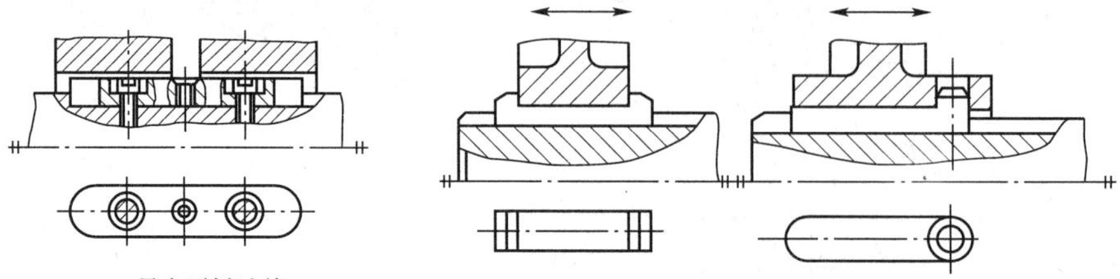

a) 导向平键连接　　b) 滑键连接

图 8-3　导向平键连接和滑键连接

2. 半圆键连接

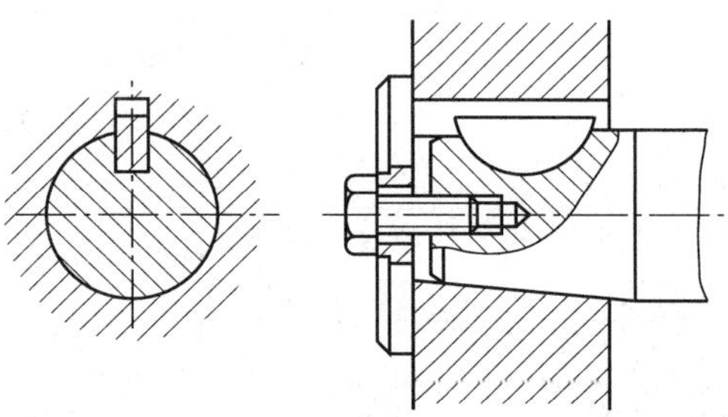

图 8-4　半圆键连接

如图 8-4 所示，半圆键用于静连接，它靠键的两个侧面传递转矩。轴上键槽用半径与键相同的盘状铣刀铣出，因而键在轴槽中能绕其几何中心摆动，以适应轮毂槽由于加工误差所造成的斜度。半圆键连接的优点是轴槽的加工工艺性较好，装配方便，缺点是轴上键槽较深，对轴的强度削弱较大。一般只宜用于轻载，尤其适用于锥形轴端的连接。半圆键键槽的剖面尺寸标准为 GB/T 1098—2003。

二、紧键连接

1. 楔键连接

楔键连接用于静连接，如图 8-5 所示。楔键的上表面和与它配合的轮毂槽底面为 1∶100 的斜度。装配后，键的上、下表面与毂和轴上键槽的底面压紧，因此键的上下表面为工作面，键的两侧面与键槽都留有间隙。工作时，靠键楔紧的摩擦力来传递转矩，同时还能承受单向轴向载荷。这类键由于装配楔紧时破坏了轴与轮毂的对中性；另外，在冲击、振动和承受变载荷时易产生松动。因此楔键连接仅适用于对传动精度要求不高、低速和载荷平稳的场合。

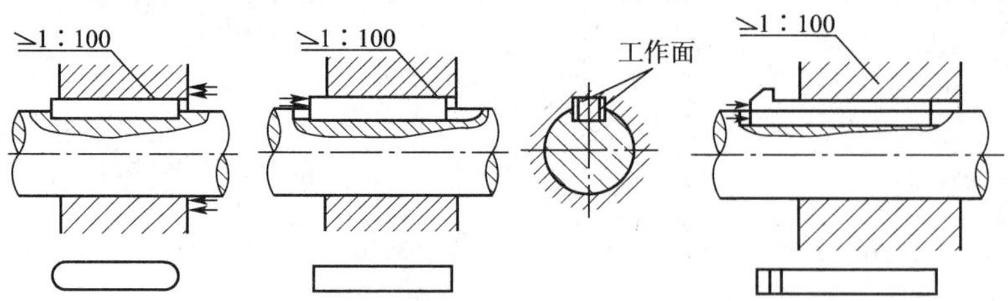

a) 圆头　　b) 方头　　c) 钩头

图 8-5　楔键连接

楔键分普通楔键和钩头楔键，普通楔键又分圆头和方头两类。钩头楔键便于拆装，用于轴端时，为了安全，应加防护罩。

2. 切向键连接

切向键是由一对普通楔键组成，如图 8-6a）所示。装配后两键的斜面相互贴合，共同楔紧在轴毂和轴之间，键的上下两平行窄面是工作面，依靠其与轴和轮毂的挤压传递单向转矩，如图 8-6b）所示。当要传递双向转矩时，须用两对互成 120°～130°的切向键（图 8-6c）。切向键连接主要用于轴径大于 100mm，对中要求不高而载荷很大的重型机械，如矿山机。

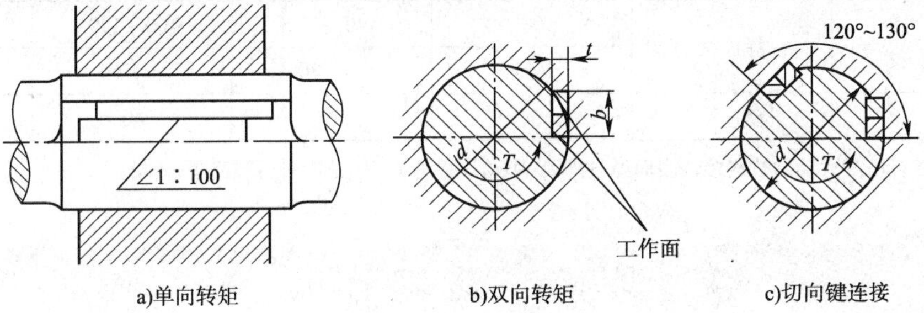

图 8-6　切向键连接

三、平键连接的选用和强度计算

1. 键的选择

（1）键的类型选择。选择键的类型应考虑以下因素：对中性要求；传递转矩的大小；轮毂是否需要沿轴向滑移及滑移距离大小；键在轴的中部或端部等。

（2）键的尺寸选择。平键的主要尺寸为键宽 b、键高 h 和键长 L。设计时，根据轴的直径从标准中（表 8-1）选取平键的宽度 b 和高度 h；键长 L 略短于轮毂的宽度（一般比轮毂宽度短 5～10mm），并符合标准中规定的长度系列。

2. 平键的强度校核

平键连接工作时的受力情况如图 8-7 所示，键受到剪切和挤压的作用。实践证明，标准平键连接，其主要失效形式是键、轴和轮毂中强度较弱的工作表面被压溃（对静连接）或磨损（对动连接）。因此，通常只需校核挤压强度（对静连接）或压强（对动连接）。

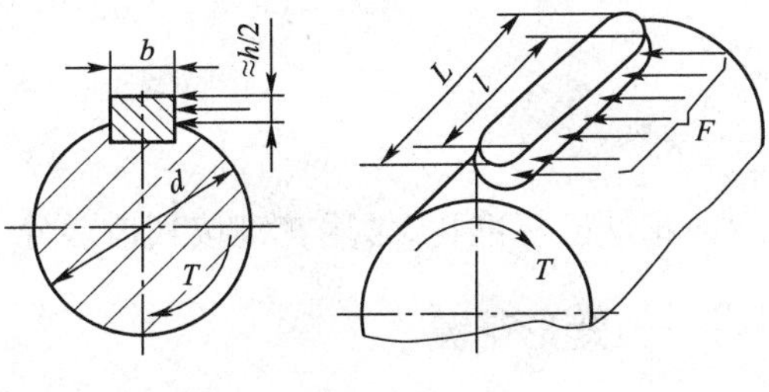

图 8-7　平键连接的受力分析

设载荷沿键长均匀分布，则挤压强度条件为

$$\sigma_p = \frac{4T}{dhl} \leqslant [\sigma_p]$$

式中：T——传递的转矩，N·mm；

d——轴的直径，mm；

h——键的高度，mm；

l——轴向工作长度，对 A 型键：$l = L - b$，对 B 型键：$l = L$，对 C 型键：$l = L - b/2$，mm；

$[\sigma_p]$——较弱材料的许用挤压应力，MPa，其值查表 8-2，对动连接则以压强 p 和许用压强 $[p]$ 代替式中 σ_p 和 $[\sigma_p]$。

如校核结果连接的强度不够,则可采取以下措施:

(1)适当增加轮毂和键的长度,但键长不宜超过2.5d。

(2)用两个键按相隔180°布置,考虑到载荷在两个键上分布的不均匀性,强度计算时,只按1.5个键计算。

键连接的许用应力(单位:MPa)　　表8-2

许用应力	连接工作方式	键或毂、轴的材料	载荷性质		
			静载荷	轻微冲击	冲击
$[\sigma_p]$	静连接	钢	120~150	100~120	60~90
		铸铁	70~80	50~60	30~45
$[p]$	动连接	钢	50	40	30

注:如与键有相对滑动的被连接件表面经过淬火,则动连接的许用压强$[p]$可提高2~3倍。

课题二　花键连接

在轴上加工出多个键齿称为花键轴,在轮毂孔上加工出多个键槽称为花键孔,两者组成的连接称为花键连接,如图8-8所示,花键齿的侧面为工作面,靠轴与毂的齿侧面的挤压传递转矩。花键的特点是多键传递载荷,承载能力高;轴和毂受力均匀;对中良好;轮毂在轴上移动容易,导向性好;对轴的强度削弱小;但加工需要专用设备和工具,成本较高。用于高速重载轮毂在轴上移动的动连接场合。广泛用于汽车、拖拉机、机床等行业。

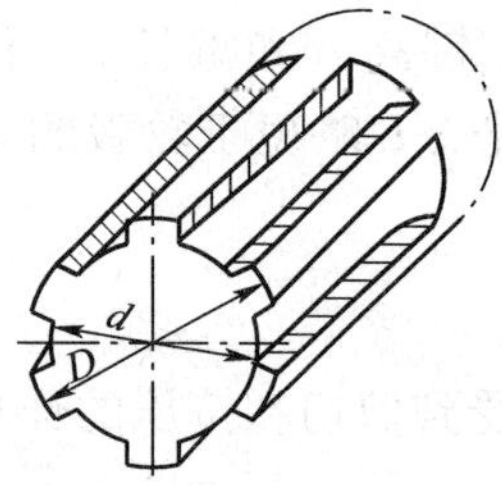

a) 外花键

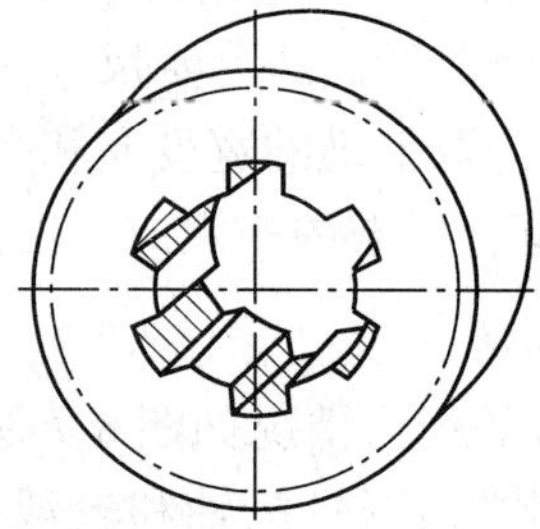

b) 内花键

图8-8　外花键和内花键

花键已标准化,常用花键按其齿形分为矩形花键和渐开线花键两类。

一、矩形花键

矩形花键如图8-9所示,键的剖面形状为矩形,加工方便,标准规定,用热处理后磨削过的小径定心,即外花键和内花键的小径为配合面。它的定心精度高,稳定性好,因此应用广泛。

二、渐开线花键

渐开线花键的齿廓为渐开线,如图8-10所示。它可用制造齿轮的方法加工,工艺性较好,制造精度也较高。与矩形花键相比,渐开线花键的根部较厚,应力集中小,承载能力大;渐开线花键的定心方式为齿形定心,它具有自动对中作用,并有利于各键的均匀受力;但加工小尺寸的渐开线花键孔的拉刀制造复杂，成本较高。因此，它适用于载荷较大、定心精度要求较高和尺寸较大的连接。渐开线花键的标准压力角为30°和45°。

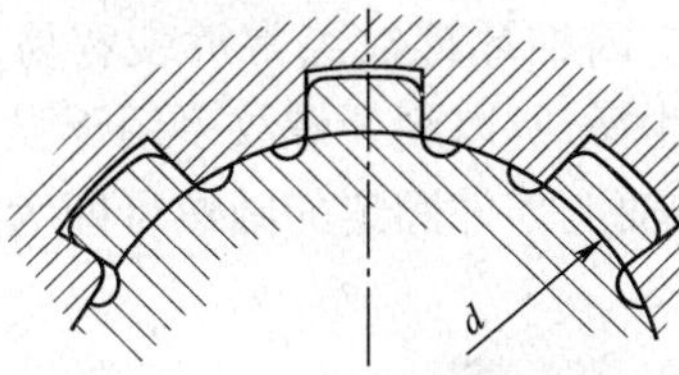

图8-9　矩形花键连接

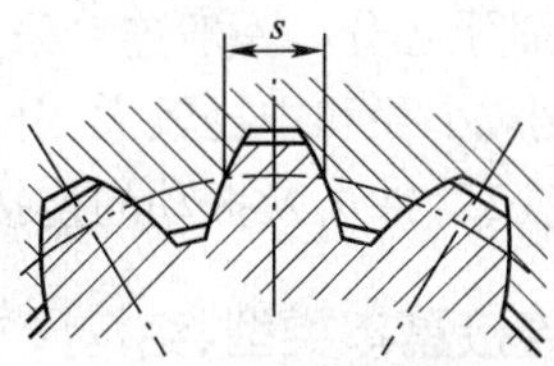

图8-10　渐开线花键连接

课题三　销　连　接

销连接通常用来固定零件间的相互位置（图8-11a），它是组合加工和装配时的重要辅助零件（图8-11b）；同时也可用于轴与轮毂的连接，以传递不大的载荷（图8-11c），还可以作为安全装置中的过载剪断元件（图8-11d）。

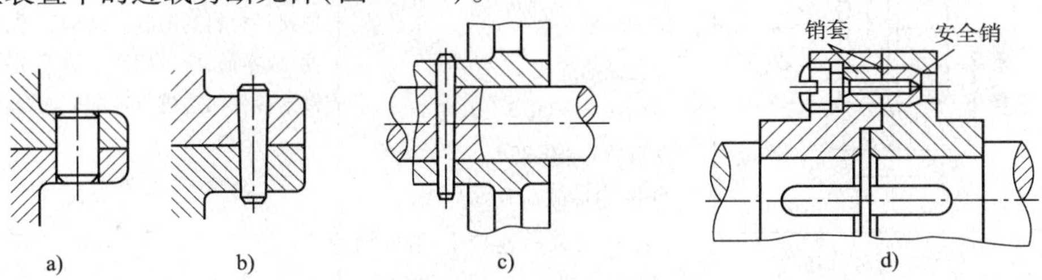

图8-11　销连接

销为标准件，其材料根据用途可选用35、45钢。按销形状的不同，可分为圆柱销、圆锥销、开口销、异形销等。圆柱销利用微量过盈固定在铰制孔中，多次拆装后定位精度和连接紧固性会下降；圆锥销具有1∶50的锥度，小头直径为标准值（图8-12a）。圆锥销安装方便，且多次装拆对定位精度的影响也不大，应用较广。为确保销安装后不致松脱，圆锥销的尾端可制成开口的，如图8-12b）所示的开尾圆锥销。为方便销的拆卸，圆锥销的上端也可做成带内、外螺纹的，如图8-12c）、d）所示。开口销（图8-13）常用低碳钢丝制成，是一种防松零件。

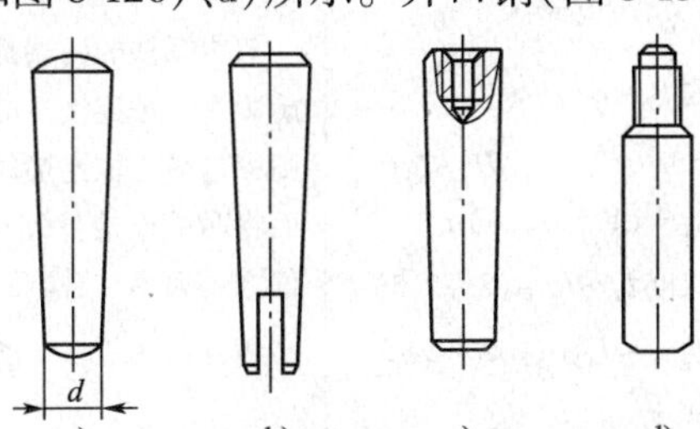

图8-12　圆锥销

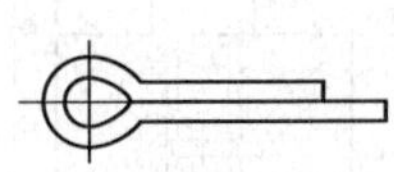

图8-13　开口销

课题四　螺纹连接

螺纹连接是利用螺纹零件构成的可拆连接，其结构简单，装拆方便，成本低，广泛用于各类机械设备中。

连接螺纹采用自锁性好的普通螺纹。最常用的普通螺纹，其牙型角 $\alpha=60°$，根据螺距不同有粗牙和细牙之分。一般连接采用粗牙螺纹，因细牙螺纹经常拆装容易产生滑牙。但细牙螺纹螺距小，小径和中径较大，升角小，自锁性好，所以细牙螺纹多用于强度要求较高的薄壁零件或受变载、冲击及振动的连接中。例如，轴上零件固定的圆螺母即为细牙螺纹。

一、螺纹连接基本类型、结构尺寸应用

螺纹连接的主要类型有螺栓连接、双头螺栓连接、螺钉连接及紧定螺钉连接。它们的结构尺寸、特点和应用见表 8-3。

螺纹连接的基本类型、特点及应用 表 8-3

类型	构　造	主要尺寸关系	特点、应用
螺栓连接	普通螺栓连接 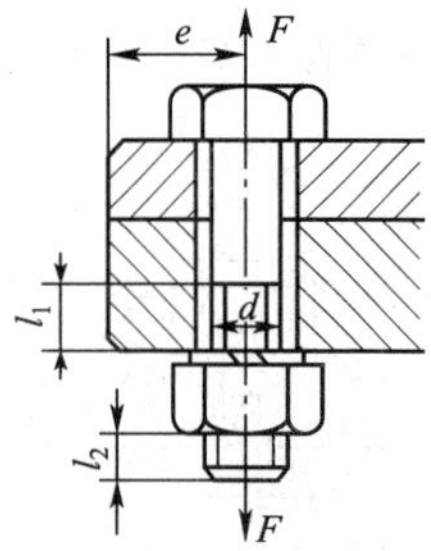	螺纹余量长度 l_1 普通螺栓连接 静载荷 $l_1 \geqslant (0.3\sim0.5)d$ 变载荷 $l_1 \geqslant 0.75d$ 冲击、弯曲载荷 $l_1 \geqslant d$ 铰制孔用螺栓连接 l_1 尽可能小，螺纹伸出长度 $l_2 \approx (0.2\sim0.3)d$，螺栓轴线到被连接件边缘的距离 $e=d+(3\sim6)$mm	被连接件无须切制螺纹，使用不受被连接件材料的限制。结构简单，装拆方便，成本低，应用广泛。用于通孔，能从被连接件两边进行装配的场合
	铰制孔螺栓连接 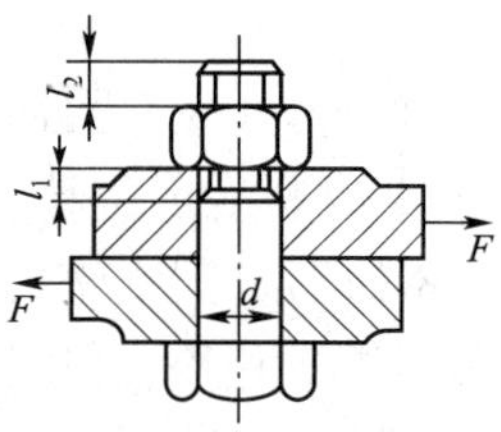		螺杆与孔之间紧密配合。用螺杆承受横向载荷或固定被连接件的相互位置。工作时，螺栓一般受剪切力，故也常称为受剪螺栓连接
双头螺柱连接	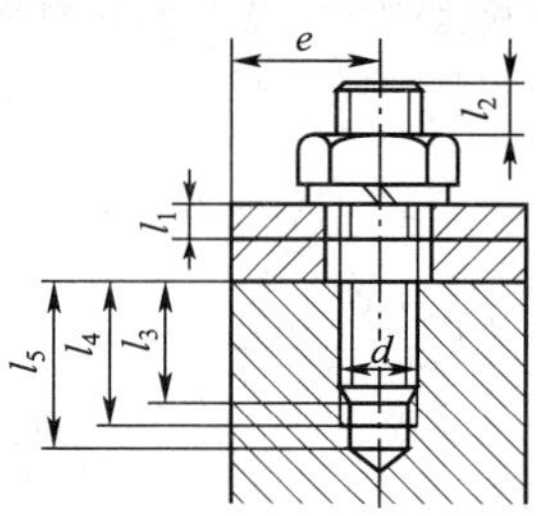	螺纹旋入深度 l_3，当螺纹孔零件为： 钢或青铜 $l_3 \approx d$ 铸铁 $l_3 \approx (1.25\sim1.5)d$ 铝合金 $l_3 \approx (1.5\sim2.5)d$ 螺纹孔深度 $l_4 \approx l_3+(2\sim2.5)d$ 钻孔深度 $l_5 \approx l_4+(0.5\sim1)d$ l_1、l_2、e 同上	双头螺柱的两端都有螺纹，其中一端旋紧在一被连接件的螺孔中内；另一端则穿过另一被连接件的孔，与螺纹旋合而将两被连接件连接。常用于被连接件之一太厚，结构要求紧凑或经常拆卸的场合
螺钉连接	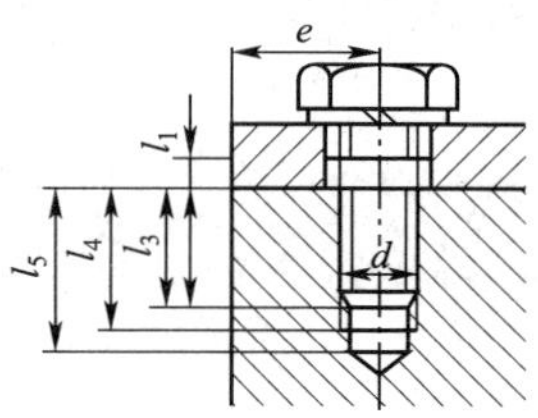	l_1、l_3、l_4、l_5、e 同上	不用螺母，而且能有光整的外露表面。应用与双头螺柱相似，但不宜用于经常拆卸的连接，以免损坏被连接件的螺孔

续上表

类型	构　造	主要尺寸关系	特点、应用
紧定螺钉连接	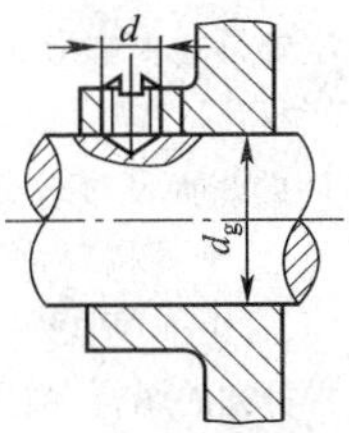	$d \approx (0.2 \sim 0.3) d_g$ 转矩大时取大值	旋入被连接件之一的螺纹孔中，其末端顶住另一被连接件的表面或顶入相应的坑中，以固定两个零件的相互位置，并可传递不大的力或转矩

▶▶ 二、螺纹连接件

螺纹连接件的类型很多，其中常用的有螺栓、双头螺柱、螺钉、紧定螺钉、螺母、垫圈及防松零件等。其结构形式和尺寸均已标准化。它们的公称尺寸均为螺纹的大径，设计时可根据标准选用。其常用类型、结构特点及应用见表8-4。

常用标准螺纹连接件　　表8-4

类　型	图　例	结构特点及应用
六角头螺栓	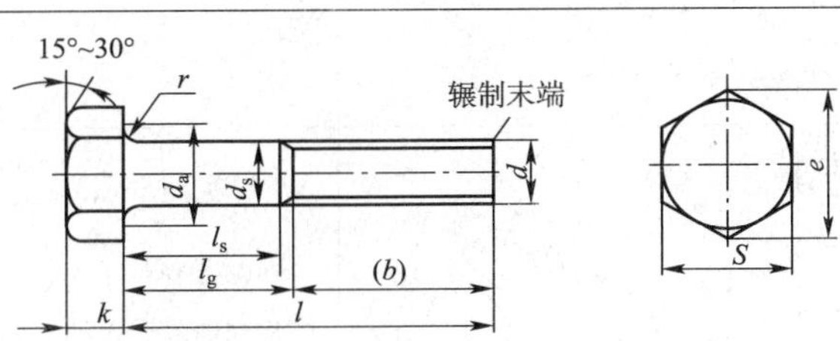	螺栓精度分A、B、C三级，通常多用C级。杆部可以是全螺纹或一段螺纹
双头螺柱	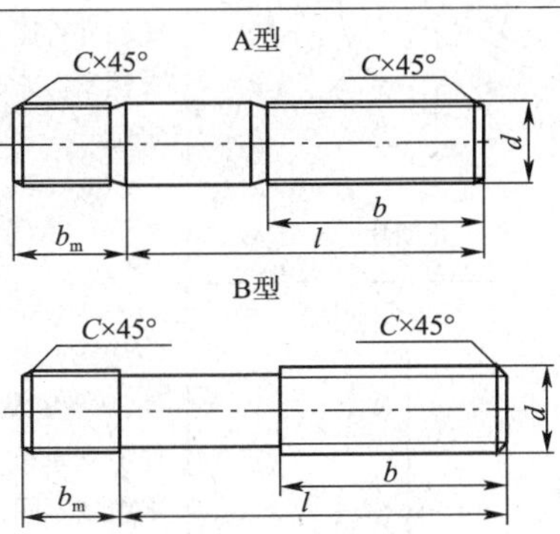	两端均有螺纹，两端螺纹可以相同或不同。有A型和B型两种结构。一端拧入厚度大不便穿透的被连接件，另一端用螺母
螺钉	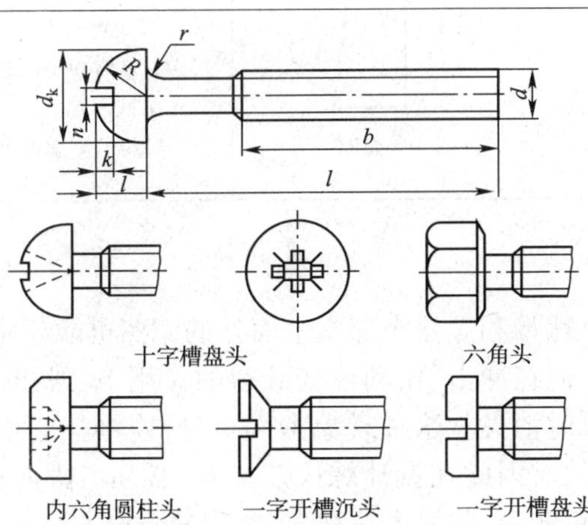	头部形状有圆头、扁圆头、六角头、圆柱头和沉头等。开槽有一字槽、十字槽、内六角孔等。十字槽强度高，便于用机动工具。内六角可代替普通六角头螺栓，用于要求结构紧凑的地方

续上表

类　型	图　例	结构特点及应用
紧定螺钉	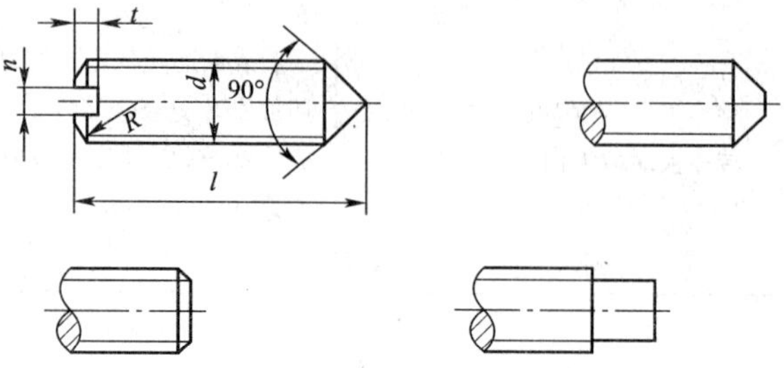	紧定螺钉的末端形状,常用的有锥端、平端和圆柱端。锥端适应于被紧定零件的表面硬度较低或不经常拆卸的场合;平端接触面积大,不伤零件表面,常用于顶紧硬度较大的平面或经常拆卸的场合;圆柱端压入轴上的凹坑中,适用于紧定空心轴上的零件位置
六角螺母	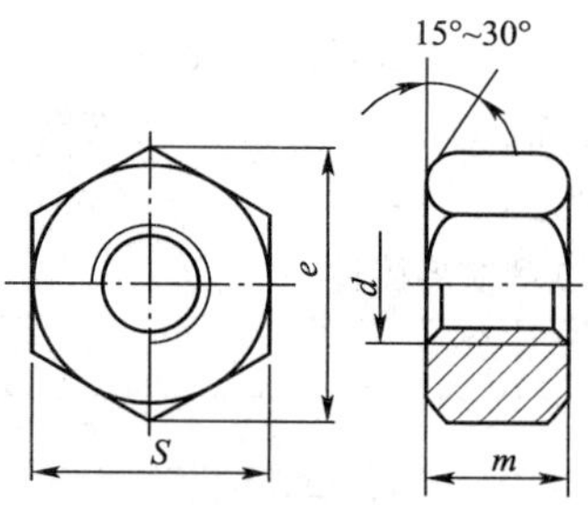	根据螺母厚度不同,分为标准和薄的两种。薄螺母常用于受剪力的螺栓上或空间尺寸受限制的场合。螺母的制造精度和螺栓相同。分为 A、B、C 三级,分别与相同级别的螺栓配用
圆螺母	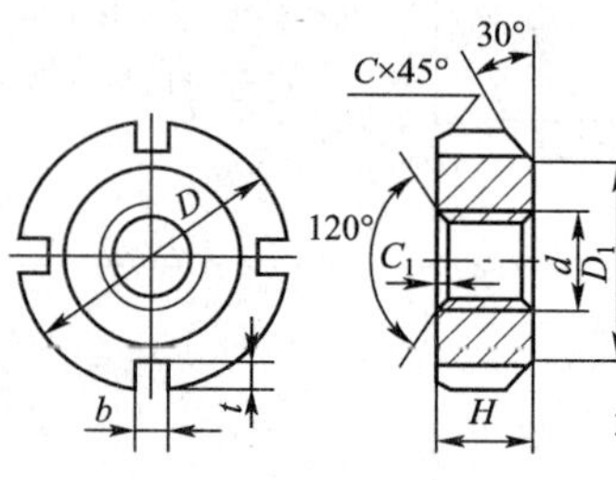 圆螺母 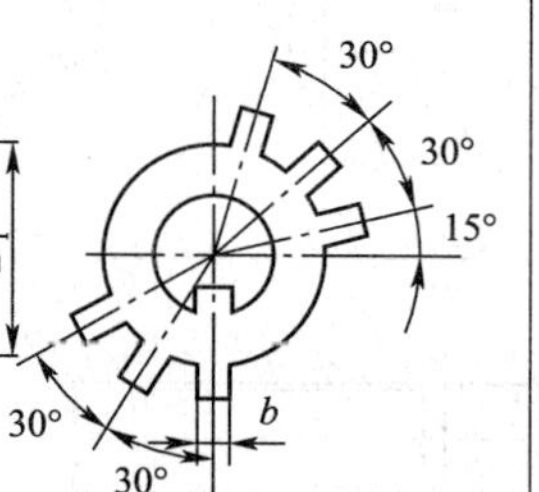 止动片	圆螺母常与止退垫圈配用,装配时将垫圈内舌插入轴上的槽内,而将垫圈的外舌嵌入圆螺母的槽内,螺母即被锁紧。常作为滚动轴承的轴向固定用
垫圈	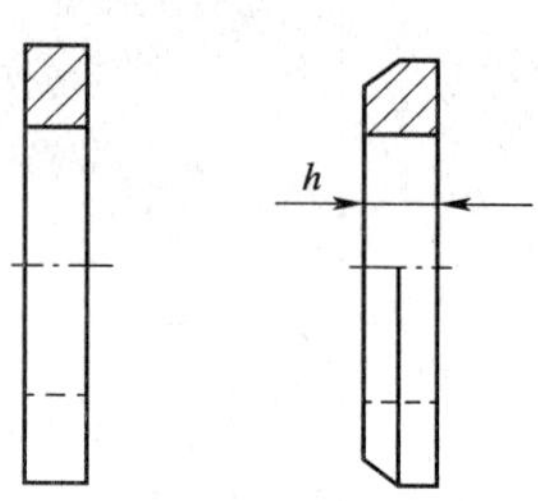 平垫圈 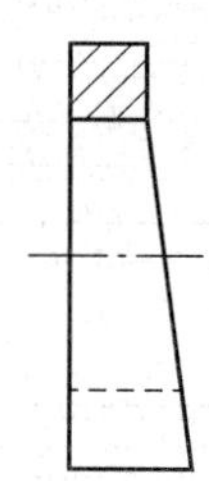 斜垫圈	垫圈是螺纹连接中不可缺少的附件,放置在螺母和被连接件之间,起保护支承表面等作用。平垫圈按加工精度不同,分为 A 级和 C 级两种。用于同一螺纹直径的垫圈又分为特大、大、普通和小四种规格,特大垫圈主要在铁木结构上使用。斜垫圈只用于倾斜的支承面上

三、螺纹连接件的防松装置

连接螺纹都能满足自锁条件,且螺母和螺栓头部支承面处的摩擦也能起防松作用,故在静载荷下,螺纹连接不会自动松脱。但在冲击、振动或变载荷的作用下,或当温度变化很大时,螺纹副间的摩擦力可能减小或瞬时消失。这种现象多次重复,连接就会松开,影响连接的牢固和紧密。甚至会引起严重事故。因此在设计螺纹连接时,必须考虑防松措施。防松的根本问题是防止螺母和螺栓的相对转动,防松方法很多,常用的防松方法见表 8-5。

螺纹连接常用的放松方法 表 8-5

防松方法		结构形式	特点和应用
摩擦防松	对顶螺母	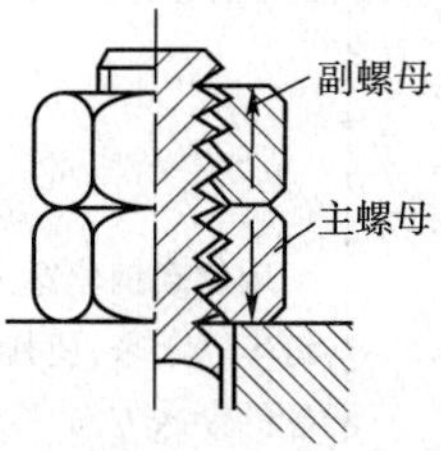	用两个螺母对顶着拧紧,使旋合螺纹间始终受到附加的压力和摩擦力的作用。结构简单,但连接的高度尺寸和质量加大。适用于平稳、低速和重载的连接
摩擦防松	弹簧垫圈	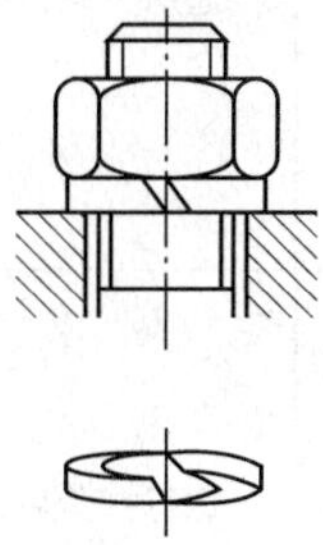	拧紧螺母后弹簧垫圈被压平,垫圈的弹性恢复力使螺纹副轴向压紧,同时垫圈斜口的尖端抵住螺母与被连接件的支承面,也有防松的作用。结构简单,应用方便,广泛用于一般的连接
	尼龙圈锁紧螺母和金属锁紧螺母	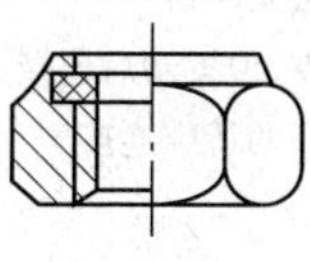 尼龙圈锁紧螺母 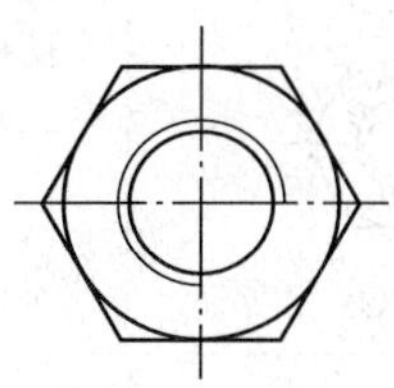 金属锁紧螺母	尼龙圈锁紧螺母是利用螺母末端的尼龙圈箍紧螺栓,横向压紧螺纹来防松 金属锁紧螺母是利用螺母末端椭圆口的弹性变形箍紧螺栓,横向压紧螺纹来防松 结构简单,防松可靠,可多次拆装而不降低防松性能,适用于较重要的连接
机械防松	开口销和槽形螺母	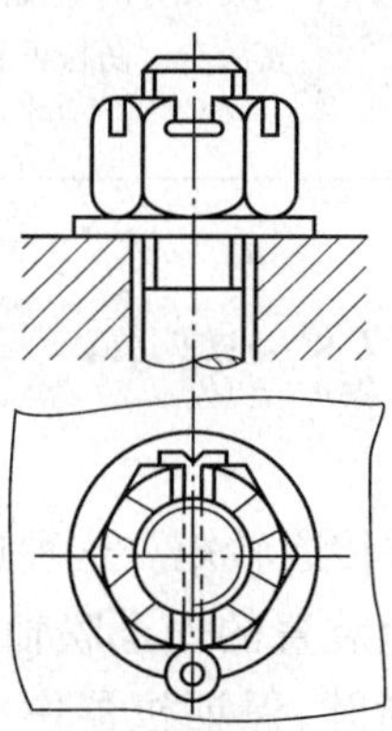	拧紧槽形螺母后,将开口销插入螺栓尾部小孔和螺母的槽内,再将销的尾部分开,使螺母锁紧在螺栓上 适用于有较大冲击、振动的高速机械中的连接
	止动垫圈	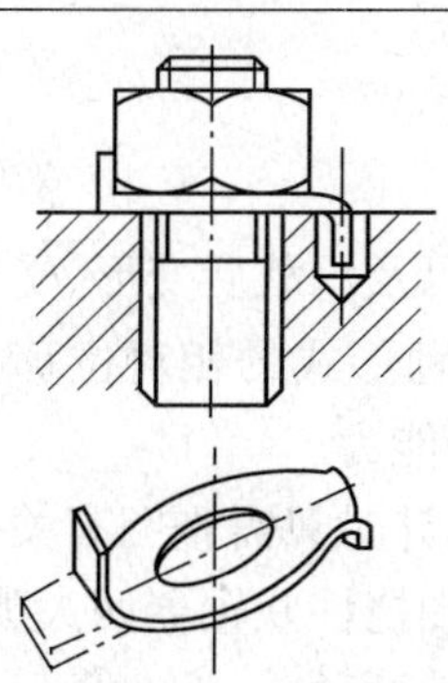	将垫圈套入螺栓,并使其下弯的外舌放入被连接件的小槽中,再拧紧螺母,最后将垫圈的另一边向上弯,使之和螺母的一边贴紧,但螺栓需另有约束,则可防松 结构简单,使用方便,防松可靠

续上表

防松方法		结构形式	特点和应用
机械防松	串联钢丝	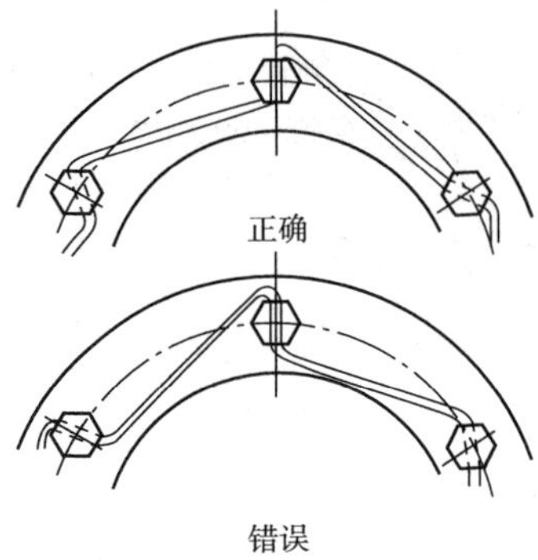	用低碳钢丝穿入各螺钉头部的孔内，将各螺钉串联起来，使其相互约束，使用时必须注意钢丝的穿入方向 适用于螺钉组连接，防松可靠，但装拆不便
破坏螺纹副运动关系	冲点和点焊	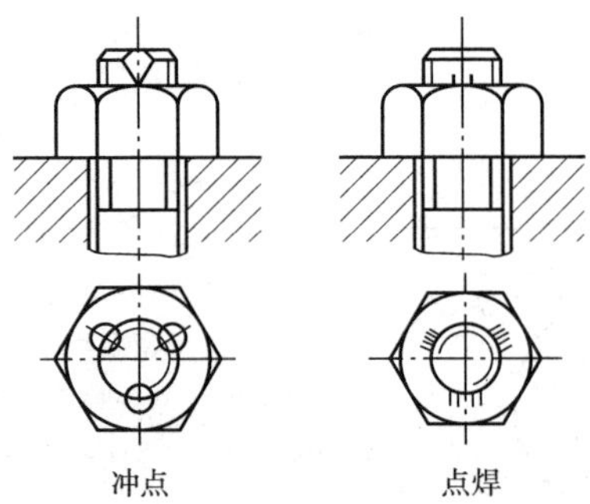	螺母拧紧后，在螺栓末端与螺母的旋合缝处冲点或焊接来防松 防松可靠，但拆卸后连接不能重复使用，适用于不需拆卸的特殊连接
	胶合	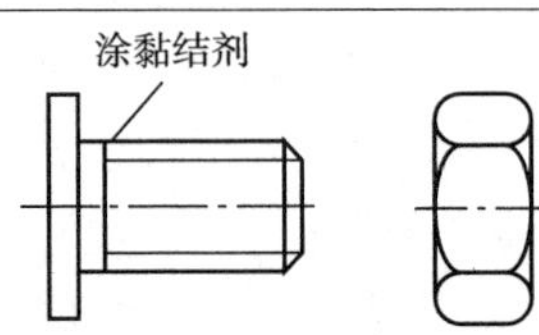	在旋合的螺纹间涂以黏结接剂，使螺纹副紧密胶合。防松可靠，且有密封作用

课题五　联　轴　器

联轴器主要用于连接两轴，使两轴一起转动并传递转矩。这种连接形式，只有当机器停车后拆开联轴器，才能将两轴分离。也有用作安全装置的安全联轴器，其作用是：在机器工作时，如果转矩超过规定值，这种联轴器可自行断开，保证机器中的主要零件不致过载而损坏。

一、联轴器的分类

联轴器所连接的两轴，由于制造和安装误差以及承载后变形、受热变形和基础下沉等一系列原因，都可能使两轴的轴线不重合而产生某种形式的相对位移，如图 8-14 所示。这就要求联轴器在结构上具有补偿轴线一定位移量的能力。

联轴器类型较多，其中大多数已标准化了，设计时只需查阅有关手册选用。联轴器根据对各种相对位移有无补偿能力，可分刚性联轴器和挠性联轴器两大类，挠性联轴器又按是否具有弹性元件，又可分为无弹性元件和有弹性元件两种。

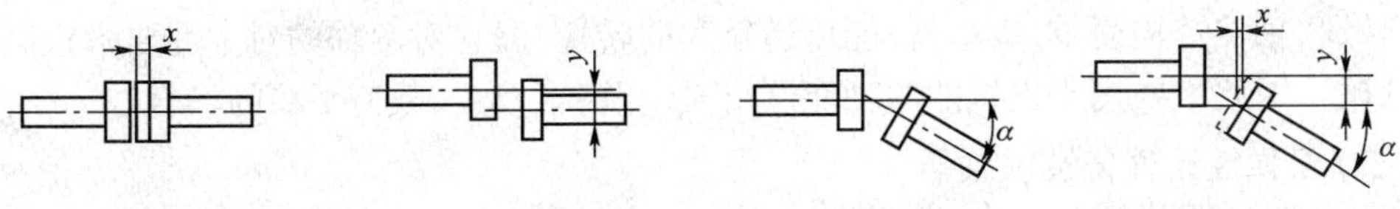

a) 轴向位移x　　b) 径向位移y　　c) 角度位移α　　d) 综合位移x、y、α

图 8-14　两轴的轴线位移

各种联轴器及其常用的类型如下：

- 联轴器
  - 刚性——套筒联轴器,凸缘联轴器等
  - 挠性
    - 无弹性元件——滑块联轴器、万向联轴器、齿式联轴器等
    - 金属弹性元件——蛇形弹簧联轴器等
    - 非金属弹性元件——弹性套柱销联轴器、弹性柱销联轴器等

下面介绍几种常用的联轴器。

二、常用联轴器的结构、特点和应用

(一)刚性联轴器

1. 套筒联轴器

套筒联轴器是用一个套筒,通过键或销等零件使两轴相连接,如图 8-15 所示。其结构简单,径向尺寸小;但传递转矩较小,不能缓冲、吸振,两轴线要求严格对中,装拆时必须做轴向移动。它适用于工作平稳,无冲击载荷的低速、轻载、小尺寸轴,常用于机床传动系统中。另外,如果销的尺寸设计得恰当,过载时销就会被剪断,因此也可用作安全联轴器。

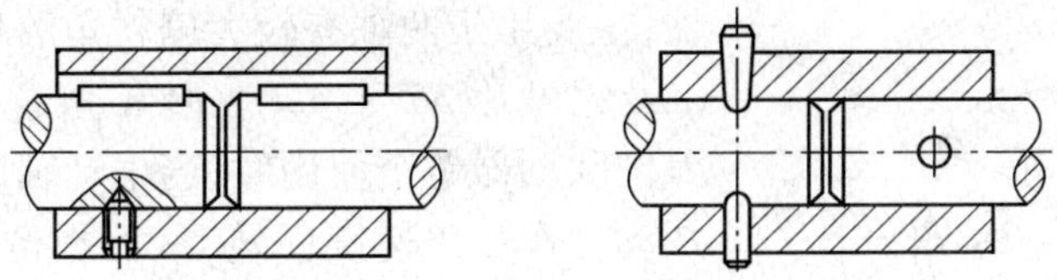

a)　　b)

图 8-15　套筒联轴器

2. 凸缘联轴器

凸缘联轴器由两个带有凸缘的半联轴器用键及连接螺栓组成(图 8-16)。它有两种对中方法:一种是用一个半联轴器上的凸肩与另一个半联轴器上的凹槽相嵌合而对中(图 8-16a);另一种是用铰制孔用螺栓对中(图 8-16b)。前一种方法对中精度高。当要求两轴分离时,后者只要卸下螺栓即可,不用移轴,因此装卸比前者简便。

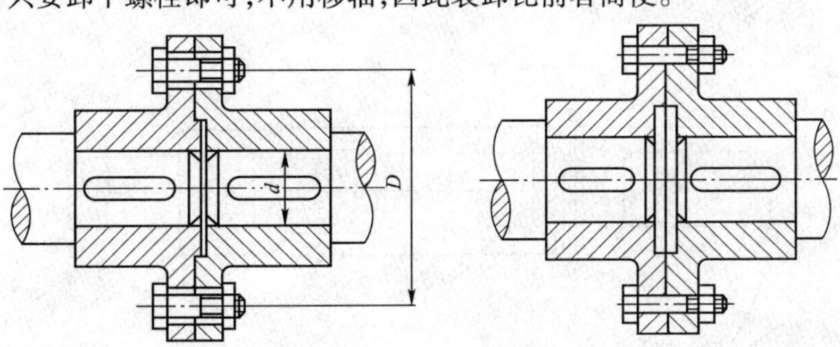

a)　　b)

图 8-16　凸缘联轴器

凸缘联轴器结构简单，成本低，能传递较大的转矩，但它对两轴的对中性要求很高，不能缓冲减振。因此主要用于连接的两轴能严格对中、转矩较大、载荷平稳的场合。

（二）无弹性元件挠性联轴器

1. 滑块联轴器

滑块联轴器由两个端面开有径向凹槽的半联轴器 1、3 和一个两端具有相互垂直的凸榫的中间滑块 2 所组成（图 8-17），滑块上的凸榫分别嵌入两个半联轴器相应的凹槽中。由于凸榫可在半联轴器的凹槽中滑动，故可补偿两轴之间的位移。凹槽和滑块工作面需润滑。

滑块联轴器结构简单，径向尺寸小；但不耐冲击，易于磨损，适用于低速（$n<300\mathrm{r/min}$）、两轴线的径向位移量 $y\leqslant 0.04d$（d 为轴的直径）的情况。所以常用于轴线间相对径向位移较大、冲击小、转速低、传递转矩较大的两轴连接。如带式运输机的低速轴就采用这种联轴器。

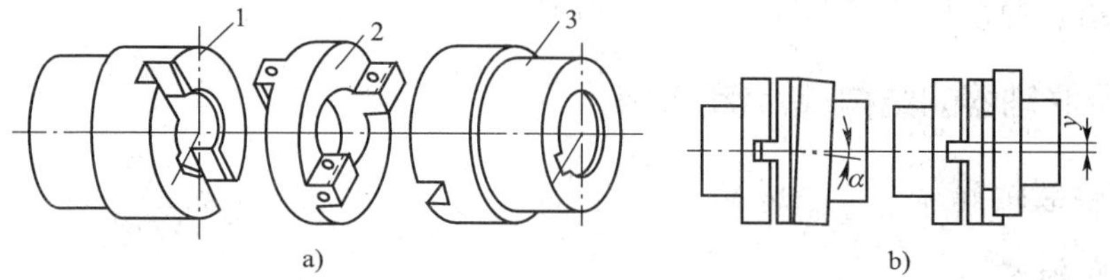

图 8-17 滑块联轴器

1、3-关联轴器；2-中间滑块

2. 万向联轴器

万向联轴器如图 8-18 所示，它由两个叉形接头 1、3 和十字销 2 铰接而成。万向联轴器，主要用于两轴有较大偏斜角的场合，两轴间的夹角 α 最大可达 $35^{\circ}\sim45^{\circ}$。但 α 角越大，传动效率越低。万向联轴器单个使用时，当主动轴以等角速度转动时，从动轴作变角速度回转，从而在传动中引起附加动载荷。且夹角 α 越大，两轴的瞬时角速度相差越大。为了避免这种现象，可采用两个万向联轴器成对使用（称双万向联轴器），如图 8-19 所示，这时中间轴的两叉形接头必须在同一平面内，两个万向联轴器的夹角 α 必须相等。

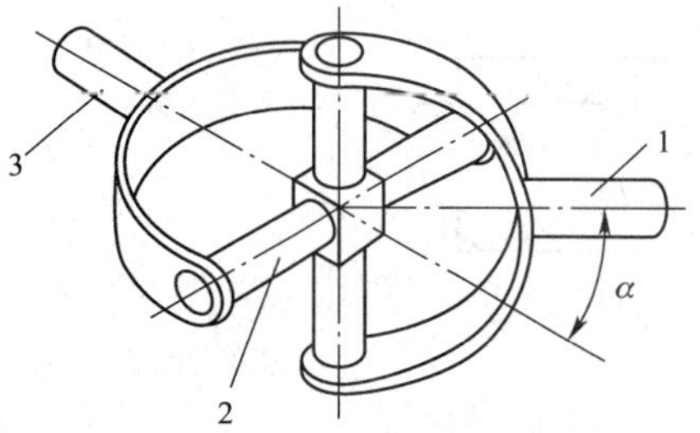

图 8-18 万向联轴器示意图

1、3 叉形接头；2-十字销

万向联轴器能补偿较大的角位移，结构紧凑，使用维护方便，广泛用于汽车、工程机械等传动系统中。

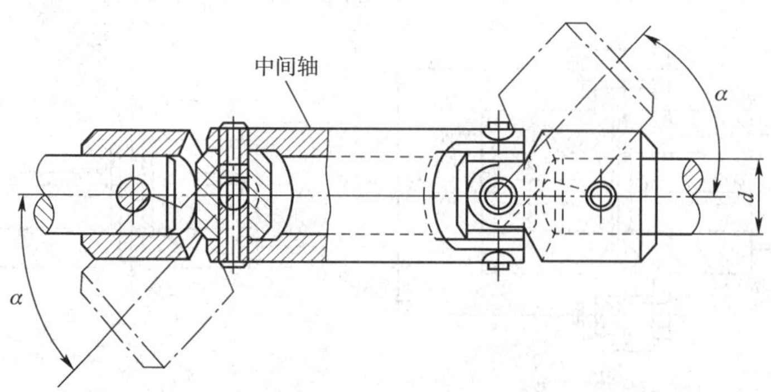

图 8-19 双万向联轴器

(三)有弹性元件挠性联轴器

由于有弹性元件挠性联轴器装有至少一个零件是弹性元件,因而不仅可以补偿两轴间的相对位移,而且具有缓和冲击和消减振动的能力。因而广泛应用于转速较高、载荷较大、有冲击、频繁起动和经常反向转动的两轴间的连接。

1. 弹性套柱销联轴器

这种联轴器的构造与凸缘联轴器相似,不同之处是用带有弹性套的柱销代替了连接螺栓,如图 8-20 所示。弹性套柱销联轴器已经标准化了,其规格尺寸可按 GB/T 4323—2002 查取。弹性套常用耐油橡胶制成,剖面形状为梯形以提高弹性。弹性套的变形可以补偿两轴的径向位移和角位移,并有缓冲吸振作用。其半联轴器与轴配合孔可制成圆柱形或圆锥形。设计中应注意留出安装距离 A;为了补偿轴向位移,安装时应注意留出相应大小的间隙 c。弹性套柱销联轴器制造简单,装拆方便,但弹性套易磨损,寿命较短。它适用于载荷平稳,经常正反转动、起动频繁和中小功率的两轴连接,多用于电动机的输出与工作机械的连接上。

2. 弹性柱销联轴器

弹性柱销联轴器的结构(图 8-21)与弹性套柱销联轴器相似,差别主要在于用尼龙销代替了橡胶套柱销,它利用弹性柱销将两个半联轴器连接起来,使其传递转矩的能力增大。为防止柱销滑出,两侧装有挡板。柱销的材料用尼龙 6,也可用酚醛布棒等其他材料制造。其规格尺寸可按标准 GB/T 5014—2003。

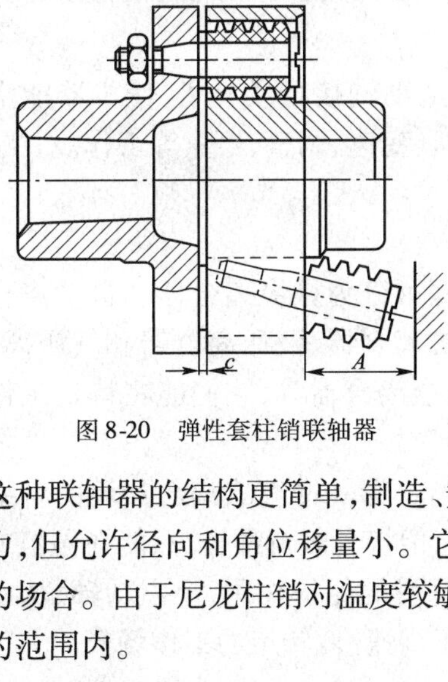

图 8-20 弹性套柱销联轴器

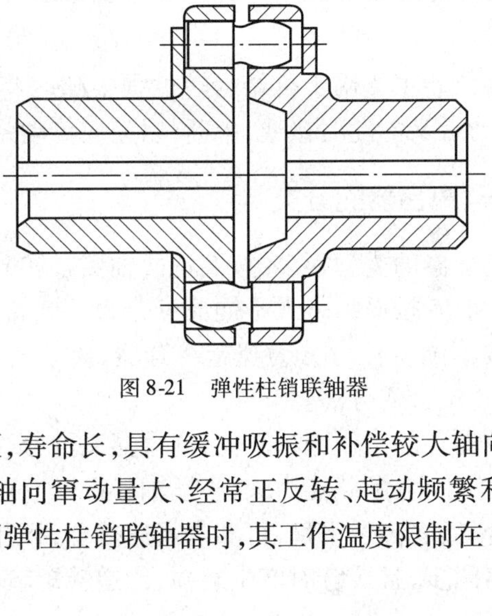
图 8-21 弹性柱销联轴器

这种联轴器的结构更简单,制造、安装方便,寿命长,具有缓冲吸振和补偿较大轴向位移的能力,但允许径向和角位移量小。它适用于轴向窜动量大、经常正反转、起动频繁和转速较高的场合。由于尼龙柱销对温度较敏感,使用弹性柱销联轴器时,其工作温度限制在 −20 ~ 70℃的范围内。

三、联轴器的选用

联轴器大多已标准化,其主要性能参数为:额定转矩 T、许用转矩 $[T]$、许用转速 $[n]$、位移补偿量和被连接轴的直径范围等。选用联轴器时,通常先根据使用要求和工作条件确定合适的类型,再按转矩、轴径和转速选择联轴器的型号,必要时应校核其薄弱件的承载能力。

考虑工作机起动、制动、变速时的惯性力和冲击载荷等因素,应按计算转矩 T_c 选择联轴器。计算转矩 T_c 和工作转矩 T 之间的关系为

$$T_c = KT$$

式中，K 为工况因数，见表 8-6，一般刚性联轴器选用较大的值，挠性联轴器选用较小的值；从动件的转动惯量小、载荷平稳时取较小值。

工况因数 K 表 8-6

原动机	工作机械	K
电动机	带运输机、鼓风机、连续运转的金属切削机床	1.25~1.5
	链式运输机、刮板运输机、螺旋运输机、离心泵、土木机械	1.5~2.0
	往复运动的金属切削机床	1.5~2.0
	往复式泵、往复式压缩机、球磨机、破碎机、冲剪机	2.0~3.0
	起重机、升降机、轧钢机	3.0~4.0
涡轮机	发电机、离心泵、鼓风机	1.2~1.5
往复式发动机	发电机	1.5~2.0
	离心泵	3~4
	往复式工作机	4~5

所选型号联轴器必须同时满足：$T_c \leqslant [T]$，$n \leqslant [n]$。

联轴器与轴一般采用键连接，有平键单键和平键双键。轴孔又分为圆柱形长孔、短孔和圆锥孔等多种，具体见设计手册。

课题六　离　合　器

离合器主要用于机器运转过程中随时将主动轴、从动轴接合或分离，使机器能空载起动，起动后又能随时接通、中断，以完成传动系统的换向、变速、调整、停止等工作。

一、离合器的分类

离合器的类型很多，按实现两轴接合和分离的过程可分为操纵离合器和自动离合器两大类。前者按操纵方式不同又可分为机械离合器、电磁离合器、液压离合器和气压离合器；后者按不同特性可分为超越离合器、离心离合器和安全离合器等，它们能在特定工作条件下，自动接合或分离。

按离合的工作原理不同，离合器又可分为嵌合式离合器和摩擦式离合器。前者结构简单，尺寸较小，承载能力大，主动轴、从动轴可同步转动，但接合时有冲击，只能在停机或低速时接合；后者离合平稳，可实现高速接合，且具有过载打滑的保护作用，但主动轴、从动轴不能严格同步，且接合时产生磨损，传递转矩较小，适用于高速、低转矩的工作场合。

二、常用离合器的结构和特点

1. 牙嵌离合器

牙嵌离合器由两个端面上带牙的半离合器 1、2 组成（图 8-22）。半离合器 1 用平键固定在主动轴上，半离合器 2 用导向键 3 或花键与从动轴连接，操纵机构通过滑环 4 的轴向移动来操纵离合器的接合和分离。为了便于两轴对中，在半离合器 1 上固装一个对中环 5，从动轴可在对中环中自由转动。

牙嵌离合器常用的牙形有：三角形、矩形、梯形和锯齿形，如图 8-23 所示。三角形牙用于传递中、小转矩的低速离合器；矩形牙无轴向分力，但接合与分离困难，磨损后无法补偿，冲击也较大，故使用较少；梯形牙强度较高，传递转矩较大，能自动补偿牙面磨损后造成的间隙，从而减少冲击，接合面间有轴向分力，容易分离，因而应用较广；锯齿形牙强度最高，但只能传递单向转矩。

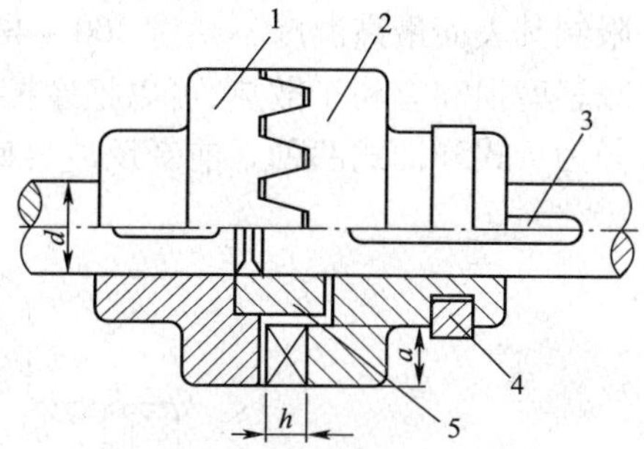

图 8-22　牙嵌离合器

1、2-半离合器；3-导向键；4-滑环；5-对中环

牙嵌离合器结构简单，外廓尺寸小，接合后可保证主动轴、从动轴同步运转，但只宜在两轴低速或停机时接合，以避免因冲击折断牙齿。

2. 圆盘摩擦离合器

摩擦离合器依靠主动盘、从动盘接触面产生的摩擦力矩来传递转矩。它可分为单片式和多片式两种。

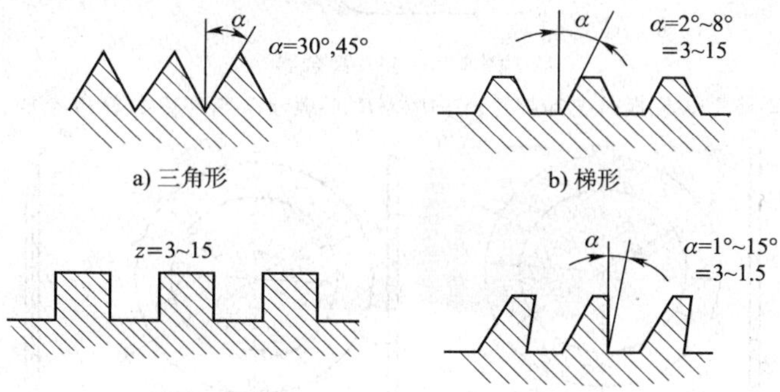

a) 三角形　b) 梯形　c) 矩形　d) 锯齿形

图 8-23　牙嵌离合器的牙型

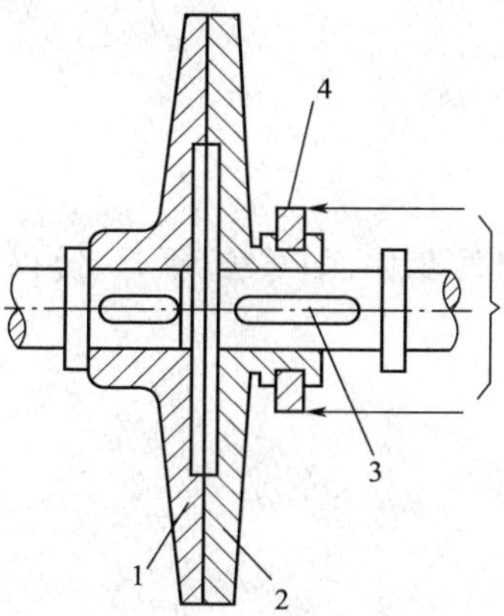

图 8-24　单片离合器

1、2-圆盘；3-导向键；4-操纵滑环

单片离合器简图如图 8-24 所示。圆盘 1 紧配在主动轴上，圆盘 2 通过导向键 3 与从动轴连接并可在轴上移动，操纵滑环 4 可使两圆盘接合或分离。工作时轴向压力 F_Q 使圆盘的工作表面产生摩擦力，以传递转矩。单片离合器结构简单，但径向尺寸较大，只能传递不大的转矩。

多片离合器有两组摩擦片，如图 8-25 所示。主动轴 1 与外壳 2 相连接，外壳内装有一组外摩擦片 4，形状如图 8-26a）所示，其外缘凸齿插入外壳 2 上的凹槽内，与外壳一起转动，其内孔不与任何零件接触。从动轴 10 与套筒 9 相连，套筒内装有另一组内摩擦片 5，形状如图 8-26b）所示，其外缘不与任何零件接触，而内孔凸齿与套筒 9 上的纵向凹槽相连接，因而带动套筒 9 一起回转。滑环 7 由操纵机构控制，当滑环左移时使杠杆 8 绕支点顺时针转动，通过压板 3 将两组摩擦片压紧，离合器处于接合状态；滑环 7 向右移动，则实现分离。螺母 6 可调节摩擦盘之间的压力。内摩擦片 5 也可制成碟形（图 8-26c），则分离时能自动弹开。

摩擦离合器与牙嵌离合器相比，有下列优点：不论在何种速度时，两轴都可以接合或分离；接合过程平稳，冲击、振动较小；过载时打滑，以保护重要零件不致损坏。其缺点是外廓尺寸较大；在接合、分离过程中要产生滑动摩擦，故磨损和发热量较大。一般对钢制摩擦片限制其表面最高温度不超过300～400℃，整个离合器的平均温度不大于100～200℃。为了减轻磨损和有利于散热，可以把摩擦离合器浸入油中工作。根据是否浸油而把摩擦离合器分为干式和油式两种。前者反应灵敏；后者磨损小，散热快。

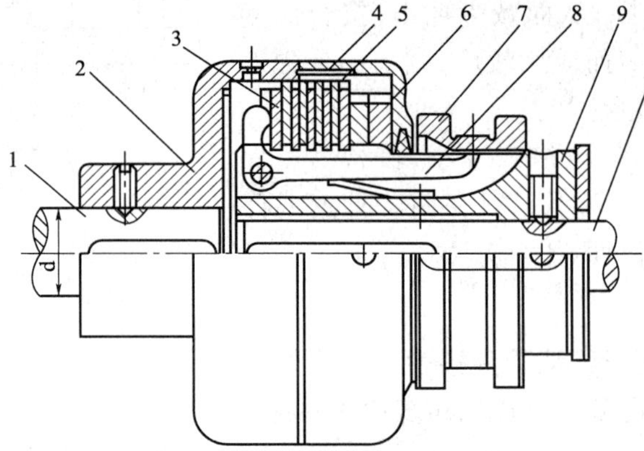

图 8-25　多片离合器

1-主动轴；2-外壳；3-压板；4-外摩擦片；5-内摩擦片；6-螺母；7-滑环；8-杠杆；9-套筒；10-从动轴

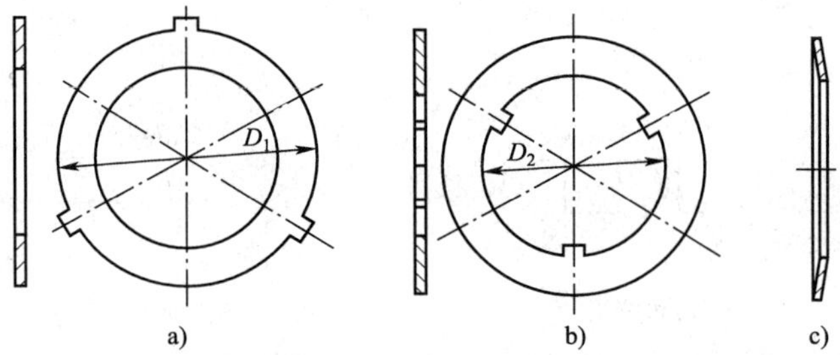

图 8-26　摩擦片

项目小结

1. 连接，就是指被连接件与连接件的组合结构。起连接作用的零件，如螺栓、螺母、键以及铆钉等，称为连接件；

2. 键连接、销连接、螺纹连接、联轴器、离合器的应用。

练习题

8-1　键连接的主要类型有哪些？各有何特点？

8-2　螺纹连接的基本类型有哪些？请说明其特点和应用场合。

8-3　螺纹连接常用的防松方法有哪些？各适用于哪些场合？

8-4　常用联轴器有哪些类型？各有什么优缺点？在选用联轴器的类型时应考虑哪些因素？

8-5　圆盘摩擦离合器与牙嵌离合器的工作原理有什么不同？各有什么优缺点？

项目九

支承零部件

【职业能力目标】

1. 掌握轴的结构设计步骤、强度计算；

2. 掌握滚动轴承的结构及选用。

【学习重点与难点】

轴的结构设计。

课题一　轴

轴的主要功用是支承旋转零件(如齿轮、带轮、联轴器等),以传递运动和动力,是组成机器的重要零件之一。

一、轴的分类

根据承载情况不同,轴可分为心轴、传动轴和转轴三类。各类轴的承载情况及特点见表9-1。

心轴、传动轴和转轴的承载情况及特点　　表9-1

<table>
<tr><th>种类</th><th colspan="2">举　例</th><th>受力简图</th><th colspan="2">特　点</th></tr>
<tr><td rowspan="2">心轴</td><td>固定心轴</td><td>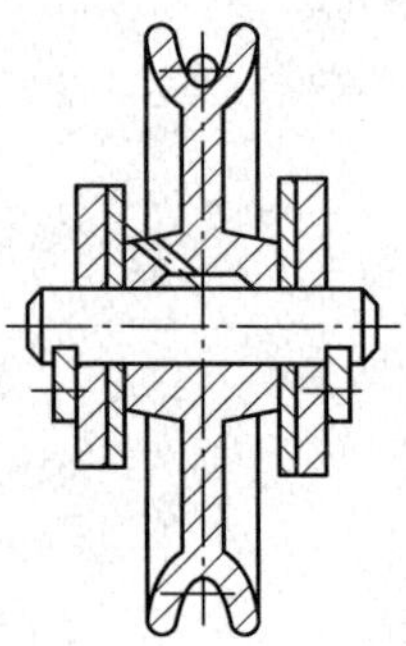</td><td>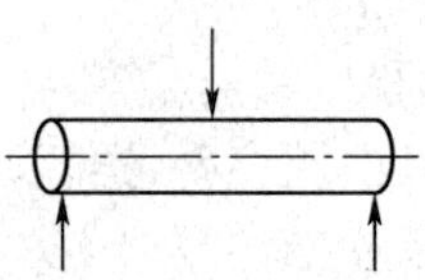</td><td rowspan="2">只承受弯矩,不承受转矩起支承作用</td><td>截面上的弯曲应力 σ_W 为静应力
$\sigma_W=\frac{M}{W_Z}$
式中:M——截面上的弯矩;
W_Z——抗弯截面系数</td></tr>
<tr><td>转动心轴</td><td>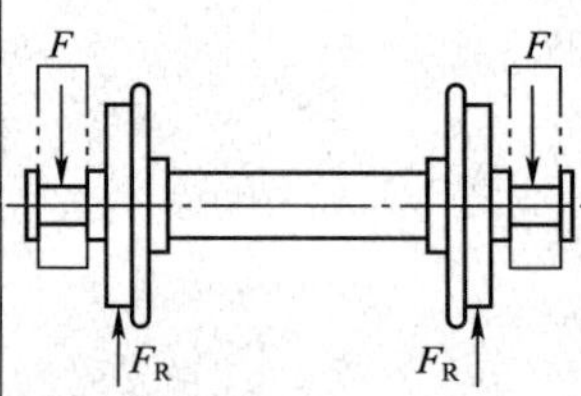</td><td>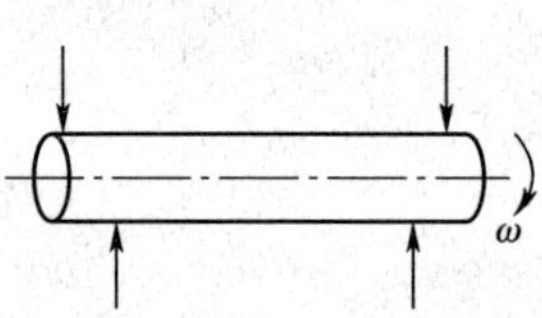</td><td>截面上的弯曲应力 σ_W 为变应力
$\sigma_W=\frac{M}{W_Z}$</td></tr>
<tr><td>传动轴</td><td colspan="2">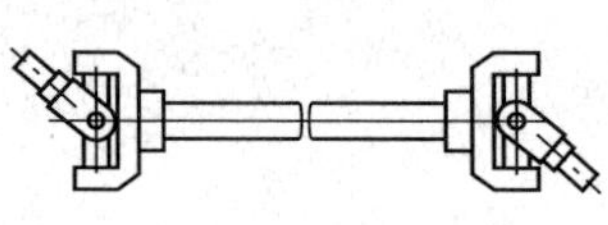</td><td>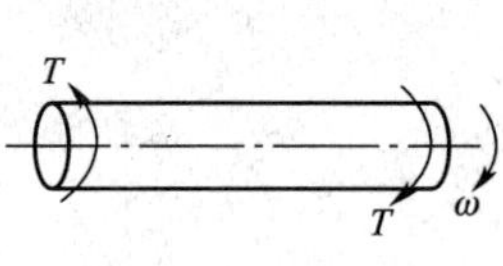</td><td colspan="2">主要承受转矩,不承受弯矩或承受很小弯矩;仅起传递动力的作用;截面上的扭转切应力
$\tau_T=\frac{T}{W_T}$
式中:T——截面上的转矩;
W_T——抗扭截面系数</td></tr>
<tr><td>转轴</td><td colspan="2">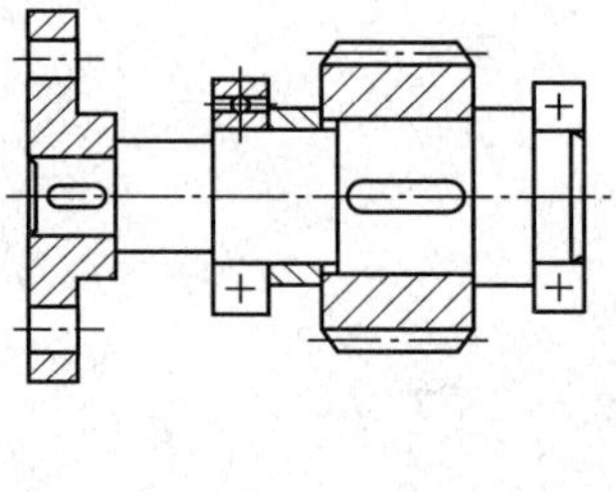</td><td>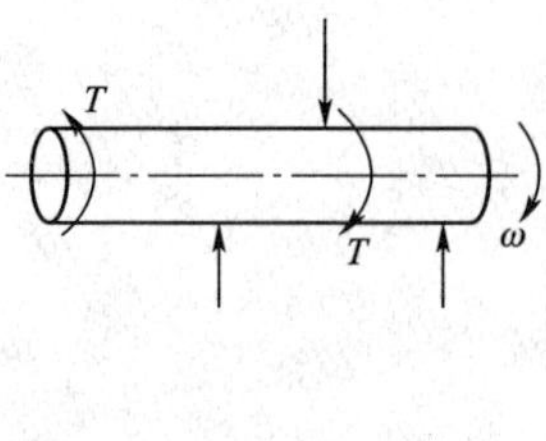</td><td colspan="2">既承受弯矩有承受转矩;是机器中最常用的一种轴;截面上受弯曲应力 σ_W 和扭转切应力 τ_T 的复合作用,其当量应力
$\sigma_e=\frac{M_e}{W}$
式中:M_e——截面上的当量弯矩;
W——抗弯截面系数</td></tr>
</table>

根据轴线形状,轴又可分为直轴(图9-1)、曲轴(图9-2)、挠性钢丝轴(图9-3)。直轴应用较广,根据外形,分为直径无变化的光轴(图9-1a)和直径有变化的阶梯轴(图9-1b)。为了提高刚度或减轻质量,有时制成空心轴(图9-1c)。

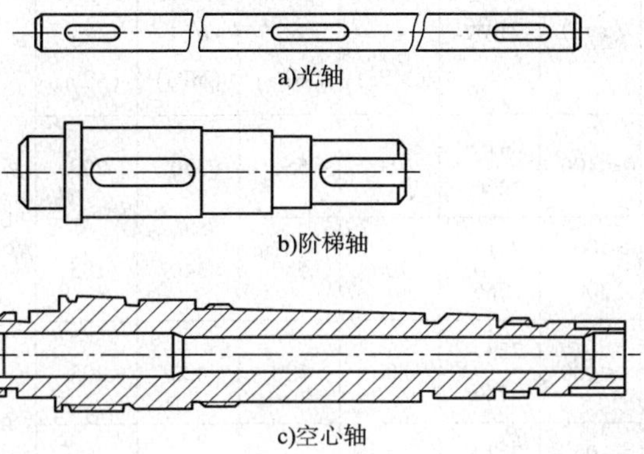

图9-1　直轴

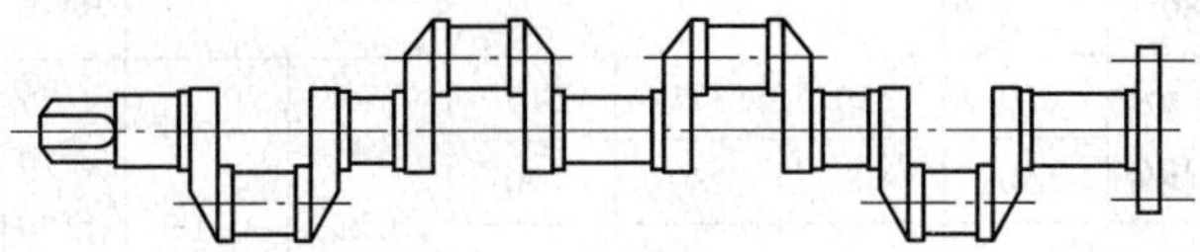

图9-2　曲轴

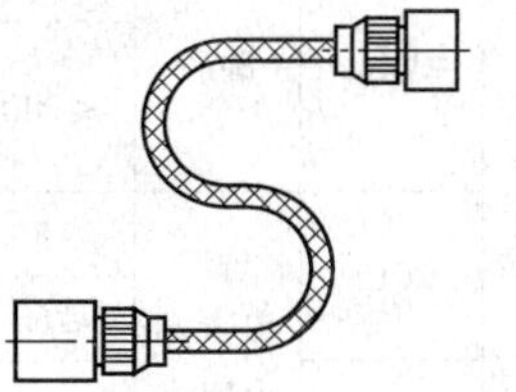

图9-3　挠性钢丝轴

本项目以应用较广的实心阶梯轴为例,讨论有关设计问题。

二、轴的材料

轴的主要失效形式为疲劳破坏,轴的材料应具有较好的强度、韧性及耐磨性。一般用途的轴常用优质碳素结构钢,如35、45、50钢;轻载或不重要的轴可采用Q235、Q275等普通碳素钢;重载重要的轴可选用合金结构钢,其力学性能高,但价格较贵,选用时应综合考虑。

轴的常用材料及其力学性能见表9-2。

轴的常用材料及其主要力学性能　　表9-2

材料		热处理	毛坯直径(mm)	力学性能							备注
类别	牌号			硬度HBW	强度极限 σ_b (MPa)	屈服点 σ_s (MPa)	弯曲疲劳极限 σ_{-1} (MPa)	剪切疲劳极限 τ_{-1} (MPa)	ψ_σ	ψ_τ	
碳素结构钢	Q235		≤16	—	460	235	200	105	0.2	0.1	用于不重要或承载不大的轴
			≤40	—	440	225					
	45	正火	≤100	170~217	600	300	275	140	0.2	0.1	应用最广
		调质	≤200	217~255	650	360	300	155			

续上表

材料		热处理	毛坯直径(mm)	力学性能							备注
类别	牌号			硬度HBW	强度极限 σ_b(MPa)	屈服点 σ_s(MPa)	弯曲疲劳极限 σ_{-1}(MPa)	剪切疲劳极限 τ_{-1}(MPa)	ψ_σ	ψ_τ	
合金钢	40Cr	调质	≤100	241～266	750	550	350	200	0.25	0.15	用于承载较大而无很大冲击的重要轴
			>100～300	241～266	700	550	340	185			
	35SiMn(42SiMn)	调质	≤100	229～286	800	520	400	205	0.25	0.15	性能接近40Cr，用于小型轴
			>100～300	217～269	750	450	350	185			
	40MnB	调质	25	—	1000	800	485	280	0.25	0.15	性能接近40Cr，用于重要轴
			≤200	241～286	750	500	335	195			
	20Cr	渗碳淬火回火	15	表面50～60HRC	850	550	375	215	0.25	0.15	用于要求强度和韧性均较高的轴
			≤60		650	400	280	160			
	20CrMnTi		15	表面50～62HRC	1100	850	525	300			

三、轴的结构设计

图9-4所示为单级圆柱齿轮减速器的输出轴，该轴系由联轴器、轴、轴承盖、轴承、套筒、齿轮等组成。对轴的要求是：根据受力情况设计合理的尺寸，以满足强度和刚度需要；还必须满足轴上零件可靠地定位和紧固；同时便于加工制造、装拆和调整。

1. 零件在轴上的定位和固定

零件在轴上的轴向定位和固定可采用轴环（图9-4中Ⅰ处）、轴肩（图9-4Ⅱ中处）、套筒（图9-5a）、螺母（图9-5b）、轴端挡圈（图9-5c、d）及圆锥表面（图9-5d）等方法。

零件在轴上的周向定位和固定可采用键连接，花键连接（图9-6），螺钉、销连接（图9-7），过盈配合等方法。

2. 结构工艺要求

一般将轴设计成阶梯形，目的是增加强度和刚度，便于装拆，易于轴上零件的固定；区别不同轴段的精度及表面粗糙度等满足不同的需要。

考虑到轴上零件的轮毂端面贴紧轴肩定位面，在切螺纹或磨削轴段的轴肩处，应留有螺纹退刀槽和砂轮越程槽（图9-8）。

为了减少应力集中，轴肩、轴环过渡要缓和，并制成圆角，但这种圆角必须小于零件轮毂孔端面的圆角半径或倒角（图9-4b），轴环、轴肩尺寸 b、h 及零件孔端圆角半径 R_1 和倒角 C_1 的数值见表9-3。

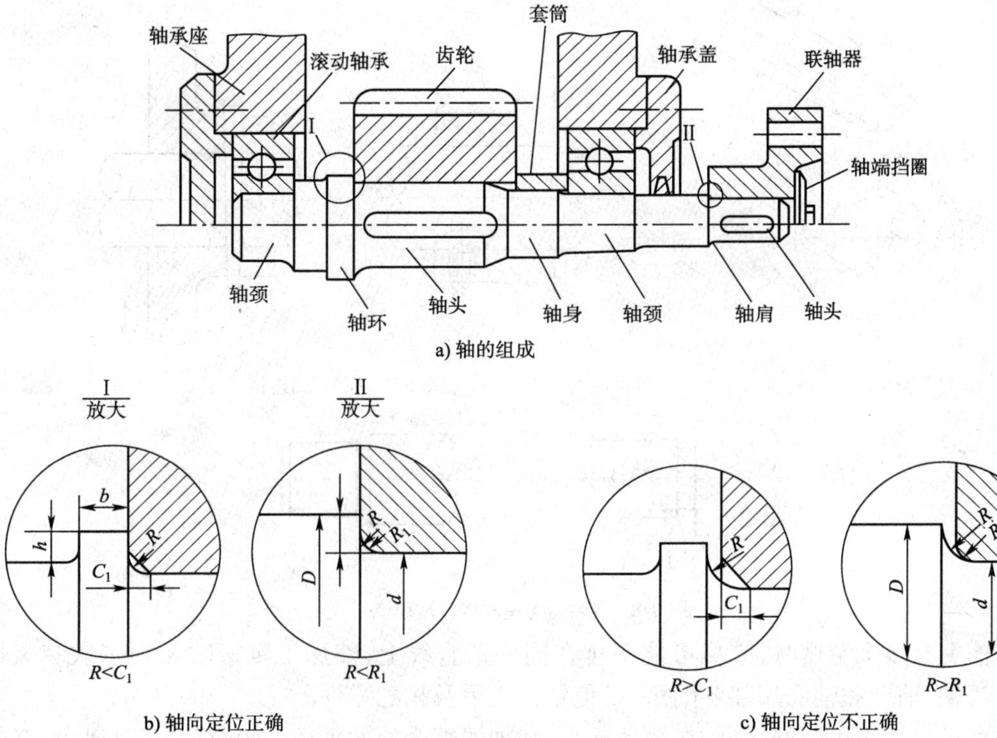

图 9-4 减速器输出轴

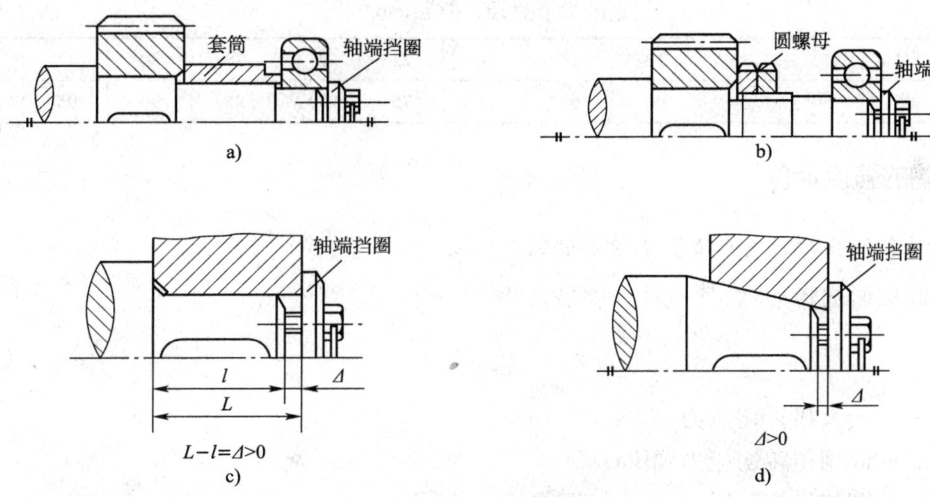

图 9-5 轴上零件的定位和固定方式

轴环与轴肩尺寸 R、b、h 及零件孔端圆角半径 R_1、C_1（单位：mm） 表 9-3

轴径 d	>10 ~ 18	>18 ~ 30	>30 ~ 50	>50 ~ 80	>80 ~ 100
R	0.8	1.0	1.6	1.0	2.5
R_1、C_1	0.6	1.0	1.0	1.0	3.0
h_{min}	1.0	1.5	1.5	4.5	5.5
b	$b=(0.1\sim0.15)d$ 或 $b=1.4h$				

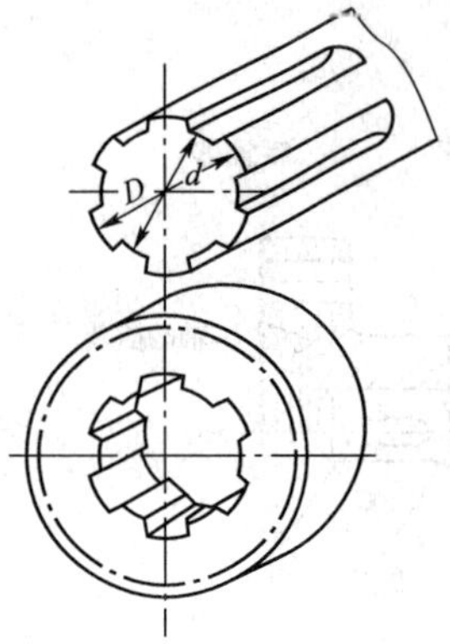

图 9-6　花键连接

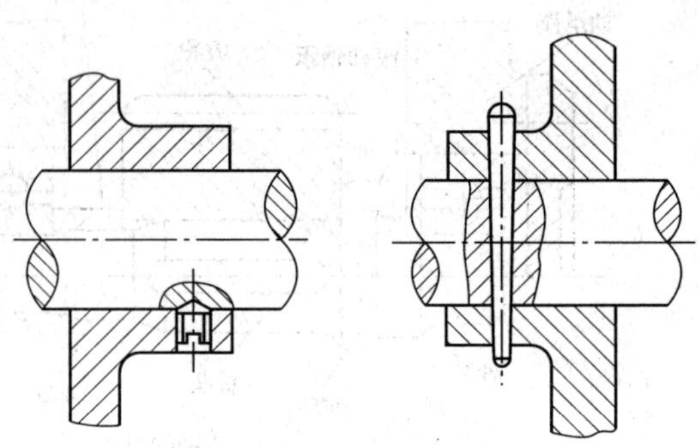

图 9-7　螺钉、销连接

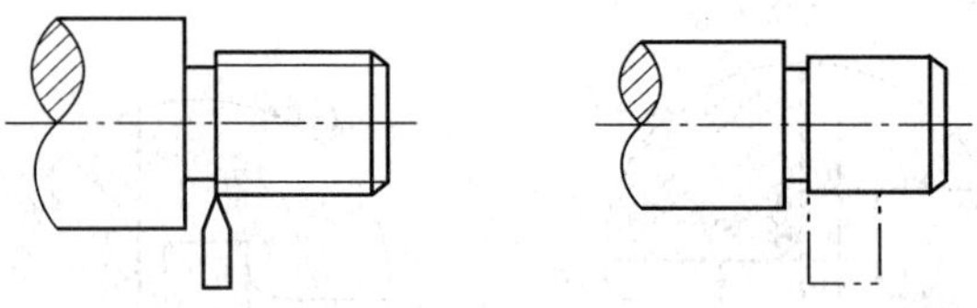

图 9-8　螺纹退刀槽和砂轮越程槽

当轴上有多个键槽时，应尽可能安排在同一条直线上，使加工键槽时无须多次装夹换位。轴两端、轴环和轴肩端部要倒角，以免划伤人手及相配零件。

轴直径尽量采用标准系列，在滚动轴承、联轴器配合处的直径，必须符合滚动轴承、联轴器内径的标准系列；螺纹处的直径应符合螺纹标准系列。轴的标准直径见表 9-4。

轴的标准直径(单位:mm)　　表 9-4

10	11	12	14	16	18	20	22	25	28	30	32	36
40	45	50	56	60	63	71	75	80	85	90	95	100

四、轴的强度计算

1. 传动轴的强度计算(只承受扭矩的轴)

对于圆截面的传动轴，其扭转强度条件为

$$\tau_{max}=\frac{T}{W_T}\leqslant[\tau] \tag{9-1}$$

式中：τ_{max}——最大扭转切应力，MPa；

$[\tau]$——许用扭转切应力，MPa；

T——轴传递的转矩，N · mm，$T=9.55\times10^6P/n$；

W_T——抗扭截面系数mm³，实心圆轴取 $W_T=0.2d^3$；

P——传递的功率，kW；

n——轴的转速，r/min；

d——轴的直径，mm。

选定轴的材料后，许用切应力$[\tau]$已确定。轴直径为

$$d\geqslant\sqrt[3]{\frac{9.55\times10^6}{0.2[\tau]}\ \frac{P}{n}}=C\sqrt[3]{\frac{P}{n}} \tag{9-2}$$

式中：C——与轴的材料和载荷有关的因数，可由表9-5查取。

许用切应力[τ]及C值 表9-5

轴的材料	Q235,20	35	45	40Cr,35SiMn
[τ]/MPa	12~20	20~30	30~40	40~52
C	160~135	135~118	118~106	106~97

2. 转轴的强度计算

由于转轴承受弯扭组合作用，同时轴上零件的位置与轴承和轴承支承间的距离通常尚未确定，所以对转轴的设计，只能先按扭转强度初步估算轴的最小直径，待轴系结构确定后，轴上所受载荷大小、方向、作用点及支承跨距已确定，再按弯扭组合强度校核。

强度校核公式为

$$\sigma_e = \frac{M_e}{W} = \frac{\sqrt{M^2 + (\alpha T)^2}}{0.1d^3} \leqslant [\sigma_{-1}]_{bb} \tag{9-3}$$

式中：σ_e——当量应力，MPa；

M_e——当量弯矩，N·mm；

M——合成弯矩，N·mm；

T——轴传递的转矩，N·mm；

W——轴危险截面的抗弯截面系数，$W=0.1d^3$；

α——由转矩性质而定的折合因数，转矩不变时$\alpha \approx 0.3$，转矩为脉动循环变化时$\alpha \approx 0.6$，对频繁正反转的轴，转矩可认为对称循环变化$\alpha \approx 1$；

$[\sigma_{-1}]$——对称循环状态下的许用弯曲应力(表9-6)。

轴的许用弯曲应力(单位：MPa) 表9-6

材　料	σ_b	$[\sigma_{-1}]_{bb}$	$[\sigma_{+1}]_{bb}$	$[\sigma_0]_{bb}$
碳钢	400	40	130	70
	500	45	170	75
	600	55	200	95
	700	65	230	110
合金钢	800	75	270	130
	900	80	300	140
	1000	90	330	150
	1200	110	400	180

计算轴的直径时，可将式(9-3)改为

$$d \geqslant \sqrt[3]{\frac{M_e}{0.1[\sigma_{-1}]_{bb}}} \tag{9-4}$$

当轴上开有一个键槽时，轴径应增大3%左右，有两个键槽时，轴径应增大7%左右。然后按表9-4圆整成标准值。

由式(9-4)求得的直径如小于或等于由结构确定的轴径，则说明原轴径强度足够；否则应加大各轴段的直径。

【例9-1】 设计带式输送机减速器(图9-9)的输出轴(图9-10)。已知该轴传递功率为$P=5\text{kW}$，转速$n=140\text{r/min}$，齿轮分度圆直径$d=280\text{mm}$，螺旋角$\beta=14°$，法向压力角$\alpha_n=$

20°。作用在右端联轴器上的力 $F=380\text{N}$，方向未定。$L_1=200\text{mm}$，$L_2=150\text{mm}$，载荷平稳，单向运转。轴的材料为45 钢调质处理。

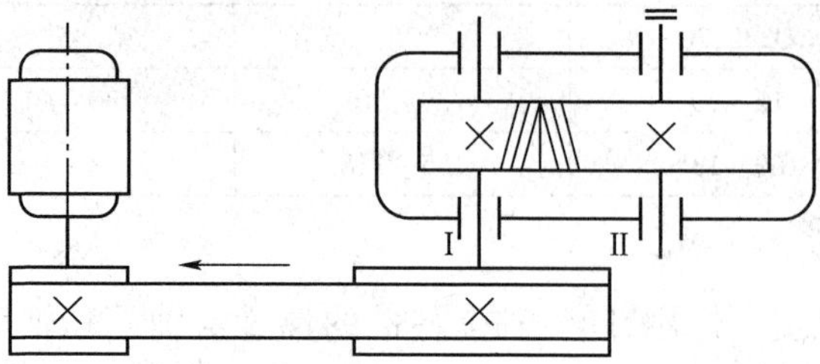

图9-9　带式输送机减速器

【解】　(1)确定许用应力　查表9-2 得，$\sigma_b=650\text{MPa}$，由表9-6 用插入法可得$[\alpha_{-1}]_{bb}=60\text{MPa}$。

(2)按扭转强度估算轴的最小直径输出轴与联轴器相接，输出端最小直径为

$$d_D \geqslant C\sqrt[3]{\frac{P}{n}}$$

查表9-5，45 钢取 $C=118$，则

$$d_D \geqslant 118\sqrt[3]{\frac{5}{140}}\text{mm}=38.85\text{mm}$$

考虑键槽的影响，取 $d_D=38.85\times1.03\text{mm}=39.665\text{mm}$，圆整后取标准直径 $d_D=40\text{mm}$。

(根据轴系结构确定轴 C 处直径 $d_C=65\text{mm}$)

(3)齿轮上作用力的计算。

①齿轮所受的转矩为

$$T=9.55\times10^6\frac{5}{140}\text{N}\cdot\text{mm}=341071\text{N}\cdot\text{mm}$$

②齿轮作用力。

a. 圆周力为

$$F_t=\frac{2T}{d}=\frac{2\times341071}{280}\text{N}=2436\text{N}$$

b. 径向力为

$$F_t=\frac{F_t\tan\alpha_n}{\cos\beta}=\frac{2436\times\tan20^\circ}{\cos14^\circ}\text{N}=858\text{N}$$

c. 轴向力为

$$F_a=F_t\tan\beta=2436\times\tan14^\circ\text{N}=833\text{N}$$

(4)画出轴的空间受力图，如图9-10 所示。

(5)求水平支反力，画水平弯矩图。

水平支反力为

$$F_{Ay}=F_{By}=\frac{F_t}{2}=\frac{2436}{2}\text{N}=1218\text{N}$$

水平弯矩为

$$M_{Cy}=F_{Ay}\frac{L_1}{2}=1218\times\frac{200}{2}\text{N}\cdot\text{mm}=121.8\text{N}\cdot\text{m}$$

(6)求垂直支反力，画垂直弯矩图。

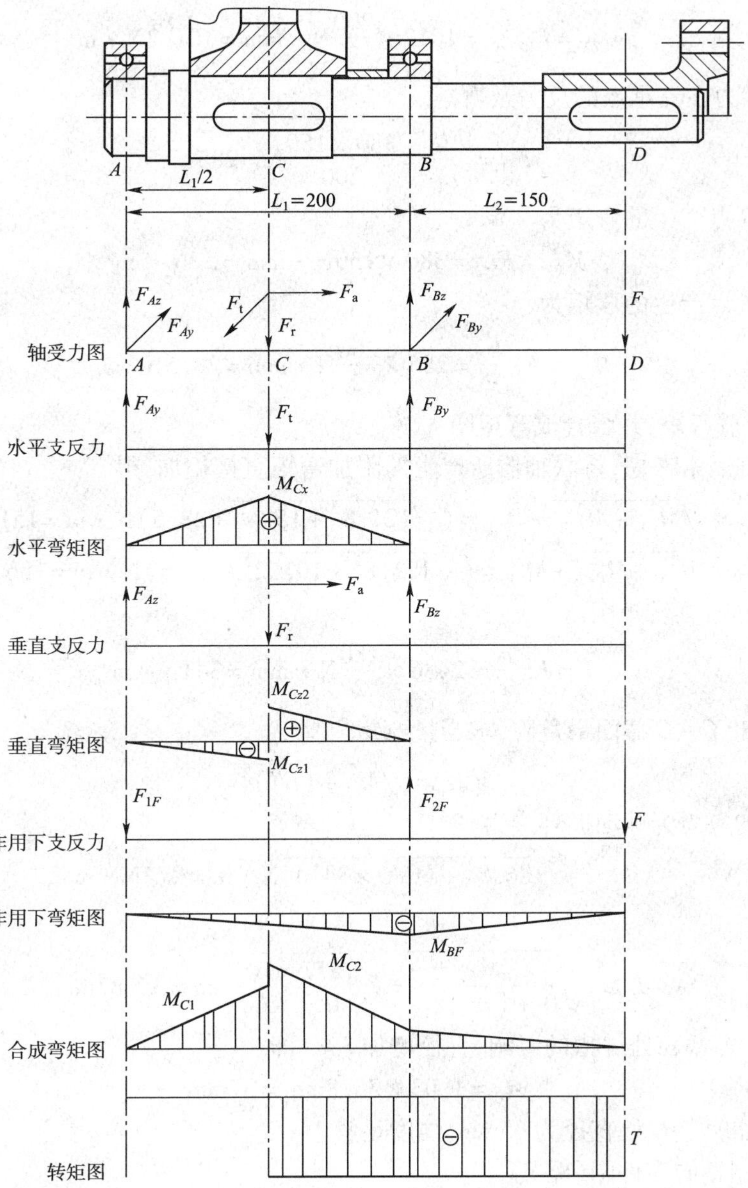

图 9-10　轴系受力及弯矩、转矩图

垂直面支反力为

$$F_r\frac{L_1}{2}-F_a\frac{d}{2}-F_{AZ}L_1=0$$

$$F_{AZ}=\frac{F_r\frac{L_1}{2}-F_a\frac{d}{2}}{L_1}=\frac{858\times\frac{200}{2}-833\times\frac{280}{2}}{200}\mathrm{N}=-154\mathrm{N}\quad(方向向下)$$

$$F_{BZ}=F_r+F_{AZ}=(858+154)\mathrm{N}=1012\mathrm{N}$$

垂直弯矩为

$$M_{CZ1}=F_{AZ}\frac{L_1}{2}=154\times\frac{200}{2}\mathrm{N\cdot mm}=15.4\mathrm{N\cdot m}$$

$$M_{CZ2}=F_{BZ}\frac{L_1}{2}=1012\times\frac{200}{2}\text{N}\cdot\text{mm}=101.2\text{N}\cdot\text{m}$$

(7)求 F 力在支承点的反力及弯矩。

$$F_{1F}=\frac{FL_2}{L_1}=\frac{380\times150}{200}\text{N}=285\text{N}$$

F 力在 B 点产生的弯矩为

$$M_{BF}=FL_2=380\times150\text{N}\cdot\text{mm}=57\text{N}\cdot\text{m}$$

F 力在 C 点产生的弯矩为

$$M_{CF}=F_{1F}\frac{L_1}{2}=285\times\frac{200}{2}\text{N}\cdot\text{mm}=28.5\text{N}\cdot\text{m}$$

(8)求合成弯矩,并画合成弯矩图。

按最不利因素考虑,将联轴器所产生的附加弯矩直接相加,得

$$M_{C1}=\sqrt{M_{CX}^2+M_{CZ1}^2}+M_{CF}=(\sqrt{121.8^2+15.4^2}+28.5)\text{N}\cdot\text{m}=151\text{N}\cdot\text{m}$$

$$M_{C2}=\sqrt{M_{CX}^2+M_{CZ2}^2}+M_{CF}=(\sqrt{121.8^2+101.2^2}+28.5)\text{N}\cdot\text{m}=186.8\text{N}\cdot\text{m}$$

(9)求转矩,画转矩图。

$$T=F_t\frac{d}{2}=2436\times\frac{280}{2}\text{N}\cdot\text{mm}=341\text{N}\cdot\text{m}$$

由图可知,$C-C$ 截面最危险,求当量弯矩

$$M_e=\sqrt{M_C^2+(\alpha T)^2}$$

由于轴的应力为脉动循环应力,取

$$M_e=\sqrt{186.8^2+(0.6\times341)^2}\text{N}\cdot\text{m}=277\text{N}\cdot\text{m}$$

则

$$d_C\geqslant\sqrt[3]{\frac{M_e}{0.1[\sigma_{-1}]_{bb}}}=\sqrt[3]{\frac{277\times10^3}{0.1\times60}}\text{mm}=35.87\text{mm}$$

考虑 $C-C$ 截面处键槽的影响,直径增加3%,即

$$d_C=1.03\times35.8\text{mm}=37\text{mm}$$

结构设计确定 C 处直径为65mm,强度足够。

(10)绘制轴的零件图(略)。

课题二　滚动轴承

一、滚动轴承结构、类型和代号

(一)滚动轴承的结构

滚动轴承由外圈1、内圈2、滚动体3及保持架4组成,如图9-11所示。内圈装在轴颈上,外圈装在机座或零件的轴承孔内。工作时内圈与轴一起转动,外圈不动,滚动体在内、外圈间的滚道(凹槽)上滚动。保持架的作用是把滚动体均匀地隔开,以减少滚动体间的摩擦和磨损。

滚动体有多种形式,常用的滚动有球、圆柱滚子、圆锥滚子、球面滚子和滚针等(图 9-12),以适应对滚动体的不同要求。

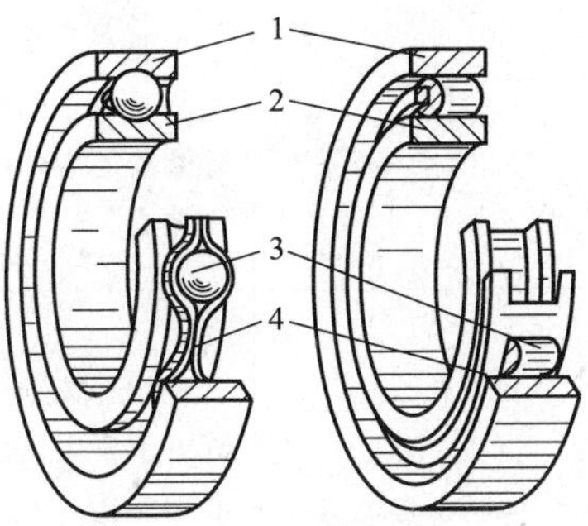

图 9-11 滚动轴承的基本结构

1-外圈;2-内圈;3-滚动体;4-保持架

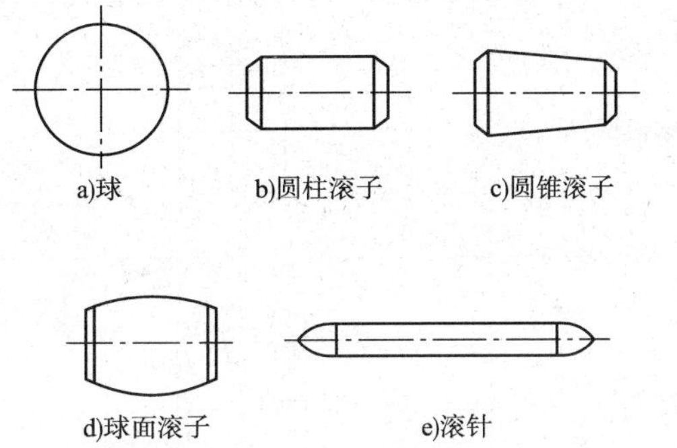

图 9-12 常用滚动体

(二)滚动轴承的结构特性

(1)公称接触角。滚动体与套圈接触处的法线与轴承的径向平面(垂直于轴心线的平面)之间的夹角称为公称接触角,如图 9-13 所示。公称接触角越大,承受轴向载荷的能力也越大。滚动轴承的分类及受力分析都与其有关。

(2)游隙。滚动轴承的游隙是指轴承的内、外套圈与滚动体之间的间隙量,将内圈或外圈中一个套圈固定,另一套圈上下(径向)、左右(轴向)方向移动时的相对移动量。沿径向移动量为径向游隙 Δr,沿轴向移动量为轴向游隙 Δa,如图 9-14 所示。

(3)角偏位。由于制造、安装误差或轴的变形等都会引起轴承与座孔轴线不同轴,两轴线之间所夹锐角 θ 称为角偏位。此时,应使用能适应这种轴线夹角变化的调心轴承(图 9-15)。

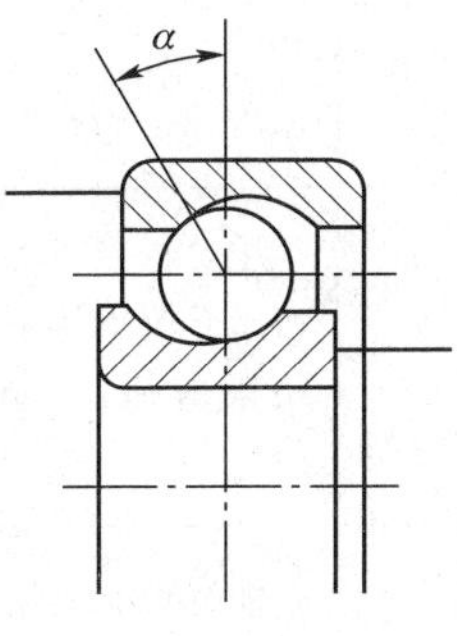

图 9-13 公称接触角

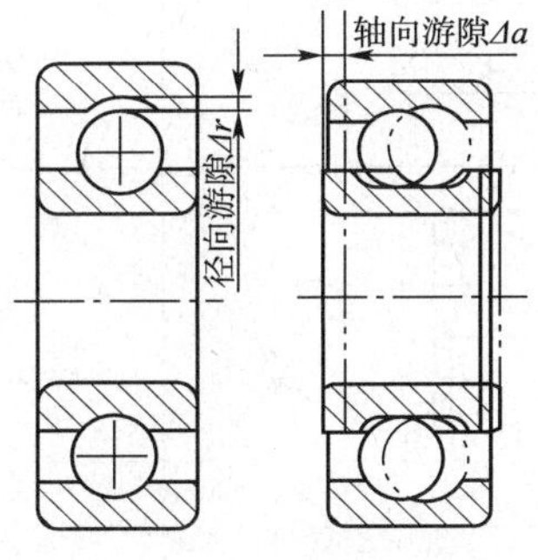

图 9-14 滚动轴承的游隙

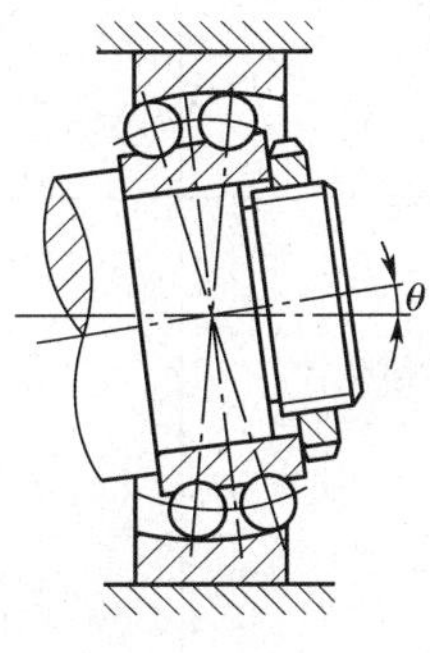

图 9-15 调心轴承

(三)滚动轴承的类型及应用

滚动轴承按滚动体形状分为球轴承和滚子轴承两大类。

(1)球轴承。球状滚动体内、外圈滚道为点接触,故承载荷能力、耐冲击能力低,但极限转速较高,价格便宜。

(2)滚子轴承。滚动体与内、外圈滚道为线接触,承载能力、耐冲击能力较高,但极限转速低,价格较贵。

常用滚动轴承的名称,特性及应用见表 9-7。

滚动轴承的基本类型及特性 表 9-7

名称及代号	结构简图	承载方向	主要特性和应用
调心球轴承(1)	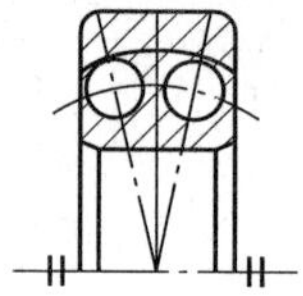	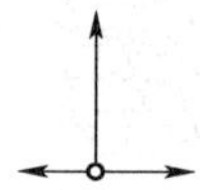	主要承受径向载荷,也可承受较小的轴向载荷,外圈滚道为球面,故能自动调心
调心滚子轴承(2)	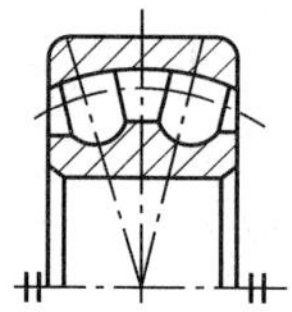	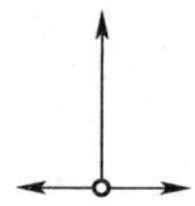	径向承载能力比调心球轴承要大,也有自动调心功能
圆锥滚子轴承(3)	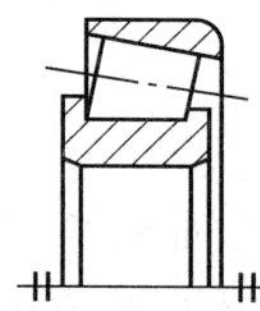	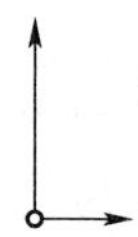	内、外圈可分离,可同时承受较大的轴向和径向载荷,游隙可调整,常成对使用
推力球轴承(4)	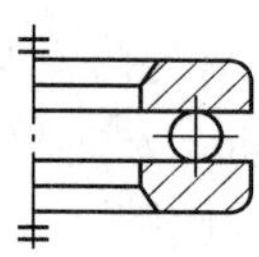		内、外圈、滚动体部件可分离,只能够承受轴向载荷,不允许有轴线角偏差和轴向位移
双向推力球轴承(5)	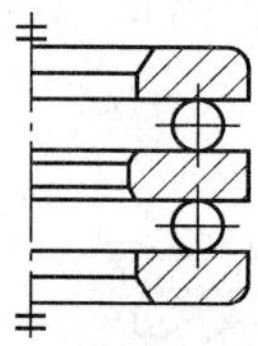	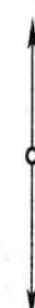	能承受双向轴向载荷,其余功能与推力球轴承相同
深沟球轴承(6)	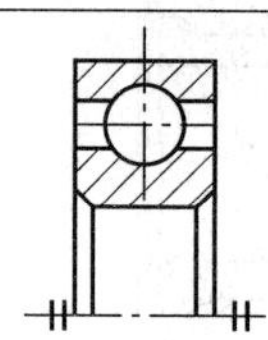	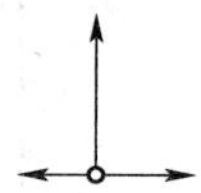	主要承受径向载荷,也可承受较小的轴向载荷,极限转速高,制造成本较低
角接触球轴承(7)	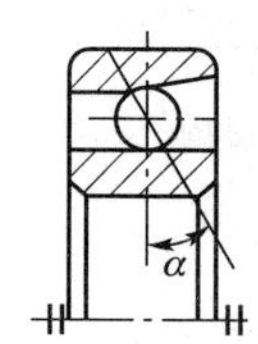	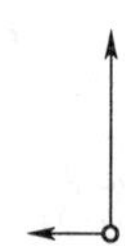	能同时承受径向和轴向载荷,接触角越大,承受轴向载荷的能力越强,成对使用能承受双向轴向载荷
推力滚子轴承(8)	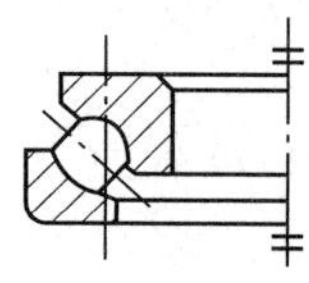	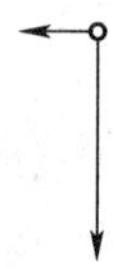	能承受较大的单向轴向载荷,极限转速较低

续上表

名称及代号	结构简图	承载方向	主要特性和应用
圆柱滚子轴承(N)	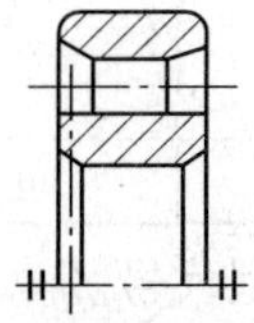	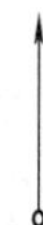	能承受较大的径向载荷,不能承受轴向载荷,内、外圈允许有少量的轴向偏移
滚针轴承(NA)	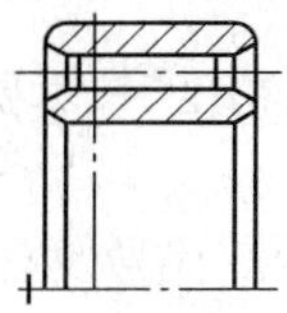		只能承受径向载荷,由于接触线较长,径向承载能力较强,径向尺寸小,一般无保持架

(四)滚动轴承的代号

为了便于生产、设计和选用,国家标准 GB/T 272—1993 规定了滚动轴承代号。滚动轴承代号由前置代号、基本代号和后置代号组成,用数字和字母表示。滚动轴承代号构成见表 9-8。

滚动轴承的代号构成　　表 9-8

前置代号	基本代号				后置代号							
	五	四	三	二	一							
成套轴承部件	类型	宽度系列	外径系列	内径代号		内部结构	密封与防尘套圈	保持架及材料	特殊轴承材料	公差等级	游隙	配置

注:表中数字表示代号自右向左的位置序数。

1. 基本代号

(1)内径代号。右起第一、第二位数字表示轴承内径,其表示方法见表 9-9。

轴承内径代号　　表 9-9

内径代号	00	01	02	03	04~96
轴承内径/mm	10	12	15	17	数字×5

注:内径为 22、28、32 和 500 的轴承,代号直接用内径毫米数表示,但在组合代号用"/"分开。如深沟球轴承 62/22,表示轴 $d=22$mm。

(2)直径系列代号。右起第三位数字表示内径相同而外径不同的轴承尺寸系列,其代号见表 9-10。

直径系列代号　　表 9-10

直径系列代号	0、1	2	3	4
系列	特轻系列	轻系列	中系列	重系列

(3)宽(高)度系列代号。右起第四位数字表示轴承的宽(高)度系列。对向心轴承(受径向载荷),指的是内、外径相同,宽度不同的尺寸系列;对推力轴承(受轴向力),指的是内、外径相同,高度不同的尺寸系列,常用代号见表 9-11。当宽度系列为 0 系列时,可不标注,但对调心或圆锥滚子轴承应标注。

轴承宽(高)度系列代号　　表 9-11

向心轴承宽度代号	0	1	2	3
系列	窄系列	正常系列	宽系列	特宽系列
推力轴承高度代号	7	9	1	2
系列	特低系列	低系列	正常系列	正常系列

(4)轴承类型代号右起第五位数字表示轴承类型代号。

2. 前置代号与后置代号

前置代号与后置代号是轴承在结构形状、尺寸、精度、技术要求与常规轴承有所不同时,为基本代号的补充代号。

(1)前置代号。代表轴承组件,用拉丁字母表示。代号及含义见表 9-12。

(2)后置代号。代号用字母或字母加数字表示。下面介绍常用的有关部分代号的含义。

①内部结构代号。表示内部结构变化,见表 9-13。

②公差等级代号。公差等级代号分为/P0、/P6、/P6x、/P5、P4、P2 等 6 个级别,0 级为普通级,在代号中省略不标。

③常用轴承径向游隙。分 1 组、2 组、0 组、3 组、4 组、5 组共 6 个组别,依次由小到大。其中,0 组为常用游隙组别,在代号中不标注,其余的游隙组别分别用/C1、/C2、/C3、/C4、/C5 表示。

滚动轴承的前置代号　　表 9-12

代　　号	含　　义
L	可分离轴承内圈与外圈。如 LN207 表示轴承外圈可分离
R	无内圈的轴承。如 RNU207
K	表示圆柱滚子轴承 81107 的滚子、保持架组件

滚动轴承内部结构代号　表 9-13

代　　号	接触角 α
B	角接触球轴承 $\alpha = 40°$
C	角接触球轴承 $\alpha = 15°$
AC	角接触球轴承 $\alpha = 25°$

【例 9-2】　说明滚动轴承代号 20205 和 7314B/96 的含义。

【解】

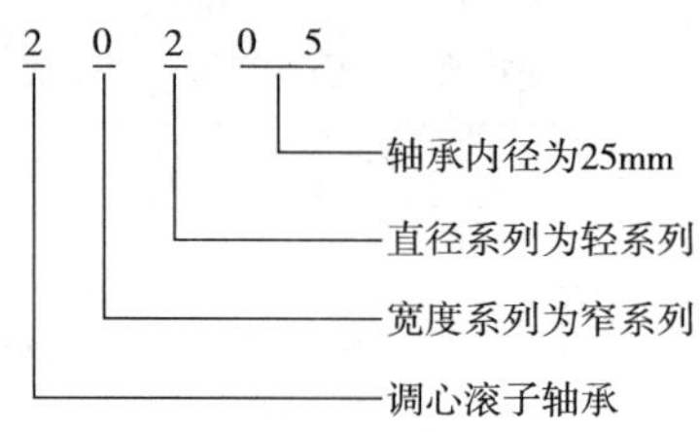

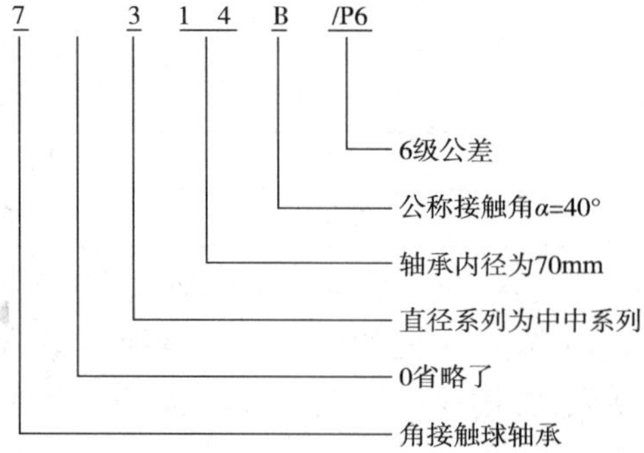

▶▶ 二、滚动轴承的选择

滚动轴承的选择包括类型选择、精度选择和尺寸选择。

1. 类型选择

(1)当转速较高,载荷较小时选球轴承;转速较低,载荷较大或有冲击载荷,选择滚子轴承。

(2)如以径向载荷为主选择深沟球轴承;以轴向载荷为主选推力轴承;径向、轴向载荷相差不多时,选择角接触轴承。

(3)跨度较大,或难以保证轴承孔的同轴度时,选择调心轴承。

(4)为便于安装或常拆卸时,选用内外圈可分离的圆锥滚子轴承。

2. 精度选择

型号相同的轴承,精度越高,价格也越高,一般机械传动应选用普通级(P0)精度。

3. 尺寸选择

(1)类比法选择。轴承内径根据轴颈直径选取,轴承外廓系列根据空间位置用类比法选取。这种方法简便,适用于一般机械的轴承。

(2)计算法选择。根据轴承的载荷、工作转速、失效形式,用计算方法选择轴承型号。适用于重要机械的轴承(详见轴承手册)。

▶▶ 三、滚动轴承的组合设计

为了保证轴承的正常工作,除了合理地选择轴承类型、尺寸外,还应正确地解决轴承的固定、装拆、配合等问题,同时处理好轴承与相邻零件之间的关系。

(一)轴承的支承结构形式

1. 两端单向固定

如图 9-16 所示,每个轴承都靠轴肩和轴承盖作单向固定,两个轴承合起来限制了轴的轴向移动。考虑到轴工作时有少量热膨胀,在一端轴承的外圈端面与轴承盖之间留有 $c=0.25\sim0.4$mm 间隙,间隙大小通过调整垫片组的厚度来实现。这种支承结构简单,便于安装,适用于温差不大,跨距较小的场合。

2. 一端固定、一端游动

如图 9-17 所示,一端轴承的内、外圈双向固定(图 9-17a 右端,图 9-17b 左端),限制了轴的双向移动。另一端外圈两侧均不固定(游动)。游动支承与轴承盖之间应留有足够大的间隙,一般 $c=3\sim8$mm。对于角接触轴承和圆锥滚子轴承,不可能留有很大的内部间隙,应将两个角接触轴承装在一端作双向固定,另一端采用深沟球轴承或圆柱滚子轴承做滚动支承(图 9-17b)。这种结构比较复杂,但工作稳定性好,适用于轴较长或温度变化较大的场合。

(二)滚动轴承组合结构的调整

1. 轴承间隙的调整

(1)调整垫片。靠加减轴承端盖与箱体间垫片厚度进行调整,如图 9-18a)所示。

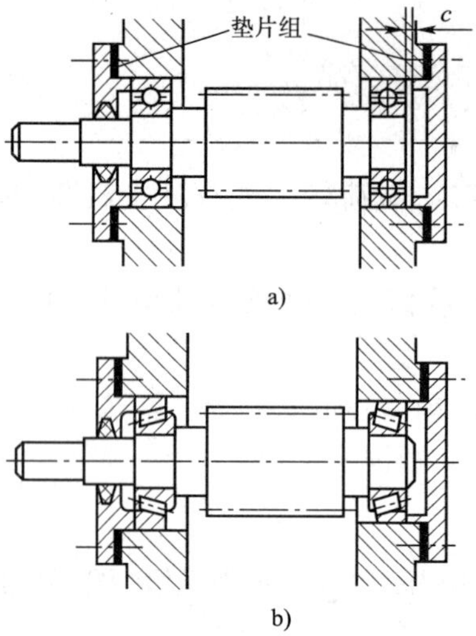

图 9-16　两端单向固定支承

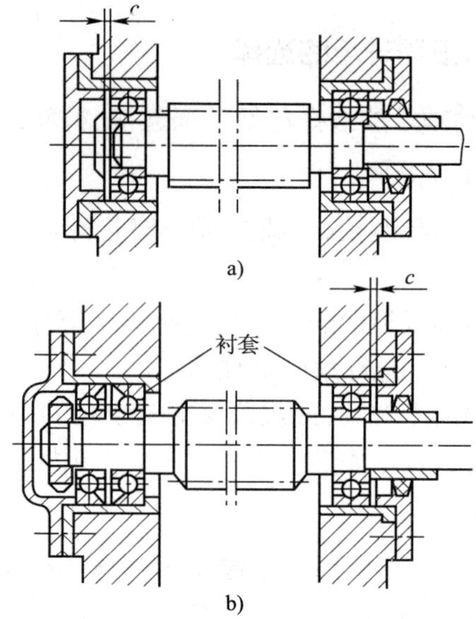

图 9-17　一端固定，一端游动

（2）调整螺钉。利用调整螺钉移动压盖进行调整。如图 9-18b）所示。

（3）调整端盖。利用调整端盖与座孔内的螺纹连接进行调整，如图 9-18c）所示。

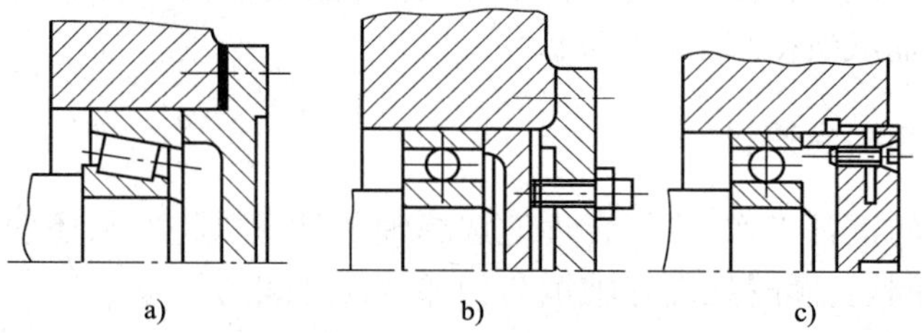

图 9-18　轴承间隙的调整

2. 轴的轴向位置调整

为了保证机器能正常工作，装配时轴上零件必须有准确的位置。如图 9-19a）所示的主、从动锥齿轮轴承组合应能按图示方向调整位置，使之两轮分度圆锥顶点重合，才能正确啮合。

蜗杆蜗轮传动的轴承组合应按图 9-19b）图示方向调整位置。

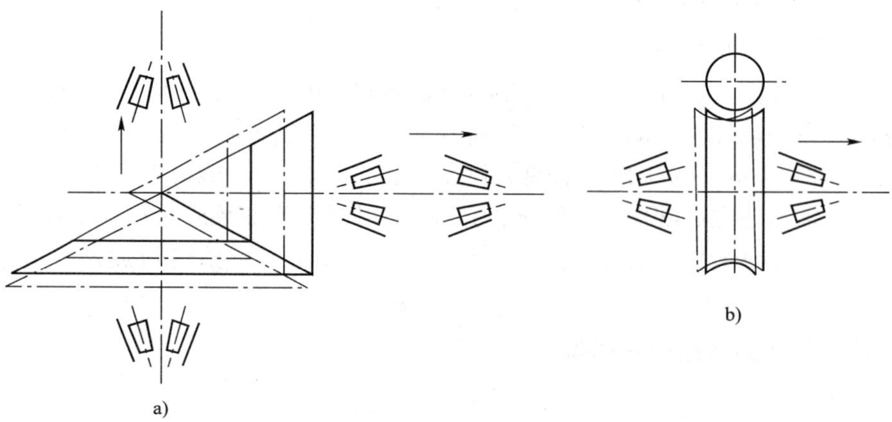

图 9-19　轴上零件轴向位置的调整

课题三　轴承的校核

一、滚动轴承的受载情况分析

以深沟球轴承为例来进行分析，如图9-20所示。在轴承工作的某一瞬时，滚动体处于如图9-20所示的位置时，径向载荷F_r通过轴颈作用于内圈，位于上半圈的滚动体不承受载荷，而下半圈的滚动体将承受不同大小的载荷，沿F_r作用线上的那个滚动体受载最大。如果假定内、外圈的几何形状并不改变，则由于它们与滚动体接触处共同产生局部接触变形，内圈将下沉一个距离δ_0，即在载荷作用线上的接触变形量为δ_0，不在载荷作用线上的其他各点，虽然也下沉δ_0，但其有效的变形量将不是δ_0，而是沿中间向两边逐渐减少。

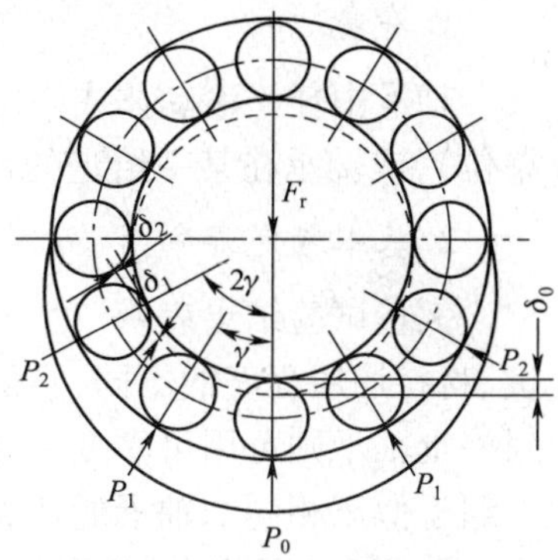

图9-20　深沟球轴承径向载荷的分布情况

滚动轴承工作时，一般是外圈固定、内圈转动或内圈固定、外圈转动。随着转动套圈相对固定套圈的转动，滚动体也随着转动，这样轴承元件所受的载荷呈周期性变化。

二、滚动轴承的失效形式和计算准则

（一）根据滚动轴承的工作情况，其主要失效形式有以下三种

1. 点蚀

在接触疲劳应力作用下发生点蚀破坏，使轴承运转时发生振动和噪声，丧失精度。为了防止点蚀，需要进行疲劳寿命计算。

2. 塑性变形

在静负荷及冲击负荷下，滚动体和套圈滚道发生塑性变形凹坑，加大摩擦，降低运转精度。为防止塑性变形，需要进行静负荷计算。

3. 磨损

在多尘或润滑不良条件下，轴承套圈或滚动体产生磨粒磨损，高速运转时还会出现胶合磨损，引起表面发热甚至滚动体回火。

为防止和减轻磨损，应限制工作转速，加强润滑和密封。滚动轴承由于安装、拆卸和使用不当，还会引起轴承元件破裂等其他失效，也应采取相应措施加以防止。

（二）计算准则

针对轴承可能产生的失效，采取相应的对策，拟定如下的计算准则，以保证轴承在预定期限内可靠地工作。

（1）对于一般转速（$10\text{r/min} < n < n_{\lim}$）的轴承，其主要的失效形式是疲劳点蚀，需以疲劳强度计算为依据进行轴承的寿命计算。

（2）对于高速轴承，除疲劳点蚀外其工作表面的过热也是重要的失效形式，因此除需进行寿命计算外还应校核其极限转速。

(3)对于低速($n<1r/min$)轴承,可近似地认为轴承各元件是在静应力作用下工作,其主要失效形式是过量的永久变形。为控制其永久变形,需对轴承进行静强度计算。

三、滚动轴承的寿命计算

滚动轴承寿命计算的目的是防止轴承在预期工作时间内产生疲劳点蚀失效。

(一)基本额定寿命和基本额定动载荷

1. 寿命

轴承中任一滚动体或内、外圈滚道上出现疲劳点蚀失效前所经历的总转数(以 10^6转为单位),或轴承在某一给定的恒定转速下的总工作小时数称为轴承的寿命。

2. 基本额定寿命

大量试验结果表明,对一批同型号的轴承即使在同样的工作条件下运转,由于制造精度、材料均质程度的不同,它们的寿命也极不相同。对于单个轴承很难预知其确切寿命,但对一批轴承则可用可靠度来计算轴承寿命。所谓轴承寿命可靠度是指在同一条件下运转的一组近似于相同的轴承能达到或超过某一规定寿命的百分率。基本额定寿命是指一批同型号的轴承在相同条件下运转时,10% 的轴承发生疲劳点蚀失效,而 90% 的轴承未发生疲劳点蚀失效前运转的总转数(以 10^6转为单位),或在恒定转速下运转的总工作小时数,分别用 L_{10}和 L_h表示,其可靠度为 90% 。

3. 基本额定动载荷

基本额定寿命为 10^6转时轴承所能承受的最大载荷称为基本额定动载荷,即轴承在基本额定动载荷作用下不发生疲劳点蚀失效的轴承寿命可靠度为 90% 。基本额定动载荷用 C 表示,对于主要承受径向载荷的向心轴承为径向基本额定动载荷 C_r;对于主要承受轴向载荷的推力轴承为轴向基本额定动载荷 C_a。基本额定动载荷是衡量轴承承载能力的主要指标。轴承的基本额定动载荷越大,则其抗疲劳点蚀的能力越强。各种轴承的基本额定动载荷值可在有关轴承标准中查得。

(二)滚动轴承寿命的计算公式

大量试验证明滚动轴承所承受的载荷 P 与寿命 L 的关系如图 9-21 所示,其方程为

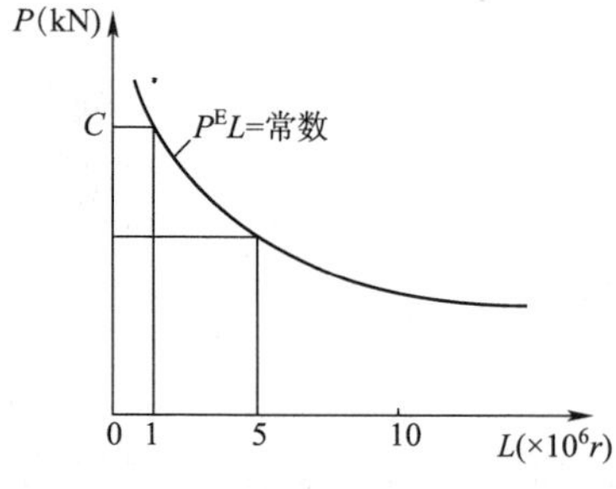

图 9-21　滚动轴承的载荷—寿命曲线

$$P^{\varepsilon}L_{10}=常数 \tag{9-5}$$

式中:P——当量动载荷,N;

L_{10}——基本额定寿命,10^6r;

ε——寿命指数,球轴承 $\varepsilon=3$,滚子轴承 $\varepsilon=10/3$。

由基本额定动载荷的定义可将上式改写为 $P^{\varepsilon}L_{10}=C^{\varepsilon}\times1$,故有滚动轴承寿命计算的基本公式为

$$L_{10}=\left(\frac{C}{P}\right)^{\varepsilon}10^6r \tag{9-6}$$

实际计算时常用小时(h)表示寿命(L_h),将式(9-6)整理后可得工作温度 $t\leqslant120℃$ 时基本额定寿命 L_h 的计算式为

$$L_h=\frac{16667}{n}\left(\frac{C}{P}\right)^{\varepsilon}\quad(h) \tag{9-7}$$

式中：C——基本额定动载荷，N（请查有关手册）；

n——轴承转速，r/min。

若当量动载荷 P 和转速 n 已知，工作使用寿命 L_h 也已确定，则可变换式（9-7）求出待选轴承的所需额定动载荷 C'，从而选择轴承并使 $C \geqslant C'$。轴承工作寿命 L_h' 的推荐值，通常为 10000～30000h。

（三）当量动载荷 P 的计算

滚动轴承的基本额定动载荷 C 是在一定条件下确定的。对向心轴承是指承受纯径向载荷；对推力轴承是指承受纯轴向载荷。寿命计算时，如果作用在轴承上的实际载荷与上述条件不一样，必须将实际载荷折算成与上述条件相同的载荷。在此载荷作用下，轴承的寿命与实际载荷作用下的寿命相同，这种折算后的假想载荷称为当量动载荷，用 P 表示。当量动载荷的计算式为

$$P = K_P(XF_r + YF_a) \tag{9-8}$$

式中：F_r——轴承所受的径向载荷，N；

F_a——轴承所受的轴向载荷，N；

X、Y——分别为径向载荷系数和轴向载荷系数，单列向心轴承可查表 9-14；

K_p——载荷系数，查表 9-15。

（单列）向心轴承的 X，Y 系数　　表 9-14

轴承类型		F_a/C_0	e	$F_a/F_r > e$		$F_a/F_t \leqslant e$	
				X	Y	X	Y
深沟球轴承（6 类）		0.014	0.19		2.30		
		0.028	0.22		1.99		
		0.056	0.26		1.71		
		0.084	0.28		1.55		
		0.11	0.30	0.56	1.45	1	0
		0.17	0.34		1.31		
		0.28	0.38		1.15		
		0.42	0.42		1.04		
		0.56	0.44		1.00		
角接触球轴承（7 类）	70000C（$\alpha = 15°$）	0.015	0.38		1.47		
		0.029	0.40		1.40		
		0.058	0.43		1.30		
		0.087	0.46		1.23		
		0.12	0.47	0.44	1.19	1	0
		0.12	0.50		1.12		
		0.29	0.55		1.02		
		0.44	0.56		1.00		
		0.58	0.56		1.00		
	70000AC（$\alpha = 25°$）	—	0.63	0.41	0.87	1	0
	70000B（$\alpha = 40°$）	—	1.14	0.35	0.57	1	0
圆锥滚子轴承（3 类）		—	1.5tanα	0.4	0.4cotα	1	0

注：F_a/C_0 为表上中间值时可用插值法。C_0 是轴承的基本额定静载荷，α 为公称接触角。

载荷系数 K_p 表 9-15

载荷性质	K_p	举例
无冲击或轻微冲击	1.0～1.2	电动机、汽轮机、通风机、水泵等
中等冲击或中等惯性力	1.2～1.8	车辆、动力机械、起重机、造纸机、冶金机械、选矿机、水力机械、卷扬机、木材加工机、传动装置、机床等
强大冲击	1.8～3.0	破碎机、轧钢机、石油钻机、振动筛等

【例 9-3】 如图 9-22a)所示，某齿轮箱低速轴 A、B 两支点均采用 6310 深沟球轴承，轴系两端单向固定，设轴上齿轮的三个分力 $F_t = F_r = F_x = 5\text{kN}$，轴的转速 $n = 160\text{r/min}$，其他尺寸如图 9-22 所示。工作时有中等冲击，试求两支承中受载较大轴承的寿命。

【解】 (1)求 A、B 两支承的径向载荷 F_{rA} 和 F_{rB}。

①如图 9-22b)所示，在铅垂面(V 面)，求 F_{VA} 和 F_{VB}。

$$\sum M(A) = 200F_{VB} - 100F_r - 100F_x = 0$$

得

$$F_{VB} = F_r = 5\text{kN}$$

$$\sum F(z) = F_{VA} - F_r + F_{VB} = 0$$

得

$$F_{VA} = 0$$

②如图 9-22c)所示，在水平面(H 面)上，求 F_{HA} 和 F_{HB}。

$$F_{HA} = F_{HB} = F_t/2 = 2.5\text{kN}$$

③求径向载荷 F_{rA} 和 F_{rB}。

$$F_{rA} = \sqrt{F_{VA}^2 + F_{HA}^2} = \sqrt{0^2 + 2.5^2} = 2.5\text{kN}$$

$$F_{rB} = \sqrt{F_{VB}^2 + F_{HB}^2} = \sqrt{5^2 + 2.5^2} = 5.59\text{kN}$$

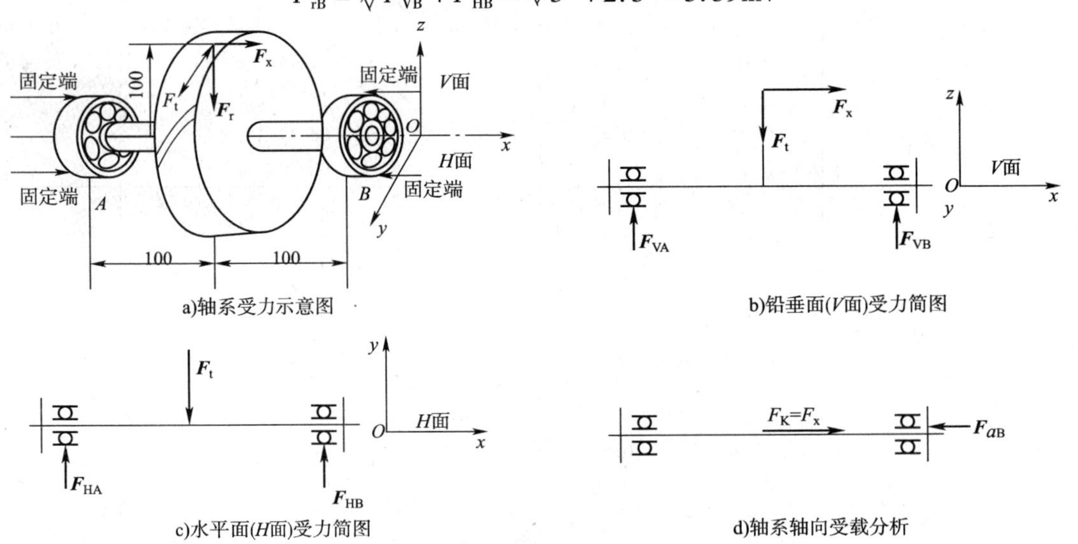

a)轴系受力示意图 b)铅垂面(V面)受力简图 c)水平面(H面)受力简图 d)轴系轴向受载分析

图 9-22 低速轴受力分析

(2)求 A、B 两轴承的轴向载荷 F_{aA} 和 F_{aB}。

如图 9-22d)所示，由于采用两端单向固定支承，轴向载荷由 B 轴承承受。$F_{aB} = F_x = 5000\text{N}$，$F_{aA} = 0$。

可见，B 轴承受载较大。

(3)求当量动载荷 P_B

查相关手册可知，深沟球轴承 6310 的 $C = 61.8\text{kN}$，$C_0 = 38.0\text{kN}$。由表 9-14，计算 $F_{aB}/C_0 = 5/38 = 0.132$，用插值法求得 $e = 0.135$。$F_{aB}/F_{rB} = 5/5.59 = 0.895 > e$，查表 9-14 得系数 $X_B = 0.56$，$Y_B = 1.4$(插值求得)。查表 9-15，取 $K_P = 1.5$，由式(9-8)得

$$P_B = K_P(X_B F_{rB} + Y_B F_{aB}) = 1.5 \times (0.56 \times 5.590 + 1.4 \times 5000) = 15196\text{N}$$

(4)求轴承寿命 L_{hB}

$$L_{hB} = \frac{16667}{n}\left(\frac{C}{P}\right)^3 = \frac{16667}{160} \times \left(\frac{61800}{15196}\right)^3 = 7006\text{h}$$

四、角接触球轴承和圆锥滚子轴承的轴向载荷计算

为了使角接触球轴承(或圆锥滚子轴承)能正常工作，通常采用两个轴承成对使用、对称安装的方式，如图 9-23 所示。这两类轴承的结构特点是在滚动体与滚道接触处存在着接触角 α，当其承受径向载荷 F_r时，要产生一个内部轴向力 F_s。在计算其所承受的轴向载荷时，要同时考虑外部轴向载荷和内部轴向力两个部分，并通过力的平衡关系求得轴承所受的总轴向载荷。

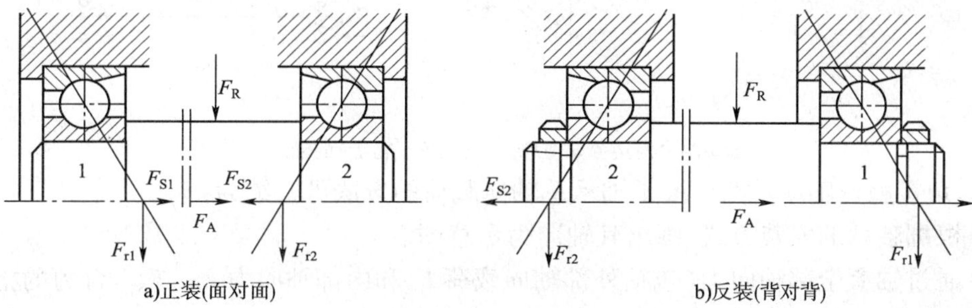

图 9-23　角接触球轴承(或圆锥滚子轴承)载荷的分布

角接触球轴承和圆锥滚子轴承在承受径向载荷 F_r时，所产生的内部轴向力 F_s的方向由外圈的宽边指向窄边，其值可按表 9-16 所列的近似公式来计算。

角接触球轴承和圆锥滚子轴承的内部轴向力 F_s　　表 9-16

轴承类型	角接触球轴承			圆锥滚子轴承
F_s	70000C 型($\alpha = 15°$)	70000AC 型($\alpha = 25°$)	70000B 型($\alpha = 40°$)	30000 型
	eF_r	$0.68F_r$	$1.14F_r$	$F_r/2Y$

注：1. Y 为圆锥滚子轴承的轴向载荷系数，其值取表 9-14 中 $F_a/F_r > e$ 的 Y 值。

2. 若接触角 α 与 Y 的关系式为 $Y = 0.4\cot\alpha$，可查有关手册确定 α 的值。

如图 9-24a)所示的轴承Ⅰ及Ⅱ为面对面安装，F_A和 F_R分别为作用在轴上的轴向载荷和径向载荷，F_{r1}、F_{r2}分别为轴承Ⅰ、Ⅱ所受径向反力，F_{S1}、F_{S2}为由此产生的内部轴向力。轴上各轴向力的简化示意图如图 9-24b)所示。

若 $F_{S1} + F_A > F_{S2}$，如图 9-24c)所示，轴将有向右移动的趋势，使右端轴承Ⅱ被“压紧”，左端轴承Ⅰ被“放松”，根据力的平衡关系，轴承Ⅱ的外圈上必有一个向左的附加轴向平衡力 F'_{S2}，即 $F_{S1} + F_A = F_{S2} + F'_{S2}$，由此可得 $F'_{S2} = F_{S1} + F_A - F_{S2}$。轴承Ⅰ只受自身内部轴向力 F_{S1}的作用，而轴承Ⅱ则受到内部轴向力 F_{S2}和附加轴向平衡力 F'_{S2}的共同作用，因此，压紧端轴承Ⅱ的总轴向载荷为

$$F_{a2} = F_{S2} + F_{S2}' = F_{S1} + F_A$$

放松端轴承Ⅰ的总轴向载荷为

$$F_{a1} = F_{S1}$$

若 $F_{S1} + F_A < F_{S2}$，如图9-24d)所示，轴将有向左移动的趋势，左端轴承Ⅰ被“压紧”，右端轴承Ⅱ被“放松”。同理，轴承Ⅰ的外圈也必有一个向右的附加轴向平衡力 F_{S1}'，即 $F_{S1} + F_A + F_{S1}' = F_{S2}$，由此可得 $F_{S1}' = F_{S2} - F_{S1} - F_A$，则有

压紧端轴承Ⅰ的总轴向载荷为

$$F_{a1} = F_{S1} + F_{S1}' = F_{S2} - F_A$$

放松端轴承Ⅱ的总轴向载荷为

$$F_{a2} = F_{S2}$$

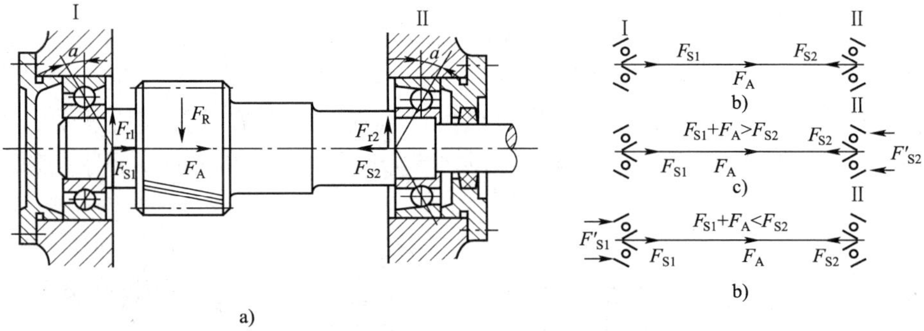

图9-24　角接触球轴承(或圆锥滚子轴承)的轴向力

计算角接触球轴承及圆锥滚子轴承总轴向载荷的方法可归纳为：

(1)根据轴承的安装方式，画出其轴向力示意图。

(2)通过轴上全部轴向力(包括外部轴向载荷 F_A 和内部轴向力 F_{S1}、F_{S2})合力的指向，判断轴的移动趋势，确定“压紧”与“放松”端轴承。

(3)“压紧”端轴承的总轴向载荷等于除自身内部轴向力外，其他各轴向力的代数和。

(4)“放松”端轴承的总轴向载荷等于其自身内部轴向力。

【例9-4】　在一工程机械的传动装置中，根据工作条件决定采用一对向心角接触轴承(图9-25)，并初选轴承的型号为7211AC。已知轴承所受载荷 $F_{r1} = 3300\text{N}$，$F_{r2} = 1000\text{N}$，轴向载荷 $F_A = 900\text{N}$，轴的转速 $n = 1750\text{r/min}$，轴承在常温下工作，运转中受中等冲击，轴承预期寿命为10000h。试问所选轴承型号是否恰当？

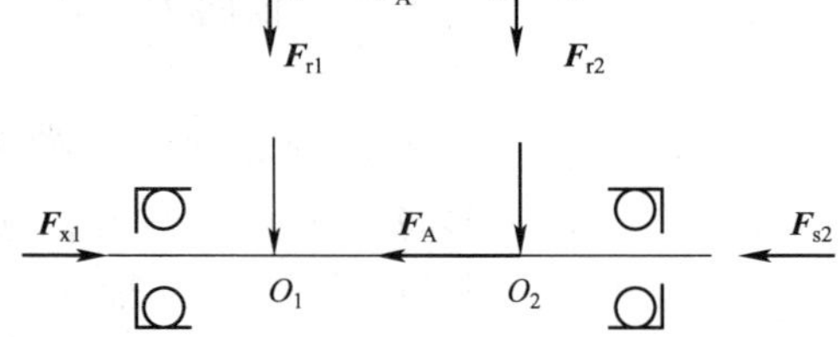

图9-25　轴承受力分析图

【解】　(1)计算轴承的轴向力 F_{a1}，F_{a2}。

由表9-16查得7211AC轴承内部轴向力的计算公式为 $F_s = 0.68F_r$。

则

$$F_{s1} = 0.68F_{r1} \times 3300\text{N} = 2244\text{N}\quad(\text{方向如图所示})$$

$$F_{s2} = 0.68F_{r2} \times 1000\text{N} = 680\text{N}\quad(\text{方向如图所示})$$

因为

$$F_{s2} + F_A = (680 + 900)\text{N}$$
$$= 1580\text{N} < F_{s1}$$

所以轴承 2 为压紧端,故

$$F_{a1} = F_{s1} = 2244\text{N}$$
$$F_{a2} = F_{s1} - F_A = (2244 - 900) = 1344\text{N}$$

(2)计算轴承的当量动载荷 P_1、P_2。

由表 9-14 查得 7211AC 轴承的 $e = 0.68$,而

$$\frac{F_{a1}}{F_{r1}} = \frac{2244}{3300} = 0.68 = e$$

$$\frac{F_{a2}}{F_{r2}} = \frac{1344}{1000} = 1.344 > e$$

查表 9-14 可得 $X_1 = 1, Y_1 = 0; X_2 = 0.41, Y_2 = 0.87$。

根据表 9-15 取 $K_p = 1.4$,则轴承的当量动载荷为

$$P_1 = K_p(X_1F_{r1} + Y_1F_{a1}) = 1.4 \times (1 \times 3300 + 0 \times 2244)\text{N} = 4620\text{N}$$
$$P_2 = K_p(X_2F_{r2} + Y_2F_{a2}) = 1.4 \times (0.41 \times 1000 + 0.87 \times 1344)\text{N} = 2211\text{N}$$

(3)计算轴承的寿命 L_h。

因为两个轴承的型号相同,所以其中当量动载荷大的轴承寿命短。因 $P_1 > P_2$,所以只计算轴承 1 的寿命。查手册得 7211AC 轴承的 $C_r = 50500\text{N}$,所以轴承寿命为

$$L_h = \frac{16667}{n}\left(\frac{C}{P}\right)^{\varepsilon} = \frac{16667}{1750}\left(\frac{50500}{4620}\right)^3 = 12437\text{h}$$

由此可见轴承寿命大于轴承的预期寿命,所以所选轴承的型号合适。

课题四　滑动轴承

滑动轴承用于高速、精密机械(如汽轮发电机、内燃机和高精密机床等)和低速、重载或冲击载荷较大的一般机械(如铁路机车、冲压机械、农业机械和起重设备等)中。

按受载方向,滑动轴承分为受径向载荷的径向滑动轴承和受轴向载荷的止推轴承。

一、径向滑动轴承

1. 整体式滑动轴承

图 9-26 所示为典型整体式滑动轴承。它由轴承座 1 和轴瓦 2 组成,结构简单,成本低。

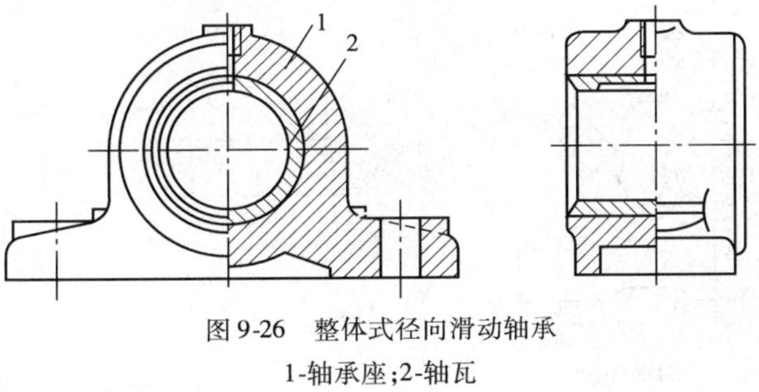

图 9-26　整体式径向滑动轴承

1-轴承座;2-轴瓦

但轴颈和轴承孔间的间隙无法调整，当轴承磨损到一定程度必须更换轴瓦。此外，在装拆时必须做轴向移动，很不方便，故多用于轻载、低速而不经常拆装的场合。这种轴承有标准可供选择。其标准见 JB/T 2560—2007。

2. 剖分式滑动轴承

图 9-27 所示为剖分式滑动轴承。它由轴承座 3、轴承盖 2、剖分的上下轴瓦 4 和 5、螺栓 1 等组成。轴承盖上部开有螺纹孔，用以安装油杯或油管。剖分式轴瓦通常是下轴瓦承受载荷，上轴瓦不承受载荷。为了节省贵重金属通常在轴瓦内表面贴附一层轴承衬。为了使润滑油能均匀分布在整个工作表面上，一般在轴瓦不承受载荷的表面上开出油沟和油孔，油沟的形式很多，如图 9-28 所示。轴承盖和轴承座的剖分面制成阶梯形定位止口，这样在安装时容易对中，并可承受剖分面方向的径向分力，保证螺栓不受横向载荷。

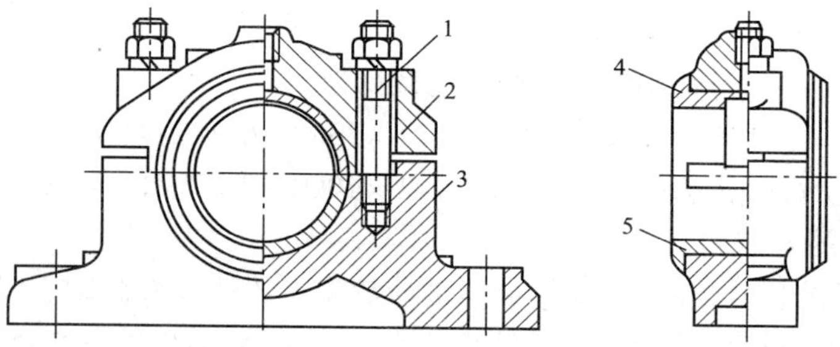

图 9-27 剖分式滑动轴承
1-螺栓；2-轴承盖；3-轴承座；4-上轴瓦；5-下轴瓦

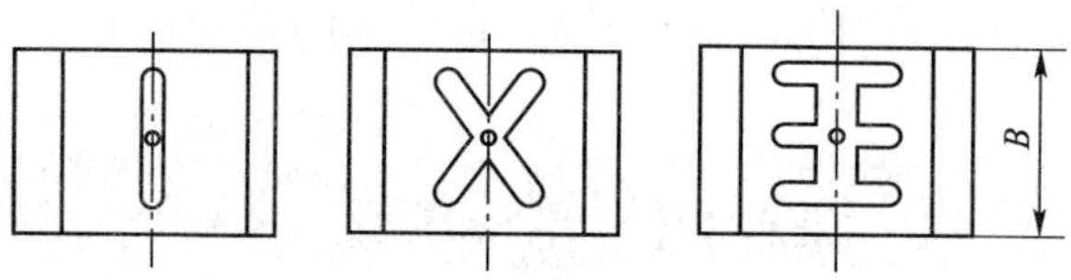

图 9-28 油沟的形式

当载荷垂直向下或略有偏斜时，轴承的剖分面平常为水平面。若载荷方向有较大偏斜时，则轴承的剖分面可倾斜布置，使剖分面垂直或接近垂直于载荷(图 9-29)。

3. 自动调心式径向滑动轴承

当轴承宽度 B 较大时($B/d>1.5\sim2$)，由于轴的变形、装配或工艺原因，会引起轴颈轴线与轴承轴线偏斜，使轴承两端边缘与轴颈局部接触(图 9-30a)，这将导致轴承两端边缘急剧磨损。因此，应采用自动调心式滑动轴承。常见调心滑动轴承结构为轴承外支承表面呈球面，球面的中心恰好在轴线上(图 9-30b)，轴承可绕球形配合面自动调整位置。

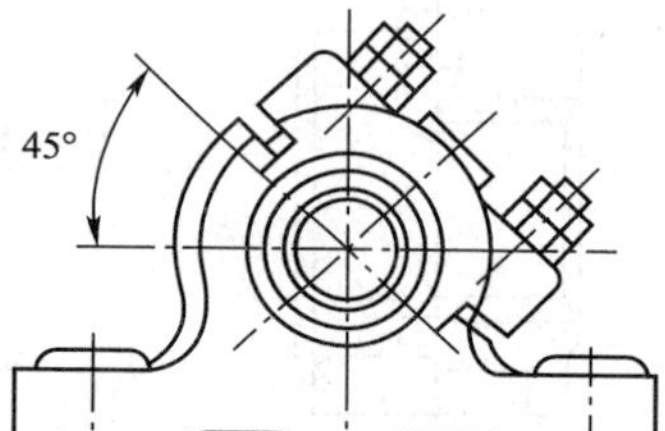

图 9-29 斜开式径向滑动轴承

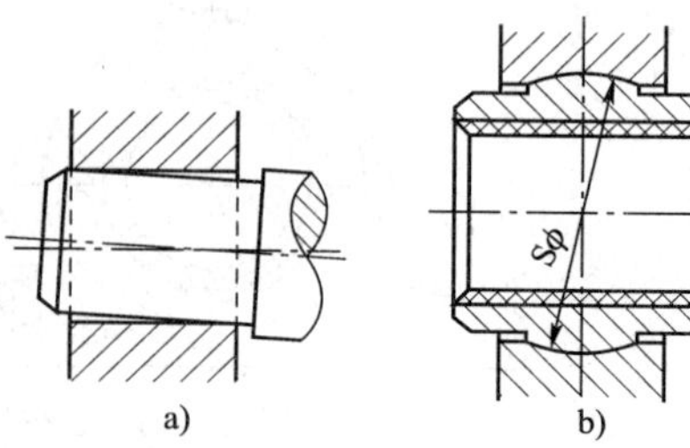

图 9-30 自动调心式径向滑动轴承

二、止推轴承

图9-31所示为止推滑动轴承。它由轴承座1、衬套2、轴瓦3和推力轴瓦4组成。为了使推力轴瓦工作表面受力均匀，推力轴承底部制成球面，用销钉5来防止轴瓦随轴转动。润滑油从下面油管注入，从上面油管导出。这种轴承主要承受轴向载荷，也可承受较小的径向载荷。

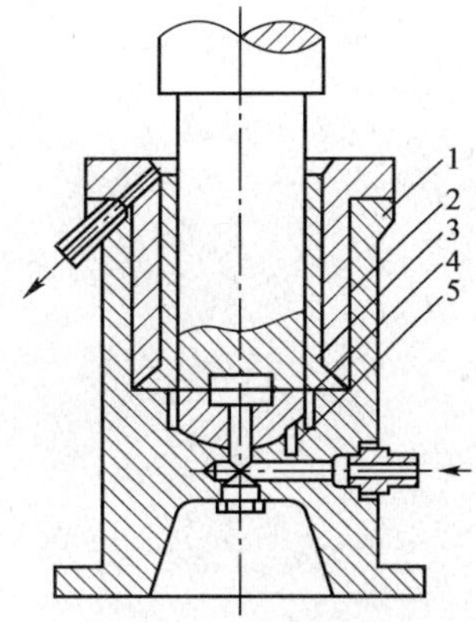

图9-31 止推滑动轴承
1-轴承座；2-衬套；3-轴瓦；4-推力轴瓦；5-销钉

图9-32所示为常见的止推轴承轴颈的结构形式，有实心、空心、环形和多环形等几种。由图可见，止推轴承的工作表面可以是轴的端面或轴上的环形平面。由于支承面上离中心越远处，其相对滑动速度越大，因而磨损也越严重。实心端面上的压力分布极不均匀，靠近中心处的压力极高。因此，一般止推轴承大多采用环状支承面。多环轴颈不仅能承受双向的轴向载荷，且承载能力较大。

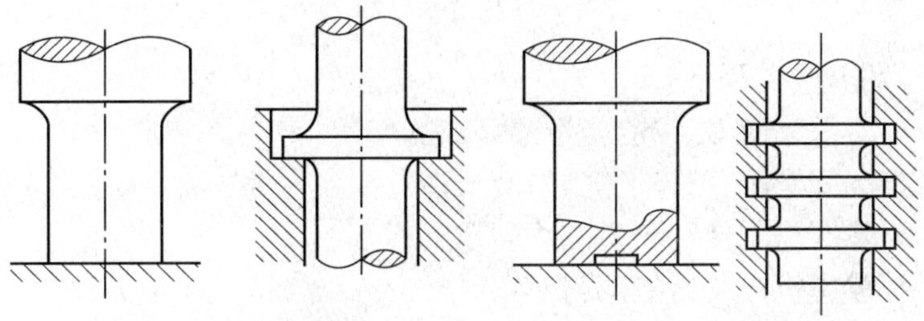
a) 实心　b) 环形　c) 空心　d) 多环形

图9-32 止推轴承轴颈结构

项目小结

1. 轴的主要功用是支承旋转零件（如齿轮、带轮、联轴器等），以传递运动和动力，是组成机器的重要零件之一。

2. 轴的结构设计。

3. 滚动轴承的应用及设计。

练习题

9-1 轴上最常用的轴向定位结构是什么？轴环与轴肩有什么不同？

9-2 轴上回转零件常用的周向定位方式有哪些？

9-3 说明下列滚动轴承代号的含义：60310/P6x、62/22、N2312、70214AC、71320C。

9-4 选择滚动轴承类型时所考虑的因素有哪些？

9-5 滚动轴承间隙常用的调整方法有哪些？

9-6 轴瓦与轴承衬有何区别？

项目十

机械的润滑和密封

【职业能力目标】

1. 掌握摩擦、磨损的类型及润滑的作用；
2. 掌握常用润滑剂的类型及选择；
3. 掌握常用传动装置的润滑方式；
4. 掌握机械装置的密封方式。

【学习重点与难点】

润滑的作用；密封的应用。

课题一　摩擦、磨损和润滑

在机械传动过程中，零件、部件的相对运动会在接触表面产生摩擦，造成传动的能量损耗和机械磨损，影响机械运动精度和使用寿命。润滑则是减少摩擦、磨损的有效措施。当然，对一些靠摩擦原理工作的零件、部件如带传动、摩擦离合器、制动器等，设计时应设法加大摩擦，减少磨损。

一、摩擦的类型

按相对运动表面润滑情况，摩擦可分为干摩擦、边界摩擦、液体摩擦和混合摩擦。其摩擦状态示意图如图 10-1 所示。

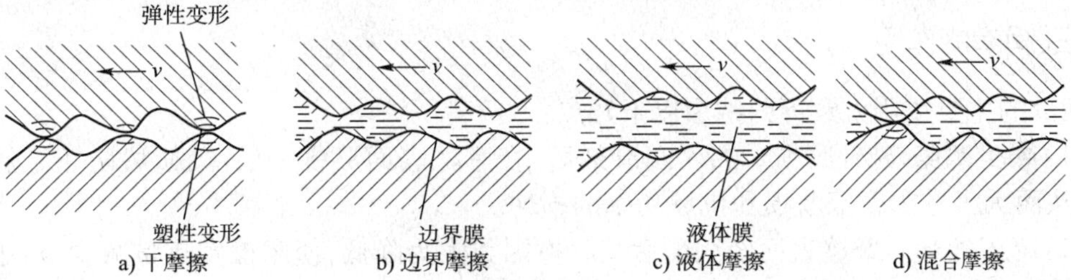

图 10-1　摩擦状态

(1)干摩擦。两摩擦表面微观凸峰直接接触，中间不存在任何润滑剂的摩擦，称为干摩擦(图 10-1a)。其摩擦性质取决于摩擦表面的材料。干摩擦的摩擦功损耗大，磨损严重，温升很高，零件使用寿命短。在机械传动零件接触中不允许出现干摩擦。

(2)边界摩擦(边界润滑)。润滑剂在摩擦表面由吸附作用或化学反应(例如金属氧化物、硫化物)生成一层边界膜。当两摩擦表面的边界膜直接接触传递载荷时，就处于边界摩擦状态(图 10-1b)。边界膜厚度很薄，约为几个分子到$10^{-2}\mu m$的数量级，厚度小于摩擦表面的平面度，因此摩擦表面仍会有一定的摩擦功耗和磨损。

(3)液体摩擦。如果油膜厚度较大，两摩擦表面被液体层完全隔开，表面微观凸峰不直接接触，形成液体摩擦(图 10-1c)。此时可避免发生磨损，摩擦也只发生在油层液体内部，摩擦因数很小。

(4)混合摩擦。当摩擦表面间有润滑油，但不足以保证液体摩擦时，就可能有部分接触处是边界摩擦，其余部分是液体摩擦；也可能在局部粗糙凸峰接触处是干摩擦，其余部分则为边界摩擦与液体摩擦(图 10-1d)。这两种状态，统称为混合摩擦。混合摩擦在机器中是很常见的。

二、磨损

摩擦表面在相对运动过程中，表层材料不断损失或转移的现象称为磨损。通常应当设法避免或减少磨损，以能较长时期保持机器的精度，延长使用寿命。按照失效机理，可将磨损分为以下四种基本类型。

(1)黏着磨损。当摩擦副表面的边界油膜被微凸体的峰尖刺破时，微凸体的峰尖便会发生黏着形成冷焊结点。当摩擦副相对滑动时，冷焊点遭到剪断。如果被剪断面不是原来的界面,则发生材料从一个表面转移到另一个表面的磨损现象。黏着磨损是金属摩擦副间较为普遍的一种磨损类型。特别在高温、重载容易使接触表面润滑不良时,黏着磨损的程度比较严重。

(2)磨料磨损。摩擦面间落入游离的硬颗粒(如尘土或磨损的金属碎屑)或表面上具有硬质的突出物,由此而在摩擦面上造成不断的微切削而产生的磨损称为磨料磨损。

(3)疲劳磨损。反复作用的接触应力会使金属表面产生疲劳点蚀,点蚀使表层金属材料剥落导致疲劳磨损。

(4)腐蚀磨损。大多数金属表层材料会与周围介质发生化学反应而在摩擦面上生成化学反应物,该化学反应物在摩擦表面相对运动中发生破碎导致脱落的过程称为腐蚀磨损。

磨损类型可随工作条件的改变而转化。实际上,大多数的磨损是上述几种磨损类型的复合形式出现的。黏着磨损与疲劳磨损产生的磨屑若不及时从润滑剂中清除出去,将使摩擦表面产生磨料磨损。

三、润滑的作用

润滑的主要作用大致可归纳为以下几点:

(1)减少摩擦,减轻磨损。加入润滑剂后,在摩擦表面形成一层薄膜,可防止金属直接接触,从而大大减少摩擦磨损和机械功率的损耗。

(2)降温冷却。摩擦表面经润滑后其摩擦因数大为降低,使摩擦发热量减少;对于液体润滑剂,润滑油流过摩擦表面带走部分摩擦热量,起散热降温作用,保证运动副的温度不会升温得过高。

(3)清洗作用。润滑油流过摩擦表面时,带走磨损落下的金属磨屑和污物。

(4)防止腐蚀。润滑剂中都含有防腐、防锈添加剂,吸附于零件表面的油膜,可避免或减少由腐蚀引起的损坏。

(5)缓冲减振作用。润滑剂都有在金属表面附着的能力,且本身的剪切阻力小,所以在运动副表面受到冲击载荷时,具有吸振的能力。

(6)密封作用。半固体润滑剂具有自封作用,一方面可以防止润滑剂流失,另一面可以防止水分和杂质的侵入。以防止水分和杂质的侵入。

课题二　常用润滑剂的选择

生产中常用的润滑剂包括润滑油、润滑脂、固体润滑剂和气体润滑剂等几大类。其中矿物油和皂基润滑脂性能稳定,成本低,应用广。

一、润滑油

1. 润滑油的性能指标

(1)黏度。黏度是润滑油最重要的物理性能指标。它反映了液体内部产生相对运动时分子间内摩擦阻力的大小。润滑油黏度越大,承载能力也越大。润滑油的黏度并不是固定不变的,而是随着温度和压强变化的。当温度升高时,黏度降低;压力增大时,黏度增高。润滑油的黏度分为动力黏度、运动黏度和相对黏度,各黏度的具体含义及换算关系可参看有关标准。

(2)油性。又称润滑性,是指润滑油润湿或吸附于摩擦表面构成边界油膜的能力。这层油膜如果对摩擦表面的吸附力大,不易破裂,则润滑油的油性就好。油性受温度的影响较大,温度越高,油的吸附能力越低,油性越差。

(3)闪点。润滑油在火焰下闪烁时的最低温度称为闪点。它是衡量润滑油易燃性的一项指标,另一方面闪点也是表示润滑油蒸发性的指标。油蒸发性越大,其闪点越低。润滑油的使用温度低于闪点20~30℃。

(4)凝点、倾点。凝点是指在规定的冷却条件下,润滑油冷却到不能流动时的最高温度,润滑油的使用温度应比凝点高5~7℃。倾点是润滑油在规定的条件下,冷却到能继续流动的最低温度,润滑油的使用应高于倾点3℃以上。

2. 常用润滑油

常用润滑油主要分为矿物润滑油、合成润滑油和动植物润滑油三类。矿物润滑油主要是石油制品,具有规格品种多、稳定性好、防腐蚀性强、来源充足且价格较低等特点,因而应用广泛。主要有全损耗系统用油、齿轮油、汽轮机油、机床专用油等。合成润滑油具有独特的使用性能,主要用于特殊条件下,如高温、低温、防燃以及需要与橡胶、塑料接触的场合。动植物油产量有限,且易变质,故只用于有特殊要求的设备或用作润滑添加剂。

润滑油的选用原则:载荷大或变载、冲击场合、加工粗糙或未经磨合的表面,选黏度较高的润滑油;转速高时,为减少润滑油内部的摩擦功耗,或采用循环润滑、芯捻润滑等场合,宜选用黏度低的润滑油;工作温度高时,宜选用黏度高的润滑油。

常用润滑油的主要质量指标及用途见表10-1。

常用润滑油的主要质量指标和用途 表10-1

名称	牌号	主要质量指标					简要说明及主要用途
		运动黏度(mm^2/s)40℃	凝点(℃)(不高于)	倾点(℃)(不高于)	闪点(℃)(不低于)	黏度指数	
全损耗系统用油(GB 443—1989)	L-AN15 L-AN22 L-AN32 L-AN46 L-AN68	13.5~16.5 19.8~24.2 28.8~35.2 41.4~50.6 61.2~74.8	-15 -15 -15 -10 -10		65 170 170 180 190		适用于对润滑油无特殊要求的锭子、轴承、齿轮和其他低负荷机械等部件的润滑,不适用于循环系统
L-HL液压油(GB11118.1—2011)	L-HL35 L-HL46 L-HL68 L-HL100	28.8~35.2 41.4~50.6 61.2~74.8 90.0~110		-6 -6 -6 -6	180 180 200 200	90 90 90 90	抗氧化、防锈、抗浮化等性能优于普通机油。适用于一般机床主轴箱、液压齿轮箱以及类似的机械设备的润滑
工业闭式齿轮油(GB5903—2011)′	L-CKB100 L-CKB150 L-CKB220	90.0~110 135~165 198~242		-8 -8 -8		90 90 90	一种抗氧防锈型润滑油。适用于正常油温下运转的轻载荷工业闭式齿轮润滑

名　称	牌　号	主要质量指标					简要说明及主要用途
		运动黏度（mm^2/s）40℃	凝点（℃）（不高于）	倾点（℃）（不高于）	闪点（℃）（不低于）	黏度指数	
普通开式齿轮油（SH/T 0363—1992）	150 220 320	135～165 198～242 288～352			200 210 210		适用于正常油温下轻载荷普通开式齿轮润滑
蜗轮蜗杆油（SH/T 0094—1991）	L－CKE220 L－CKE320 L－CKE460	198～242 288～352 414～506		－12 －12 －12	200 200 200		适用于正常油温下轻载荷蜗杆传动的润滑
主轴、轴承和有关离合器用油（SH/T 0017—1990）	L－FC22 L－FC32 L－FC46	19.8～24.2 28.8～35.2 41.4～50.6					适用于主轴、轴承和有关离合器油的压力油浴和油雾润滑

二、润滑脂

润滑脂也称为黄油，是一种稠化的润滑油。其油膜强度高，黏附性好，不易流失，易密封，使用时间长，但散热性差，摩擦损失大。它常用于不易加油、重载低速的场合。

1. 润滑脂的性能指标

（1）锥入度。锥入度是衡量润滑脂黏稠程度的指标。它是指用一个标准的锥形体，在其自重作用下，置于25℃的润滑脂表面，经5s后，该锥形体沉入脂内的深度（以0.1mm为单位）。国产润滑脂都是按锥入度的大小编号的，一般使用2、3、4号。锥入度越大的润滑脂，其稠度越小，编号的顺序数字也越小。

（2）滴点。滴点是指在规定的条件下，将润滑脂加热至从标准的测量杯孔滴下第一滴时的温度。它反映润滑脂的耐高温能力。选择润滑脂时，工作温度应低于滴点15～20℃。

2. 常用润滑脂

润滑脂的选择：根据稠化剂皂基的不同，润滑脂主要有：钙基润滑脂、钠基润滑脂、钙钠基润滑脂、锂基润滑脂等类型。润滑脂类型的选用主要根据润滑零件的工作温度、工作速度和工作环境条件。常用润滑脂的主要质量指标及用途见表10-2。

常用润滑脂的主要质量指标及用途　　表10-2

名　称	代号	滴点（℃）（不低于）	工作锥入度（10^{-1}mm）（25℃，1.5N）	主　要　用　途
钙基润滑脂（GB/T 491—2008）	1号 2号 3号	80 85 90	310～340 265～295 220～250	有耐水性能。用于工作温度低于55～60℃的各种工农业、交通运输设备的轴承润滑，特别是水、潮湿处
钠基润滑脂（GB/T 492—1989）	2号 3号	160 160	265～295 220～250	不耐水（潮湿）。用于工作温度在－10～10℃的一般中等载荷机械设备轴承的润滑

续上表

名称	代号	滴点(℃)(不低于)	工作锥入度(10^{-1}mm)(25℃,1.5N)	主要用途
通用锂基润滑脂(GB 7324—2003)	1号 2号 3号	150 175 180	310~340 265~295 220~250	多效通用润滑脂。适用于各种机械设备的滚动轴承和滑动轴承及其他摩擦部位的润滑。使用温度为-20~120℃
钙钠基润滑脂(SH/T 0368—1992)	1号 2号	120 135	310~340 265~295	用于有水、较潮湿环境中工作的机械润滑,多用于铁路机车、列车、发电机滚动轴承的润滑。不适用于低温工作。使用温度为80~100℃
7407号齿轮润滑脂(SH/T 0469—1994)		160	75~90	用于各种低速,中、高载荷齿轮、链和联轴器的润滑。使用温度小于120℃
7014—1高温润滑脂(GB 11124—1989)	7014-1	55~75		用于高温下工作的各种滚动轴承的润滑,也用于一般滑动轴承和齿轮的润滑。使用温度为-40~200℃

三、固体润滑剂

用固体粉末代替润滑油膜的润滑,称为固体润滑。最常见的固体润滑剂有石墨、二硫化钼、二硫化钨、聚四氟乙烯等。固体润滑剂耐高温、高压,因此适用于速度很低、载荷特重或温度很高、很低的特殊条件及不允许有油、脂污染的场合。此外,还可以作为润滑油或润滑脂的添加剂使用。

课题三　常用传动装置的润滑

一、滑动轴承的润滑

大部分的润滑轴承都采用油润滑。可根据轴颈速度和工况,参照表10-3选取。

滑动轴承润滑油的选择　表10-3

轴颈速度 v (m/s)	轻载($P<3$MPa) 工作温度(10~60℃)		中载($P=3\sim7.5$MPa) 工作温度(10~60℃)		重载($P>7.5\sim30$MPa) 工作温度(20~80℃)	
	常选牌号	运动黏度(mm^2/s)	常选牌号	运动黏度(mm^2/s)	常选牌号	运动黏度(mm^2/s)
<0.1	L-AN100 L-AN150	85~150	L-AN150	140~220	L-CKD460	470~600
0.1~0.3	L-AN68 L-AN100	65~125	L-AN100 L-AN150	120~170	L-CKC320 L-CKC460	250~600

续上表

轴颈速度 v (m/s)	轻载($P<3$MPa) 工作温度(10~60℃)		中载($P=3\sim7.5$MPa) 工作温度(10~60℃)		重载($P>7.5\sim30$MPa) 工作温度(20~80℃)	
	常选牌号	运动黏度 (mm^2/s)	常选牌号	运动黏度 (mm^2/s)	常选牌号	运动黏度 (mm^2/s)
0.3~0.1	L-AN46 L-AN68	45~70	L-AN68 L-AN100	100~125	L-CKC100 L-CKC150 L-CKC220 L-CKC320	90~350
1.0~2.5	L-AN68	40~70	L-AN68	60~90		
2.5~5.0	L-AN32 L-AN46	40~55		—		
5.0~9.0	L-AN15 L-AN22 L-AN32	15~45		—		—
>9.0	L-AN7 L-AN10 L-AN15	5~22		—		—

对于要求不高，速度 $v<5$m/s，不便经常加油的非液体摩擦滑动轴承，可用脂润滑。润滑脂的选择可参照表10-4。

滑动轴承润滑脂的选用 表10-4

压强 p(MPa)	轴颈圆周速度 v(m/s)	最高工作温度 t(℃)	润滑脂牌号
≤1.0	≤1	75	3号钙基脂
1.0~6.5	0.5~5	55	2号钙基脂
1.0~6.5	≤1	50~100	2号锂基脂
≤6.5	0.5~5	120	2号钠基脂
>6.5	≤0.5	75	3号钙基脂
>6.5	≤0.5	110	1号钙钠基脂
>6.5	0.5	60	2号压延机脂

二、滚动轴承的润滑

滚动轴承可采用油润滑或脂润滑。润滑方式可按轴承类型与 d_n 值由表10-5中选取。在 d_n 值较高或具备润滑油源的装置(如变速器、减速器等)，可采用油润滑。润滑油黏度按 d_n 值及工作温度，由图10-2中选出，然后从润滑油产品目录中选取相应的润滑油牌号。

滚动轴承润滑方式的选择 表 10-5

轴承类型	d_n（$\times 10^4$mm·r·min^{-1}）（脂润滑）	d_n（$\times 10^4$mm·r·min^{-1}）（油润滑）			
		浸油	滴油	压力循环	油雾
深沟球轴承	16	25	40	60	>60
调心球轴承	16	25	40		
角接触球轴承	16	25	40	60	
圆柱滚子轴承	12	25	40	60	>60
圆锥滚子轴承	10	16	23	30	>60
推力球轴承	4	6	12	15	

在值 d_n 较小时，采用脂润滑。它具有不易流失、密封性好、使用周期长等优点。在使用时，润滑脂的填充量不得超过轴承空隙的 1/3 ~ 1/2，过多会引起轴承发热。

滚动轴承润滑脂选择：首先根据速度、工作温度、工作环境选择润滑脂的类型，比如工作温度 70℃以下可以选用钙基脂，100 ~ 120℃可选钠基脂或钙钠基脂，150℃以上高温或 d_n >400000mm·r/min 时可选二硫化钼锂基脂，潮湿环境选钙基脂等；然后根据载荷及供油方式选择润滑脂牌号，比如中载、中速球轴承常选 2 号润滑脂，滚子轴承摩擦大，可选 0 号或 1 号润滑脂，重载或有强烈振动的轴承可选 3 号及 3 号以上的润滑脂，集中润滑要求流动性好，常选 0 号或 1 号润滑脂等。

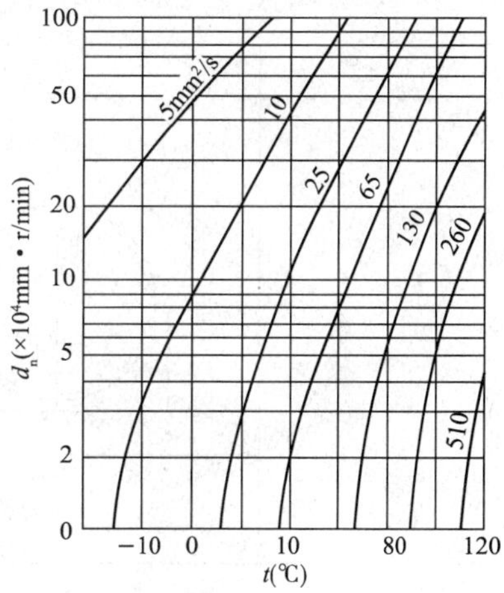

图 10-2　润滑油黏度的选择

三、齿轮传动润滑

（1）闭式齿轮传动的润滑。大部分的闭式齿轮传动靠边界油膜润滑，因此要求润滑油有较高的黏度和较好的油性。润滑油的黏度可根据齿轮的材料和圆周速度，在表 10-6 中查取，然后由机械设计手册选定润滑油的牌号。

齿轮润滑油的黏度推荐值（单位：mm^2/s） 表 10-6

齿轮材料	抗拉强度 σ_b（MPa）	齿轮圆周速度 v（m/s）						
		<0.5	0.5 ~ 1	1 ~ 2.5	2.5 ~ 5	5 ~ 12.5	12.5 ~ 25	>25
塑料、铸铁、青铜		320	220	150	100	68	46	
钢	470 ~ 1000	460	320	220	150	100	68	46
	1000 ~ 1250	460	460	320	220	150	100	68
	1250 ~ 1580	1000	460	460	320	220	150	100
渗碳或表面淬火的钢		1000	460	460	320	220	150	100

齿轮润滑方式包括浸油润滑、飞溅润滑、压力润滑等，润滑方式选择及注意事项见表 10-7。

（2）开式、半开式齿轮传动的润滑。开式齿轮传动一般速度较低、载荷较大、接触灰尘和水分、工作条件差且油膜易流失。为维持润滑油膜，应采用黏度很高、防锈性好的开式齿轮油。速度不高的开式齿轮也可采用脂润滑。开式齿轮传动的润滑可用手动、滴油、油池浸油等方式供油。

齿轮润滑方式选择及注意事项 表 10-7

齿轮速度 v(m/s)	润 滑 方 式	注 意 事 项
<0.8	涂抹或充填润滑脂	润滑脂中加油性或极压添加剂
<12	浸油润滑 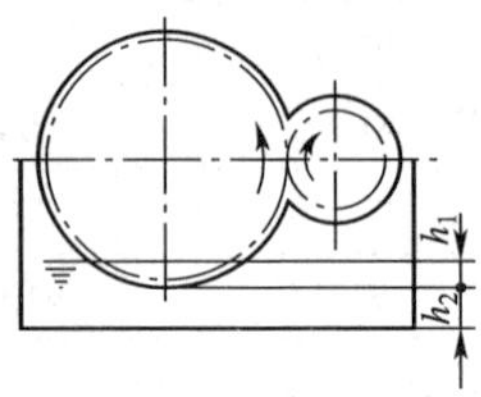	(1)齿轮圆周速度 $v<12$m/s 时,一般采用浸油润滑 (2)润滑油中加抗氧化,抗泡沫添加剂 (3)图中齿轮浸油深度 $h_1=1\sim2$ 个齿高(≥10mm) (4)齿顶线到箱底内壁距离 $h_2>30\sim50$mm (5)每千瓦功率的油池体积 >0.35 ~0.7L (6)锥齿轮浸油深度要保证全齿宽接触油
3 ~12	飞溅润滑	润滑油中加抗氧化、抗泡沫添加剂
>12 ~15	压力喷油 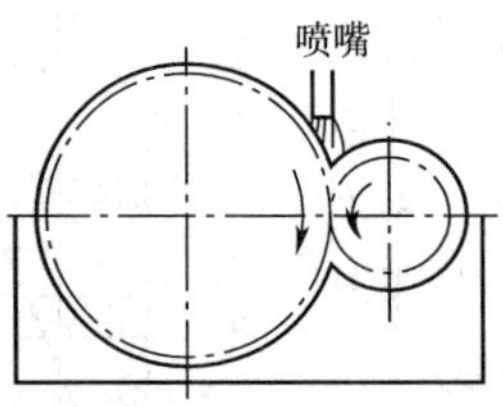	(1)润滑油中加抗氧化、抗泡沫添加剂 (2)喷油压力 0.1 ~0.25MPa (3)喷嘴放在齿入侧(一般情况)或喷嘴放在齿出侧,散热好($v>25$m/s)
	油雾润滑	(1)一般用于高速、轻载、润滑油黏度稍低 (2)喷油压力 <0.6MPa

课题四　机械装置的密封

机械装置密封有两个主要作用:

(1)阻止液体、气体工作介质、润滑剂泄漏。

(2)防止灰尘、水分进入润滑部位。

密封装置的类型很多,两个具有相对运动的结合面必然有间隙(比如减速器外伸轴与轴承端盖之间),它们之间的密封称为动密封。两个相对静止不动的结合面之间的密封称为静密封,比如减速器箱体与轴承端盖、减速器箱体与减速器箱盖等。所有的静密封和大部分的动密封都是靠密封面互相靠近或嵌入以减少或消除间隙,达到密封的目的。这类密封方式称为接触式密封。密封面间有间隙,依靠各种方法减少密封间隙两侧的压力差而阻漏的密封方式,称为非接触式密封。

一、静密封

(1)研磨面密封。如图 10-3a)所示,要求结合面研磨加工,间隙小于 5μm,在螺栓预紧力的作用下贴紧密封。

(2)垫片密封。如图 10-3b)所示,在结合面间加垫片,螺栓压紧使垫片产生弹塑性变形填满密封面上的不平,从而消除间隙,达到密封的目的。在常温、低压、普通介质工作时可用纸、橡胶等垫片:在高压及特殊高温和低温场合可用聚四氟乙烯垫片;一般高温、高压下可用金属垫片。

(3)密封胶密封。如图 10-3c)所示，密封胶有一定的流动性，容易充满接合面的间隙，黏附在金属面上能大大减少泄漏，即使在较粗糙的表面上密封效果也很好。密封胶型号很多(如铁锚 602)，使用时可查机械设计手册。

(4)O 形圈密封。如图 10-3d)所示，在接合面上开密封圈槽，装入 O 形密封圈，利用其在接合面间形成严密的压力区来达到密封的目的。

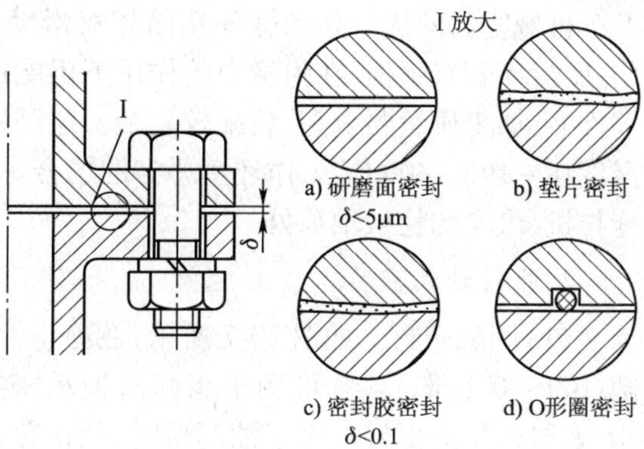

图 10-3　静密封

▶▶ 二、动密封

两个具有相对运动的接合面之间的密封称为动密封。在回转轴的动密封中，有接触式、非接触式和组合式三种类型。

1. 接触式密封

(1)毡圈密封。如图 10-4 所示，矩形断面的毡圈，安装在梯形槽中，受变形压缩而对轴产生一定的压力，消除间隙，达到密封的目的。毡圈密封结构简单，便于安装、加工，一般用于轴的圆周速 $v<4\sim5\text{m/s}$，工作温度 $t<90℃$ 的脂润滑处，主要起防尘作用。

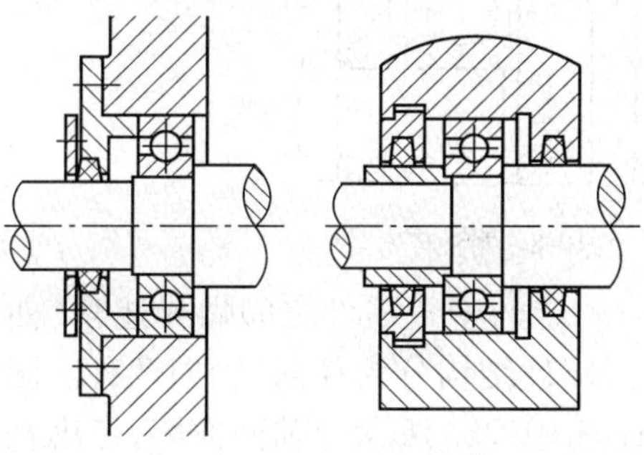

图 10-4　毡圈密封

(2)密封圈密封。密封圈用耐油橡胶、塑料或皮革等弹性材料制成，靠材料本身的弹力及弹簧的作用，以一定压力紧套在轴上起密封作用。唇形密封应用较多。图 10-5 所示密封圈唇口朝内，目的是防漏油；唇口朝外，主要目的是防灰尘、杂质侵入。这种密封广泛用于油密封，也可用于脂密封和防尘。一般用于轴的圆周速度 $v<7\text{m/s}$，工作温度在 $-40\sim100℃$ 的场合。

(3)机械密封。机械密封又称端面密封。图 10-6 所示的是一种简单的机械密封，动环 1 与轴一起转动；静环 2 固定在机座端盖上，动环与静环端面在弹簧 3 的弹簧力作用下互相贴紧，起到很好的密封作用。

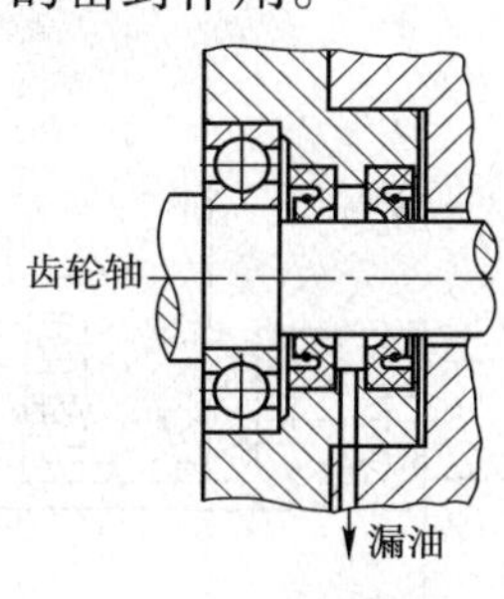

图 10-5　密封圈密封

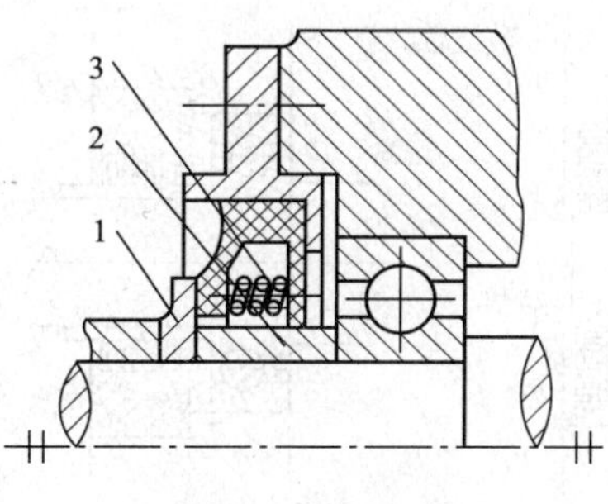

图 10-6　机械密封

1-动环；2-静环；3-弹簧

机械密封的优点是动静环端面相对滑动，摩擦及磨损集中在密封元件上，对轴没有损伤：密封环若有磨损，在弹簧力的作用下仍能保持密封，密封性能可靠，使用寿命长。缺点是零件多，加工质量要求高，装配较复杂。这种密封方式适用于轴的圆周速度 $v \leq 18 \sim 30\text{m/s}$，温度在 $-196 \sim 400$℃，工作环境恶劣的场合。如用于与灰尘、沙泥、污水等接触的工程机械、拖拉机、汽车的轮毂轴承处。

2. 非接触式密封

（1）间隙密封。如图 10-7 所示，在静止件（轴承端盖通孔）与转动件（轴）之间有很小间隙（0.1 ~ 0.3mm）。它可用于脂润滑轴承密封，若在端盖上车出环槽，在槽中填密封润滑脂，密封效果会更好。用于油润滑时，须在盖上车出螺旋槽，以便把欲向外流失的润滑油借螺旋的输送作用，送回到轴承腔内。螺旋槽的左右旋向由轴的转向而定。

（2）封油环密封。如图 10-8 所示，工作时挡油环随轴一同转动，利用离心力甩去落在封油环上的油和杂物，起密封作用。挡油环常用于减速器内的齿轮用油润滑，轴承用脂润滑时轴承的密封。

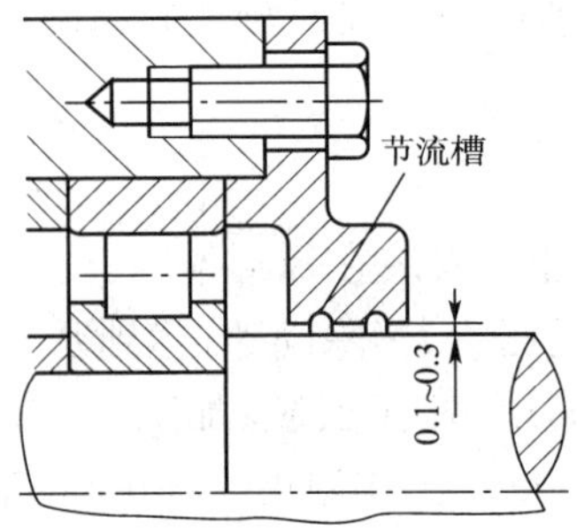

图 10-7　间隙密封

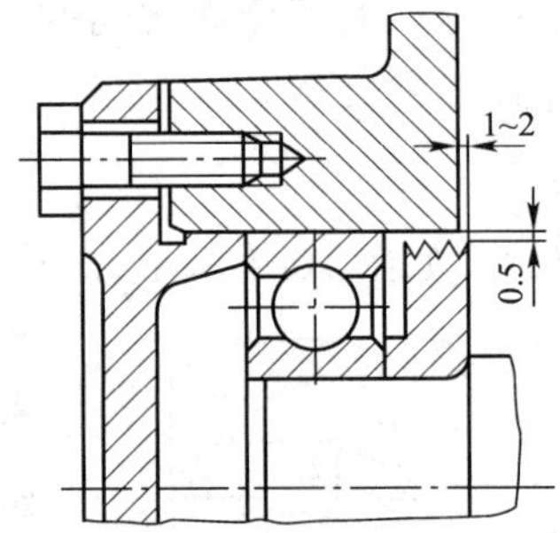

图 10-8　封油环密封

（3）迷宫式密封。如图 10-9 所示，将旋转的零件与固定的密封零件之间做成迷宫（曲路）。若间隙中充满密封润滑脂，密封效果会更好。根据部件结构分为径向、轴向两种。图 10-9a）所示为径向曲路，径向间隙不大于 0.1 ~ 0.2mm；图 10-9b）所示为轴向曲路，考虑轴的伸长，间隙大些，取 1.5 ~ 2mm。这种密封方式可用于脂润滑和油润滑，密封效果好，但结构复杂，加工要求高。常用于多尘、潮湿和轴表面圆周速度 $v < 30\text{m/s}$ 的场合。

3. 组合密封

前面介绍的各种密封，各有其优点、缺点，在一些较重要的密封部位常同时采用几种密封组合使用的形式。图 10-10 是毡圈密封加迷宫密封组合方式，可充分发挥各自的优点，提高密封效果。

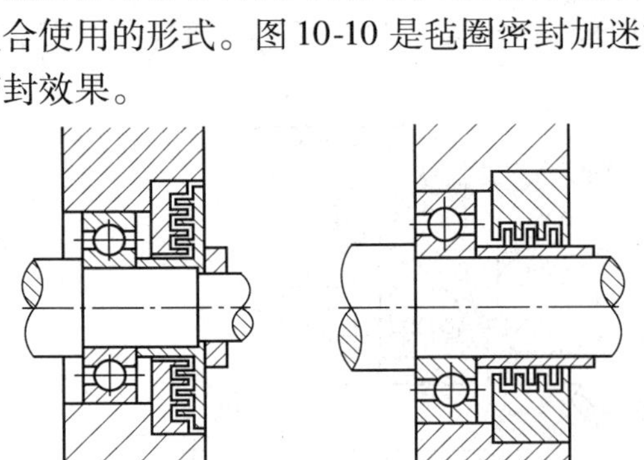

图 10-9　迷宫密封

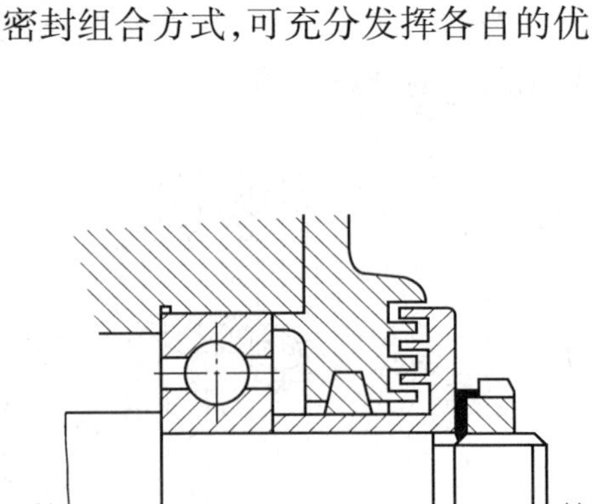
图 10-10　组合密封

项目小结

1. 在机械传动过程中,零件、部件的相对运动会在接触表面产生摩擦,造成传动的能量损耗和机械磨损,影响机械运动精度和使用寿命。润滑则是减少摩擦、磨损的有效措施。

2. 机械装置的密封应用。

练习题

10-1　按摩擦表面间的润滑情况,滑动摩擦可分哪几种?

10-2　按照磨损失效机理分,磨损有哪几种基本类型?它们各有什么主要特点?

10-3　润滑剂的主要作用是什么?常用润滑剂有哪几种?

10-4　润滑油的主要性能指标有哪些?润滑脂的主要性能指标有哪些?

10-5　滚动轴承的润滑方式是如何确定的?d_n 值的大小对润滑剂的选用有何影响?

10-6　机械密封的主要作用是什么?在回转轴的动密封中常用结构形式有哪几种?各有何特点?

项目十一

焊接技术

【职业能力目标】

1. 了解焊接的基本原理；
2. 掌握焊接方法和焊接工艺；
3. 掌握常见的焊接缺陷产生的原因及预防措施。

【学习重点与难点】

焊接接头形式的设计，焊缝布置。

课题一 焊接技术概述

一、焊接的重要性

焊接是把两个金属零件或多个金属零件连接成一个部件的最常用加工方法，而得到的部件通常在各个方向均具有很高的强度。焊接不但可用来连接所有的相同金属和合金，而且可用来连接强度不同的金属或异种金属。这种加工方法对国民经济发展及国防建设均具有重要的意义。据统计，美国50%以上的国民生产总值与焊接具有直接或间接的关系。焊接是最经济、最有效的金属永久连接方法。

焊接最初是作为一种修复或维修手段出现的，但目前已成为最重要的制造方法之一，也是最基本的建造方法。几乎所有的金属制品，从简单的日常生活用品到复杂的交通工具及设施无不是采用焊接方法制造的。可以说，如果没有焊接，我们就无法享受目前舒适、便捷的生活。工程机械（如推土机、挖掘机）、机车车辆、输油或输气管线、供水系统的蓄水箱、游艇、水翼艇、室外金属座椅以及美国最高的摩天大楼等无不是用焊接方法制造或建造的。如果没有焊接，作为世界上最大移动式焊接结构件的超级油轮是根本不可能制造出来的。

没有焊接，汽车不可能像今天这么便宜，因为汽车的车体及车架是用低成本的机器人点焊、电弧焊和激光束焊等方法制造的。空间对接工作也需要利用焊接来完成，空间计划需要焊接技术来支持。所有空间站都是首先在地球上焊接成部件，然后发射到宇宙空间中，最后在宇宙空间中利用焊接来完成最后总装。太空飞船的所有部件，从火箭发动机到外部燃料箱都是利用特殊的铝合金焊接工艺制造的。图11-1所示的大跨度桥是一个全焊接结构钢桥，是通过现场焊接制造的。尽管现在还没有全焊接结构的飞机，但大多数大型飞机上也采用许多焊接结构件，例如起落架、喷气发动机、发动机安装架以及其他一些专用装置，不过飞机的机体仍然是用铆接制造的。

目前应用的焊接方法有多种，接头类型有多种，而焊接操作方法也有多种。图11-2示出的是戴着面罩的焊工正采用最常用的焊接方法——电弧焊进行焊接。有些焊接方法不使用电弧，而是利用电能或外加的热量进行焊接。焊接是一种复杂的技术，只有掌握了有关知识才能根据具体的应用情况选择合适的焊接方法和工艺。本项目旨在帮助读者掌握这方面的知识，以能够充分发挥焊接的优点，降低成本，并提高生产效率和质量。焊接的主要优点如下。

图11-1 全焊接结构的大跨度钢桥

图11-2 手工电弧焊

(1)成本低,是一种永久连接方法。

(2)通过选择适当的材料,可降低产品的质量。

(3)可连接几乎所有的常用金属。

(4)使用场所不受任何限制。

(5)是一种柔性加工方法。

焊接也有一定局限性,主要有:

(1)对于不同的金属和应用场合,必须选用与其相适应的焊接工艺。

(2)手工焊的焊接质量取决于焊工的操作技术。

(3)通常需要对焊缝内部进行检查,以确保焊缝质量。这些局限性可通过适当的方法来克服,例如,进行无损检验、实施严格的质量控制、使用合格的焊接工艺和合格的焊工以及尽量采用机械化焊接方法。只要设计合理,焊接工艺正确,焊接结构件是最佳、最经济的金属结构件。

二、焊接的发展历史

近代焊接技术,是从1885年出现碳弧焊开始,直到20世纪40年代才形成较完整的焊接工艺体系。特别是40年代初期出现了优质电焊条后,焊接技术得到了一次飞跃。现在世界上已有50余种焊接工艺方法应用于生产中。焊接方法的发展简史见表11-1。

焊接方法的发展简史　　表11-1

焊接方法	发明年代	发明国家	焊接方法	发明年代	发明国家
碳弧焊	1885年	原苏联	冷压焊	1948年	英国
电阻焊	1886年	美国	高频电阻焊	1951年	美国
金属极电弧焊	1892年	原苏联	电渣焊	1951年	原苏联
热剂焊	1895年	德国	CO_2气体保护电弧焊	1953年	美国
氧乙炔焊	1901年	法国	超声波焊	1956年	美国
金属喷镀	1909年	瑞士	电子束焊	1956年	法国
原子氢焊	1927年	美国	摩擦焊	1957年	原苏联
高频感应焊	1928年	美国	等离子弧焊	1957年	美国
惰性气体保护电弧焊	1930年	美国	爆炸焊	1963年	美国
埋弧焊	1935年	美国	激光焊	1965年	美国

中国早在公元2000多年的殷朝采用铸焊制造兵器,公元前200年已经掌握青铜的钎焊及铁器的锻焊工艺。1956年,中国成立了哈尔滨焊接研究所。2008年建造的“鸟巢”为我国建筑钢结构焊接工程中的典型工程,整个“鸟巢”主要采用手工电弧焊和CO_2气体保护焊。

三、焊接技术的新发展

随着工业和科学技术的发展,焊接技术也在不断进步,焊接已从单一的加工工艺发展成为综合性的先进工艺技术。焊接技术的新发展主要体现在以下几个方面:

(1)提高焊接生产率,进行高效化焊接。

焊条电弧焊中的铁粉焊条、重力焊条和躺焊条工艺;埋弧焊中的多丝焊、热丝焊、窄间隙焊接;气体保护电弧焊中的气电立焊、热丝 MAG 焊、TIME 焊等,是常用的高效化焊接方法。

(2)提高焊接过程自动化、智能化水平。

国外焊接过程机械化、自动化已达很高程度,而我国手工焊接所占比例却很大。按焊丝与焊接材料的比来计算机械化、自动化比例,1999 年日本为 80%,西欧为 74%,美国为 71%,2000 年我国为 23%。焊接机器人的应用是提高焊接过程自动化水平的有效途径,应用焊接专家系统、神经网络系统等都能提高焊接过程智能化水平。

(3)研究开发新的焊接热源。

焊接工艺几乎运用了世界上一切可以利用的热源,如火焰、电弧、电阻、激光、电子束等。但新的更好的更有效的焊接热源研发一直在进行,例如采用两种热源的叠加,以获得更强的能量密度,如等离子束加激光、电弧中加激光等。

课题二　焊接基础知识

一、焊接术语

要想掌握焊接技术,就必须首先熟悉焊接生产中使用的术语。国家标准 GB/T 3375—1994 对焊接中常用术语进行了定义,本项目将陆续给出的这些定义。关于这些定义的详细资料,参见 GB/T 3375—1994 国家标准。

焊接是通过加热或加压,或两者并用,并且用或不用填充材料,使工件达到接合的一种方法。焊缝是焊件经焊接后所形成的接合部分。焊件是由焊接方法连接的组件。一个焊件可由两个金属零件组成,也可由很多个零件组成。同一个焊件中可包含成分不同的材料,而其构成焊件的工件可以是轧制型材、薄板、厚板、管件、锻件或铸件等不同类型的工件。实用的焊件或焊接结构是多个构件通过焊接接头连接起来的。接头是由两个或两个以上零件要用焊接组合或已经焊合的接点。检验接头性能应考虑焊缝、熔合区、热影响区甚至母材等不同部位的相互影响。焊接接头的基本形式有五种,如图 11-3 所示,这五种接头形式也用于其他成熟的连接工艺。

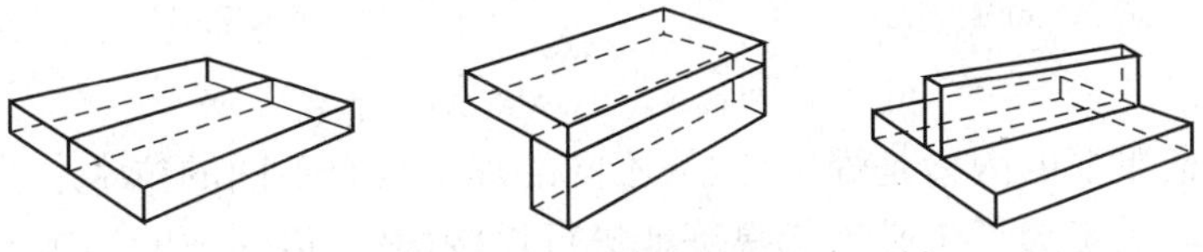

a) 对接接头　b) 角接接头　c) T形接头

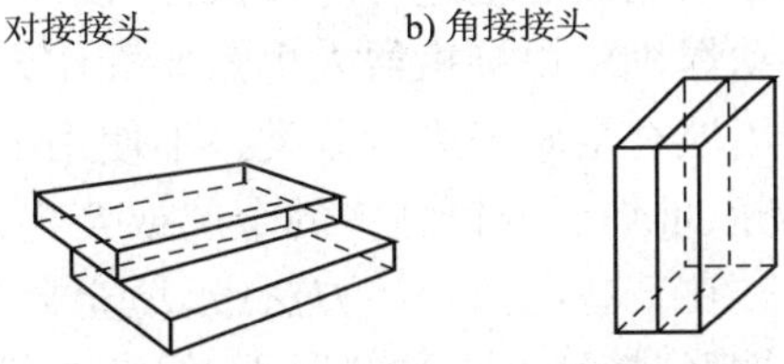

d) 搭接接头　e) 端接接头

图 11-3　焊接接头的五种基本形式

(1)对接接头(图 11-3a):两件表面构成大于或等于 135°,小于或等于 180°夹角的接头。

（2）角接接头（图 11-3b）：两件端部构成大于 30°，小于 135°夹角的接头。

（3）T 形接头（图 11-3c）：一件的断面与另一件表面构成直角或近似直角的接头。

（4）搭接接头（图 11-3d）：两件部分重叠构成的接头。

（5）端接接头（图 11-3e）：两件重叠放置或两件表面之间的夹角不大于 30°构成的端部接头。

焊接时可以使用填充金属，也可不使用填充金属；可在加压的情况下进行加热，也可在不加压的情况下进行加热，但无论采用哪种方式，最终的结果都是使两个工件之间形成具有连续性的冶金接合。将两个工件的待连接部位通过焊缝连接起来就形成了焊接接头。

焊接结构中焊缝的位置是各种各样的，通常需要在其实际位置下进行焊接。为此，开发了适用于各种焊接位置的焊接技术。有些焊接方法具有适于各种焊接位置或全位置焊接的能力，而有些焊接方法只能用于一种或两种焊接位置。基本焊接位置有四种，图 11-4 给出了这四种基本位置的坡口焊缝。

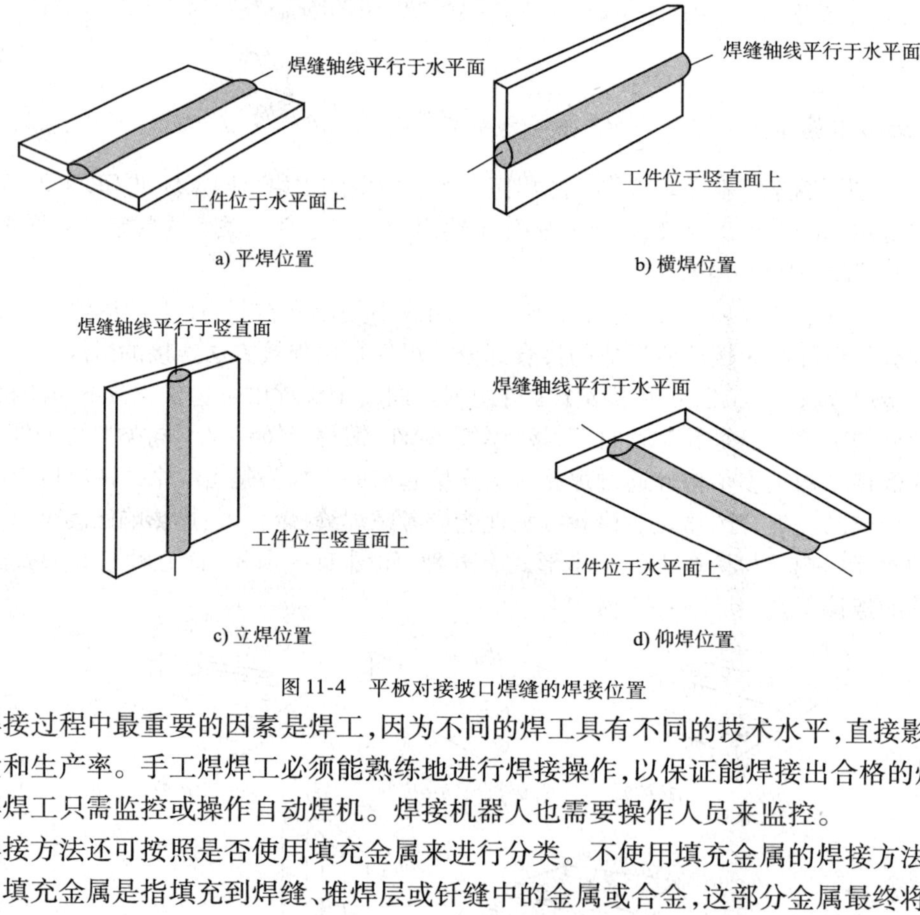

图 11-4　平板对接坡口焊缝的焊接位置

焊接过程中最重要的因素是焊工，因为不同的焊工具有不同的技术水平，直接影响了焊接质量和生产率。手工焊焊工必须能熟练地进行焊接操作，以保证能焊接出合格的焊缝；而自动焊焊工只需监控或操作自动焊机。焊接机器人也需要操作人员来监控。

焊接方法还可按照是否使用填充金属来进行分类。不使用填充金属的焊接方法称为自熔焊。填充金属是指填充到焊缝、堆焊层或钎缝中的金属或合金，这部分金属最终将变成坡口焊缝的焊缝金属或焊缝余高。在某些电弧焊接方法中，填充金属直接作为电弧的一个极，焊丝被电弧熔化后，穿过电弧过渡到熔池。这种情况下，填充材料被称为焊丝或焊条。而在另一些焊接方法中，填充金属不作为电极，被电弧热熔化后直接进入熔池。这种情况下，填充金属通常被称为焊棒或填充棒。无论是焊丝还是焊棒均具有特定的成分，还需要有相应的技术标准对其进行详细规定。焊丝的选择是非常重要的，通常情况下，所选的焊丝的性能应与母材相当。母材是被焊金属材料的统称。通常情况下，焊接方法、填充材料及焊接工艺均要根据母材来选择。

要完整地描述一焊接工艺过程，必须指出所用的焊接方法、操作方式及焊接工艺。其焊接工艺中应包含母材、填充材料、接头详图、焊接电流、电弧电压、焊接速度及焊接顺序等内容。完整详细地制定焊接工艺文件是非常重要的，因为实际焊接要根据该工艺文件执行。

为了保证焊缝满足所需的技术要求，还需对焊缝进行焊接检验。焊接检验有破坏性检验或无损检验两种方法。无损检验包括外观检查、磁粉检验、射线检验、渗透检验和超声波检验等方法。大多数焊接标准中要求进行焊接质量控制，而大多数产品也需要进行焊接质量控制。

二、焊接方法

焊接是通过加热或加压，或两者并用，并且用或不用填充材料，使焊件达到原子间结合的加工方法。

焊接方法的种类很多，按焊接过程特点可分为三大类。

1. 熔焊

焊接过程中，将焊件接头加热至熔化状态，不加压就完成焊接的方法，称为熔焊。这一类方法的共同特点是把焊件局部连接处加热至熔化状态形成熔池，待其冷却凝固后形成焊缝，将两部分材料焊接成一体。因两部分材料均被熔化，故称熔焊，又称熔化焊，是一种最常见的焊接方法。

熔焊可分为电弧焊、电渣焊、气焊、电子束焊、激光焊等。最常见的电弧焊又可以进一步分为手工电弧焊（焊条电弧焊）、气体保护焊、埋弧焊、等离子焊等，其中手工电弧焊应用最为广泛。

2. 压焊

焊接过程中必须对焊件施加压力（加热或不加热），以完成焊接的方法，称为压焊，可分为电阻焊、摩擦焊、爆炸焊、超声波焊等。

3. 钎焊

采用比母材熔点低的金属材料作钎料，将焊件和钎料加热到高于钎料熔点低于母材熔点的温度，利用液态钎料润湿母材，填充接头间隙，并与母材互相扩散，实现连接焊件的方法，称为钎焊。根据钎料熔点的不同，将钎焊分为软钎焊和硬钎焊。软钎焊的钎料熔点低于450°C，接头强度较低（小于70MPa），硬钎焊的钎料熔点高于450°C，接头强度较高（大于200MPa）。

钎焊变形小，接头光滑美观，适合于焊接精密、复杂和由不同材料组成的构件，如蜂窝结构板、透平叶片、硬质合金刀具和印制电路板等。钎焊前对工件必须进行细致加工和严格清洗，除去油污和过厚的氧化膜，保证接口装配间隙。间隙一般要求在0.01～0.1mm。

课题三　焊接的基本原理

一、焊接电弧

焊接电弧是熔化焊的能源。由焊接电源供给、具有一定电压的两极间或电极与焊件间的气体介质中产生的强烈而持久的放电现象称为焊接电弧。电弧把电能转换成焊接所需的热能。电极可以是金属丝、钨极、碳棒或焊条。

1. 电弧的产生与导电

产生焊接电弧时，由焊接电源提供两极电压（图 11-5），两极轻微接触产生较大的短路电流，使接触点温度急剧升高，为电子逸出和气体电离做准备。两极分开时，在电场力作用下，阴极产生热电子发射，自由电子高速飞出，撞击空隙气体的原子核分子，使其部分电离，同时电场力也使带电质点做定向运动，即自由电子和阴离子向阳极运动，阳离子向阴极运动，则空隙导电。上述过程不断出现的碰撞和复合，产生大量的光和热，构成焊接电弧的能量转换。

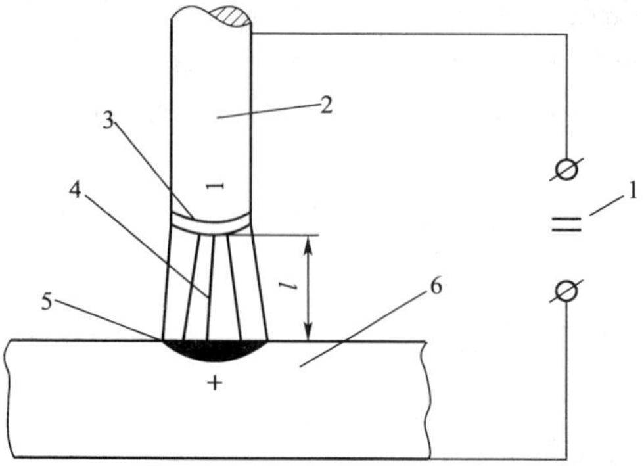

图 11-5　电弧的构造

1-电源（直流）；2-焊条；3-阴极区；4-弧柱；5-阳极区；6-焊件

若要维持电弧稳定燃烧，首先要提供一定的电弧电压，保证能量条件；同时要保证电弧空间介质有足够的电离程度，并将电弧长度控制在一定范围内。

2. 焊接电弧的构造

焊接电弧由阴极区、阳极区和弧柱三部分组成。阴极区是紧靠负电极很窄一个的区域，为 $10^{-6} \sim 10^{-5}$cm，温度约为 2400K。阳极区是电弧紧靠正电极的区域，较阴极区宽，为$10^{-4} \sim 10^{-3}$cm，温度约为 2600K。电弧阳极区和阴极区之间的部分称为弧柱，弧柱区温度最高，可达 6000 ~ 8000K。焊接电弧两端（电极端部到熔池表面间）的最短距离称为弧长。

3. 焊接电弧的特性

焊接电弧的热量与焊接电流的平方和电压的乘积成正比，电流越大，电弧产生的总热量就越大。由于电弧是导体，直流焊接时，带电粒子定向运动，使得电弧两端产生的热量有所不同，在电子流出的阴极，电子带走热量使得阴极的产热量（36%）低于阳极（43%），这在生产实践中意义重大：产生的热量多意味着可熔化更多的金属，在焊接厚板时，可将工件接在阳极（称正接），使工件有足够的熔深；而焊接薄板时，应将工件接在阴极（称反接），可防止因熔深过大而烧穿。交流电源焊接时，由于电流正负极交替变化，故无正反接之分。

焊接过程中，电弧常会产生偏移，这种现象称为电弧偏吹。最常见的电弧偏吹是受磁力作用而产生的磁偏吹。电弧偏吹对焊接工艺及焊件质量具有很大影响，在焊接生产中应引起重视。

二、焊缝的形成过程

图 11-6 为焊缝形成示意图。在电弧高温作用下，焊条和工件同时产生局部熔化，形成熔池。熔化的填充金属呈球滴状过渡到熔池。电弧在焊接方向移动，熔池前部（2－1－2 区）不断参与熔化，并依靠电弧吹力和电磁力的作用，将熔化金属吹向熔池后部（2－3－2 区），逐步脱离电弧高温而冷却结晶。所以电弧的移动形成动态熔

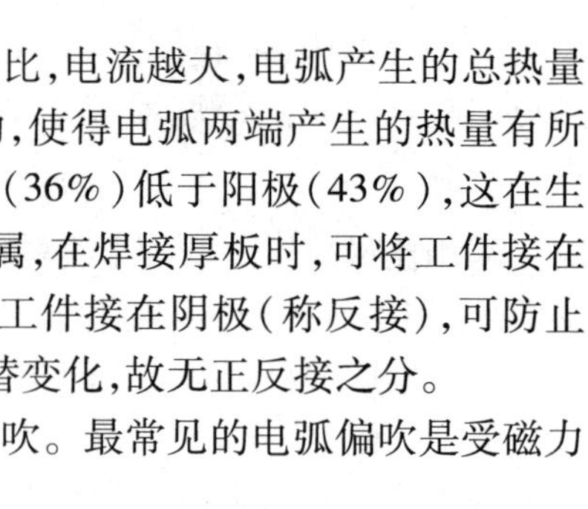

图 11-6　电弧焊焊缝形成示意图

池，熔池前部的加热熔化与后部的顺序冷却结晶同时进行，形成完整的焊缝。

三、熔焊冶金特点

熔焊按其所用的焊接热源不同分为电弧焊(如手工电弧焊、埋弧焊、气体保护焊等)、电渣焊、气焊、等离子弧焊、电子束焊、激光焊等多种方法。其冶金过程、结晶过程和接头组织的变化规律是相似的。

熔焊从母材和焊条被加热熔化，到熔池的形成、停留、结晶，要发生一系列的冶金化学反应，从而影响焊缝的化学成分、组织和性能。

首先，空气中的氧气和氮气在电弧高温作用下发生分解，形成氧原子和氮原子。氧原子与金属和碳发生的反应式为

$$Fe + O = FeO$$

$$Mn + O = MnO$$

$$Si + 2O = SiO_2$$

$$2Cr + 3O = Cr_2O_3$$

$$C + O = CO$$

这样，会使 Fe、C、Mn、Si 等元素大量烧损，使焊缝金属含氧量大大增加，焊缝金属力学性能明显下降，尤其使低温冲击韧度急剧下降，引起冷脆等现象。

氮和氢在高温时能溶解于液态金属中，氮还能与铁反应形成 Fe_4N 和 Fe_2N，Fe_2N 呈片状夹杂物，增加焊缝的脆性。氢在冷却时保留在金属中造成气孔，引起氢脆和冷裂缝。

为了保证焊接质量，在焊接过程中通常采取下列措施：

(1)造成保护气氛。为防止有害元素浸入熔池，采用焊条药皮、埋弧焊焊剂、气体保护焊保护气体(如CO_2、氩气)等，使熔池与外界空气隔绝，防止空气进入。此外，焊前对坡口及两侧的锈、油污等进行清理，焊条、焊剂烘干等，都能有效地防止有害气体进入熔池。

(2)添加合金元素。为补充烧损的元素并清除已进入熔池的有害元素，常采用冶金处理的方法，如焊条药皮中加入锰铁合金等，进行脱氧、脱硫、脱磷、去氢、渗合金等，从而保证和调整了焊缝的化学成分。其反应为

$$Mn + FeO = MnO + Fe$$

$$Si + 2Fe = SiO_2 + 2Fe$$

$$MnO + FeS = MnS + FeO$$

$$CaO + FeS = CaS + FeO$$

$$2Fe_3P + 5FeO = P_2O_5 + 11Fe$$

生成的 MnS、CaS 和稳定复合物$(CaO)_3P_2O_2$ 不溶于金属，进入焊渣中，最终被清理掉。

四、焊接接头的组织和性能

熔焊使焊缝及其附近的母材经历了一个加热和冷却的热过程，由于温度分布不均匀，焊缝受到一次复杂的冶金过程，焊缝附近区受到一次不同程度的变热，因此必然引起相应的组织和性能的变化，直接影响焊接质量。

1. 焊接热循环和焊接接头的组成

焊接热循环是指在焊接热源作用下，焊接接头上某点的温度随时间变化的过程。焊接时，焊接接头不同位置上的点所经历的焊接热循环是不同的，如图 11-7 所示。

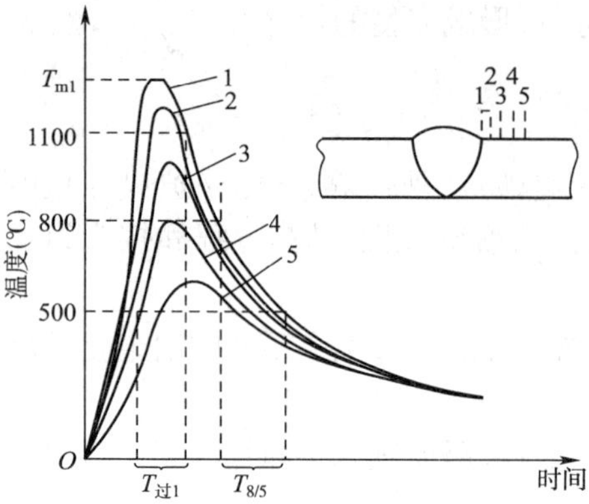

图 11-7　焊接热循环曲线

离焊缝越近的点，被加热的温度越高；反之，越远的点，被加热的温度越低。在焊接热循环中，影响焊接质量的主要参数是加热速度、最高加热温度 T_{m1}、高温（1100℃以上）停留时间 $T_{过1}$ 和冷却速度等。冷却速度起关键作用的是从 800℃ 冷却到 500℃的速度，通常用 $T_{8/5}$ 来表示。焊接热循环的主要特点是加热速度和冷却速度都很快，每秒 100℃以上，甚至可达每秒几百摄氏度。因此，对于淬硬倾向较大的钢材焊后会产生马氏体组织，引起焊接裂纹。

受热循环的影响，焊缝附近的母材组织和性能发生变化的区域称为焊接热影响区。熔焊焊缝和母材的交界线叫熔合线，熔合线两侧有一个很窄的焊缝与热影响区的过渡区，叫熔合区，该区域的母材金属部分熔化，故也叫半熔化区。因此，焊接接头由焊缝、熔合区和热影响区组成。

2. 焊缝的组织和性能

焊缝组织是由熔池金属结晶得到的铸造组织。焊接熔池的结晶首先从熔合区中处于半熔化状态的晶粒表面开始，晶粒沿着与散热最快方向的相反方向长大，因受到相邻的正在长大的晶粒的阻碍，向两侧生长受到限制，因此，焊缝中的晶体是方向指向熔池中心的柱状晶体，如图 11-8 所示。

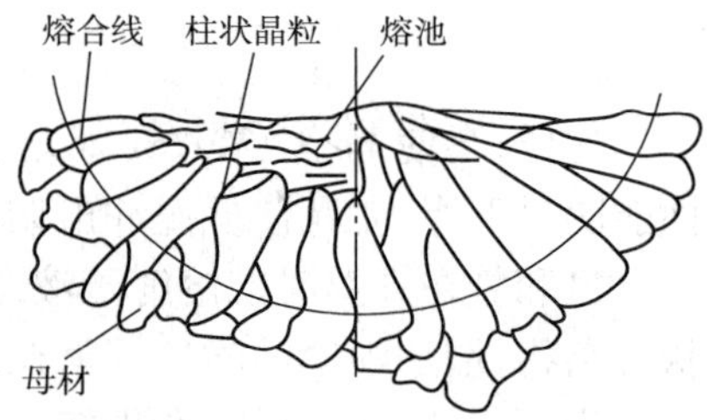

a)正在结晶　　b)结晶结束

图 11-8　焊缝金属结晶示意图

焊缝结晶时要产生偏析，宏观偏析与焊缝成形系数（即焊道的宽度与计算厚度之比）有关。宽焊缝时，低熔点杂质聚集在焊缝上部，可避免出现中心线裂纹，如图 11-9a）所示；窄焊缝时，柱状晶的交界在中心，低熔点杂质因最后凝固，聚集在中心线附近，形成中心线偏析，容易产生热裂纹，如图 11-9b）所示。

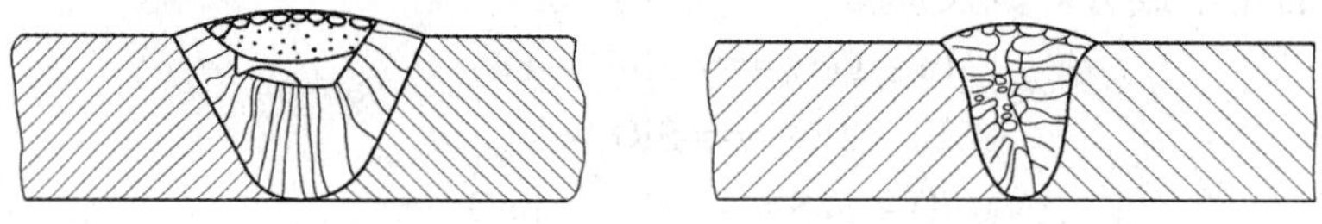

a) 宽焊缝　　b) 窄焊缝

图 11-9　焊缝截面形状对偏析的影响

焊缝中的铸态组织晶粒粗大，成分偏析，组织不致密。但是，由于焊接熔池小，冷却快，焊条药皮、焊剂或焊丝在焊接过程中的冶金处理作用，起到了合金化的效果，使得焊缝金属的化学成分优于母材，硫磷含量较低，所以容易保证焊缝金属的性能不低于母材，特别是强度容易达到母材。

3. 熔合区及热影响区的组织和性能

以低碳钢为例来分析焊接接头的组织变化情况。图 11-10a）所示是焊接接头各点最高加热温度线，低碳钢的焊接接头分为熔合区和热影响区，热影响区又分为过热区、正火区和部分相变区。图 11-10b）所示是简化的铁碳相图的一部分。

熔合区在焊接时温度在固相线和液相线之间，母材部分熔化，熔化的金属凝固成铸态组织，未熔化的金属因受高温造成晶粒粗大，是焊接接头中性能最差的区域之一。

过热区是焊接时加热到1100℃以上至固相线温度的区域。由于加热温度高，奥氏体晶粒明显长大，冷却后产生晶粒粗大的过热组织。过热区是热影响区中性能最差的部位。因此，焊接刚度大的结构时，易在此区产生裂纹。

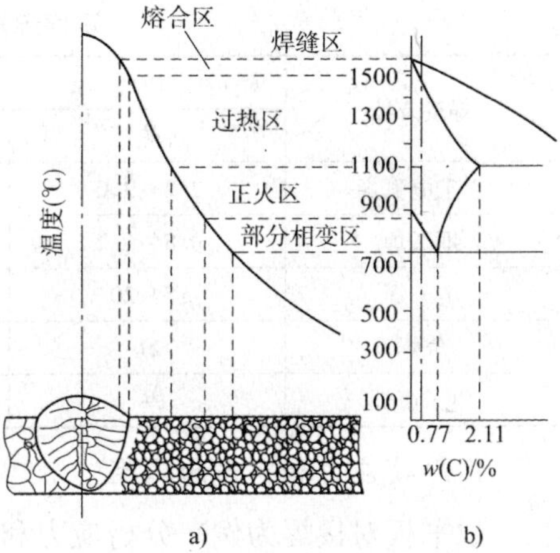

图11-10　焊接接头组织变化示意图

正火区是最高加热温度从A_{C_3}至1100℃的区域。相当于加热后空冷，焊后冷却得到均匀而细小的铁素体和珠光体组织。正火区金属的力学性能优于母材。

部分相变区是加热到$A_{C_1} \sim A_{C_3}$温度的区域。因为只有部分组织发生转变，部分铁素体来不及转变，故称为部分相变区。冷却后晶粒大小不匀，因此，力学性能比母材稍差。

综上所述，熔合区和过热区是焊接接头中的薄弱部分，对焊接质量有严重影响，应尽可能减小这两个区域的范围。

影响焊接接头组织和性能的因素有焊接材料、焊接方法和焊接工艺。焊接工艺参数主要有焊接电流、电弧电压、焊接速度、线能量等。线能量是指熔焊时，由焊接电源（热源）输入给单位长度焊缝上的能量，其计算公式为

$$E = \frac{\eta IU}{v}$$

式中：E——线能量，J/cm；

I——焊接电流，A；

U——焊接电弧电压，kV；

v——焊接速度，cm/s；

η——有效系数。手工电弧焊$\eta = 0.66 \sim 0.85$，埋弧焊$\eta = 0.90 \sim 0.99$。

由上式看出，焊接工艺参数直接影响焊接热循环，从而影响焊接接头热影响区的大小及焊接接头的组织和性能。

4. 改善焊接热影响区组织性能的措施

熔焊过程中总会产生一定尺寸的热影响区。一般地，低碳钢的焊接结构，用手工电弧焊或埋弧自动焊时，热影响区尺寸较小，对焊接产品质量影响较小，焊后可不进行热处理；对于低合金钢焊接结构或用电渣焊焊接的结构，热影响区较大，焊后必须进行热处理，通常可用正火的方法，细化晶粒，均匀组织，改善焊接接头的质量；对于焊后不能进行热处理的焊接结构，只能通过正确选择焊接方法，合理制定焊接工艺来减小焊接热影响区，以保证焊接质量。表11-2为不同焊接方法的热影响区大小比较。

五、焊接应力与变形

焊接时，由于焊件的加热和冷却是不均匀的局部加热和冷却，造成焊件的热胀冷缩速度和组织变化先后不一致，从而导致焊接应力和变形的产生，影响焊件的质量。

不同焊接方法热影响区大小的比较 表 11-2

焊接方法	各区平均尺寸(mm)			热影响区总宽度(mm)
	过热区	正火区	部分相变区	
手工电弧焊	2.2~3.0	1.5~2.5	2.2~3.0	5.9~8.5
埋弧焊	0.8~1.2	0.8~1.7	0.7~1.0	2.3~3.9
电渣焊	18~20	5.0~7.0	2.0~3.0	25~30
气焊	21	4.0	2.0	27
电子束焊	—	—	—	0.05~0.75

1. 焊接应力和变形的产生

以平板对接焊为例来分析应力和变形的产生过程,如图 11-11 所示。焊件在加热时,焊缝区金属的热膨胀量较大,并受两侧金属所制约,使应受热膨胀的金属不能自由伸长而被塑性压缩,向厚度方向展宽;冷却时同样会受两侧金属制约而不能自由收缩,尤其当焊缝区金属温度降至弹性变形阶段以后,由于焊件各部分收缩不一致,必然导致焊缝区乃至整个焊件产生应力和变形。焊接构件由焊接而产生的内应力称为焊接应力;焊后残留在焊件内的焊接应力称为焊接残余应力。焊件因焊接而产生的变形称为焊接变形;焊后焊件残留的变形称为焊接残余变形。

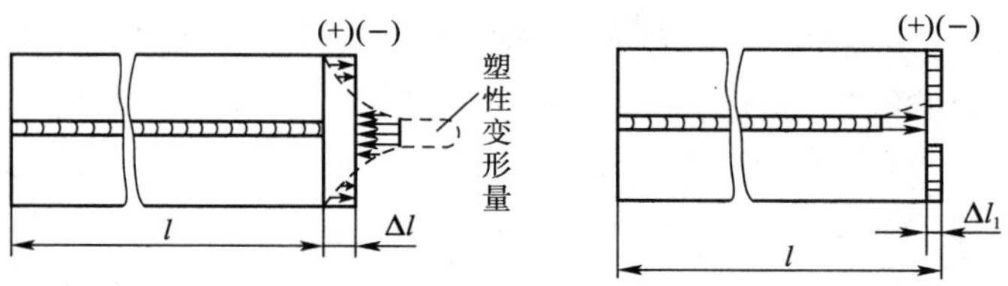

a) 加热时应力和变形　　b) 冷却时的应力和变形

图 11-11　平板对接时应力和变形的形成过程

2. 焊接变形的基本形式

焊接时,在任何情况下焊接应力总是存在的。但由于焊接方法、工件材质、结构等因素,会产生不同的变形形式。焊接变形的基本形式如图 11-12 所示。

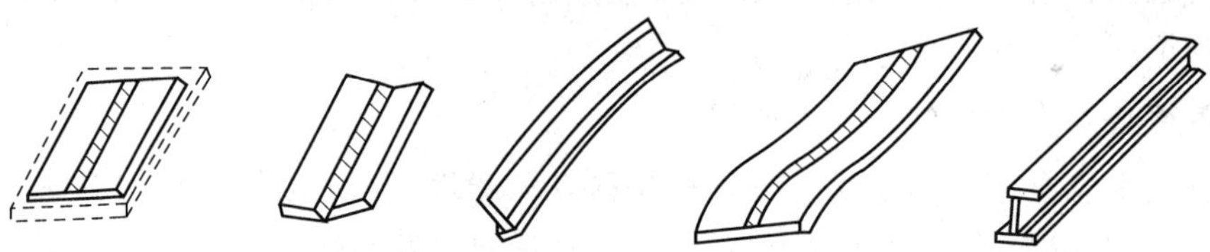

a) 收缩变形　b) 角变形　c) 弯曲变形　d) 扭曲变形　e) 波浪变形

图 11-12　焊接变形的基本形式

3. 预防焊接变形的工艺措施

焊接变形不但影响结构尺寸的准确性和外形美观,严重时还可能降低承载能力,甚至造成事故,所以在焊接过程中要加以控制。预防焊接变形的方法如下。

(1)反变形法。通过试验或计算,预先确定焊后可能发生变形的大小和方向,将工件安装在相反方向的位置上,或预先使焊件向相反方向变形,以抵消焊后所发生的变形,如图 11-13 所示。

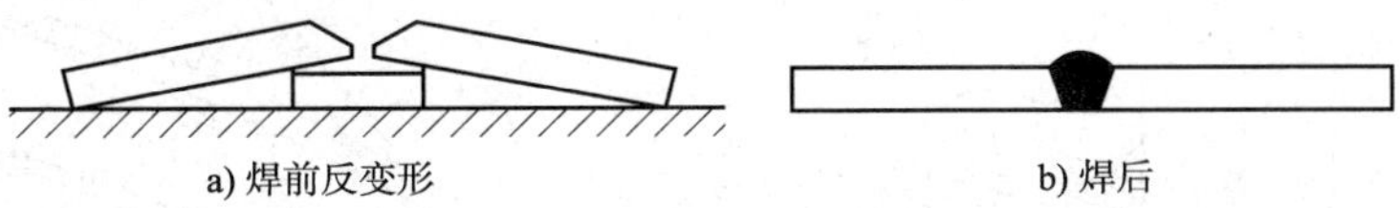

图 11-13　平板焊接的反变形

（2）刚性固定法。当焊件刚性较小时，可利用外加刚性固定以减小焊接变形，如图 11-14 所示。这种方法能有效地减小焊接变形，但会产生大的焊接应力。

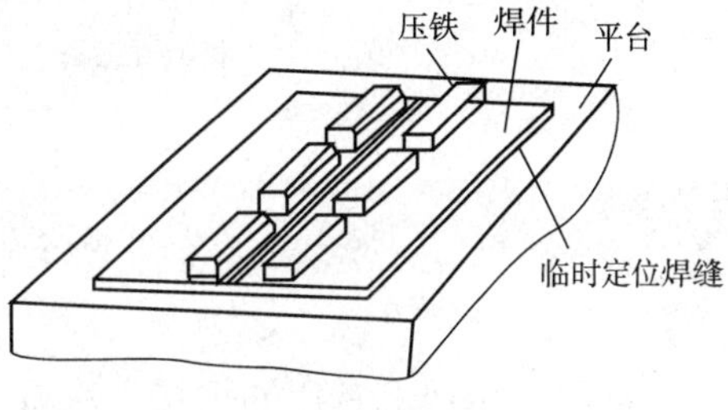

图 11-14　刚性固定法

（3）合理安排焊接次序。合理的焊接顺序是尽可能使焊件能自由收缩，对称截面梁焊接次序要交替进行。焊接长焊接（1m 以上）可采用退焊法、跳焊法、分中对称焊法等，如图 11-15 所示。

（4）焊前预热，焊后处理。预热可以减小焊件各部分温差，降低焊后冷却速度，减小残余应力。在允许的条件下，焊后进行去应力退火或用锤子均匀地敲击焊缝，使之得到延伸，均可有效地减小残余应力，从而减小焊接变形。

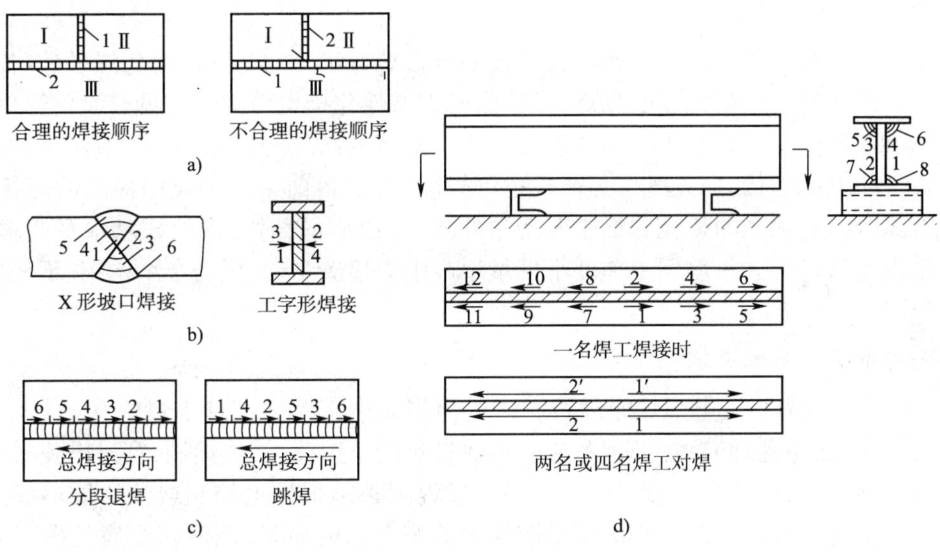

图 11-15　合理的焊接顺序

4. 焊接变形的矫正

在焊接过程中，即使采用了上述工艺措施，有时也会产生超过允许值的焊接变形，因此需要对变形进行矫正。其方法有以下两种：

（1）机械矫正法。在机械力的作用下矫正焊接变形，使焊件恢复到要求的形状和尺寸，如图 11-16 所示。可采用辊床、压力机、矫直机、手工锤击矫正。这种方法适用于低碳钢和普通低合金钢等塑性好的材料。

（2）火焰矫正法。利用氧—乙炔焰对焊件适当部分加热，利用加热时的压缩塑性变形和冷却时的收缩变形来矫正原来的变形，如图 11-17 所示。火焰矫正法适用于低碳钢和没有淬硬倾向的普通低合金钢。

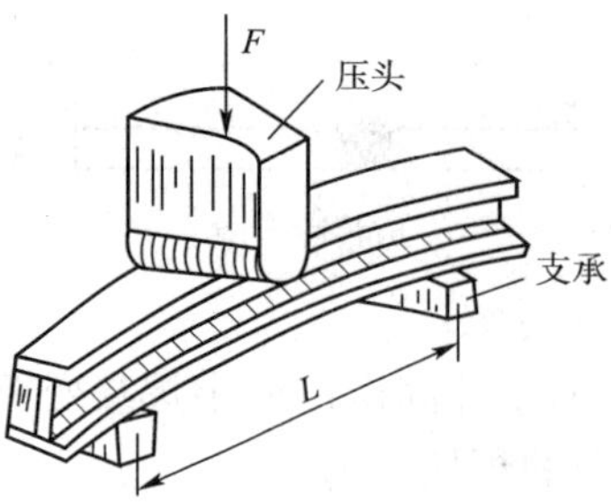

图 11-16　机械矫正法

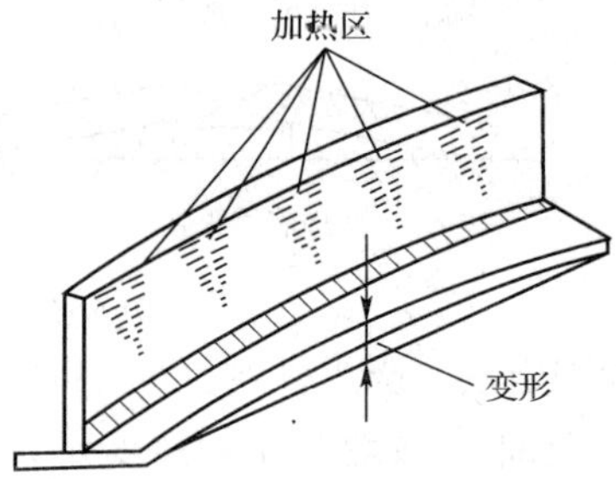

图 11-17　火焰矫正法

课题四　常用焊接方法

目前在生产上常用的焊接方法有手工电弧焊、气焊、埋弧自动焊、气体保护焊、电渣焊、电阻焊、钎焊等。本节介绍手工电弧焊、气焊、埋弧自动焊、气体保护焊（氩弧焊和CO_2气体保护焊）、电渣焊、电阻焊和钎焊。

一、手工电弧焊

手工电弧焊是用手工操纵焊条进行焊接的电弧焊方法。它是利用涂药焊条和熔池之间的电弧进行焊接的一种熔化极电弧焊，又称涂药焊条熔化极电弧焊。它具有设备简单，操作灵活，成本低等优点，对焊接接头的装配尺寸要求不高，可焊接大多数金属，适用于各种条件下进行各种位置的焊接，而且既可焊薄板也可焊厚板，是目前生产中应用最广的焊接方法。但手工电弧焊时有强烈的弧光和烟尘劳动条件差，生产率低，对工人的技术水平要求较高，焊接质量也不够稳定。一般用于单件小批量生产中焊接碳素钢、低合金结构钢、不锈钢及铸铁的补焊等。

1. 手工电弧焊基本原理

图 11-18 所示为手工电弧焊原理图。通过用焊条端部刮擦工件引燃电弧，电弧热量熔化工件表面，形成熔池；同时焊条钢芯在电弧热量作用下熔化，形成熔滴，穿过电弧过渡到熔池中。电弧前移后，熔池凝固形成焊缝。焊接过程中必须很好地控制熔池才能形成高质量的焊缝。熔池的尺寸及熔深大小决定了熔池中液态金属的质量，而液态金属的质量影响熔池金属的控制难易程度。焊接电流过大时，熔深过大，而体积过大的熔池很难控制。增大焊接速度可减小熔池的体积。在非平焊位置焊接时，液态金属容易流出熔池，导致焊接缺陷。这种情况下，焊工可通过调节焊接参数或电弧运行轨迹（运条方式）来控制熔池。凝固的焊缝金属覆盖着一层药皮形成焊渣。电弧被焊条药皮分解出来的保护气体所包围。熔化的焊条钢芯大部分过渡到熔池中，但也有一小部分飞溅到熔池之外。

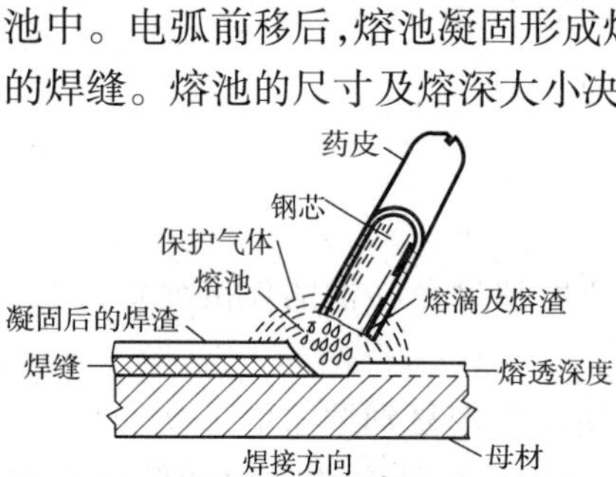

图 11-18　手工电弧焊原理图

2. 手工电弧焊电源

（1）对手工电弧焊电源的要求。手工电弧焊电源应具有适当的空载电压和较高的引弧电压,以利于引弧,保证安全;当电弧稳定燃烧时,焊接电流增大,电弧电压应急剧下降;还应保证焊条与焊件短路时,短路电流不应太大;同时焊接电流应能灵活调节,以适应不同的焊件及焊条的要求。

(2)手工电弧焊电源种类。常用手工电弧焊电源有交流弧焊机、直流弧焊机和逆变焊机。

①交流弧焊机。交流弧焊机是一种特殊的降压变压器,具有结构简单、噪声小、成本低等优点,但电弧稳定性较差。

如型号为 BXJ－330 的交流弧焊变压器为下降特性,额定焊接电流为 330A,该焊机既适于酸性焊条焊接,又适于碱性焊条焊接。

②直流弧焊机。直流弧焊机有弧焊发电机(由一台三相感应电动机和一台直流弧焊发电机组成)和焊接整流器(整流式直流弧焊机)两种类型。

弧焊发电机具有电弧稳定,容易引弧,焊接质量较好等优点,但结构复杂、噪声大、成本高,维修困难,且在无焊接负载时也要消耗能量,现已被淘汰。如型号为 MX－320 的弧焊机为下降特性,额定焊接电流为 320A。

焊接整流器比弧焊发电机结构简单、质量轻、噪声小,制造维修方便,是近年来发展起来的一种弧焊机。如型号为 ZX5－300 弧焊机为下降特性、硅整流,额定焊接电流为 300A。

③逆变焊机。逆变电源是近几年发展起来的新一代焊接电源,利用三相 380V 交流电,经整流滤波成直流,然后经逆变器变成频率为 2000～30000Hz 的交流电,再经单相全波整流和滤波输出。逆变电源具有体积小、质量轻、节约材料、高效节能、适应性强等优点,是更新换代的电源。现已逐渐取代目前的整流弧焊机。

3.焊条

焊条是手工电弧焊需要的唯一焊接耗材。通常根据焊条的适用性及熔敷金属的化学成分和性能要求来选择焊条。要想正确地选用焊条,必须理解焊条药皮的作用、焊条规格的制定方法、影响焊条适用性的因素及熔敷金属的性能要求。

(1)焊条的组成和作用。焊条是涂有药皮的供手工电弧焊用的熔化电极,由药皮和焊芯两部分组成,其结构如图 11-19 所示。

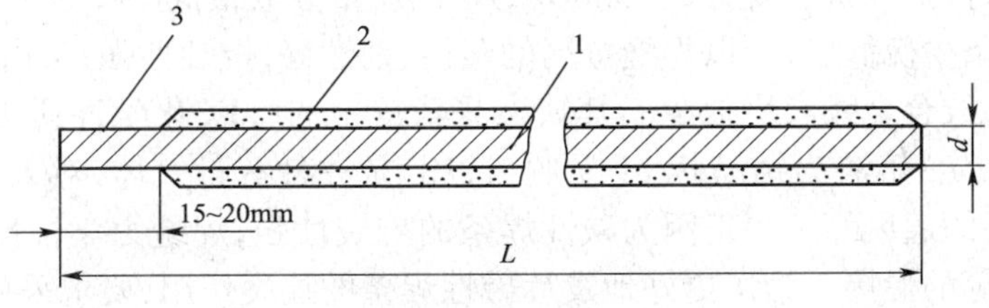

图 11-19　焊条的纵截面

1-焊芯;2-药皮;3-焊条夹持端;d-焊条直径;L-焊条长度

焊芯在焊接过程中既是导电的电极,同时本身又熔化作为填充金属,与熔化的母材共同形成焊缝金属。焊芯的质量直接影响焊缝的质量。焊芯中硫磷等杂质的质量分数很低。表 11-3 给出了几种常用焊芯成分。

药皮是压涂在焊芯表面的涂料层,药皮有如下作用:

①保护作用。药皮中的某些成分在电弧热量作用下分解,放出气体,排开周围的空气,对电弧和熔池进行保护。

几种常用的焊芯化学成分　　　表 11-3

钢号		化学成分 w_B(%)							用途
牌号	代号	C	Mn	Si	Cr	Ni	S	P	
焊 08	H08	≤0.10	0.30~0.55	≤0.30	≤0.20	≤0.30	≤0.04	≤0.04	一般焊接结构
焊 08 高	H08A	≤0.10	0.30~0.55	≤0.30	≤0.20	≤0.30	≤0.30	≤0.30	重要焊接结构及埋弧焊用
焊 08 锰高	H08MnA	≤0.10	0.80~1.10	≤0.07	≤0.20	≤0.30	≤0.30	≤0.30	埋弧焊焊丝
焊 15 锰	H15Mn	0.11~0.18	0.80~1.10	≤0.07	≤0.20	≤0.30	≤0.04	≤0.04	
焊 10 锰 2	H10Mn2	≤0.12	1.50~1.90	≤0.07	≤0.20	≤0.30	≤0.04	≤0.04	

②脱氧作用。药皮中含有脱氧剂,对熔池中的氧化物进行脱氧。

③造渣作用。药皮中含有造渣剂,在电弧热量作用下形成焊渣对高温焊缝金属进行保护,防止受到氧化。

④稳弧作用。药皮中含有电离电位较低的元素,起着稳弧作用,这对于交流电弧来说尤其重要。

⑤合金化作用。药皮中加入合金元素,可提高熔敷金属的性能。

⑥提高熔敷速度。在药皮中加入铁粉可提高熔敷率,提高焊接生产率。

(2)焊条的分类。

①焊条按熔渣的化学性质分为两大类:酸性焊条和碱性焊条。

酸性焊条的熔渣呈酸性,药皮中含有大量SiO_2、TiO_2、MnO 等氧化物。保护气氛主要是 CO 和 H_2。其优点是熔渣呈玻璃状,容易脱渣;焊接时由于保护气氛 CO、H_2 的燃烧使熔池沸腾,能继续除去金属熔池中的气体,所以对焊件上的油、锈、污不敏感,表现为工艺性能较好,电弧稳定,交、直流弧焊机均可使用。其缺点是由于保护气氛中 H_2 质量分数大,约占 50%,焊缝金属中氧、氮的质量分数也比较高,脱硫能力小,所以焊缝的力学性能,尤其是塑性和韧性差,抗裂性低;另外,由于药皮的强氧化性,C、Si、Mn 等元素的烧损较大。故酸性焊条常应用于一般的焊接结构。典型的酸性焊条型号为 E4303。

碱性焊条的熔渣呈碱性,药皮的主要成分为$CaCO_3$ 和CaF_2。其优点是在焊接过程中,$CaCO_3$ 分解为 CaO 和CO_2,其中的 CaO 与 S 反应生成 CaS 和 O,CaS 为熔渣被除去,除硫作用强于酸性焊条,保护气氛主要为CO_2 和 CO,H_2 的质量分数很低(<5%),故又称低氢型焊条。由于这种焊条少硫低氢,所以焊缝金属的塑性、韧性好,抗裂性强;又由于这种焊条药皮中含强氧化物少,故合金元素烧损少。其缺点是药皮中的CaF_2 化学性质极活泼,对油、锈、污敏感;电弧不稳定:熔渣为结晶状,不易脱渣;HF 是一种有毒气体,对人体危害较酸性焊条大,应注意车间的通风除尘。正因为碱性焊条的抗裂性强,焊缝力学性能好;故需应用于重要结构压力器等的焊接。为了更好地发挥碱性焊条的抗裂作用,要求采用直流弧焊机、反接,且尽量采用短弧焊,以提高电弧气氛的保护效果。

②焊条按用途可分为十一大类,碳钢焊条、低合金钢焊条、钼和铬耐热钢焊条、低温钢焊条、不锈钢焊条、堆焊焊条、铸铁焊条、镍及镍合金焊条、铜及铜合金焊条、铝及铝合金焊条、特殊用途焊条。每种类型的焊条又因药皮类型不同,具有不同的焊接工艺性能和不同的焊缝力学性能。表 11-4 列出焊条药皮类型和所适用的电源。

焊条型号的编制方法,根据 GB/T 5117—2012 规定。

(a)将碳钢和低合金钢焊条型号说明如下。它是用大写字母 E 和四位数字表示,E 表示焊条,前两位数字表示熔敷金属抗拉强度的最小值,单位为 MPa;第三位数字表示焊条的焊接位置，“0”和“1”表示焊条适用全位置焊接（平焊、立焊、仰焊、横焊），“2”表示焊条适用于平焊及角平焊，“4”表示适用向下立焊，第三、四位数字组合时，表示药皮类型和焊接电源。后缀字母为熔敷金属的化学成分分类代号，以短划“—”与前面数字分开。

药皮的类型与适用电源 表 11-4

牌号	药皮类型	适用电源	备注	牌号	药皮类型	适用电源	备注
××0	不属规定	不规定	酸性焊条	××5	高纤维素型	交直两用	碱性焊条
××1	氧化钛型	交直两用		××6	低氢钾型	交直两用	
××2	氧化钛钙型	交直两用		××7	低氢钠型	直流专用	
××3	钛钙型	交直两用		××8	石墨型	交直两用	
××4	氧化铁型	交直两用		××9	盐基型	直流专用	

（b）不锈钢焊条的型号。按 GB/T 983—2012 规定，型号用字母 E 起头，表示焊条。E 后的一位或两位数字表示含碳量，“00”表示含碳量 $w(C)<0.04\%$，“0”表示含碳量 $w(C)<0.1\%$，“1”表示含碳量 $w(C)<0.15\%$“2”表示含碳量 $w(C)<0.2\%$，“3”表示含碳量 $w(C)<0.45\%$。熔敷金属中含有其他重要和金属元素，其标注方法与合金钢牌号表示方法相同。焊条药皮类型和弧焊电源在焊条型号后面附加如下代号表示：15 表示焊条为碱性焊条，适用于直流反接焊接；16 表示焊条为碱性或其他类型药皮，适用于交流或直流反接焊接。

（c）铸铁焊条的型号。按 GB/T 10044—2006 规定，铸铁焊条用字母“EZ”起头，后面是熔敷金属主要化学元素符号或金属类型代号，再细分时用数字表示。例如，EZC 表示灰铸铁焊条；EZNi－1 表示 1 号纯镍铸铁焊条。

（d）有色金属焊条的型号。按 GB/T 3670—1995、GB/T 3669—2001 规定，焊条型号用字母“T”起头，后面标注熔敷金属化学成分，不标注含量。焊条型号与焊条牌号对照表见表 11-5。

焊条型号与焊条牌号对照表 表 11-5

<table>
<tr><th colspan="8">焊 条 型 号</th></tr>
<tr><th colspan="3">焊条大类（按化学成分分类）</th><th colspan="5">焊条大类（按用途分类）</th></tr>
<tr><th rowspan="2">国家标准编号</th><th rowspan="2">名 称</th><th rowspan="2">代 号</th><th rowspan="2">类 别</th><th rowspan="2">名 称</th><th colspan="2">代 号</th></tr>
<tr><th>字 母</th><th>汉 字</th></tr>
<tr><td>GB/T 5117—2012</td><td>碳钢焊条</td><td>E</td><td>一</td><td>结构钢焊条</td><td>J</td><td>结</td></tr>
<tr><td rowspan="3">GB/T 5118—1995</td><td rowspan="3">低合金钢焊条</td><td rowspan="3">E</td><td>一</td><td>结构钢焊条</td><td>J</td><td>结</td></tr>
<tr><td>二</td><td>钼和铬钼耐热钢焊条</td><td>R</td><td>热</td></tr>
<tr><td>三</td><td>低温钢焊条</td><td>W</td><td>温</td></tr>
<tr><td rowspan="2">GB/T 983—1995</td><td rowspan="2">不锈钢焊条</td><td rowspan="2">E</td><td rowspan="2">四</td><td rowspan="2">不锈钢焊条</td><td>G</td><td>铬</td></tr>
<tr><td>A</td><td>奥</td></tr>
<tr><td>GB/T 984—2001</td><td>堆焊焊条</td><td>ED</td><td>五</td><td>堆焊焊条</td><td>D</td><td>堆</td></tr>
<tr><td>GB/T 10044—2006</td><td>铸铁焊条</td><td>EZ</td><td>六</td><td>铸铁焊条</td><td>Z</td><td>铸</td></tr>
<tr><td>GB/T 13818—2008</td><td>金焊条</td><td>ENi</td><td>七</td><td>镍及镍合金焊条</td><td>Ni</td><td>镍</td></tr>
<tr><td>GB/T 3670—1995</td><td>铜及铜合金焊条</td><td>TCu</td><td>八</td><td>铜及铜合金焊条</td><td>T</td><td>铜</td></tr>
<tr><td>GB/T 3669—2001</td><td>铝和铝合金焊条</td><td>TAl</td><td>九</td><td>铝和铝合金焊条</td><td>L</td><td>铝</td></tr>
<tr><td>—</td><td>—</td><td>—</td><td>十</td><td>特殊用途焊条</td><td>TS</td><td>特</td></tr>
</table>

（3）焊条的选用。焊条的种类很多，应根据其性能特点，并考虑焊件的结构特点、工作条件、生产批量、施工条件及经济性等因素合理地选用焊条。

按强度等级和化学成分选用焊条：

①焊接一般结构，如低碳钢、低合金钢结构件时，一般选用与焊件强度等级相同的焊条，而不考虑化学成分相同或相近。

②焊接异种结构钢时，按强度等级低的钢种选用焊条。

③焊接特殊性能钢种，如不锈钢、耐热钢时，应选用与焊件化学成分相同或相近的特种焊条。

④焊件的碳、硫、磷质量分数较大时，应选用碱性焊条。

⑤焊接铸造碳钢或合金钢时，因为碳和合金元素的质量分数较高，而且多数铸件厚度、刚度较大，形状复杂，故一般选用碱性焊条。

按焊件的工作条件选用焊条：

①焊接承受动载、交变载荷及冲击载荷的结构件时，应选用碱性焊条。

②焊接承受静载的结构件时，可选用酸性焊条。

③焊接表面带有油、锈、污等难以清理的结构件时，应选用酸性焊条。

④焊接在特殊条件（如在腐蚀介质、高温等条件）下工作的结构件时，应选用特殊用途焊条。

按焊件的形状、刚度及焊接位置选用焊条：

①厚度、刚度大、形状复杂的结构件，应选用碱性焊条。

②厚度、刚度不大，形状一般，尤其是均可采用平焊的结构件，应选用适当的酸性焊条。

③除平焊外，立焊、横焊、仰焊等焊接位置的结构件应选用全位置焊条。

此外，还应根据现场条件选用适当的焊条。如需用低氢型焊条，又缺少直流弧焊电源时，应选用加入稳弧剂的低氢型交、直流两用的焊条。

4. 手工电弧焊焊接工艺规范

焊接工艺规范指制造焊件所有有关的加工和实践要求的细则文件，可保证由熟练工操作时质量的再现性。焊接工艺规范包括焊条型号（牌号）、焊条直径、焊接电流、坡口形状、焊接层数等参数的选择。其中有些已在前面述及，有的将在焊接结构设计中详述。现在仅就焊条直径、焊接电流和焊接层数的选择问题简述如下。

（1）焊条直径的选择。焊条直径主要取决于焊件厚度、接头形式、焊缝位置、焊层（道）数等因素，根据焊件厚度平焊时焊条的选用。

焊条直径主要根据焊件厚度来选择，见表 11-6。

焊条直径的选择 表 11-6

焊件厚度(mm)	<2	2～4	4～10	12～14	>14
焊条直径(mm)	1.5～2.0	2.5～3.2	3.2～4	4～5	>5

（2）焊接电流的选择。焊接电流主要根据焊条直径来选择，对平焊低碳钢和低合金钢焊件，焊条直径为 3～6 时，其电流大小可根据经验公式选择，即

$$I=(30\sim50)d$$

式中：I——焊接电流，A；

d——焊条直径，mm。

实际工作时，电流的大小还应考虑焊件厚度、接头形式、焊接位置和焊条种类等因素。焊件厚度较薄，横焊、立焊、仰焊以及不锈钢焊条等条件下，焊接电流均应比平焊时电流小 10%～15%，也可通过试焊来调节电流的大小。

（3）焊接层数。厚件、易过热的材料焊接时，常采用开坡口、多层多道焊的方法，每层焊

缝的厚度以 3 ~ 4mm 为宜，也可按下式安排层数：

$$n = \frac{\delta}{d}$$

式中：n——焊缝层数（取整数）；

d——焊条直径，mm；

δ——焊件厚度，mm。

5. 焊缝质量

焊缝质量取决于良好的接头装配、正确的焊条选择、正确的焊接工艺和良好的焊工操作技术。如果实际焊接接头坡口与工艺文件上的要求有较大差别，则不会得到高质量的焊缝。接头装配必须严格符合接头设计要求。由于药皮成分的不同，有些焊条比其他焊条更容易焊出高质量的焊缝。图 11-20 给出了不同工艺条件下的焊缝外观质量。

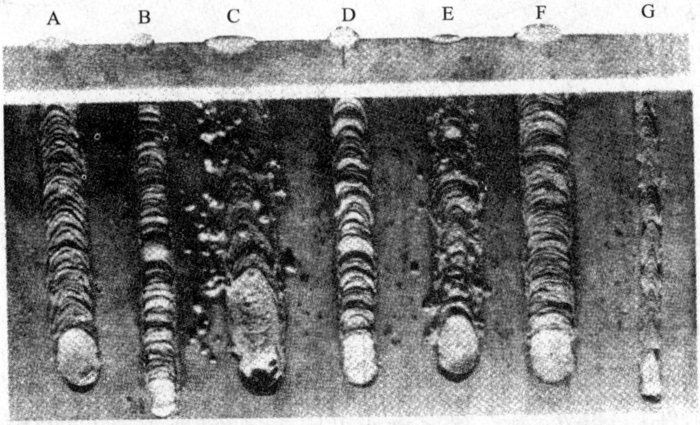

图 11-20　焊接电流、弧长及焊接速度对焊缝成形的影响

A-合适的焊接电流、弧长及焊接速度；B-焊接电流过小；C-焊接电流过大；D-弧长过短；E-弧长过长；F-焊接速度过小；G-焊接速度过大

二、气焊

气焊是一类利用可燃气体火焰作热源的焊接方法。这类焊接方法可使用外加压力，也可不使用外加压力；可使用填充金属，也可不使用填充金属。这类焊接方法有三种基本类型：氧乙炔焊、氢氧焊及气压焊。还有一种被称为空气乙炔焊的气焊，这种方法在工业上的应用较少。这类方法实际上是利用化学反应热进行焊接的。在工业中应用最广的气焊方法是氧乙炔焊，这种方法利用乙炔作为可燃气体，利用氧气作为助燃气体。

（1）氧乙炔焊。

氧乙炔焊（图 11-21）利用乙炔在氧气中燃烧产生的高温火焰进行焊接，利用焊炬确定火焰指向。

利用高温火焰熔化母材，形成熔池。留间隙或坡口时，应使用填充金属。火焰沿着接缝向前移动，熔池凝固形成焊缝。

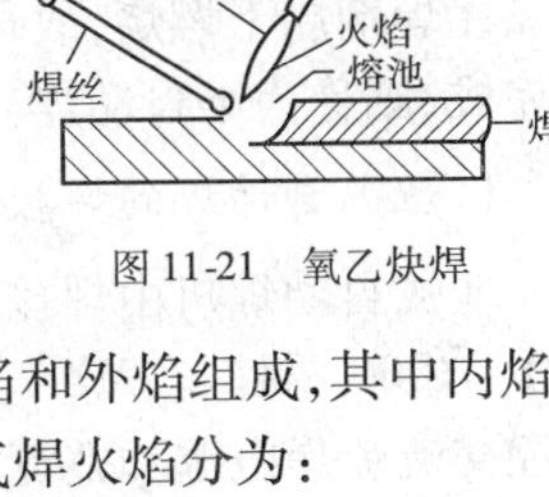

图 11-21　氧乙炔焊

乙炔燃烧的化学反应为

$$2C_2H_2 + 5O_2 = 4CO_2 + 2H_2O + 1302.72J/mol$$

图 11-22 所示为气焊火焰类型与结构。气焊火焰由焰芯、内焰和外焰组成，其中内焰处的温度最高，可达 3150℃。根据氧气与乙炔混合的体积比不同，气焊火焰分为：

①碳化焰。氧与乙炔的体积比小于1.1,乙炔相对过剩,火焰有较强的还原作用和碳化性。适于焊接高碳钢、高速钢、硬质合金及铸铁等。

②中性焰。氧与乙炔的体积比为1.1~1.2,氧与乙炔燃烧充分。适于焊接碳钢、低合金钢和部分非铁合金等。

③氧化焰。氧与乙炔的体积比大于1.2,氧相对过剩,火焰氧化性强。适于焊接黄铜、镀锌铁板等材料。

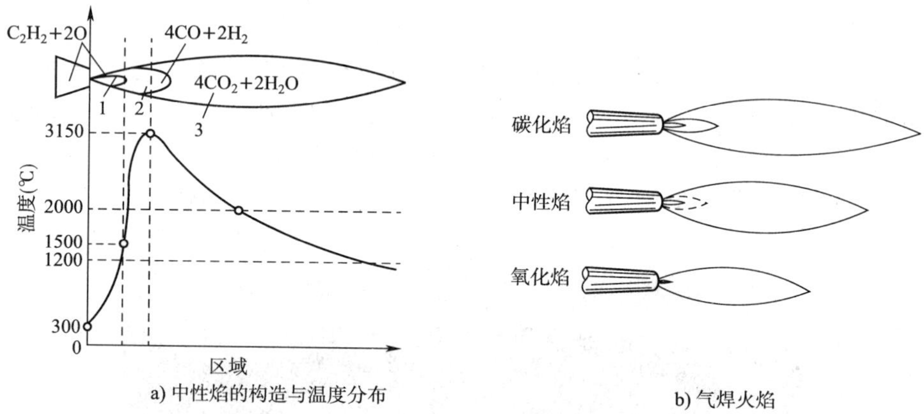

图11-22 气焊火焰构造与类型

1-焰芯;2-内焰;3-外焰

(2)优点及主要用途。

氧乙炔焊具有很多优点。首先,这种方法适用于各种焊接位置。其次,氧乙炔焊所用设备不但搬运方便、成本低,而且可用于多种用途:焊接、硬钎焊、软钎焊及切割等(用于切割时需要使用一些附件)。另外,氧乙炔设备还可用于热弯、成形、校直及硬化。氧乙炔焊的另外一个优点是熔池可见,焊工易于进行观察和控制。

焊接时,必须选用合适的填充焊丝。焊丝必须与母材的成分相匹配,且应含有适量的脱氧剂,以确保得到质量良好的焊缝。有些材料用氧乙炔焊焊接时还需要焊剂。

氧乙炔焊通常用于焊接厚度小于6.4mm的工件;也可用来焊接厚度稍大的工件,但极少用来焊接大厚度工件。目前主要用于维护及维修领域以及小直径管子的焊接。

(3)氧乙炔焊的缺点

由于氧乙炔焊火焰温度、热量传递方式等方面的原因,氧乙炔焊的焊接速度很慢,是最慢的焊接方法之一。因此,这种焊接方法很少用于制造业。目前,氧乙炔火焰主要用于火焰钎焊和火焰切割。

三、埋弧自动焊

埋弧自动焊是将手工电弧焊的引弧、焊条送进、电弧移动几个动作改由机械自动完成,电弧在焊剂层下燃烧,故称为埋弧自动焊。如果部分动作由机械完成,其他动作仍由焊工辅助完成,则称为半自动焊。

1.埋弧自动焊的焊接过程

埋弧自动焊机由焊接电源、焊车和控制箱三部分组成。常用焊机型号有MZ-1000和MZ1-1000两种。“MZ”表示埋弧自动焊机,“1000”表示额定电流为1000A。焊接电源可以配交流弧焊电源和整流弧焊电源。

焊接时，自动焊机头将焊丝自动送入电弧区自动引弧，通过焊机弧长自动调节装置，保证一定的弧长，电弧在颗粒状焊剂下燃烧，母材金属与焊丝被熔化成较大体积（可达20cm³）的熔池。焊车带着焊丝自动均匀向前移动，或焊机头不动而工件匀速移动，熔池金属被电弧气体排挤向后堆积，凝固后形成焊缝。电弧周围的颗粒状焊剂被熔化成熔渣，部分焊剂被蒸发，生成的气体将电弧周围的气体排开，形成一个封闭的熔渣池。它有一定的黏度，能承受一定的压力，因此使熔化金属与空气隔离，并防止熔化金属飞溅，既可减少热能损失，又能防止弧光四射。未熔化的焊剂可以回收重新使用。埋弧自动焊接过程纵断面如图 11-23 所示。

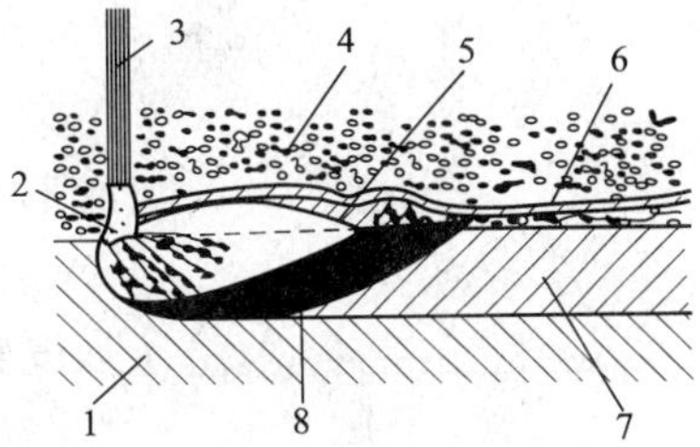

图 11-23　埋弧自动焊的纵断面图

1-母材金属；2-电弧；3-焊丝；4-焊剂；5-熔化的焊剂；6-渣壳；7-焊缝；8-熔池

2. 焊接材料

埋弧自动焊焊接材料有焊丝和焊剂。焊丝除了作电极和填充材料外，还可以起到渗合金、脱氧、去硫等冶金作用。焊剂的作用相当于焊条药皮，分为熔炼焊剂和非熔炼焊剂两类，非熔炼焊剂又可分为烧结焊剂和黏结焊剂两种。熔炼焊剂主要起保护作用；非熔炼焊剂除保护作用外，还有冶金处理作用。焊剂容易吸潮，使用前要按要求烘干。

3. 埋弧焊工艺

埋弧焊对下料、坡口准备和装配要求均较高。装配时要求用优质焊条点固。由于埋弧焊焊接电流大、熔深大，因此板厚在 24mm 以下的工件可以采用 I 形坡口单面焊或双面焊。但一般板厚 10mm 就开坡口，常用 V 形坡口、X 形坡口、U 形坡口和组合形坡口。能采用双面焊的均采用双面焊，以便焊透，减少焊接变形。

焊接前，应清除坡口及两侧 50 ~ 60mm 内的一切油垢和铁锈，以避免产生气孔。

图 11-24　自动焊的引弧板和引出板

埋弧焊一般都在平焊位置焊接。由于引弧处和断弧处焊缝质量不易保证，焊前可在接缝两端焊上引弧板和引出板，如图 11-24 所示，焊后再去掉。为保证焊缝成形和防止烧穿，生产中常用焊剂垫和垫板，如图 11-25 所示，或用手工电弧焊封底。

埋弧焊焊接筒体环焊缝时采用滚轮架，使筒体（工件）转动，焊丝位置不动。为防止熔池金属和熔渣从筒体表面流失，保证焊缝成形良好，机头应逆旋转方向偏离焊件中心一定距离 a 起焊，如图 11-26 所示。不同直径筒体应根据焊缝成形情况确定偏离距离 a，一般偏离 20 ~ 40mm。直径小于 250mm 的环缝，一般不采用埋弧自动焊。设计要求双面焊时，应先焊内环缝，清根后再焊外环缝。

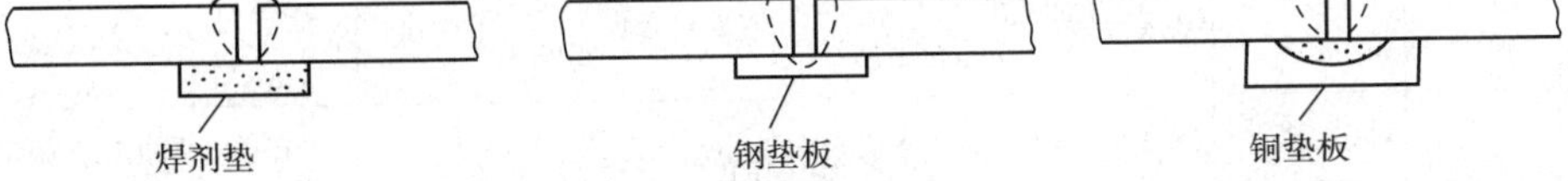

图 11-25　自动焊的焊剂垫

4. 埋弧焊的特点和应用

埋弧自动焊与手工电弧焊相比，有以下特点：

（1）埋弧焊电流比手工电弧焊高 6 ~ 8 倍，不须更换焊条，没有飞溅，生产率提高 5 ~ 10

倍。同时，由于熔深大，可以不开或少开坡口，节省坡口加工工时，节省焊接材料，焊丝利用率高。降低了焊接成本。

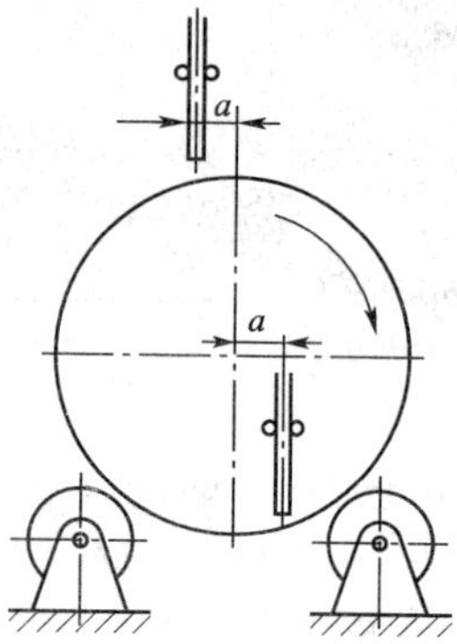

图 11-26　环缝自动焊示意图

(2)埋弧焊焊剂供给充足，保护效果好，冶金过程完善，焊接工艺参数稳定，焊接质量好，而且稳定；对操作者技术要求低，焊缝成形美观。

(3)改善了劳动条件，没有弧光，没有飞溅，烟雾也很少，劳动强度较轻。

(4)埋弧焊适应性差，只焊平焊位置，通常焊接直缝和环缝，不能焊空间位置焊缝和不规则焊缝。

(5)设备结构较复杂，投资大，装配要求高，调整等准备工作量较大。

根据埋弧焊上述特点，适用于成批生产中长直焊缝和较大直径环缝的平焊。对于狭窄位置的焊缝以及薄板焊接，则受到一定的限制。因此，埋弧焊被广泛用于大型容器和钢结构焊接生产中。

课题五　焊接结构工艺性

焊接结构的设计，除考虑结构的使用性能、环境要求和国家的技术标准与规范外，还应考虑结构的工艺性和现场的实际情况，以力求生产率高、成本低，满足经济性的要求。焊接结构工艺性一般包括焊接结构材料选择、焊接方法、焊缝布置和焊接接头设计等方面内容。

一、焊接结构材料的选择

随着焊接技术的发展，工业上常用的金属材料一般均可焊接。但材料的焊接性不同，焊后接头质量差别就很大。因此，应尽可能选择焊接性良好的焊接材料来制造焊接构件。特别是优先选用低碳钢和普通低合金钢等材料，其价格低廉，工艺简单，易于保证焊接质量。

重要焊接结构材料的选择，在相应标准中有规定，可查阅有关标准或手册。

二、焊接方法的选择

焊接方法主要依据材料的焊接性、工件的结构形式、厚度和各种焊接方法的适用范围、生产率等选择，目前常用焊接方法的特点见表 11-7。

常用焊接方法的特点

表 11-7

焊接方法	焊接热源	主要接头形式	焊接位置	厚度(mm)	可焊材料	生产率	应用范围
手工电弧焊	电弧热	对接、搭接、T形接、卷边接	全位置焊	3～20	碳素钢、低合金钢、铸铁、铜及铜合金	中等偏高	在静止、冲击或振动载荷下工作的构件，补焊铸铁件缺陷和损坏的构性上
气焊	火焰热	对接、卷边接	全位置焊	0.5～3	碳素钢、低合金钢、铸铁、铜、铝及其合金	低	耐热性、致密性、静载荷、受力不大的薄板结构 补焊铸铁件及损坏的机件

续上表

焊接方法	焊接热源	主要接头形式	焊接位置	厚度（mm）	可焊材料	生产率	应用范围
埋弧焊	电弧热	对接、搭接、T形接	平焊	6～60	碳素钢、低合金钢、铜及铜合金	高	在各种载荷下工作，成批生产、中厚板长直焊缝和较大直径环缝
氩弧焊	电弧热	对接、搭接、T形接	全位置焊	0.5～25	铝、铜、镁、钛及钛合金、耐热钢、不锈钢	中等偏高	要求致密、耐蚀、耐热的焊件
CO_2 焊	电弧热	对接、搭接、T形接	全位置焊	0.8～25	碳素钢、低合金钢、不锈钢	很高	要求致密、耐蚀、耐热的焊件
电渣焊	电阻热	对接	立焊	40～450	碳素钢、低合金钢、不锈钢、铸铁	很高	一般用来焊接大厚度铸、锻件
等离子弧焊	压缩电弧热	对接	全位置焊	0.025～12	不锈钢、耐热钢、铜、镍、钛及钛合金	中等偏高	用一般焊接方法难以焊接的金属及合金
对焊	电阻热	对接	平焊	≤20	碳素钢、低合金钢、不锈钢、铝及铝合金	很高	焊接杆状零件
点焊	电阻热	搭接	全位置焊	0.5～3	碳素钢、低合金钢、不锈钢、铝及铝合金	很高	焊接薄板壳板
缝焊	电阻热	搭接	平焊	<3	碳素钢、低合金钢、不锈钢、铝及铝合金	很高	焊接薄壁容器和管道
钎焊	各种热源	搭接、套接	平焊	—	碳素钢、合金钢、铸铁、铜及铜合金	高	用其他焊接方法难于焊接的焊件，以及对强度要求不高的焊件

三、焊接接头设计

1. 接头形式设计

根据 GB/T 3375—1994 规定，焊接碳钢和低合金钢的基本接头形式有对接、搭接、角接和T形接四种。接头形式的选择是根据结构的形状、强度要求、工件厚度、焊接材料消耗量及其他焊接工艺而决定的。

对接接头受力比较均匀，节省材料，但对下料尺寸精度要求高。搭接接头因被焊工件不在同一平面上，受力时接头产生附加弯曲应力，但对下料尺寸精度要求低，因此，锅炉、压力容器等结构的受力焊缝常用对接接头；对于厂房屋架、桥梁、起重机吊臂等俯架结构，多采用搭接接头。

角接接头和T形接头受力都比对接头复杂，但接头成一定角度或直角连接时，必须采用这类接头形式。

此外，对于薄板气焊或钨极氩弧焊，为了避免烧穿或为了省去填充焊丝，常采用卷边接头。

2. 焊缝布置

焊缝布置的一般工艺设计原则如下：

(1)焊缝布置应尽可能分散。避免过分集中和交叉,焊缝密集或交叉会加大热影响区,使组织恶化,性能下降。两焊缝间距一般要求大于 3 倍板厚且不小于 100mm,如图 11-27 所示。

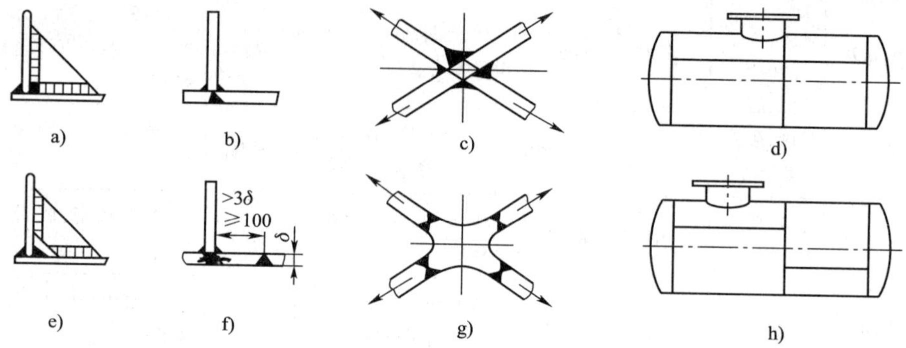

图 11-27　焊缝分散布置的设计

(2)焊缝应避开应力集中部位。焊接接头往往是焊接结构的薄弱环节,存在残余应力和焊接缺陷。因此,焊缝应避开应力较大部位,尤其是应力集中部位(图 11-28)。如焊接钢梁焊缝不应在梁的中间而应如图 11-28d)所示均分;压力容器一般不用平板封头、无折边封头,而应采用碟形封头和球性封头等,如图 11-28c)所示。

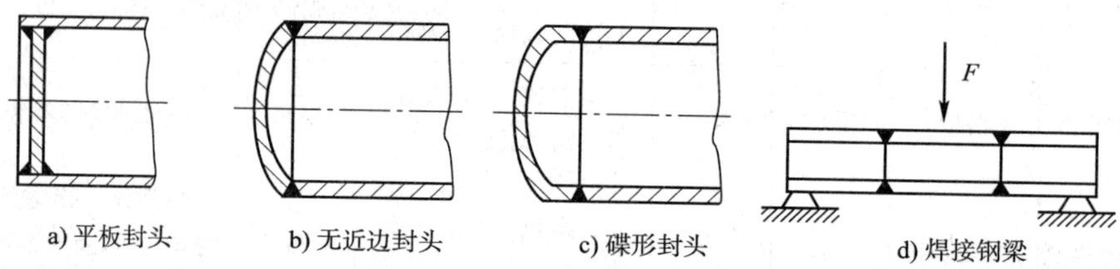

图 11-28　焊缝应避开应力集中部位

(3)焊缝布置应尽可能对称。焊缝对称布置可使焊接变形相互抵消,如图 11-29a)、b)所示偏于截面重心一侧,焊后会产生较大的弯曲变形;图 11-29c)、d)、e)焊缝对称布置,焊后不会产生明显变形。

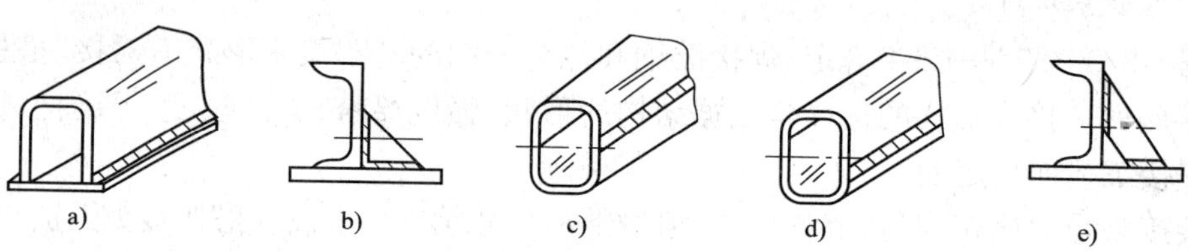

图 11-29　焊缝对称布置的设计

(4)焊缝布置应便于焊接操作。手工电弧焊时,要考虑焊条能到达待焊部位。点焊和缝焊时,应考虑电极能方便进入待焊位置,如图 11-30、图 11-31 所示。

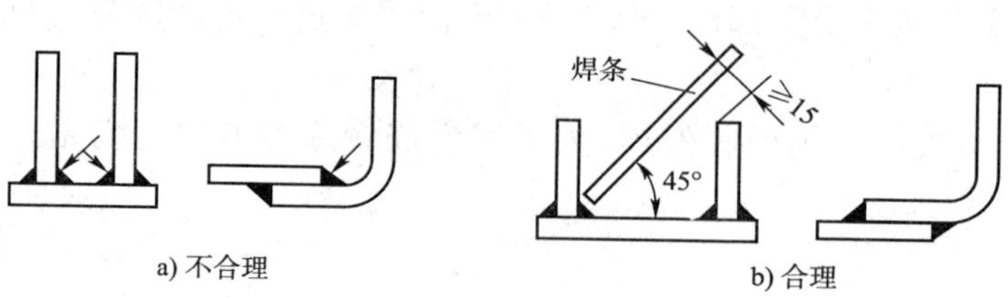

图 11-30　手工电弧焊的焊缝布置

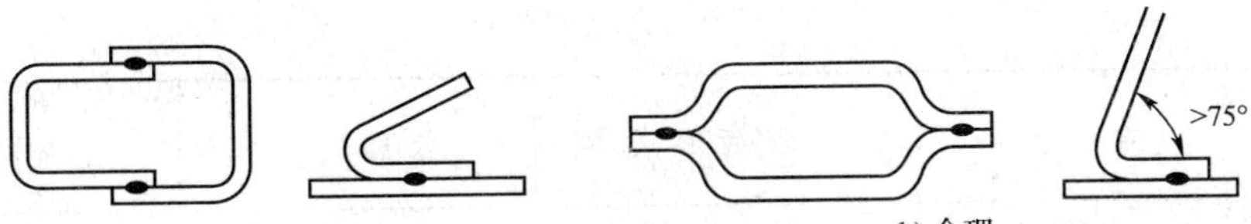

a) 不合理　　b) 合理

图 11-31　点焊或缝焊焊缝布置

(5)尽量减小焊缝长度和数量。减少焊缝长度和数量,可减少焊接加热,减少焊接应力和变形,同时减少焊接材料消耗,降低成本,提高生产率。图 11-32 所示是采用型材和冲压件减少焊缝的设计。

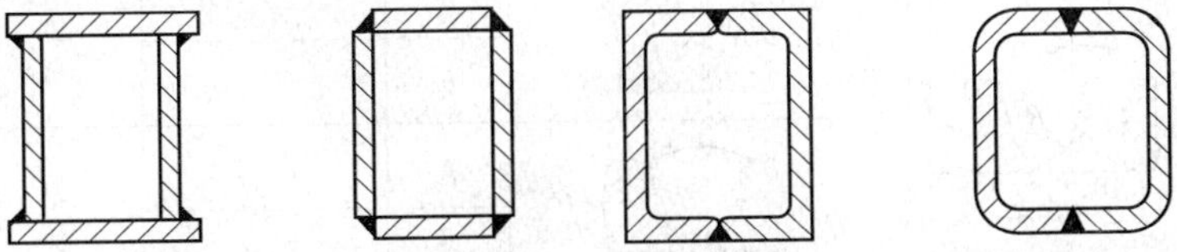

a) 用4块钢板焊成　b) 用4块钢板焊成　c) 用2根槽钢焊成　d) 用2块钢板弯曲后焊成

图 11-32　合理选材减少焊缝数量

(6)焊缝应尽量避开机械加工表面。有些焊接结构需要进行机械加工,为保证加工表面精度不受影响,焊缝应避开这些加工表面,如图 11-33 所示。

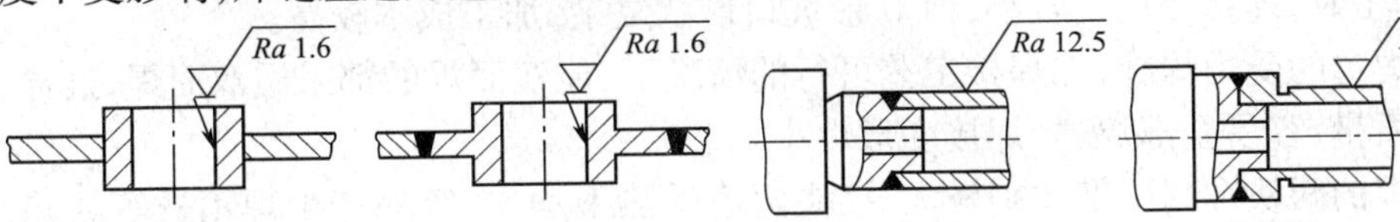

a) 不合理　b) 合理　c) 不合理　d) 合理

图 11-33　焊缝远离机械加工表面的设计

3. 坡口形式设计

根据 GB/T 3375—1994 规定手工电弧焊常采用的基本坡口形式有 I 形坡口、V 形坡口、X 形坡口、U 形坡口等四种。

坡口形式的选择主要根据板厚,目的是既能保证焊透,又要使填充金属尽可能少,提高生产率和降低成本。手工电弧焊接头基本形式与尺寸示例见表 11-8。

手工电弧焊接头基本形式与尺寸　　表 11-8

序号	适用厚度	基本形式	焊缝形式	公称尺寸			标注方法
1	1~3	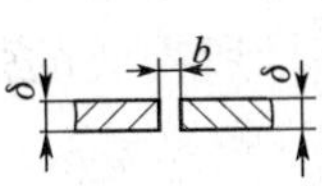	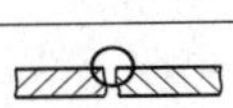 熔深 $S \geqslant 0.7\delta$	δ	≥1~2	>2~3	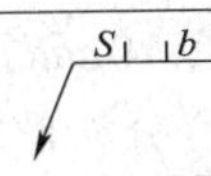
				b	0~0.5	0~1.0	
2	3~6			δ	≥3~3.5	3.6~6	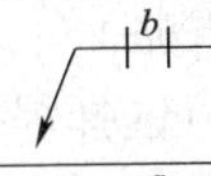
				b	0~1.0	0~1.5	
3	3~26	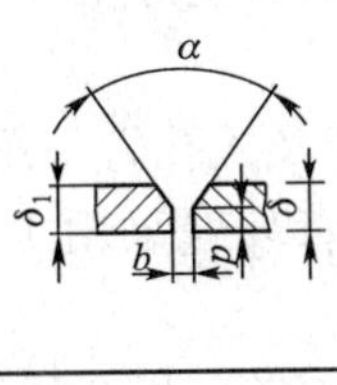	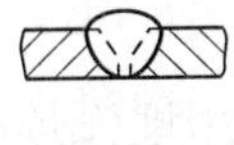	δ	≥3~9	>9~26	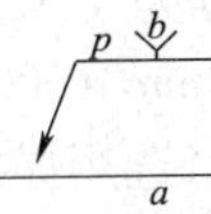
				α	70°±5°	60°±5°	
4			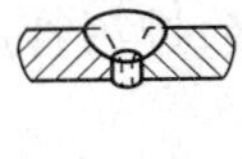	b	1±1	2^{+1}_{-2}	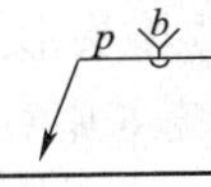
				p	1±1	2^{+1}_{-2}	

续上表

序号	适用厚度	基本形式	焊缝形式	公称尺寸		标注方法
5	12 ~ 60	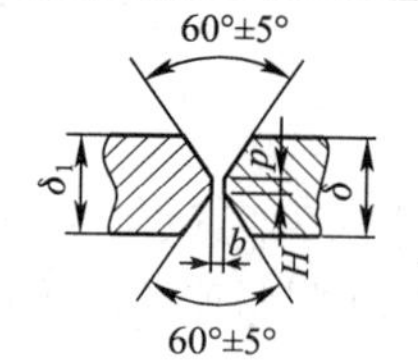		δ	≥12 ~ 60	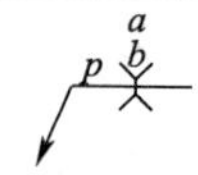
6				b	2^{+1}_{-2}	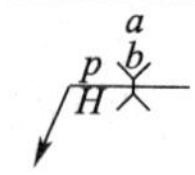
				p	2^{+1}_{-2}	
7	20 ~ 60	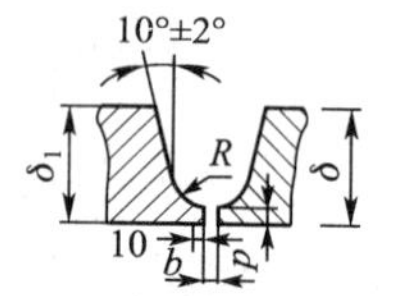	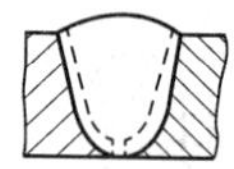	δ	≥20 ~ 60	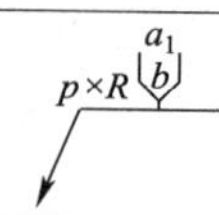
				b	2^{+1}_{-2}	
8			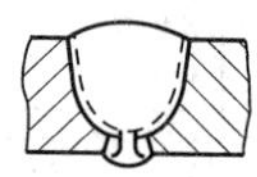	p	2 ±1	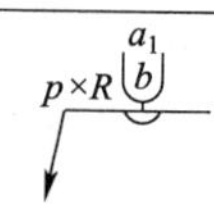
				R	5 ~ 6	

坡口的加工方法常有气割、切削加工、碳弧气刨等。

在板厚相等的情况下，X 形坡口比 V 形坡口需要的填充金属少，所需焊接工时也少，并且焊后角变形小；当然，X 形坡口需要双面焊。U 形坡口根部较宽，容易焊透；也比 V 形坡口省焊条，省工时，焊接变形也较小，但 U 形坡口形状复杂，加工成本较高。

要求焊透的受力焊缝，在焊接工艺可行的情况下，能双面焊的都采用双面焊，这样，容易保证焊接质量，容易全部焊透，焊接变形也小。

若被焊的两块金属厚度差别较大，接头两边受热不均匀，容易产生焊不透等缺陷，接头处还会造成应力集中，GB/T 3375—1994 中规定允许厚度差见表 11-9。

不同厚度钢板对接允许厚度差 表 11-9

较薄板的厚度 δ_1(mm)	≥2 ~ 5	>5 ~ 9	>9 ~ 12	>12
允许厚度差 $\delta - \delta_1$(mm)	1	2	3	4

如果厚度差超过表中的规定值，应在较厚板上单面或双面削薄，其削薄长度 $L \geqslant 3(\delta - \delta_1)$，式中，$\delta_1$ 为薄板厚度；δ 为厚板厚度。

四、焊接结构设计实例

焊接结构的工艺设计在焊接生产中是一项重要的技术工作，所要求的知识也较全面。

制造卧式储罐如图 11-34 所示，入孔直径为 450mm，入孔管高为 250mm，排污管为 120mm × 10mm，生产数量为 3 台。

(1)分析储罐的工作条件、承受的压力载荷状况，计算出储罐所需要的强度和其他性能要求(省略)。

(2)选择焊接结构材料。根据性能要求，选择制造储罐的材料为 16MnRe[低合金结构钢，成分为 $w(\mathrm{C}) = 0.16\%$、$w(\mathrm{Mn}) = 1.4\%$、$w(\mathrm{Si}) = 0.4\%$]，钢板壁厚为 16mm。钢板尺寸为 2000mm × 5000mm × 16mm。

(3)选用焊接方法。筒身纵缝、环缝均采用埋弧焊，排污管及入孔管采用手工电弧焊。

(4)接头形式。筒身为确保质量采用对接；排污管及入孔管环缝采用 T 形接头；而入孔管纵焊缝采用对接接头。

(5)焊缝布置。筒身用钢板冷卷，筒身纵焊缝为避免焊缝密集，相互错开 180°，封头采用热压成形，与筒身连接处应有 30～50mm 的直段，使焊缝躲开转角应力集中位置。入孔管可采用加热卷制。筒身的环缝可设计成图 11-34a）、b）两种方案，图 11-34b）所示方案较为合理，可省去一条焊缝。

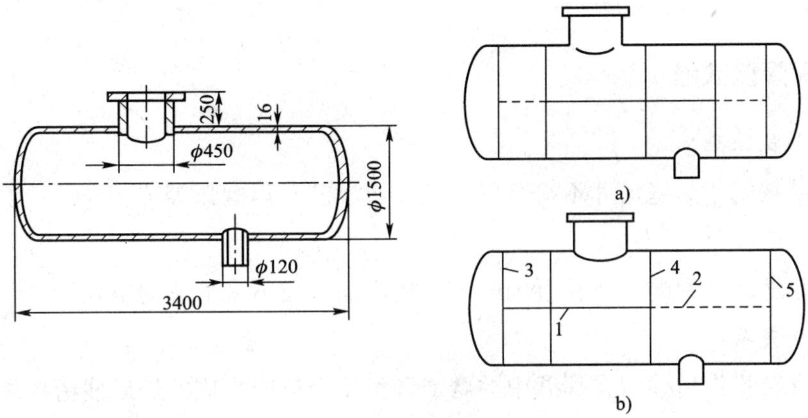

图 11-34　储罐结构及焊接图

（6）具体工艺设计见表 11-10。

储罐焊接工艺设计　　表 11-10

序号	焊缝名称	焊接方法及焊接工艺	接头常式及坡口形状	焊接材料
1	筒身纵缝 1、2	因储罐质量要求高，选用埋弧焊双面焊，先内后外，材料为 16MnRe，在室内焊接	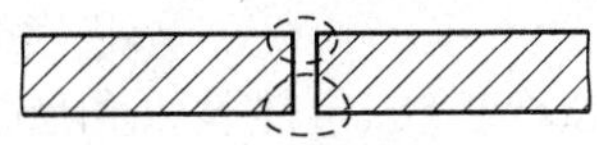 选用接头，因为采用埋弧焊在20~25mm以下工作，开Ⅰ形坡口	焊丝：H08MnA 焊剂：HJ431 焊条：J507
2	筒身环缝 3、4、5	采用埋弧焊，顺次焊 3、4、5。装配后先在内部用手工电弧焊封底，再用埋弧焊焊外环缝	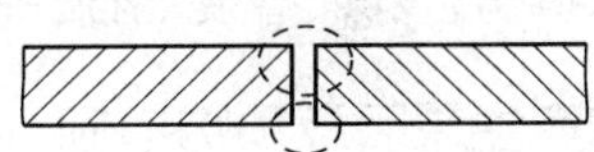 对接接头，开Ⅰ形坡口	焊丝：H08MnA 焊剂：HJ431 焊条：J507
3	排污管焊缝	管壁为 10mm，角焊缝插入式装配，采用手工电弧焊	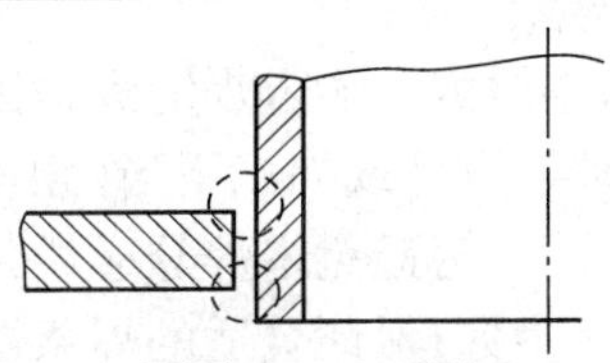 角接接头，开Ⅰ形坡口	焊条：J507
4	入孔管纵缝	板厚 16mm，焊缝短，选用手工电弧焊	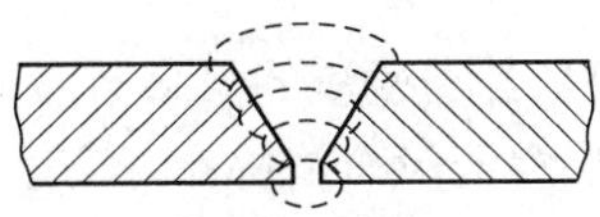 对接接头，V形坡口	焊条：J507
5	入孔管环焊缝	平焊位置，采用手工电弧焊，单面坡口，双面焊	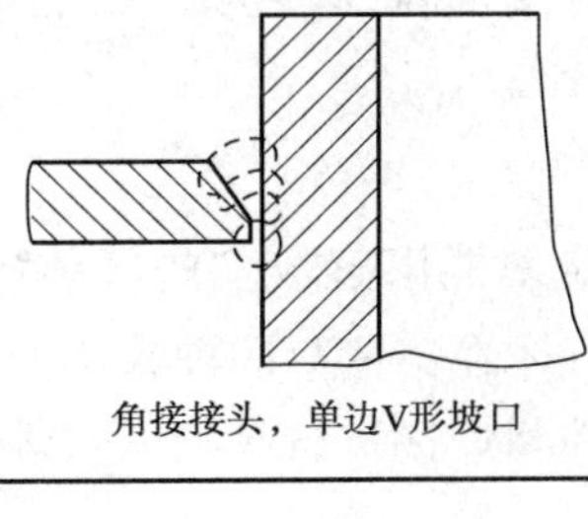 角接接头，单边V形坡口	焊条：J507

课题六 常见焊接缺陷产生原因分析及预防措施

一、常见焊接缺陷

1. 焊缝形状缺陷

焊缝形状缺陷指焊缝尺寸不符合要求及咬边、烧穿、焊瘤弧等坑。

2. 气孔

气孔指焊缝熔池中的气体在凝固时未能析出而残留下来形成的空穴。

3. 夹渣和夹杂

夹渣和夹杂指焊后残留在焊缝中的熔渣和经冶金反应生成的焊后残留在焊缝中的非金属夹杂。

4. 未焊透、未熔合

未焊透、未熔合指焊缝金属和母才之间或焊道金属之间未完全熔化结合以及焊缝的根部未完全熔透的现象。

5. 裂纹

裂纹包括热裂纹、冷裂纹、再热裂纹和层撕裂等。

6. 其他缺陷

其他缺陷指电弧擦伤、飞溅、磨痕、凿痕等。

二、焊接缺陷的产生原因及预防措施

1. 未焊透

产生未焊透的根本原因是输入焊缝焊接区的相对热量过少,熔池尺寸小,熔深不够。生产中的具体原因有:坡口设计或加工不当(角度、间隙过小)、钝边过大、焊接电流太小、焊条操作不当或焊速过快等。为避免未焊透应做到:正确选用和加工坡口尺寸,保证良好的装配间隙;采用合适的焊接参数;保证合适的焊条摆动角度;仔细清理层间的熔渣。

2. 夹渣

产生夹渣的原因是各类残渣的量多且没有足够的时间浮出熔池表面。生产中的具体原因有:多层焊时前一层焊渣没有清除干净、运条操作不当、焊条熔渣黏度太大、脱渣性差、线能量小,导致熔池存在时间短、坡口角度太小等。为避免夹渣的产生,应注意:选用合适的焊条型号;焊条摆动方式要正确;适当增大线能量;注意层间的清理,特别是低氢碱性焊条,一定要彻底清除层间焊渣。

3. 气孔

在高温时,液态金属能溶解较多的气体(如 H_2、CO 等),而固态时又几乎不溶解气体,因此,凝固过程中若气体在熔池凝固前来不及逸出熔池表面,就会在焊缝中产生气孔。生产中的具体原因有:工件和焊接材料有油、锈,焊条药皮或焊剂潮湿、焊条或焊剂变质失效、操作不当引起保护效果不好、线能量过小,使得熔池存在时间过短。为防止气孔应注意:清除焊件焊接区附近及焊丝上的铁锈、油污、油漆等污物;焊条、焊剂在使用前应严格按规定烘干;适当提高线能量,以提高熔池的高温停留时间;不采用过大的焊接电流,以防止焊条药皮发红失效;不使用偏心焊条;尽量采用短弧焊。

4. 裂纹

裂纹分为两类:在焊缝冷却结晶以后生成的冷裂纹;在焊缝冷却凝固过程中形成的热裂纹。裂纹的产生与焊缝及母材成分、组织状态及其相变特性、焊接结构条件及焊接时所采用夹装方法决定的应力、应变状态有关。如不锈钢易出现热裂纹,低合金高强钢易出现冷裂纹。

热裂纹的产生跟硫、磷等杂质太多有关。硫、磷能在钢中生成的低熔点脆性共晶物会集聚在最后凝固的树枝状晶界间和焊缝中心区。在焊接应力作用下,焊缝中心线、弧坑、焊缝终点都容易形成热裂纹。为防止热裂纹应注意:严格控制焊缝硫、磷杂质含量;填满弧坑;减慢焊接速度,以减小最后冷却结晶区域的应力和变形;改善焊缝形状,避免熔深过大的梨形焊缝。

冷裂纹的产生原因较为复杂,一般认为有三方面的因素造成:含氢量;拘束度;淬硬组织。其中最主要的因素是含氢量,故常其称为氢致裂纹。为防止冷裂纹,应从控制产生冷裂纹的三个因素着手:选用低氢焊条并烘干;清除焊缝附近的油污、锈、油漆等污杂物;用短弧焊,以增强保护效果;尽可能设计成刚性小的结构;采用焊前预热、焊后缓冷或焊后热处理措施,以减少淬硬倾向和焊后残余应力。

不同的焊接方法焊接缺陷的产生原因是不同的,在生产过程中要具体分析产生原因后再制订预防或消除措施。

需要指出的是:焊接裂纹是危害最大的焊接缺陷。它不仅会造成应力集中,降低焊接接头的静载强度,更严重的是它是导致疲劳和脆性破坏的重要诱因。

课题七　焊接质量检验

一、焊接检验过程

焊接检验过程包括焊前、焊接生产过程中和焊后成品检验。焊前检验主要内容有原材料检验、技术文件、焊工资格考核等。焊接过程中的检验主要是检查各生产工序的焊接工艺执行情况,以便发现问题及时补救,通常以自检为主。焊后成品检验是检验的关键,是焊接质量最后的评定,通常包括三方面:无损检验,如 X 射线检验、超声波检验等;成品强度试验,如水压试验,气压试验等;致密性检验,如煤油试验、吹气试验等。

二、焊接检验方法

焊接检验的主要目的是检查焊接缺陷。针对不同类型的缺陷,通常采用破坏性检验和非破坏性检验(无损检验,见表 11-11)。非破坏性检验是检验重点,主要方法如下。

1. 外观检验

用肉眼或放大镜(小于 20 倍)检查外部缺陷。

几种焊疑内部缺隐检验方法的比较　　表 11-11

<table>
<tr><th>检验方法</th><th>能查出的缺陷</th><th>可检验的厚度</th><th>灵敏度</th><th>其他特点</th><th>质量判断</th></tr>
<tr><td>磁粉检验</td><td>表面及近表面的缺陷(微细裂缝、未焊透、气孔等)</td><td>表面及近表面,深度不超过 6mm</td><td>与磁场强度大小及磁粉质量有关</td><td>被检验表面最好与磁场正交,限于磁材料</td><td>根据磁粉分布情况判定缺陷位置,但深度不能确定</td></tr>
<tr><td>着色检验</td><td>表面及近表面的有开口缺陷(微细裂纹、气孔、夹渣、夹层等)</td><td>表面</td><td>与渗透剂性能有关,可检出 0.005 ~ 0.01mm 的微裂纹,灵敏度高</td><td>表现应打磨到 Ra12.5μm,环境温度在 15℃以上可用于非磁性材料,适于各种位置单面检验</td><td>可根据显示剂上的红色条纹,形象地看出缺陷位置、大小</td></tr>
<tr><td>超声波检验</td><td>内部缺陷(裂纹、未焊透、气孔及夹渣)</td><td>焊件厚度的上限几乎不受限制。下限一般应大于 8 ~ 10mm</td><td>能探出直径大于 1mm 的气孔夹渣,探裂缝较灵敏,对表面及近表面的缺陷不灵敏</td><td>检验部位的表面应加工达 Ra6.3 ~ 1.6μm 可以单面探测</td><td>根据荧光屏上的信号,可当场判断有无缺陷、位置及其大小,但判断缺陷种类较难</td></tr>
<tr><td>X 射线检验</td><td rowspan="3">内部缺陷(裂纹、未焊透、气孔及夹渣)</td><td>150kV 的 X 光机可检厚度小于等于 25mm;250kV 的 X 光机可检厚度小于等于 60mm</td><td>能检验出尺寸大小为焊缝厚度 1% ~ 2% 的各种缺陷</td><td rowspan="3">焊接接头表面不需要加工,但正反两面都必须是可接近的</td><td rowspan="3">从底片上能直接形象地判断缺陷种类和分布。对平行于射线方向的平面形缺陷不如超声波检验灵敏</td></tr>
<tr><td>γ 射线检验</td><td>镭能源可检验 60 ~ 150mm;钴 60 能源可检验 60 ~ 150mm;依 192 能源可检验 1.0 ~ 65mm</td><td>较 X 射线低,一般约为焊缝厚的 3%</td></tr>
<tr><td>高能射线检验</td><td>9MV 电子直线加速器可检验 60 ~ 300mm;24MV 电子感应加速器可检验 60 ~ 600mm</td><td>一般小于(等于)焊缝厚度 3%</td></tr>
</table>

2. 无损检验

(1)射线检验。借助射线(X 射线、γ 射线或高能射线等)的穿透作用检查焊缝内部缺陷,通常用照相法。

(2)超声波检验。利用频率在 20000Hz 以上超声波的反射,探测焊缝内部缺陷的位置、种类和大小。

(3)磁粉检验。利用漏磁场吸附粉检查焊缝表面或近表面缺陷。

(4)着色检验。借助渗透性强的渗透剂和毛细管的作用检查焊缝表面缺陷。

3. 焊后成品强度检验

焊后成品强度检验主要是水压试验和气压试验。用于检查锅炉、压力容器、压力管道等焊缝接头的强度，具体检验方法依照有关行业标准执行。

4. 致密性检验

(1)煤油检验。在被检焊缝的一侧刷上石灰水溶液，待干后再在另一侧涂煤油，借助煤油的穿透能力，当焊缝有裂缝等穿透性缺陷时，石灰粉上呈现出煤油润湿的痕迹，据此发现焊接缺陷。

(2)吹气检验。在焊缝一侧吹压缩空气，另一侧刷肥皂水，若有穿透性缺陷，该部位会出现气泡，即可发现焊接缺陷。

项目小结

1. 焊接是把两个金属零件或多个金属零件连接成一个部件的最常用加工方法，而得到的部件通常在各个方向均具有很高的强度。

2. 焊接变形的基本形式：收缩变形，角变形，弯曲变形，扭曲变形，波浪变形。

3. 常用焊接方法：手工电弧焊、气焊、埋弧自动焊。

4. 焊接结构的设计，除考虑结构的使用性能、环境要求和国家的技术标准与规范外，还应考虑结构的工艺性和现场的实际情况，以力求生产率高、成本低，满足经济性的要求。焊接结构工艺性一般包括：焊接结构材料选择、焊接方法、焊缝布置和焊接接头设计等方面内容。

练习题

11-1　按焊接过程特点分为哪几类？

11-2　焊接方法的主要特点。

11-3　简述焊缝的形成过程。

11-4　预防焊接变形的方法有哪些？

11-5　常见的焊接缺陷有哪些？

项目十二

金属材料的焊接

【职业能力目标】

1. 了解金属材料的力学性能；

2. 通过学习碳素钢、合金钢等的焊接性及焊接工艺，培养具有能够选择正确的焊接方法的能力。

【学习重点与难点】

金属材料的焊接工艺。

课题一　金属材料的力学性能

金属材料是机械工业中应用最广泛的材料。金属材料的选择都是围绕着性能进行的，熟悉它们的主要性能是合理选用材料的基础。

金属材料的性能包括使用性能和工艺性能两个方面。使用性能是指材料在使用时所表现出来的特性，如力学性能、物理性能（如导电性、导热性、热膨胀性等）和化学性能（如抗腐性、抗氧化性等）。材料的使用性能影响零件或工具的工作能力。工艺性能是指材料加工时所表现出来的特性，如热处理性能、铸造性能、压力加工性能、焊接性能、切削性能等。材料的工艺性能影响零件或工具制造的难易程度。

金属材料在载荷作用下所表现出来的特性，称为力学性能。金属材料的力学性能主要有强度、塑性、硬度和韧性等。

一、强度和塑性

强度是指材料在静载荷作用下，抵抗变形和断裂的能力。拉伸试验可以测定出的强度指标有：比例极限 σ_p、屈服点 σ_s、抗拉强度 σ_b 等。不同的零件设计和选材时所依据的强度指标是不一样的。其中，比例极限 σ_p 是工作时不允许有微量塑性变形的零件（如精密的弹性元件）设计和选材的主要依据；屈服点 σ_s 是一般塑性材料零件设计和选材的主要依据；对于脆性材料的零件，设计时以抗拉强度 σ_b 为主要依据。

塑性是指材料在静载荷作用下，产生塑性变形而不破坏的能力。塑性指标有伸长率 δ 和断面收缩率 ψ，它们也是通过拉伸试验获取的。其中

$$\delta = \frac{l_1 - l}{l} \times 100\%$$

$$\psi = \frac{A - A_1}{A} \times 100\%$$

式中：l——试样标距长度；

l_1——试样拉断后的标距长度；

A——试验前试样的横断面积；

A_1——试样断口处最小截面积。

工程中通常将 $\delta > 5\%$ 的材料称为塑性材料，如钢、铜、铝等；$\delta < 5\%$ 的材料称为脆性材料，如铸铁、玻璃、陶瓷等。虽然塑性指标不直接用于工程设计计算，但零件材料具有一定的塑性，可以缓和应力集中、避免偶然过载时突然脆断。此外，各种成型加工（锻压、轧制、冷冲压等）都需要材料具有良好的塑性。

二、硬度

硬度是衡量金属材料软硬程度的力学性能。它反映了在外力作用下，材料表面局部体积内抵抗变形或破坏的能力。由于硬度试验的方法简单方便，不损伤零件，因此，在工程中得到普遍应用。常用的硬度试验方法有布氏硬度、洛氏硬度和维氏硬度三种，图 12-1 所示为这三种硬度的试验原理。

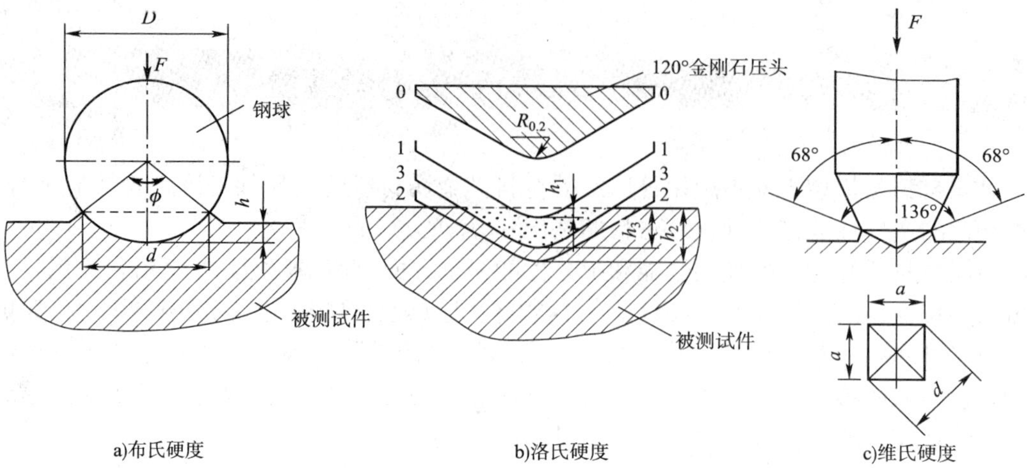

图 12-1　硬度试验原理

1. 布氏硬度

布氏硬度试验法的原理是用一直径为 D 的淬火钢球或硬质合金球，在规定载荷 F 的作用下压入被测试金属的表面，保持一定时间后卸除载荷，用被测金属表面上留下的压痕面积 S 除载荷所得的平均压力（F/S），作为被测金属的布氏硬度值，硬度符号为 HBW。

在工程中，硬度标注只需标注其数值和符号。例如，280HBW 表示布氏硬度值 280。

2. 洛氏硬度

洛氏硬度是用顶角为 120°的金刚石圆锥体或直径为 1.588mm 的钢球作为压头，在规定载荷作用下压入被测金属表面，由压头在金属表面所形成的压痕深度来衡量硬度高低的试验法。其硬度值在硬度计上可直接读出，根据所用压头种类和所加载荷的不同，洛氏硬度分为 A、B、C、D、E、F、G、H、K、N、T 标尺，常用的 A、B、C 三种标尺的试验条件和应用范围见表 12-1。工程上常用 HRC 作为洛氏硬度指标。例如，50HRC 表示用 C 标尺测定的洛氏硬度值为 50。

常用洛氏硬度标尺的试验条件和应用　　表 12-1

标尺符号	所用压头	总载荷（N）	测量范围①HR	应　用　范　围
HRA	金刚石圆锥	588.4	20～88	碳化物、硬质合金、浅层表面硬化钢
HRB	φ1.588mm 钢球	980.7	20～100	有色金属、退火钢、正火钢、调质钢、可锻造铁
HRC	金刚石圆锥	1471	20～70	淬火钢、淬火工具钢、深层表面硬化钢

注：①HRA、HRC 所用刻度盘满刻度为 100，HRB 为 130。

洛氏硬度操作简便、压痕小，不损伤工件表面，可以测量从较软到极硬或厚度较薄、面积较小的材料的硬度，故洛氏硬度是目前工程中应用最广泛的试验方法。但因其压痕较小，所以对组织比较粗大且不均匀的材料测得的硬度不够准确。

3. 维氏硬度

维氏硬度的测定原理基本上和布氏硬度相同，也是根据压痕单位面积上所承受的载荷大小来测量硬度值。所不同的是，维氏硬度采用锥面夹角为 136°的金刚石四棱锥体作为压头，维氏硬度用符号 HV 表示。例如，640HV 表示维氏硬度值为 640。维氏硬度适用于测量零件表面硬化层及经化学热处理的表面层（如渗氮层）的硬度。维氏硬度测量精度高，但操作复杂，不如测洛氏硬度工作效率高。

由于各种硬度的试验条件不同,因此相互间没有直接的换算公式,需要时应查换算表。但根据试验结果,有如下粗略关系:

当硬度在 200 ~ 600HBW 范围时,HRC $\approx \frac{1}{10}$HBW。

当硬度小于 450HBW 时,HBW $\approx$ HV。

三、韧性

韧性是指材料抵抗冲击载荷的能力。强度、塑性、硬度都是在静载作用下测量的性能指标,对于在冲击力作用下工作的零件或工具还必须具有足够的韧性。冲击韧度是材料抗冲击能力的指标之一,它是用一次摆锤冲击试验来测定金属材料的韧性,其试验原理如图 12-2 所示。将带有缺口的试样安放在冲击试验机上,质量 m 的摆锤从 h_1 高度自由落下,冲断试样后升至 h_2 高度。摆锤冲断试样所消耗的功 A_{KV} 可从冲击试验机直接读出,常称为冲击吸收功。用试样缺口处的横截面积 S 去除 A_{KV} 所得的商即为材料的冲击韧度值,用符号 α_{KV} 表示,单位为J/cm^2。

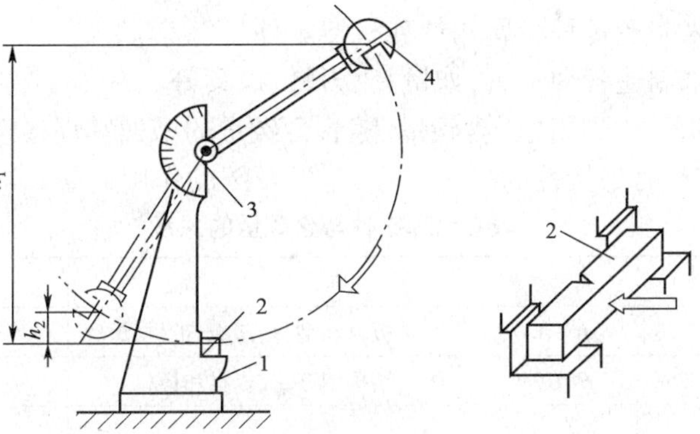

图 12-2 冲击试验原理

1-支座;2-试样;3-指针;4-摆锤

冲击韧度尚不能直接用于承载能力计算,只作为设计选材时的参考指标。它对组织、温度非常敏感,通过冲击试验可以评定材料的性质。

事实上,材料的抗冲击能力主要取决于材料强度和塑性的综合性能指标。大能量一次冲击时,其抵抗能力主要取决于塑性;而小能量多次冲击时,其抵抗能力主要取决于强度。

课题二 碳素钢及其焊接工艺

一、低碳钢的焊接

1. 碳素钢及其分类

非合金钢(碳素钢)是以铁为基础成分,含有少量碳[w(C) ≤2.11%]的铁碳合金。非合金钢中除了以碳作为主要合金元素外,还有锰和硅等少量有益元素。另外,非合金钢中还有硫、磷等杂质元素,各钢种都对杂质元素的含量作了严格限制,对于某些非合金钢还要限制铬、镍、铜、氮等元素的含量。

碳钢有不同分类方法,因而有各种名称。

(1)按含碳量分。按含碳量大致分为低碳钢[$w(C)<0.25\%$]、中碳钢[$w(C)=0.25\% \sim 0.60\%$]和高碳钢[$w(C)>0.60\%$]三类,有些国家在低碳钢和中碳钢之间多分出一类——软钢,其典型硬度为90HRB,其焊接性能良好。

(2)按主要质量分。主要以有害杂质硫、磷等含量来划分:

①普通碳素钢。含[$w(S)\leqslant 0.050\%$],[$w(P)\leqslant 0.045\%$]。

②优质碳素钢。含[$w(S)\leqslant 0.035\%$],[$w(P)\leqslant 0.035\%$]。

③高级优质碳素钢。含[$w(S)\leqslant 0.030\%$],[$w(P)\leqslant 0.035\%$]。

(3)按脱氧程度分。

①沸腾钢。不完全脱氧所得的钢,含氧量高,硫、磷杂质较多,且分布不均,焊接时有产生热裂纹和气孔倾向。

②镇静钢。脱氧彻底,故含氧量低,杂质少。

③半镇静钢。介乎沸腾钢和镇静钢之间。

(4)按用途分。

①结构钢。用来制造各种金属构件和机器零件。

②工具钢。用来制造各种工具,如量具、刃具、模具等。

非合金钢的焊接性主要取决于含碳量,随着含碳量的增加其焊接性逐渐变差,见表12-2。其他元素的含量较低,对焊接性的影响很小,远不及碳的作用显著。

碳素钢焊接性与含碳量的关系 表12-2

钢种	$w(C)$(%)	典型硬度	典型用途	焊接性
低碳钢	≤0.15	60HBW	特殊板材和型材、薄板、带材、焊丝	优
	0.15~0.25	90HBW	结构用型材、板材和棒材	良
中碳钢	0.25~0.60	25HRC	机器部件和工具	中 (推荐采用低氢焊接、预热和后热)
高碳钢	≥0.60	40HRC	弹簧、模具、钢轨	差 (必须采用低氢焊接、预热和后热)

2. 低碳钢的焊接性

由于低碳钢含碳量低,锰、硅含量也少,所以,通常情况下不会因焊接而产生严重硬化组织或淬火组织。低碳钢焊后的接头塑性和冲击韧性良好,焊接时,一般不需预热、控制层间温度和后热,焊后也不必采用热处理改善组织,整个焊接过程不必采取特殊的工艺措施,焊接性优良。但在少数情况下,焊接时也会出现困难。

(1)母材或焊接材料化学成分超标。若低碳钢母材的含碳量、含硫量过高,焊接时可能出现裂纹,特别是在焊接角焊缝、对接多层焊的第一道焊缝、整个板面的单面单层焊缝和大间隙对接的第一道焊缝的过程中更易出现裂纹。若采用了质量不符合要求的焊条,使焊缝金属中的碳、硫含量过高,也可导致焊接裂纹产生。

(2)采用旧冶炼方法生产的转炉钢。该转炉钢含氮量高,杂质较多,因而冷脆性和时效敏感性大,焊接接头质量差,焊接性较差。这类钢绝不能用于重要的焊接结构。目前,国内生产的转炉钢的质量已经大为改善,可以用于重要的焊接结构,但必须进行焊接性鉴定,尤其应注意对冷脆敏感性和时效敏感性的检测,以确保焊接质量。

(3)低碳沸腾钢。由于沸腾钢脱氧不完全,其含氧量较高,钢中硫、磷等杂质分布不均匀,出现硫、磷的局部偏析,其冷脆性和时效敏感性大,焊接热裂倾向较大。对于承受动载荷或严寒下工作的重要结构,尽量不要采取这种钢。

(4)焊接方法选择不当。如在埋弧焊时由于热输入量大,会使焊接热影响区过热区出现粗晶组织,使热影响区韧性降低;电渣焊的热输入量比埋弧焊还要大,会使焊接热影响区晶粒更加粗大,韧性降低更为明显,所以焊后必须进行细化晶粒的正火处理,提高其韧性。

(5)在低温条件下焊接刚度较大的构件。此种情况下焊接应采取一定的措施,如焊前预热、保持层间温度、采用低氢焊接材料等,以避免较大的焊接应力和裂纹的出现。

3.低碳钢的焊接工艺

(1)焊接方法的选择。可用于低碳钢的焊接方法很多,如焊条电弧焊、气体保护电弧焊、埋弧焊、电渣焊、等离子弧焊、气焊、电阻焊、摩擦焊、热剂焊和钎焊等,几乎包括所有的焊接方法。近年来所开发的各种高效率、高质量的焊接工艺和方法,如高效率铁粉焊条和重力焊条电弧焊、氩弧焊封底—焊条电弧焊联合使用法、单面焊双面成形、采用烧结焊剂和快速焊剂的埋弧焊、窄间隙埋弧焊、药芯焊丝气体保护电弧焊、旋转电弧加热焊等。这些高效率、高质量的焊接方法在低碳钢焊接结构中获得了日益广泛的应用。

(2)焊接材料的选用。焊接时根据焊件强度等级及工作条件等来选择焊接材料。表12-3为焊接低碳钢常用的焊接材料。

焊接低碳钢常用的焊接材料 表12-3

钢号	焊条电弧焊			埋弧焊		CO_2气体保护焊
	一般结构	焊接动载荷、复杂与厚板结构、重要受压容器和低温下焊接	施焊条件	焊丝牌号	焊剂牌号	
Q235 Q255	E4303 E4313 E4301 E4320 E4311	E4315、E4316 (E5015、E5016)	一般不预热	H08A	HJ430 HJ431	H08Mn2Si H08Mn2Si
Q275	E5015 E5016	E5015、E5016	厚板结构预热至150℃以上	H08MnA		
08、10 25、20	E4303 E4301 E4320 E4311	E4315、E4316 (E5015、E5016)	一般不预热	H08A H08MnA	HJ430 HJ431 HJ330	
25	E4315 E4316	E5015、E5016	厚板结构预热至150℃以上	H08MnA H10MnA		
20g	E4303 E4301	E4315、E4316 (E5015、E5016)	厚板结构预热至100~150℃	H08MnA H08MnSi H10Mn2		
20R	E4303 E4301	E4315、E4316 (E5015、E5016)	一般不预热	H08MnA		

注:表中括号内的焊条型号表示可以代用。

(3)焊接工艺要点。低碳钢焊接一般不需采用特殊的工艺措施,但若在寒冷冬季施焊时,由于焊接接头冷却速度较快,故产生的裂纹倾向增大,尤其在焊接厚板角焊缝、厚板多层焊角焊缝或对接多层焊缝中第一道及最后一层时,开裂倾向就更大。为避免裂纹的产生可采取如下措施:

①焊前预热,焊接过程中严格保持层间温度不低于预热温度。

②采用低氢或超低氢焊接材料。

③定位焊时加大焊接电流,减慢焊接速度,适当增加定位焊缝截面和长度,必要时进行预热。

④整条焊缝应尽量连续焊完,避免中断。

⑤不应在坡口面以外的母材上进行引弧,在熄弧时要填满弧坑。

⑥尽可能不在低温条件下弯板、矫正和装配焊件。

⑦尽可能改善严寒下的劳动条件。

以上措施可单独采用或综合采用。

二、中碳钢的焊接

1. 中碳钢的焊接性

中碳钢中,$w(C)=0.25\% \sim 0.60\%$。但常用作焊件的中碳钢,其碳的平均含碳量一般不大于0.45%。与低碳钢相比,其焊接性稍差,母材近缝区容易产生低塑性的淬硬组织,有一定的淬硬倾向,这种淬硬倾向随含碳量的增大而增大。当含碳量较大、焊件刚度较大、焊接材料或焊接参数选择不当时,容易产生冷裂纹。另外,在焊接时由于母材的熔化,焊缝含碳量增高,焊缝容易产生热裂纹。由于中碳钢含碳量较高,其气孔敏感性比低碳钢大。

2. 中碳钢的焊接工艺

(1)焊接方法的选择。中碳钢可以用很多种焊接方法进行焊接,如焊条电弧焊、CO_2气体保护焊、埋弧焊、电渣焊、气焊、电阻焊等。

埋弧焊具有热输入量大、焊接速度快和冷却速度慢等特点,故焊缝的淬硬概率小,且焊剂层有助于降低冷却速度,因此埋弧焊可以焊接具有一定淬硬倾向的中碳钢。埋弧焊对预热和后热的要求不像焊条电弧焊那样高,但一般中碳钢埋弧焊时还是需要适当的预热和后热。埋弧焊焊前对焊剂进行适当烘干有利于获得低含氢量的焊缝,尤其在焊接中、高碳钢时尤为重要。

电渣焊也可用于焊接中碳钢的板结构大型铸件和铸钢件,如大型齿轮毛坯、电动机座、压力机机架、压力机压辊和大型油压机支柱的焊接,用电渣焊代替埋弧焊能减少制造时间,节省焊剂。

(2)焊接材料的选用。应尽量选用抗裂性能好的低氢型焊接材料。焊条电弧焊时,若要求焊缝与母材等强度,宜选用强度级别相当的低氢型焊条;若不要求等强度时,则选用强度级别约比母材低一级的低氢型焊条,以提高焊缝的塑性、韧性和抗裂性能。

如果选用非低氢型焊条进行焊接,则必须有严格的工艺措施配合,如控制预热温度、减少母材熔合比等。

当工件不允许预热时,可选用塑性优良的铬镍奥氏体不锈钢焊条。这样可以减少焊接接头应力，避免热影响区冷裂纹产生。

二氧化碳气体保护焊时，当 $w(C) \leqslant 0.4\%$ 时仍可按低碳钢选用焊丝；当强度要求高时，可选用 ER502、ER503……ER507 等实心焊丝或相当等级的药芯焊丝。

(3)中碳钢的焊接工艺要点。在大多数情况下，中碳钢焊接需要预热，控制层间温度(一般不能低于预热温度)，以降低焊缝金属和热影响区的冷却速度，抑制马氏体的形成，提高焊接接头的塑性，减小残余应力。

①预热。预热有利于降低中碳钢热影响区的最高硬度，防止产生冷裂纹，这是焊接中碳钢的主要工艺措施。预热还能改善接头塑性，减小焊后残余应力。预热温度取决于含碳量、母材厚度、结构刚度、焊条类型和工艺方法。

通常，35 和 45 钢的预热温度为 150 ~ 250℃，若工件的含碳量较高或厚度和刚度较大时，则裂纹倾向增大，可将预热温度提高至 250 ~ 400℃。

若焊件太大，整体预热有困难时，可进行局部预热，局部预热的加热范围为坡口两侧各 150 ~ 200mm 区域。在对刚度较大的大型结构进行局部预热时，要注意防止由于预热不当引起的应力增加。

②坡口形式。焊件坡口形式的选择应尽量减小母材金属在焊缝中的熔入比例，以降低焊缝金属中的含碳量，提高焊缝金属的韧性，降低产生冷裂纹的倾向。U 形坡口是一种理想的可以降低焊缝金属熔合比的坡口形式。比如在铲挖铸件缺陷的补焊坡口时，应使其外形圆滑，这样可以减小母材在焊缝金属中的熔入比例，以降低焊缝中的含碳量，防止裂纹产生。

③焊接参数。由于母材熔化到第一层焊缝金属中的比例最高可达 30% 左右，所以第一层焊缝焊接时，应尽量采用小电流、慢焊接速度，以减小母材的熔深。

④焊后热处理。焊后最好对焊件立即进行消除应力热处理，特别是对于大厚度焊件、高刚度结构件以及苛刻条件下(动载荷或冲击载荷)工作的焊件更应如此。消除应力的回火温度为 600 ~ 650℃。焊件在炉中加热和冷却应平缓，以减小截面厚度方向的温度梯度。若焊后不能进行消除应力热处理，应立即进行后热处理，以便去氢。后热温度视具体情况而定，后热保温时间约为 1h/10mm。

⑤施焊特点。

a. 电焊条使用前要烘干。碱性焊条的烘干温度为 350 ~ 400℃，时间 1 ~ 2h，烘干后放在 100 ~ 150℃的保温箱内，随用随取。钛钙型等酸性焊条使用前一般不烘干。

b. 多层焊时必须仔细清除前一道焊缝表面上的焊渣。多层焊第一层焊接时，应尽量采用小电流、慢焊速，以减小母材的熔深，但必须注意将母材熔透。

c. 焊接时尽量减小焊件的热输入量，降低裂纹倾向，减少焊缝金属中的气孔和金属的飞溅。焊接电流须比低碳钢焊接时小 10% ~ 15%。

d. 焊缝较长时，应采用分段施焊。

e. 收弧时一定要填满弧坑，以免产生弧坑裂纹。

f. 焊后应尽可能缓慢冷却。

g. 有时可采用锤击焊缝的方法减小焊接残余应力。

h. 焊接沸腾钢时，加入含有足够数量脱氧剂(例如 Al、Mn、Si)的填充金属，以防止产生焊缝气孔。埋弧焊的焊丝和焊剂配合适当，可以有足够的脱氧剂，例如 Si 或 Mn，也可防止焊接沸腾钢产生焊缝气孔。

三、高碳钢的焊接

1. 高碳钢的焊接性

高碳钢中，$w(C) > 0.60\%$。含碳量的增加使得高碳钢比中碳钢焊接时产生热裂纹的可能性更大。高碳钢淬硬倾向大，很容易在近缝区产生又硬又脆的高碳马氏体组织，如工艺措施选择不当，则在近缝区容易产生冷裂纹。由于高碳钢的热导率比低碳钢小，焊接时因工件不均匀受热所引起的应力集中会增加，这种内应力很容易导致裂纹产生。高碳钢焊接时，由于高温的影响，晶粒迅速长大，部分碳化物分布在晶粒边界，使焊缝脆弱，接头强度降低。因此，高碳钢焊接性很差，必须慎重选择焊接方法及工艺规范。

2. 高碳钢的焊接工艺

(1)焊接方法的选择。高碳钢由于含碳量很高，焊接性很差，通常用于补焊和堆焊，因此其最常用的焊接方法主要是焊条电弧焊和气焊。

(2)焊条电弧焊时焊接材料的选用。要根据母材的含碳量、结构设计和使用条件等因素合理选用焊接材料。

①对强度要求较高的焊接接头，一般选用 E7015 - D2 或 E6016、E6015 - D1 焊条；接头强度要求不高的，可选用 E5016 或 E5015 焊条等，或者选用与以上焊条强度级别相当的低合金钢焊条或填充金属，所用的焊接材料都必须是低氢材料，以避免氢致裂纹的出现。

②在选用铬镍奥氏体不锈钢焊条进行焊接时，可以不预热，因为奥氏体组织的焊缝金属具有溶氢能力强、塑性好、可减小焊接接头应力、避免热影响区冷裂纹产生的特点；但在焊接刚度较大的焊件时应适当预热。

③气焊时，对强度要求不高的焊接接头可选用低碳钢焊丝，要求较高的则选用与母材成分相近的焊丝。

(3)高碳钢的焊接工艺要点。在大多数情况下，高碳钢焊接需要退火、预热、控制层间温度，以降低焊缝金属和热影响区的冷却速度，抑制马氏体的形成，提高焊接接头的塑性，减小残余应力。

①高碳钢零件一般经过淬火 + 回火的热处理，因此焊接之前要先进行退火，以减小裂纹倾向。

②选用结构钢焊条时，焊前必须预热，预热温度一般为 250 ~ 400℃，对结构复杂、刚度较大、焊缝较长、板厚较厚的焊件，预热温度要高于 400℃。

③坡口形式。焊件坡口形式应尽量减小母材金属熔入焊缝的比例，以降低焊缝金属中的含碳量，提高焊缝金属的韧性，降低其产生冷裂纹的倾向。

④焊接参数。采取与焊接中碳钢相似的焊接参数，尽量减小熔合比，小电流焊接，低焊接速度，焊接过程尽可能连续进行，中间不间断。

⑤焊后热处理。施焊结束后，应立即将焊件送入加热炉，加热至 600 ~ 650℃保温，然后缓冷，进行消除应力热处理。

⑥施焊特点。

a. 焊条使用前要烘干，将焊条在 350 ~ 400℃温度下烘干，时间 1 ~ 2h，并保存在专用的焊条容器内保温，随用随取。长时间不用的焊条，要再次烘干。

b. 焊前应将焊缝两边的油污、锈垢和其他脏物清理干净。

c. 定位焊时，应采用小直径焊条焊透，由于高碳钢裂纹倾向大，定位焊缝应比焊接低碳钢时长一些，定位焊缝距离也应适当减短，并不高出焊缝表面。断续焊时，应注意不要在母材表面引弧。收尾时，应注意填满弧坑，以减少弧坑裂纹和气孔等缺陷。

d. 焊接过程中，要采用引弧板和引出板。

e. 多层焊接时，控制各焊层的层间温度与预热温度相同。

f. 为防止产生裂纹，可采用隔离焊缝焊接法。即先用强度级别低、含碳量低的焊接材料在焊接坡口上堆焊一层，然后再在堆焊层上进行焊接。堆焊过渡层减小了第一、二层焊缝金属含碳量，提高了其塑性，有利于防止焊缝开裂。堆焊层的焊接除选用焊条电弧焊外，还可以用 CO_2 气体保护焊、富氩混合气体保护焊及钨极氩弧焊，焊丝选用 H08Mn2SiA 或其他焊丝。

g. 为防止近缝区金属组织硬化，焊接时要降低焊接速度，使熔池缓冷。采用多层焊接时应用退火焊法，这样可以使前一层焊缝的硬化区达到回火作用，可以减少硬化区。

h. 可采用锤击焊缝的方法减小焊接残余应力。

i. 气焊时，为了防止过热，焊接速度应尽量快些。

j. 采用低碳钢焊丝或与母材成分相近的焊丝气焊时，避免使用氧化焰，因为氧化焰会促使熔池内的碳烧损，使焊缝形成多孔性缺陷。

课题三　合金结构钢及其焊接工艺

▶▶ 一、热轧及正火钢的焊接

1. 合金结构钢的分类、性能与用途

合金结构钢的应用领域广泛，种类繁多，分类的方法也很多。按添加的合金元素的质量分数可分为低合金钢（合金元素的质量分数小于 5%）、中合金钢（合金元素的质量分数为 5% ~10%）和高合金钢（合金元素的质量分数大于 10%）。用于焊接结构生产的大多是低合金钢，一般分为高强度钢和专业用钢两大类。

屈服强度 $\sigma_s > 295$MPa 的钢均可称为高强钢，主要应用于要求常规条件下承受静载和动载的机械零件和工程结构，要求具有良好的力学性能。合金元素的加入是为了在保证足够的塑性和韧性的条件下获得不同的强度等级，并改善焊接性能。按钢的屈服强度级别及热处理状态，低合金高强钢可分为热轧及正火钢、低碳调质钢和中碳调质钢三类。

专业用钢主要用于一些特定条件下工作的机械零件和工程结构。因此，除了要满足力学性能外，还必须能适应特殊环境下的工作要求。根据对不同使用性能的要求，专业用钢分为珠光体耐热钢、低温钢和低合金耐蚀钢等。

2. 热轧及正火钢的焊接性

热轧及正火钢在高强钢中强度级别较低，合金元素种类及含量都较少，同时含碳量也较低，总的来讲其焊接性较好。但与低碳钢相比，其化学组成毕竟较复杂，随着合金元素含量的增加，焊接性变差。焊接时的主要问题是焊接裂纹和热影响区性能的变化。

（1）焊接裂纹。

①焊缝金属的热裂纹。热轧正火钢一般含碳量都较低，而含锰量都较高，它们的$w(\mathrm{Mn})/w(\mathrm{S})$值比较大，因而具有较好的抗热裂性能，正常情况下焊缝不会出现热裂纹。但是，当材料成分不合格，或有严重偏析，使局部的碳、硫含量偏高，其$w(\mathrm{Mn})/w(\mathrm{S})$值偏低时，则易产生热裂纹。控制母材和焊接材料中的碳、硫含量，减少熔合比，增大焊缝的成形系数等都有利于防止焊缝金属产生热裂纹。

②焊缝金属的冷裂纹。导致钢材产生焊接冷裂纹的三个主要因素是钢材的淬硬倾向，焊缝的扩散氢含量和接头的拘束应力，其中淬硬倾向是决定性的。

对于热轧及正火钢，这两种钢的化学成分不同，对冷裂纹的敏感程度也有所不同，热轧钢的碳当量在0.4%以内，在低合金高强钢中的淬硬倾向最小，但相对于低碳钢而言，由于含有少量的合金元素，因此它的淬硬倾向还是要大些，且随着强度级别的增加，淬硬倾向随之加大。当冷却速度不大时要求的焊接工艺与低碳钢相似，但在板厚较大和环境温度较低时仍有冷裂倾向，这时就要求焊前采取预热措施。

正火钢的碳当量为0.4%～0.6%，与低碳钢相比，焊接性的差别就要大些。对于Q390(15MnTi)由于强度较低，冷裂倾向也较低，性能与热轧钢中的Q345(16Mn)相近。但对于18MnMoNb，由于强度较高，碳当量较高，在焊接条件下很容易得到贝氏体或马氏体组织，冷裂倾向增大。可见，正火钢的强度级别越大，碳当量越高，其冷裂倾向随之加大，焊接时需要采取严格的工艺措施来防止冷裂纹，如采取严格控制热输入量、预热和焊后热处理等。

③再热裂纹。在C－Mn和Mn－Si系的热轧钢(如16Mn等)中因不含强碳化物形成元素，对再热裂纹不敏感，在焊后消除应力热处理时不会产生再热裂纹。正火钢中一些含有强碳化物形成元素的钢材，如14MnMoV和18MnMoNb钢则有轻微的再热裂敏感性。试验证明，采取适当提高预热温度或焊后立即后热处理等措施，就能防止再热裂纹的产生。例如18MnMoNb钢，焊后立即以180℃的2h后热处理，即可防止消除应力时产生再热裂纹。

④层状撕裂。层状撕裂主要与钢的冶炼轧制质量、板厚、接头形式和Z向应力有关，与钢材强度无直接关系。一般认为，钢中的含硫量和断面收缩率是衡量抗层状撕裂能力的重要判据。根据经验，若$\psi_z>20\%$，即使Z向拘束应力较大，也不会产生层状撕裂。因此，焊接有可能产生层状撕裂的重要结构应采用Z向钢，这些钢在冶炼过程中采取了特殊的工艺措施，成本较高。D36钢ψ_z最大可达55%。

(2)热影响区性能的变化。

①过热区的脆化。过热区是指热影响区中熔合线附近母材被加热到1100℃以上的区域，又称粗晶区。由于该区温度高，发生奥氏体晶粒显著长大和一些难熔质点溶入而导致了性能变化。这种变化既和钢材的类型、合金系统有关，又和焊接热输入有关，因为热输入直接影响高温停留时间和冷却速度。

热轧钢是C－Mn，Mn－Si系的固溶强化钢，合金元素在全部固溶条件下即能保证良好的综合性能，故在热轧状态下使用。这类钢在高强钢中合金元素含量最低，其淬透性也最差，焊接时在过热区一般发生马氏体转变的可能性较小。能导致热轧钢过热区脆化的原因是：焊接热输入偏高。使该区的奥氏体晶粒严重长大，稳定性增加。因此，焊接时，采用适当低的热输入等工艺措施来抑制过热区奥氏体晶粒长大及魏氏组织的出现。是防止过热区脆化的关键。

正火钢过热区脆化与热轧钢不同，其热过敏性比热轧钢大，这是因为两者合金化方式不同。对于 Mn－V、Mn－Nb 和 Mn－Ti 系的正火钢，除固溶强化外，还有沉淀强化作用（含 V、N、Ti 等沉淀强化元素），必须通过正火才能细化晶粒及使沉淀相得以充分析出，并弥散均匀分布于基体内，达到既提高强度又提高其塑性和韧性。对含 Ti 和 V 的 15MnTi 与 Q420（15MnVN）钢研究表明：随着焊接热输入增大，高温停留时间延长，Ti、V 溶解得越充分，其脆化就越显著。所以用小热输入焊接是避免这类正火钢过热区脆化的有效措施。

②热应变脆化。热应变脆化是指在焊接过程中，在热和应变共同作用下产生的一种应变时效，是由于氮、碳原子聚集在金属晶格的位错周围造成的。一般发生在固溶氮含量较高而强度级别不高的低合金钢中，在 200～400℃时最为明显。可以通过在钢中加入足够量的氮化物形成元素（Al、Ti、V 等）来有效降低热应变脆化倾向，如 Q420 钢比 Q345 钢的热应变倾向小。通过焊后热处理能有效消除热应变脆化，如 Q345 钢经 600℃的 1h 退火处理后，韧性有很大提高。

3.热轧及正火钢的焊接工艺要点

（1）坡口加工、装配及定位焊。坡口加工可采用火焰切割或碳弧气刨，也可采用机械加工，机加工精度较高。对强度级别较高、厚度较大的钢材，经过火焰切割和碳弧气刨的坡口应用砂轮仔细打磨，清除氧化皮及凹槽。在坡口两侧约 50mm 范围内，应去除水、油、锈蚀及脏物等。

焊接件的装配间隙不应过大，尽量避免强力装配，以减小焊接应力。为防止定位焊缝开裂，要求定位焊缝应有足够的长度（一般不小于 50mm），厚度较薄的板材定位焊缝的长度不应小于 4 倍的板厚。定位焊应选用同类型的或强度稍低的焊接材料。定位焊的顺序应能防止过大的拘束，允许工件有适当的变形，焊接电流可稍大于焊接时的焊接电流，焊缝应对称均匀分布。

（2）焊接方法的选择。热轧和正火钢对焊接方法无特殊要求，常用的焊接方法如焊条电弧焊、气体保护焊、埋弧焊和电渣焊等都可选用。焊接方法的选取主要根据产品的结构特点、批量、生产条件和经济效益等综合情况来定。

（3）焊接材料的选择。选择焊接材料的原则是使焊缝无缺陷和满足焊接接头的使用性能。热轧及正火钢焊接时的热裂和冷裂倾向不大，因此选择焊接材料的主要依据是保证焊缝金属的强度、塑性和韧性等力学性能与母材相匹配，并不要求与母材成分相同，因此选择焊接材料应考虑以下问题：

①选择相应强度级别的焊接材料。焊接材料的选择应考虑焊缝与母材等强匹配的原则，一般要求焊缝与母材强度相等或略低于母材。焊缝中含碳量应低于 0.14%，其他合金元素也要低于在母材中的含量，以防止因焊缝强度过高而产生焊接裂纹。由于焊接时的冷却速度很快，完全脱离了平衡状态，以至于使焊缝金属形成过饱和的铸态组织，当焊接材料的化学成分与母材相同时，焊缝金属则呈现出强度高，但塑性、韧性很低的状况，这对焊接接头的抗裂性能和使用性能都是非常不利的。

②考虑熔合比和冷却速度的影响。焊缝金属的力学性能取决于化学成分和组织的过饱和度。焊缝化学成分不仅取决于焊接材料，而且与母材的熔入量（熔合比）有很大关系，而焊缝组织的过饱和度则与冷却速度有很大关系。因此，即使采用同样的焊接材料，当熔合比和冷却速度不同时，所得焊缝的性能也会有很大差别。

③考虑焊后热处理对焊缝力学性能的影响。焊后热处理（如消除应力退火）会使焊缝的强度有所降低，当焊缝强度余量不大时，焊后热处理后焊缝的强度很可能会低于母材。因

此，对于焊后要求正火处理的焊缝，应选择强度较高的焊接材料。此外，对焊缝金属的使用性能有特殊要求时，应同时加以考虑。

二、调质钢的焊接

调质钢的发展始于20世纪50年代早期，由于其具有许多优点，尤其是具有很高的强度质量比，因此得以广泛应用。其独特的性能得益于化学成分以及淬火和回火热处理。这种钢具有极高的强度，它在689MPa的屈服强度下还具有良好的焊接性。另外调质钢具有良好的塑性、冲击韧度、疲劳强度以及耐腐蚀性能。焊接这类钢时，可使用常规焊接方法，预热要求相对较低，在许多应用场合焊后不经热处理即可使用。

调质钢的焊接可使用焊条电弧焊、熔化极气体保护焊、药芯焊丝电弧焊以及埋弧焊等方法，钨极惰性气体保护焊仅适用于焊接薄板。电渣焊由于高温停留时间太长，有损热处理后的性能而不被采用。上述所用的这些焊接方法都应为低氢焊接方法，即焊前应烘干焊条、焊剂、保护气体，并清理待焊金属表面。

课题四　其他金属材料的焊接

一、不锈钢的焊接

在所用的不锈钢材料中，奥氏体不锈钢应用最广，其中以18－8型不锈钢为代表，它焊接性良好，适用于手工电弧焊、氩弧焊和埋弧焊自动焊。手工电弧焊选用化学成分相同的奥氏体不锈钢焊条；氩弧焊和埋弧自动焊所用的焊丝化学成分应与母材相同，如焊1Cr18Ni9Ti时选用H0Cr20Ni10Nb焊丝，埋弧自动焊用HJ260焊剂。

奥氏体不锈钢焊接的主要问题是焊接工艺参数不合理时，容易产生晶间腐蚀和热裂纹，这是18－8型不锈钢的一种危险的破坏形式。晶间腐蚀的主要原因是碳与铬化合成$Cr_{23}C_6$在晶界造成贫铬区，使耐蚀能力下降。手工电弧焊时，应采用细焊条，小线能量快速不摆动焊，最后焊接触腐蚀介质的表面焊缝等工艺措施。

工程上有时需要把不锈钢与低碳钢或低合金钢焊接在一起，如1Cr18Ni9Ti与Q235焊接，通常用手工电弧焊。焊条选用既不能用奥氏体不锈钢焊条，也不能用低碳钢焊条，而应选E309－16或E309－15不锈钢焊条，使焊缝金属组织是奥氏体加少量铁素体，防止产生焊接裂纹。

二、铸铁的焊补

铸铁含碳量高，且硫、磷杂质含量高，因此，焊接性差，容易出现白口组织、焊接裂纹、气孔等焊接缺陷。对铸铁缺陷进行焊接修补，有很大的经济意义。

铸铁一般采用手工电弧焊、气焊来焊补，按焊前是否预热分为热焊和冷焊两类。

1. 热焊

热焊是焊前将工件整体或局部预热到600～700℃，焊后缓慢冷却。热焊可防止出现白口组织和裂纹，焊补质量较好，焊后可以进行机械加工。但热焊生产率低，成本较高，劳动条件较差，一般用于焊补形状复杂、焊后需要进行加工的重要铸件，如床头箱、汽缸体等。

气焊时采用含硅高的铸铁焊条做填充金属，含硅量 $w(Si)=3.5\% \sim 4.0\%$，碳硅总量 $w(Si+C)$ 达 7% 左右，同时用气剂 201 或硼砂等气焊熔剂去除氧化皮。气焊火焰还可用来预热工件和焊后缓冷，比较方便；手工电弧焊用涂有药皮的铸铁焊条（如 EZNiFe－1）或钢心石墨化铸铁焊条（如 EZCQ），以补充碳硅的烧损，并造渣清除杂质。

2. 冷焊

冷焊一般不预热或较低温度预热（400℃以下），常用手工电弧焊，主要依靠焊条调整化学成分，防止出现白口和裂纹。焊接时，应尽量采用小电流、短弧、短焊道（每段不大于 50mm），并在焊后及时用锤击焊缝以松弛应力，防止开裂。

冷焊用焊条常用镍基焊条，包括纯镍铸铁焊条（EZNi）、镍铁铸铁焊条（EZNiFe）、镍铜铸铁焊条（EZNiCu）；结构钢焊条（E5015）。

冷焊方便灵活，生产率高，成本低，劳动条件好，可用于焊补机床导轨、球墨铸铁件等及一些非加工面焊补。

三、非铁金属的焊接

1. 铝及铝合金的焊接

工业上用于焊接的主要是纯铝、铝锰合金、铝镁合金及铸铝。铝及铝合金焊接的主要问题有：

（1）极易氧化。铝极易氧化，很容易生成氧化铝（Al_2O_3），其组织致密，熔点（2050℃）远高于铝的熔点（660℃），覆盖在金属表面，阻碍熔合。氧化铝密度较大，易形成夹杂而脆化。

（2）形成气孔。液态铝能吸收大量的氢，而固态铝又几乎不溶解氢，冷却时由于结晶速度快，大量的氢来不及逸出熔池，产生气孔。

（3）电源功率大并易变形。铝的导热系数大，要求使用大功率热源，厚度较大时要预热。铝的线胀系数也较大，易产生焊接应力和变形，严重时导致开裂。

（4）特殊工艺措施。铝在高温时强度很低，容易引起焊缝塌陷，常需采用垫板。

（5）温度不易判断。铝在熔化前不像钢等金属有颜色的变化，因而，熔化前不易判断是否已接近熔化温度，焊条操作的焊接容易出现焊穿等缺陷。

在现代焊接技术条件下，大部分铝及铝合金焊接性较好，工业上广泛采用氩弧焊、气焊、电阻焊和钎焊等方法焊接铝合金。氩弧焊是较为理想的焊接方法，用纯度高达 99.9% 的氩气作保护，不用熔剂，以氩气的阴极破碎作用去除氧化膜，焊接质量好，耐腐蚀性较强。一般厚度在 8mm 以下采用钨极（非熔化极）氩弧焊；厚度 8mm 以上采用熔化极氩弧焊。要求不高的纯铝和热处理不能强化的铝合金可采用气焊。其优点是经济、方便，但生产率低，接头质量较差，且必须使用熔剂去除氧化膜和杂质。

气焊适用于板厚 0.5～2mm 的薄件焊接。焊丝的选用，可采用与母材成分相同的铝焊丝，甚至可以从母材上切下的窄条作为填充金属。对于热处理强化的铝合金，可采用铝硅合金焊丝以防止热裂纹。

无论用哪种方法焊接铝及铝合金，焊前必须彻底清理焊接部位和焊丝表面的氧化膜和油污。由于铝熔剂对铝有强烈的腐蚀作用，焊后应仔细清洗，防止熔剂对铝焊件的继续腐蚀。

2. 铜及铜合金的焊接

铜及铜合金的焊接比低碳钢困难得多，其主要问题是：

(1)难熔合。铜导热系数大，是铁的8~12倍，热量很容易传导出去，使母材和填充金属难于熔合。因此，需要大功率热源，且焊前和焊接过程中要预热。

(2)易氧化。液态的铜易生成Cu_2O，分布在晶界处，且铜的膨胀系数大，凝固系数也大，容易产生较大的焊接应力，极易引起开裂。

(3)产生气孔。铜特别容易吸收氢，凝固时来不及逸出，形成气孔。

(4)易变形。铜的膨胀系数和收缩系数都大，且铜的导热性强，热影响区宽，焊接变形严重。

铜及铜合金可用氩弧焊、气焊、碳弧焊、钎焊等方法进行焊接。铜电阻很小，不适于用电阻焊焊接。

氩气对熔池保护性可靠，接头质量好，飞溅少，成形美观，因而氩弧焊广泛用于纯铜、黄铜和青铜的焊接中。纯铜和铜合金钨极氩弧焊时，用与母材相同成分的焊丝。黄铜气焊时填充金属采用$w(Si)=0.3\%\sim0.7\%$的黄铜和焊丝HSCuZn4。气焊时需用焊剂，以去除氧化物。铜及铜合金也可采用焊条电弧焊，选用相同成分的铜焊条。

3. 钛和钛合金的焊接

钛和钛合金比强度(强度与密度之比)高，在300~500℃高温度下仍有足够的强度，在海水及大多数酸碱盐介质中均有良好的耐蚀性，有良好的低温冲击韧性。

钛和钛合金的焊接很困难，其主要问题是氧化、脆化开裂，气孔也较明显。普通的焊条电弧焊、气焊等均不适合钛和钛合金的焊接；目前采用的主要方法是钨极氩弧焊、等离子焊和真空电子束焊，国外还有用埋弧自动焊。钨极氩弧焊工艺是成熟的。

由于钛和钛合金化学性能非常活泼，不但极易氧化，而且在250℃开始吸氢，从400℃开始吸氧，从600℃开始吸氮。因此，要注意焊枪的结构，加强保护效果，并要采用拖罩保护高温的焊缝金属。保护效果的好坏可通过接头颜色初步鉴别：银白色保护效果最好，无氧化现象；黄色为TiO，表示轻微氧化；蓝色为Ti_2O_3，表示氧化较严重；灰白色为TiO_2，表示氧化甚为严重。因此，一般应保证焊接接头焊后为银白色，说明保护效果好。

项目小结

1. 金属材料是机械工业中应用最广的材料。金属材料的选择都是围绕着性能进行的，熟悉它们的主要性能是合理选用材料的基础。

2. 碳素钢的分类、焊接方法、焊接性能。

3. 合金结构钢的焊接方法、焊接性能。

练习题

12-1 常用的硬度试验方法有哪些？

12-2 试述低碳钢的焊接性。

12-3 在低温下焊接低碳钢的工艺要点是什么？

12-4 中碳钢焊接时选择焊接材料的原则是什么？焊接要点是什么？

12-5 简述高碳钢的成分特点与焊接性。

12-6 简述热轧及正火钢的焊接工艺要点。

参考文献

[1] 万苏文.机械设计基础[M].重庆:重庆大学出版社,2005.
[2] 陈长生.机械基础[M].北京:机械工业出版社,2011.
[3] 陈庭吉.机械设计基础[M].北京:机械工业出版社,2002.
[4] 骆素君.机械课程设计简明手册[M].北京:化学工业出版社,2011.
[5] 葛国政.金属材料焊接[M].北京:中国劳动社会保障出版社,2011.
[6] [美]卡里(Cary,H.R.).现代焊接技术[M].陈茂爱,译.北京:化学工业出版社,2010.